住房城乡建设部土建类学科专业"十三五"规划教材

外国建筑历史图说

A Pictorial History of World Architecture

刘松茯　著

Liu Songfu

中国建筑工业出版社

图书在版编目（CIP）数据

外国建筑历史图说／刘松茯著．—北京：中国建筑工业
出版社，2019.8（2020.12重印）
住房城乡建设部土建类学科专业"十三五"规划教材
ISBN 978-7-112-23680-0

Ⅰ．①外…　Ⅱ．①刘…　Ⅲ．①建筑史－国外－高等学
校－教材　Ⅳ．①TU-091

中国版本图书馆CIP数据核字（2019）第082784号

责任编辑：张　建
责任校对：王　烨

如需配套课件，可发送邮件至1343251479@qq.com。

住房城乡建设部土建类学科专业"十三五"规划教材
外国建筑历史图说
A Pictorial History of World Architecture
刘松茯　著
Liu Songfu

*
中国建筑工业出版社出版、发行（北京海淀三里河路9号）
各地新华书店、建筑书店经销
北京锋尚制版有限公司制版
天津画中画印刷有限公司印刷
*
开本：787毫米×1092毫米　1/12　印张：33　字数：624千字
2019年8月第一版　2020年12月第二次印刷
定价：129.00元（赠课件）
ISBN 978-7-112-23680-0
　　　（33991）

前　言

　　1978 年 10 月，改革开放的拂煦春风吹遍中国大地。作为一名幸运儿，我来到了清华大学建筑系开始了五年的学习生活。在这个神圣的学堂里，我聆听了陈志华和吴焕加两位先生讲授的外国古代建筑史和外国近现代建筑史课程。两位先生渊博的学识、奕奕的神采深深地印在我的脑海里。外国建筑史课也成为我在清华学习的五年中印象最深的课程之一。1990 年，我在当时的哈尔滨建筑大学建筑系接下了外国建筑史课程的教学任务，这一教就是 18 年。2004 年 5 月至 2005 年 4 月，作为中国政府的公派访问学者，我在英国谢菲尔德大学建筑学院进修一年。在这一年当中，我游历了 12 个欧洲国家、60 多座城市作建筑考察，并拍摄了数万张照片。2005 年 9 月中旬，我利用赴美国亚特兰大市开会的机会，又对美国的十几座城市进行了为期 40 天的建筑考察，拍摄了万余张照片。

　　上述这些学习和研究经历为我教授外国建筑史课程提供了必要的保证，也为我撰写这本书打下了良好的基础。但是，一部外国建筑史跨越数千年的时空变幻和社会变迁。我们中国人学习与研究这样浩瀚的历史会遇到很大的困难。在十几年的教学中，我始终遵循两个重要的宗旨：其一是拿过来，其二是放回去。拿过来是看，看建筑，看看它们都是什么。放回去是将这些建筑放回到它们所存在的自然和人文环境中进行研究。拿过来是看史实，放回去是做理论。拿过来看史实容易，放回去做理论很难。拿过来是归纳，放回去是解读。

　　解读有不同的层面，解读要回答"建筑是什么"的问题。历史发展到今天，古代、近现代和当代，不同的时代反映了不同的建筑观。

　　第一，建筑是一种时代气息的表达。建筑与时代的关联十分密切；脱离了时代，建筑的生命力也就枯竭了。农业社会，建筑是手工艺产品；工业社会，建筑是机械化产品；信息社会，建筑是高科技产品。这是对外国古代社会以手工业为主导方式、近现代社会以机械化为主导方式和当代社会以高科技为主导方式的建筑观的不同解读，以表达建筑与各自时代主导元素的密切联系。

　　第二，建筑是一种思想理念的表达。农业社会的建筑体现的是朴素的思想。以帝王崇拜、人文主义、宗教神学和世俗精神等为代表的思想是主导古埃及、古希腊、古罗马、中世纪以及文艺复兴等不同时代和地区建筑发展的关键性因素。工业社会的建筑体现的是简约的思想。它代表了机械化大生产时代的审美法则，"装饰就是罪恶""少就是多"是这种思想的集中体现。信息社会的建筑体现的是复杂的思想。以高科技为主导的当代西方社会，一些前卫作品表达了建筑师探索新时代建筑发展之路的革新精神。这些作品体现出一股新的感觉化思潮：以感性表象压倒理性本质；以突出的个性表现压倒普遍性的整体原则；以感官的直接性压倒概念的抽象性。

第三，建筑是一种技术手段的表达。在外国建筑的发展历程中，不同时代的建筑基本风貌反映出技术与形式的制约关系。在农业社会，技术服务形态；在古希腊，梁柱体系服务于围廊式庙宇；在古罗马，穹顶技术服务于万神庙；在中世纪，骨架券服务于天主教堂等。二者的关系显示了农业社会建筑形态的决定性因素。在工业社会，技术支撑形态，技术是现代主义建筑的根本；建筑大师们以对技术的崇拜来表现建筑，强调技术与艺术的统一。钢框架与玻璃幕墙是密斯·凡·德·罗一生的追求，他所开创的玻璃摩天楼一经出现就风靡全世界，在20世纪50～60年代曾主宰了世界上1/3大城市的天际线。在信息社会，技术主导形态。在当代西方，强大的技术支撑使各种稀奇古怪的建筑都能够被成功地建造起来。弗兰克·盖里的"破碎后的整合"、扎哈·哈迪德的"动态构成"、圣地亚哥·卡拉特拉瓦的"结构式建筑"等，都是在建造技术的保障下得以实现的。而诺曼·福斯特、理查德·罗杰斯和伦佐·皮亚诺等人更是直接将原生态技术升华为艺术技术。技术强大的作用力在当代西方建筑中愈来愈显示出无与伦比的重要性。

第四，建筑是一种生成方式的表达。形式与功能这对既统一又对立的因子，在不同的时代也同样表现为不同的制约关系。在农业社会，形式决定功能。形式是西方古代建筑的强因子，表现为视"建筑即艺术""建筑是凝固的音乐"等观念为时尚。功能的从属地位使得一部西方建筑史表现出了极强的风格史倾向。在工业社会，"形式追随功能"。路易斯·亨利·沙利文的这句名言清晰地表达了现代主义建筑的生成方式。勒·柯布西耶在他的《走向新建筑》中也着重论述了功能对形式的制约性。现代主义是一场全方位的建筑革新运动，剑锋直指西方以折中主义为代表的复古思潮重形式轻功能的设计思想。为此，他们所设计的建筑突显了功能的决定作用，形式只不过是功能合乎逻辑的反映。在信息社会，形式脱离功能。1966年，罗伯特·文丘里发表了他的著名论著《建筑的复杂性与矛盾性》。这本被视为后现代主义建筑宣言的小册子提出了三个主要观念，其中之一就是强调建筑功能与形式的脱离。一些建筑师在建筑创作中将建筑分为"功能构件"与"非功能构件"，"主体功能部分"和"非主体功能部分"，刻意地在建筑上表现外加的各种装饰。

解读外国建筑史还有其他方方面面。总之，从不同的角度去解读，会有不同的观点产生。历史留给我们的遗产实在是太丰厚了，任何个人都无法给予全面的解读。

作为一名中国学者，撰写这本《外国建筑历史图说》，并按照古代、近现代和当代三个不同时期对外国建筑史进行多方位、多角度、多层面的归纳和解读。希望它能够成为广大建筑院校的教师和学生教授和学习外国建筑史课程的参考用书。也希望它成为相关专业的学生备考硕士研究生，以及注册建筑师的参考用书。还希望它成为广大建筑爱好者、旅游者了解西方建筑遗产的普及读物。

因此，恳切地希望广大读者给予厚爱，对本书提出宝贵意见。

目　录

中篇　工业社会建筑——作为机械化产品的建筑

下篇 信息社会建筑——作为高科技产品的建筑

上篇
农业社会建筑——作为手工艺产品的建筑

农业社会的建筑包括古代、中世纪、文艺复兴以及后来的欧美资产阶级革命早期的建筑。不同的时代有不同的时代主题，古希腊的人文主义、古罗马皇帝的帝国情结、中世纪的宗教神学以及文艺复兴时期的世俗文化都被工匠们物化在了建筑的一砖一石或线脚和细部之中。它们都是工匠们一锤一锤雕凿出来的。工匠们的手艺真的是高超，建筑上的装饰真的是精美。

农业社会是以手工业为主要生产方式的时代，建筑就如同卢浮宫内帝王用过的一个银盘、一套家具、一幅帷幔、一张挂毯一样，体现出手工艺产品的一切特性。因此，在农业社会中，建筑是手工艺产品，其特征可以用"繁缛"两个字来概括，表现为建筑华丽的形体、精美的细部和丰富的空间。

1　奴隶制社会建筑——伟大的古代文化

　　建筑是人类社会的大型物质产品，建造它需要有大量的劳动力。在奴隶制社会中，奴隶主所占有的大量奴隶为其大规模地建造各类建筑提供了必要的条件。恩格斯指出："采用奴隶制是一个巨大的进步"。它有以下三个方面的特征：

　　其一是农业与手工业分工的实现，使大部分人能够从事建筑业，为大规模的建筑活动提供劳动力；

　　其二是脑力劳动与体力劳动分工的实现，有了专业的建筑师，建筑师的地位很高，有的可以成为统治者的朋友；

　　其三是战争经常爆发，战争破坏了旧的东西，也使获胜者能够获得外族的建筑文化，从而产生各种文化的碰撞与交流。

　　在奴隶制社会，建筑特征是十分突出的。从宏观上来说，奴隶制社会的建筑有尺度宏大的特点。统治者不惜任何代价为其建造各种宫殿、陵墓和庙宇，如古埃及的金字塔、太阳神庙等巨石建筑就是其中的重要代表。奴隶制社会的建筑还有艺术高超的特点，如古希腊、古罗马的建筑艺术令西方人推崇了两千多年，并一脉相承下来。

　　在奴隶制社会，不同地区的政治制度是不同的。以古埃及和古代西亚为代表的国家和地区实行的是奴隶主中央集权专制制度。在这种制度下，国家机器强大、政教合一、王权无限。统治者掌握着中央的财政、军事和工程三大部门。这种制度导致的建筑风格是威严雄大、沉重压抑、肃穆神秘、震慑人心。这些国家和地区的建筑是奴隶们在强大的压力下建造起来的，这种压力包括肉体上和精神上的，因此奴隶们的积极性受到压抑。

　　以古希腊和古罗马共和时期为代表的国家和地区实施的是奴隶主自由民民主制度。这种制度的当政者由选举产生（不同于选拔），不是继承世袭的；资产阶级民主便是在这个古老的模式中孕育出来的。在古希腊，人本（文）主义盛行，强调人的作用，认为世界上的万物唯有人的力量最伟大。他们强调人体美，把神拟人化，强调神就是有本领的人。正是因为有了这种早期的人文主义精神，这里的建筑尺度是宜人的，柱式也是拟人的；建筑风格严谨完美，雄伟明朗，轻巧典雅。这种制度下的自由民有劳动的积极性，善于积极主动地去创造。古希腊和古罗马的建筑对欧美建筑有巨大的影响。

　　总的说，奴隶社会建筑艺术十分突出，创造了许多建筑上的奇迹，有些奇迹至今仍然是难解之谜。

1.1 古埃及建筑——第一批巨大的纪念性建筑

古埃及位于非洲的东北部。在宽20～50km,长约1000km的尼罗谷地,上埃及(上游,南部)和下埃及(下游,北部)两部分组成了古埃及的全部国土面积。尼罗河是古埃及文明的源泉。雕刻、绘画和建筑艺术的发展得益于这条贯穿南北的大动脉。古埃及全境干旱少雨、气温较高的特点使古埃及人集中定居在尼罗河两岸的流灌区。因此,在与干旱的沙漠形成鲜明对照的这片尼罗河养育的丰饶河谷地带上,诞生了历史上最为灿烂的古代文明之一的古埃及文明。

由于尼罗河每年都要泛滥,土地不断被冲掉,在重建、重新发展的过程中,古埃及产生了和古埃及人生命息息相关的几何学、测量学、天文学。他们还在大规模的水利工程中,创造了较早的起重运输机械和具有组织几万人协调劳动的能力。

在建筑材料上,古埃及木材奇缺,却盛产石料。在北部地区出产石灰石(Limestone);在中部地区出产沙岩石(Sandstone);在南部地区出产花岗石(Gramite)。同时,这里黏土(clay)也很丰富。

古埃及人的宗教有相信灵魂不死、若干年后灵魂会复活的思想,即相信有永恒的来世生活的存在。所以,古埃及人会尽力设法保护好死者的尸体,使他们的来世生活得以好过。古埃及的艺术和宗教的发展都是围绕着来世世界的,而现世的今天则成了对来世向往的印证。

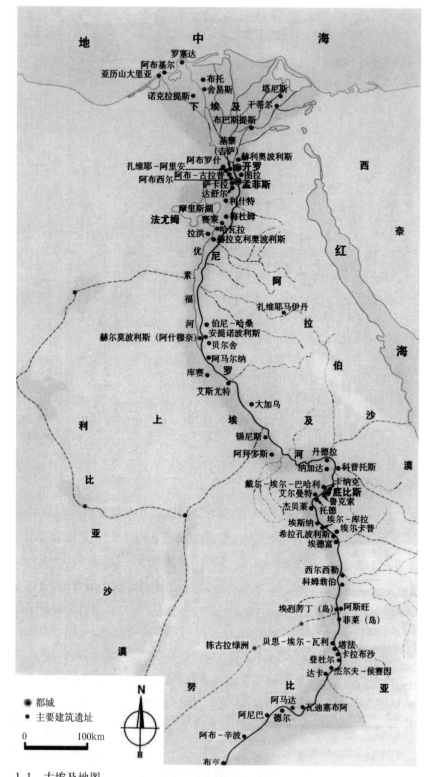

1.1 古埃及地图

古埃及是一个多神教的国家，如阿蒙（Ammon）为太阳神；穆特（Mut）为众神之母，阿蒙神之妻；孔斯（Khons）为月神，阿蒙神与穆特神之子。

古埃及社会是最早政教合一的国家，实行奴隶主专制统治。国王和守护神成为一体。

古埃及的历史分为如下几个时期：

（1）早王朝时期（1-2 王朝，公元前3100-前2686年）。

（2）古王国时期（Old Kingdom，3-6 王朝，公元前2686-前2181年）：首都是孟菲斯（The Memphis），代表建筑为金字塔。

第一中间期（7-10 王朝，公元前2181-前2133年）。

（3）中王国时期（Middle Kingdom，11-12 王朝，公元前2133-前1786年）：首都是底比斯（Thebes），代表建筑为崖墓。

第二中间期（13-17 王朝，公元前1786-前1567年）。

（4）新王国时期（The Empire，帝国时期，18-20 王朝，公元前1567-前1080年）：首都是底比斯，代表建筑为太阳神庙。

（5）晚期（21-31 王朝，公元前1080-前332年）。

1.1.1 金字塔的发展演变及其特征

埃及共发现金字塔96座（一说为108座），不论是古埃及人的审美情趣，还是其巨大的体积所涉及的工程技术、丧葬礼仪，甚至于数学计算和天文计算，一切都纳入了这些规模宏大的建筑物之中，应有尽有。金字塔是古埃及人的伟大创造，它既具有实现物质功能的陵墓作用，又体现了古埃及人精神层面上的象征含义。

在古王国时期，埃及的法老与太阳神的关系如同父子。有关太阳神的传说通常与孟菲斯北部的赫利奥波利斯（Heliopolis）有关。因为那里有一锥形之土为太阳神最先显现之处，金字塔可以说是这个小山丘的再现。完成一个真正锥体之金字塔，以便太阳神能够和其儿子法老永恒地结合在一起，因此，建造金字塔便成为古埃及

社会一件极为重要的建筑活动。

早在公元前4000年左右，埃及还处于氏族部落时代，有钱有势的首领便开始兴建造型和技术都很考究的坟墓，它的形式被称为平台式——以土坯为料，主要是在宽大的地下墓室之上，建造供奉祭祀用的厅堂。形状依照当时的住宅，装饰也模仿住宅；用纸草、芦苇束花纹装饰檐口、门框（此时的埃及正处于原始拜物教的时期）。坟墓是死人的住所。

国家统一后，原始宗教转为对法老本人的崇拜。这就要求在各方面创造突出法老至高无上的精神环境。法老的坟墓不再是死后的居所。在艺术处理上，平台式逐渐被淘汰，出现了一种特殊的阶梯式金字塔。祭祀厅堂也不在墓室顶部，而转移至阶梯式金字塔的前面。

到公元前3000年中叶，在尼罗河三角洲的吉萨（Giza），真正成熟的金字塔形制出现了，即胡夫金字塔群。

1.1.1.1 玛斯塔巴（Mastaba）：

在早王国时期的上埃及，一种比较原始的住宅的建造是以卵石为墙基，用土坯砌墙，密排圆木成屋顶，再铺上一层泥土，外形像一座有收分的长方形土台。后来，氏族首领在建造陵墓时有意模仿这种长方形的平台式住宅，使之发展成早期埃及陵墓的一种典型形制，称为"玛斯塔巴"。

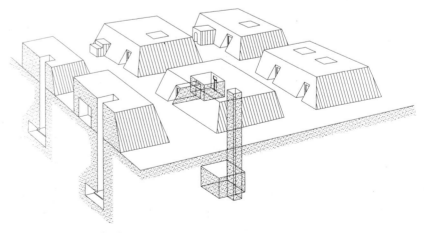

1.1.1.1 玛斯塔巴轴测图

公元前4000年，孟菲斯一带的早期帝王陵墓地表部分也采用"玛斯塔巴"的形式来建造。内有厅堂，放置死者在陵墓中将要"使用"的一切"生活"用品。墓室部分则深埋在地下，上下有阶梯或斜坡甬道相连。后来的金字塔就是以此为原型发展起来的。

1.1.1.2 昭塞尔金字塔 (Zoser, 公元前2680年)：

公元前2680年，埃及诞生了第一座金字塔——昭塞尔金字塔。它是由古埃及最伟大的建筑设计师伊姆贺特普 (Imhotep) 设计的，位于孟菲斯城西的萨卡拉。金字塔呈不等高的阶梯状，共6层，石头砌筑。基底东西长约125m，南北长约109m，高62m。法老的墓室按照玛斯塔巴的习惯深藏在塔下25m深的竖井中。整个建筑群占地约为540m×278m。它的出现极大地改变了古埃及法老陵墓的形制；样式单纯，结构稳定。

昭赛尔金字塔在塔前和四周建有祭祀厅堂、围墙和其他附属建筑物。他们在细部装饰上以模仿早期用木材和芦苇建造的宫殿的装饰纹样为主，沿石柱上下刻出一道道精细的线脚，犹如一束束芦苇那样纤细华丽。这种装饰的艺术效果与金字塔的凝重、单纯形成鲜明的对比，表现出更强的纪念性。在一条通向金字塔内部的甬道两侧，众多的立柱划分着阴郁的空间，使之更加扑朔迷离，渲染出从世俗走向冥界的神秘意境，显示出古埃及人深谙创造深层次意境之术，即对于光线明暗和空间开阔对比的充分利用。以此震撼人们的心灵，渲染帝王的"神性"，刻画死后的法老在冥界继续做统治者的目的。

1.1.1.3 麦登金字塔 (Pyramid at Meidum)：

麦登金字塔由第三王朝的最后一位法老胡尼 (Huni) 所建，位于孟菲斯城南约50km处。这座金字塔最后完成时是一个倾角为51°的等腰三角形的真正金字塔。但是，由于施工的原因，在公元前约1000年前发生了坍塌，留下的现状是一个损毁得很严重的金字塔。塔底边144.5m见方，高约90m，塔身下部斜度约75°，是一座由阶梯状金字塔向方锥状金字塔过渡时期的作品。

1.1.1.2 昭塞尔金字塔

1.1.1.3 麦登金字塔

1.1.1.4 达舒尔金字塔

1.1.1.4 达舒尔金字塔 (Pyramid at Dahshur, 公元前 2615年)：

达舒尔金字塔建于约公元前 2615 年，是第四王朝的第一个法老斯奈夫鲁(Sneferu)所建。塔底边 189m 见方，高约 101.5m。这座金字塔原本是要建成坡度为 60° 的方锥形，但是，由于施工过程中塔身产生了裂缝而改变了原设计，做成了折线形。塔身下部斜度呈 43°21′，上部斜度呈 54°31′。金字塔的西面和北面分别设置了两个入口，通向两个不同高度的墓室。这也是一座过渡时期的金字塔。

1.1.1.5 吉萨金字塔群 (Great Pyramid of Giza)：

经过一次次的探索，古埃及法老要建方锥形金字塔的愿望终于在公元前 2600-前 2500 年间的第四王朝第二至第四个法老的陵墓上得以实现，这就是举世闻名的吉萨金字塔群。位于埃及首都开罗郊区的吉萨金字塔群是古埃及最大、最具代表性的金字塔，一共有三座。分别是第四王朝第二个法老胡夫（Khufu）、第三个法老哈夫拉（Khafra）和第四个法老孟考拉（Menkaure）的陵墓。

胡夫金字塔是吉萨金字塔群中最早和最大的一座，无论在规模还是在质量上，都是古埃及金字塔中最完美之作。塔的原高 146.5m，因年久风化，顶端剥落 10m，现高 136.5m；底座每边长约 230m，三角面斜度为 51°50′，塔底面积 5.29 万 m^2；塔身由 250 万块石头砌成，每块石头平均重 2.5t。10 万人用了 20 年的时间才得以建成。法老的墓室被放置在靠近塔的中心部位，而非传统的埋于地下深处，其下部有皇后的墓室，在地面标高以下建有存放葬品之室。该金字塔内部有通道对外开放，该通道设计精巧，计算精密，令人赞叹。

第二大的金字塔是胡夫之子哈夫拉的陵墓，是三座大金字塔中保存得最好的一座。塔原高约 143.56m，比胡夫金字塔低 3m 多，现高 136.4m；底座每边长约 215.25m，比胡夫金字塔少 14.6m 左右；三角面斜度为 52°20′，比胡夫金字塔略陡一些。塔前一侧是用哈夫拉

面部为头部原型塑造的狮身人面像（Sphinx）。雕像的身体为狮子，高 22m，目前长约 73m；光雕像的一个耳朵就有 2m 高，面部最大宽度为 4.17m。整个雕像除狮爪外，全部由一块天然岩石雕成。由于石质疏松，且经历了四千多年的岁月，整个雕像风化严重，面部有严重破损。

兴建年代最晚，也是最小的金字塔是孟考拉的陵墓，原高约 66.4m，现高为 62.2m，底座每边长约 108.7m，占地面积还不到胡夫金字塔的 1/4，三角面斜度为 51°20′。

概括起来，古埃及金字塔的发展有以下几个特点：

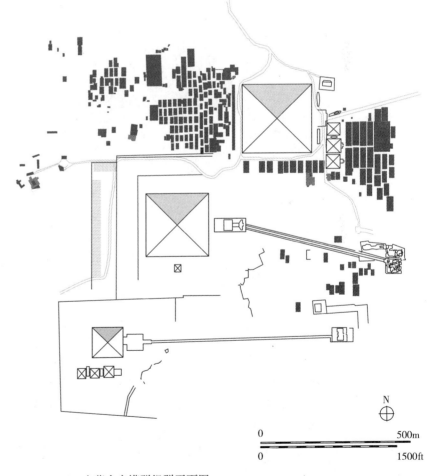

1.1.1.5-1 吉萨金字塔群组群平面图

1.1.1.5-2 吉萨金字塔组群全景

1.1.1.5-4 哈夫拉金字塔和狮身人面像

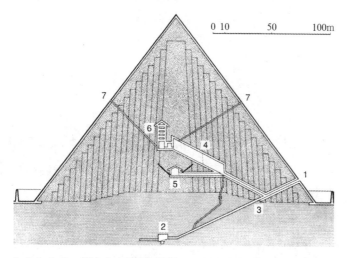

1.1.1.5-3 胡夫金字塔剖面图(1.入口,2.殉葬品墓室,3.廊道,4.大通道,5.王后墓室,6.国王墓室,7.廊道)

1.1.1.5-5 孟考拉金字塔

（1）形制由平台式，经阶梯、折线等形式的过渡发展，最后形成典型的方锥式构图。

（2）功能由实用型，即死者的居室，向艺术纪念型发展，即法老的纪念碑。

（3）材料由土坯向砖过渡，并最后转用石材，强调永久性，符合纪念性建筑的特色。

（4）装饰手法由模仿木柱、芦苇束花纹向表现石材所特有的风格发展，即简单的几何形体。塔的构图与风格完全统一，艺术形式与技术、材料之间的矛盾逐渐消失。

（5）祭祀厅堂由平台式的墓顶移至方锥式的塔前，位置由重要向相对次要变化，强调突出塔。

（6）构图形式由平缓向高、集中式方向发展，展现出纪念性建筑构图的雏形。

（7）对死者由祭祀性向纪念性发展，强调崇拜。

古埃及金字塔的这些变化反映出古埃及社会对法老的崇拜日益加深这样一个发展趋势。

1.1.2 崖墓

古王国后期的一二百年间，古埃及发生分裂和混乱
（第一中间期7–10王朝，公元前2181–前2133年）。到
了中王国时期，以南方的底比斯为中心，经过几朝法老
的努力，第十一王朝的曼都赫特普（Mentuhotep，公元
前2060–前1991年）在公元前2060年终于重新统一了包
括上、下埃及在内的埃及全境。

在新首都底比斯，自然环境与北方的孟菲斯有所不
同，不再是平原和沙漠，尼罗河两岸是峡谷深窄、悬崖
峻峭。自然环境改变了，古埃及人的建造重点也不再落
于视觉效果强大的金字塔上，金字塔日渐缩小直至消失。
法老不再建造金字塔，而是从原始拜物教的巉岩崇拜中
汲取灵感，创造了一种新的墓葬形式——崖墓。这种新
时期的陵墓表现出一个明显的变化，就是对死者不再用
巨大的建筑来安置他，而是通过神职人员举办各种仪式
来悼祭他。因此，厅堂、祭庙又成为新陵墓的主体，而
法老的遗体则深藏于悬崖内的墓室里。

1.1.2.1 曼都赫特普墓 (Mentuhotep，公元前2020年)：

曼都赫特普在统一了古埃及全境后，随即开始在尼
罗河西岸的戴尔—埃尔—巴哈利（Dier-el-Bahari）建
造自己的陵墓和祭庙建筑群。

该建筑群由三个部分组成。最外边为一个巨大的庭
院，其内遍植柽柳和小无花果树，内有坡道可登上由岩
石所构成的平台，其上是三面带有柱廊围合的小型金字塔
（但是，在平台中央是否有这个小的金字塔，不同的考古
报告中有着不同的结论）。再通过一个小的内院走入凿在
山岩里的第二个柱厅，内有10排共80棵八角柱。这是
已知古埃及建筑史上最早的大型多柱厅，为新王国时期
太阳神庙横向柱厅的先驱。法老的墓室则深藏于第二个
柱厅中。

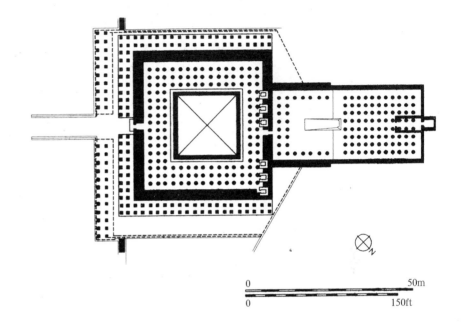

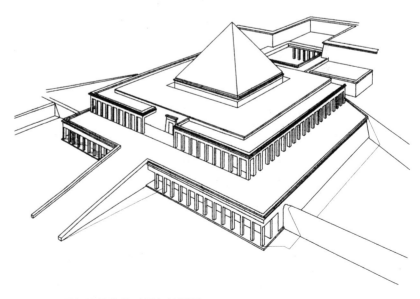

1.1.2.1 曼都赫特普墓平面与轴测图

1.1.2.2　哈特什帕苏女王陵墓

1.1.2.2　哈特什帕苏女王陵墓 (Hatshepsut, 公元前1503—前1482年)：

在曼都赫特普陵墓旁，有一座建于500年后第18王朝的哈特什帕苏女王陵墓。形制受曼都赫特普陵的影响，只是多了一层平台，没有金字塔，但规模更大一些。

从这两个实例来看，在崖墓这一新的建筑形制中，祭祀厅堂又成为主体，并扩展成为规模宏大，由几进院落组成的庙堂。采用梁柱结构，建造比较宽敞的内部空间，坐落在悬崖前面。墓室是凿在悬崖里的石窟。这时的崖墓起到了金字塔的作用。

同时，对于崖墓建筑需要强调的是：

(1) 地理环境对建筑的影响是巨大的；

(2) 新结构形式——梁柱体系出现了；

(3) 开始强调内部空间的重要意义；

(4) 群体建筑的轴线作用非常突出，空间序列逐次展开。

1.1.3　太阳神庙的艺术特色

公元前1786年第12王朝结束，古埃及又一次陷入分裂状态，古埃及历史进入第二中间期（13—17王朝，公元前1786—1567年）。在国家分裂与西亚游牧部落乘虚而入的这两个世纪里，古埃及文化艺术的发展处于极其缓慢甚至停顿的状态。公元前1567年，阿赫摩斯一世重新统一国家，建立了第18王朝后，古埃及开始了一个新的时代——新王国时期（帝国时期，The Empire，18—20王朝，公元前1567—前1080年）。从此，古埃及逐步走向了对外扩张的道路，多次进兵西亚，出征南方。公元前15世纪图特摩斯三世在位时，古埃及国力强盛，疆土一再扩充，成为一个地跨亚非的军事帝国。

新王国时期，法老与太阳神相结合，成为人间"统治者的太阳"——"活神"。这一时期，陵墓建筑日渐衰退，而对于宗教上各种仪式和神职祭司的重视日渐加深。太阳神庙成为古埃及继金字塔、崖墓之后又一个表达对法老精神崇拜的纪念碑。

1.1.3.1　卡纳克神庙建筑群 (Karnak)：

卡纳克本是位于开罗以南600km，尼罗河东岸一个埃及村落的名字。由于是古代底比斯真正中心的巨大神庙建筑群的所在地，新王国时期政治与宗教生活的心脏地带，遗存有古埃及帝国最为壮观的神庙建筑群而闻名世界。神庙内尖顶石碑如林，巨石雕像随处可见。在神庙的石壁上，可见到古埃及人用象形文字刻写的他们的光辉史迹。整座建筑群仅现今保存完好的部分占地就达30多公顷，是世界上最壮观的古代建筑群之一。

其实，在这一区域，早在古王国和中王国时期就有神庙建筑存在。而到了新王国时期，大规模的扩建从公元前1530年开始到最后完成，历经1200多年。卡纳克神庙建筑群由阿蒙神庙、穆特神庙和蒙图神庙组成。分别供奉着底比斯地区的三位主要神祇：阿蒙神（Ammon）——诸神之王、法老的守护神；穆特神（Mut）——底比斯女神，阿蒙神的妻子；蒙图神（Montu）——原为战神，是阿蒙之前古王国时期底比斯地区的主神。阿蒙神庙居中，规模最大，占地面积约480m×550m；穆特神庙居右，规模次之，面积约325m×250m；蒙图神庙居左，规模最小，面积约150m×150m。这三个神庙的特色各不相同，但其总体布局的指导思想却十分相近，就是把主轴线从神道终端逐步引向建筑群的内部，并通过一系列实体与

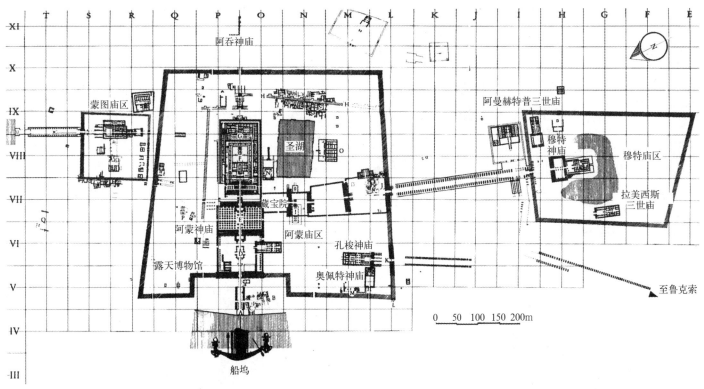

图中文字标注：

T　S　R　Q　P　O　N　M　L　K　J　I　H　G　F　E

阿吞神庙

蒙图庙区

圣湖

阿曼赫特普三世庙

穆特神庙

穆特庙区

拉美西斯三世庙

藏宝院

阿蒙神庙

阿蒙庙区

孔梭神庙

露天博物馆

奥佩特神庙

至鲁克索

0　50　100　150　200m

船坞

1.1.3.1　卡纳克神庙建筑群平面图

空间的过渡接引到神的隐秘住处——内殿。

1.1.3.2　阿蒙神庙 (The Great Temple of Ammon, 公元前1530—前323年)：

阿蒙神庙是整个卡纳克神庙建筑群的主体建筑，规模宏大，全部用巨石修建。阿蒙神庙主轴线为东西走向，垂直于尼罗河，总长为366m。在大门外的运河与大门之间有一条两旁排列着多达90多座狮身羊首像的甬道（也称斯芬克斯大道），由第19王朝法老、埃及最有名君王之一的拉美西斯二世 (Ramesses II) 建造。整体建筑群沿轴线排列有牌楼 (Pylon) 大门、一座内院、一个大柱厅及一系列密室。

卡纳克阿蒙神庙在纵向轴线上共有六座大牌楼门，横向轴线上共有四座大牌楼门。这十座大门构成整座庙区巨大的实体部分，厚重而又高大。其上彩旗猎猎，浮雕满布，圣羊像、方尖碑点缀其中，形成强烈的对比。门与门

之间构成一系列大小不一、纵横、开阖有致的空间与院落，使实体与空间完美结合，交替形成建筑组群的主体。其中，纵向轴线最外层的大牌楼门宽达113m，高为43.5m，是托勒密王朝所建。巨大的牌楼门是由世俗世界进入阿蒙圣区的重要标志，它的巨大尺度（观赏尺度）与实际入口大门的尺度（使用尺度）形成巨大的反差，产生出震慑人心的巨大力量，在精神上烘托出法老的神圣与威严，但这座大门最终并未完全建成。

在纵轴线上的这六座大门的宽度向内逐渐变窄，在第三和第四座大门前各建有两座方尖碑，前面的是图特摩斯一世方尖碑，高21.8m，后面的是哈特什帕苏女王方尖碑，高30.43m。方尖碑是古埃及人崇拜太阳的纪念碑，它象征着太阳的一束光芒，通常由一块巨石雕刻而成，碑顶做成金字塔的形式，常用包金处理。碑身自下而上逐渐收分，并布满雕刻。方尖碑比例修长，高细比为9：1～10：1。

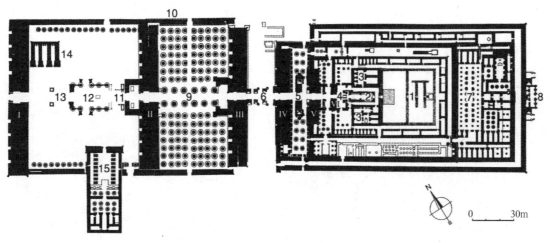

1.1.3.2-1 卡纳克阿蒙神庙平面图

（1.中王国院，2.原图特摩斯三世圣舟祠堂所在地，3.哈特什帕苏祭品室，4.图特摩斯三世纹章柱，5.哈特什帕苏方尖碑，6.图特摩斯一世方尖碑，7.图特摩斯三世节庆堂，8.背面祠堂，9.塞提一世和拉美西斯二世大柱厅，10.表现塞提一世征战场面的浮雕，11.18王朝巨像，12.塔哈卡柱廊，13.前院，14.塞提二世庙，15.拉美西斯三世庙）

1.1.3.2-2 卡纳克阿蒙神庙大牌楼门

1.1.3.2-3 卡纳克阿蒙神庙方尖碑（左图）

1.1.3.2-4 卡纳克阿蒙神庙大柱厅复原图（右图）

大柱厅是卡纳克阿蒙神庙的主要大殿，为拉美西斯二世所建。大厅宽 103m，深 52m，面积约 5406m²。厅内共有 16 行 134 棵巨型石柱，气势宏伟，令人震撼。其中靠近轴线最高大的 12 棵中廊柱高达 20.11m，直径 3.57m，为纸草盛放式柱头，上面架着 9.21m 长的大梁，重达65t。柱身还残留有描述太阳神故事的彩绘。其余 122 棵侧厅列柱高 13.7m，直径 2.8m，为简化的纸草束茎式柱头。这样巨大的柱子沉重压抑，高细比约为 4.66 : 1，柱间净空小于柱径。构建这样密集而又粗壮的柱林，从一个侧面反映出古埃及法老所拥有的不可一世的雄心和压倒一切的精神力量。

1.1.3.3　卢克索神庙 (The Temple at Luxor, 公元前1408—前1300年) :

在卡纳克阿蒙神庙以南约 3km 处遗留有底比斯地区的又一处大型神庙建筑群——卢克索神庙。它的规模远比卡纳克阿蒙神庙建筑群小得多，但却以平面独特、保存较好、靠近尼罗河、风景优美而著称。

卢克索神庙建筑群从公元前 15 世纪阿曼赫特普（Amenhotep）三世开始建造，在拉美西斯二世陆续建造的部分完成之后，卢克索神庙的形制便基本定型。神庙供奉着底比斯的三位主神，阿蒙（Ammon）、他的妻子穆特（Mut）以及他们的儿子月神孔斯（Khons）。

卢克索神庙被称为"南部后宫"，是阿蒙神的圣婚之地和他的新年祠堂。全长约 262m，宽 56m，主要由拉美西斯二世方尖碑、牌楼门和大院，阿曼赫特普三世柱廊、大院、柱厅及一系列密室构成。

神庙入口的大牌楼门面向东北，前有斯芬克斯大道与卡纳克神庙群相接。两座立于门前的方尖碑高约21.34m（其中右侧的方尖碑在 1836 年被运往法国巴黎，立在协和广场的中央），与大门形成鲜明的对比，也是圣羊像与大门的过渡元素。大牌楼门上有描绘当时节日景象和拉美西斯二世在叙利亚作战情景的浮雕和拉美西斯二世的巨大石像。可以看出，由这么多实体元素构成的入口，

表达了神庙所要求的恢宏气派与喧嚣场景。

牌楼门后面的拉美西斯二世庭院为平行四边形，是神庙轴线偏折的结果。庭院周围柱廊的柱子低矮、古朴而简洁。柱头是简化的纸草束茎式，与阿曼赫特普三世柱廊中高大的纸草盛放式巨柱形成强烈对比。这 14 棵 16m 高的石柱分两排高高耸立，而光线的黯淡与空间的突然紧缩为大柱廊渲染着神秘与威严。柱廊尽端所连接的阿曼赫

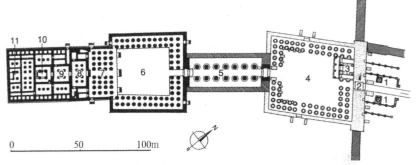

1.1.3.3-1　卢克索神庙平面图
(1. 拉美西斯二世方尖碑，2. 拉美西斯二世塔门，3. 图特摩斯三世祠堂，4. 拉美西斯二世大院，5. 阿曼赫特普三世柱廊，6. 阿曼赫特普三世大院，7. 前厅，8. 柱厅，9. 显圣厅，10. 圣舟祠堂，11. 祠堂)

1.1.3.3-2　卢克索神庙大牌楼门

1.1.3.3-3　卢克索神庙阿曼赫特普三世柱廊

1.1.3.3-4　卢克索神庙阿曼赫特普三世大院与大柱厅

特普三世大院明亮开敞，三面绕以纸草束茎式双排柱廊，并与前面的柱厅相接。柱厅没有外墙，向庭院完全敞开，厅内同样置以纸草束茎式柱子，四排共 32 颗，与庭院的视觉联系紧密。柱厅后面一系列密室的地面开始升高，天花逐渐降低，光线也渐次变暗。

古埃及建筑的成就和艺术特征：

（1）奴隶主中央集权的专制制度给贵族以物质力量，建筑形象逼人，鄙视生活。

（2）掌握了突出建筑纪念性的基本构图原则：

规模宏大，面积、尺度超乎寻常；

形体一般为简单、稳定的几何体；

轴线明确、对称；

纵深构图，渲染气氛，统一构思；

气氛雄伟、严肃、永恒、压抑、神秘。

（3）利用大自然加强建筑的艺术表现力。

比如：沙漠、山崖、河流、天空。

（4）善于运用雕刻来烘托建筑：

如墙面和各种柱子上的浮雕、太阳神庙大牌楼门前的人像圆雕。而斯芬克斯大道上的圣羊像对于烘托太阳神庙的宗教气氛更是恰到好处。

（5）明确建筑是统治和镇压的精神力量。

（6）柱式雏形的产生，丰富了柱头。

总之，古埃及人重"来世"的思想主导着古埃及建筑的特色。希腊史学家西卡洛斯说：古埃及人把住宅只看作暂时的旅舍，而把坟墓看作永久的"住宅"。重来世而轻今世，因此不惜花费漫长的时间，巨大的人力、物力去兴建墓室。不仅生死有着明确的界限，而且是极端重视死后的。

另一方面，古埃及人认为精神必须依附于死者的躯体；因而，制造木乃伊，建造金字塔，造崖墓藏之。金字塔的体形看似简单，但却包含着一个复杂的内涵。所以，西方美学家把埃及文化称为"来世"的艺术。

此外，古埃及的太阳神庙建筑群与中国古代建筑群相比，都是中轴线上以院落为单元的纵向布局，它们都注意到了在空间序列中创造一系列戏剧化的效果。但它们的手法又有着很大的不同，中国古代建筑组群强调空间的变化和对比；古埃及则注重光线的变化和明暗对比。

1.2 古代西亚建筑——塔庙与宫殿的兴起

古代西亚建筑包括幼发拉底河（Euphrates River）与底格里斯河（Tigris River）流域的建筑，也称两河流域和古代波斯的建筑。分别由古巴比伦王国、亚述帝国、新巴比伦王国和波斯帝国等几个不同时期构成。

两河流域古称美索不达米亚（Mesopotamia，意为"河中间的土地"）。这里沃野广阔，气候多变，夏季酷热，冬季寒冷。由于缺少石材与树木，黏土成为这里主要的建筑材料，并发展成为坯（日晒砖）、砖（窑砖）和釉砖（琉璃）等几种方式。为防雨水，建筑大多建有台基，形成高台建筑。

古代西亚地区的历史源远流长，大约公元前四千年，苏美尔人在此定居，并逐渐形成城市，城中多建有带平台的神殿，称作塔庙。

公元前1792年，汉穆拉比（Hammurabi，公元前1792-前1750年在位），用武力统一了两河流域，建立了一个中央集权的专制国家。首都为巴比伦城（Babylon为阿卡德语，意为"神之门"），史称古巴比伦王国（Babylonian，即现在的伊拉克）。古巴比伦王国在农业与商业、数学与天文学等领域十分发达，在汉穆拉比统治时期达到极盛，但是汉穆拉比死后，帝国随即瓦解。王国先后受到外族人入侵，直到公元前729年被亚述帝国吞并。

亚述人在美索不达米亚历史上活动时间约有一千余年，大致可分为早期亚述、中期亚述和亚述帝国三个时期。亚述帝国（Assyrian）是其历史上最强盛的时期，尤其是萨尔贡二世（Sargon II，公元前721-前705年在位）使亚述帝国进入了鼎盛时期，建立了版图包括两河流域、叙利亚和埃及的军事专制国家。首都尼尼微（Neynewa）成为世界性大都市，著名的萨尔贡王宫为其代表建筑。

公元前612年，新崛起的新巴比伦王国与伊朗高原的米底人联合攻陷了亚述帝国的首都尼尼微。公元前605

年，曾在美索不达米亚历史上称雄一时的亚述帝国灭亡，其遗产被新巴比伦王国和米底王国瓜分。

公元前626年，建立的新巴比伦王国（Neo-Babylonian）大约位于古代美索不达米亚南部，在尼布甲尼撒二世（Nebuchadnezzar II，公元前605-前562年在位）时国势达到顶峰，著名的巴比伦空中花园就是他为其爱妻所建的人类建筑史上的七大奇迹之一。

公元前539年，波斯的西鲁斯（Cyrus）大帝统一了两河流域，建立了横跨亚、非、欧三洲的波斯帝国（Persian）。

两河流域的巴比伦王国和亚述帝国时期，宗教上信奉多神教，是早期政教合一的地区，人首翼牛神是其主神。古代波斯人崇尚火，拜火教是他们的主要宗教形式，而没有庙宇。

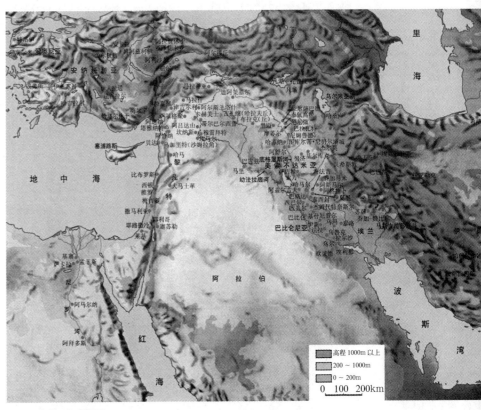

1.2 古代西亚地图

古代西亚地区以日晒砖为主要建筑材料。因此，在防水处理上产生了比较发达的饰面技术和丰富多彩的装饰手法。

1.2.1　乌尔山岳台（Ziggurat at Ur，公元前2113-前2096年）：

古代西亚人从公元前2200年－前500年间建造了大量的山岳台，主要分布在南部的巴比伦到北部的亚述地区，留存至今的大约有25座。乌尔山岳台是保存最好的一座。

山岳台又称观象台，在宗教上是古代西亚人山岳崇拜和天体崇拜的产物，又是观测星象的一种塔式建筑物，所以也称为塔庙（Temple-tower），是集中式构图的高台式纪念性建筑。在这一点上与古埃及的金字塔有一定的联系，只是山岳台的正面有坡道和台阶可以登顶，到达供祭祀用的庙宇。山岳台的宗教意义主要有"山的庙宇"（Mountain Temples）或"神的住宅"（House of God），以及"天堂与尘世的桥梁"（bridge between heaven and earth）等含义。

乌尔山岳台是为乌尔的守护神月神南纳（Moon God Nanna）建造的，内部使用土坯砌筑，外层用砖包裹。台体共分3层，第一层基底面积为64m×45m，高9.75m，有3条大坡道登上第一层，一条垂直于正面，两条沿墙而上；第二层的基底面积为3723m²，高2.50m；第三层

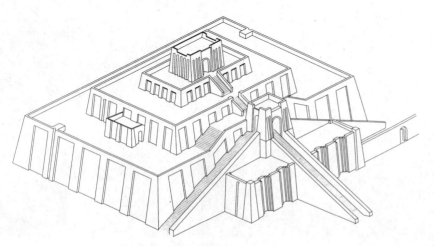

平台上建有供祭祀用的庙宇，但现已残毁。据估算，山岳台总高约为21m。

1.2.2　萨尔贡王宫（The Palace of Sargon at Chorsabad，公元前722-前705年）：

亚述帝国的君主们在统一了西亚，征服了埃及之后，纷纷兴建都城与王宫。其建设规模大于以前西亚任何一个国家。这时的萨尔贡二世国王选择在亚述首都尼尼微的北部建立了一座新的皇城——都尔—沙鲁金（Dur-Sharrukin），意为萨尔贡堡垒（Sargon's Fortress），后称柯沙巴（Khorsabad）。城的面积为1600m×1750m，有7座大门通向城内。就在这座皇城的西北部城墙上，萨尔贡二世在横跨城墙内外处建造了一座新的王宫，即萨尔贡王宫。

新王宫占地约25英亩（约合10.2万m²），面积大约是新皇城的1/30，位于18m高大平台上。在正门前，与平台平行设置两条大台阶登至门前的平台上。宫墙与平台外沿之间留有宽阔的大道，并与城墙相通。高大的塔楼护卫着巨大的圆拱门，构成王宫的主要入口。塔楼下的墙裙上雕刻着从正、侧两面看起来均形象完整，具有五条腿的人首翼牛神像（Winged bull）。圆拱门下的神像高达3.8m，庄严地守护着大门。

人首翼牛像是亚述常用的装饰题材，也是该地区的主要神灵，象征着智慧和力量，与埃及的狮身人面像有着异曲同工之妙。它们的构思是：正面采用圆雕，侧面做浅浮雕。正面有两条腿，侧面为四条，在转角处的一条腿为两面共用，所以形成了奇特的五条腿的人首翼牛兽。这种巧妙的构思符合观赏条件，所以并不显得荒诞。古代西亚人不受雕刻题材的束缚，把圆雕和浮雕结合起来，将正、侧两面观赏因素综合考虑，体现出很强的创新精神。

王宫的总体布局有明确的功能分区，共计210个房间围绕着30个院落布置。入口大院的右侧为行政办公部分，左侧是高达7层的山岳台和庙宇。这些院落和房间都布置在皇城城墙的里侧，而皇城的外侧，也就是王宫的后半部分为后宫的宫殿。

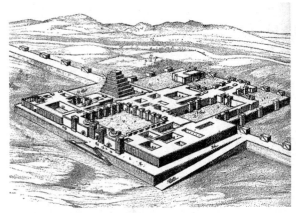

1.2.2-1 萨尔贡王宫复原图

1.2.2-2 萨尔贡王宫中的正门复原图

1.2.2-3 萨尔贡王宫中的人首翼牛像

萨尔贡王宫不但规模宏大壮观，色彩装饰也极其丰富和华丽。在宫墙上表现日常生活、宗教祭祀和亚述王征服以色列的战争等场景的浮雕华丽而精美，具有极高的艺术水平，足以炫耀亚述帝国君主们的豪富与威武。

1.2.3 新巴比伦城（New Babylon）：

新巴比伦城是巴比伦王国的都城，是在旧巴比伦城遗址上改建的。巴比伦的阿卡德语意为"神之门"。公元前18世纪前半期，古巴比伦王国汉穆拉比王统一两河流域，即以此为国都。新巴比伦国王尼布甲尼撒二世在位时（公元前605－前562年），重建该城并达到极盛。约于公元前539年成为波斯帝国的都城。公元前331年马其顿军队入侵，巴比伦成为马其顿在东方的首都。马其顿亚历山大大帝死后，巴比伦城逐渐衰落，到公元2世纪该城沦为一片废墟。

新巴比伦城在今天伊拉克巴格达城以南约70km处。公元前6世纪，尼布甲尼撒二世将新城从旧城的幼发拉底河东岸，一直扩展到河西岸，使幼发拉底河成为城中河。新巴比伦城呈长方形，规模宏大，雄踞西亚地区。它的外围城墙厚度达7m多，全长17.7km，用烧砖和沥青砌筑。离外围城墙约10m多，有一道内城墙，厚7m多，周长8km，用土坯砌筑。有些地方还有第三道墙，厚3m多，内城墙每隔44m有一座塔楼。沿内城墙外侧有护城河环绕，安置有一套复杂的放水设施，当敌军临近时，

1.2.3 新巴比伦城局部复原图

可以放水淹没地面，使敌人无法接近。

四面城墙的城门多达百余座，门扇、门柱、门楣全是青铜的。主要城门都以神的名字命名。城的正门是伊丝塔尔门，高12m，双重塔门，是为献给女神伊丝塔尔而建。进门是南北向的大街，街道宽7.5m，以石或砖铺筑。大街以西有尼布甲尼撒二世的南宫，由5个院落组成，中心第3号院落里饰有彩釉砖拼成的狮子图形及各种花木几何图案。南宫东北角有世界七大奇观之一的空中花园。

新巴比伦城垣雄伟、宫殿壮丽，幼发拉底河自北向南纵贯全城，一座壮观的大石桥横跨两岸。城内的埃特梅纳基塔庙（Etmenanki）共有7层，高达91m，基座每边长91.4m，每层都以不同色彩的釉砖砌成。塔顶有一座用釉砖建成、供奉着马尔杜克神（Marduk，巴比伦的守护神）金像的神庙。新巴比伦城充分显示了古代两河流域的建筑水平。

1.2.3.1 空中花园 (Hanging Garden, 公元前6世纪)：

空中花园（亦称"悬苑"）是新巴比伦国王尼布甲尼撒二世为他的妃子建造的花园，被誉为世界七大景观之一。

公元前614年，尼布甲尼撒娶了米底王国公主赛米拉斯为妻。然而，由于公主家乡的环境山峦起伏，森林茂密，而巴比伦这里却满眼黄土，一片荒凉，赛米拉斯不觉生起思乡病来。于是，尼布甲尼撒下令召集了几万名能工巧匠，人工堆砌了一座边长120多米，高25m的大假山。假山共7层，每层铺上浸透柏油的柳条垫，以防渗水；上面再铺上两层砖，还浇铸了一层铅。每层平台以石拱廊和巨柱支撑，拱廊架在石墙上，拱下布置成精致的房间。在上面一层一层地培上肥沃的泥土，种植奇花异草，顶部设有输送水的装置，用以浇灌植物。由于这种逐渐收分的平台上布满植物，如同覆盖着森林的人造山丘，花木远看好像长在空中，宛如人间仙境，所以被称作"空中花园"。

1.2.3.1-1 空中花园想象图（1）

1.2.3.1-2 空中花园想象图（2）

空中花园是古代西亚地区重要的人造景观园林。虽然现已无法考证其存在的真伪，但从中外众多文献资料中所提供的各种复原想象图来看，其台层的防水处理、植物花卉配置、取水设备的设计以及它的整体构思，都反映出古代西亚人的聪明才智和高超手法。

1.2.3.2 伊丝塔尔门 (Ishtar Gate)：

伊丝塔尔门是新巴比伦城的正门，位于城北的中轴线上。伊丝塔尔是掌管战争和生育的女神，象征胜利和光

1.2.3.2-1　伊丝塔尔门

1.2.3.2-2　伊丝塔尔门上的彩色琉璃动物浮雕

明。这个城门周围的城墙高达 12m，塔楼高达 15m。城门分为两层，各有双塔护卫，中央开拱形大门洞。城墙很厚，墙上有战垛、箭楼。拱边和塔楼墙面都用五色琉璃砖作装饰，有彩釉动物浮雕。动物横向排列，是神牛、狮子和一些神兽图案，高度大约有 1m，装饰得十分富丽堂皇，熠熠生辉。这些琉璃砖的使用代表了古代西亚地区饰面技术的最高成就，对中世纪的欧洲影响深远。

1.2.4　帕赛波里斯王宫（Palace of Persepolis，公元前 518-前 460 年）：

波斯人在统一了两河流域后，曾创立横跨亚、非、欧的伟大帝国。他们信奉拜火教，露天设祭，不建庙宇。按照波斯人特有的观念，王权来自于世俗财富的占有量，而非宗教意义上的"神授"。因此，波斯的帝王一方面疯狂地敛财，一方面又倾其所有来建造豪华壮丽的宫殿，以显示其占有的大量财富。帕赛波里斯王宫就是其中最著名的一所。

王宫建于公元前 518-前 460 年，由波斯王大流士（Darius，公元前 522-前 486 年在位）和他的儿子泽尔士（Xerxes，公元前 486-前 465 年在位）所建，并由他的孙子阿塔泽尔士（ArtaxerxesI，公元前 465-前 424 年在位）最后完成。建筑群依山建于一座高 15m，面积 450m×300m 的大平台上。入口处是一壮观的石砌大台阶层，宽 6.7m，邻近两侧刻有朝贡行列的浮雕，前有门楼。整座宫殿由接待大厅、百柱厅、后宫和财库等主体建筑构成。中央为接待厅（Apadana）和百柱厅（Throne Hall），东南面为财库，西南为内宫，周围有绿化围绕。

接待厅是整组建筑群中最大、最漂亮的建筑。厅内有柱 36 棵，三面外廊共有柱 36 棵，总共 72 棵柱子（现存遗址上有 13 棵）。柱高 25m，柱头高大，约占柱高的 2/5，且构图十分复杂，有覆钟、仰钵、多组涡卷和一对背对背跪卧的公牛组成。这么复杂和高大的柱头在各地区的古代建筑中十分罕见，虽在构图上略显不足，但在制作技巧和工艺上却十分精美。百柱厅的规模约为 70m

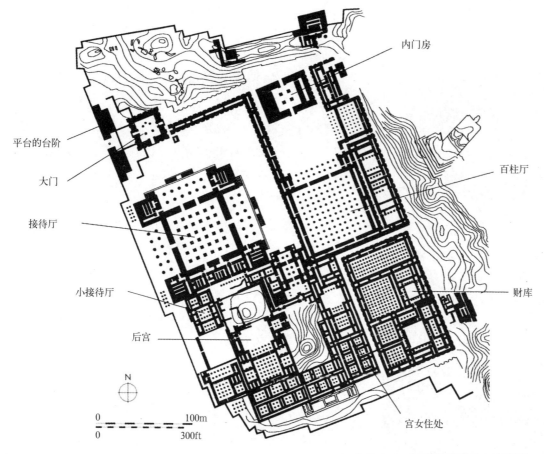

平台的台阶

大门

接待厅

小接待厅

后宫

内门房

百柱厅

财库

宫女住处

N

0   100m

0   300ft

1.2.4–1 帕塞波里斯王宫平面图

1.2.4–2 帕塞波里斯王宫接待
大厅柱子的柱头

1.2.4–3 帕塞波里斯王宫遗址鸟瞰

见方，因内有 100 颗柱子而得其名。两厅中的柱子均是硬质彩色石灰石材质的石柱，柱身刻有精美的凹槽，柱顶架设木质横梁，亦是充满了精美的线脚。

帕赛波里斯王宫在总体布局上有明确的功能分区，虽没有采用中轴对称式布局，但整体构图规整而不混乱，灵活中有章法，是古代西亚地区建筑艺术中的瑰宝。

古代西亚建筑的成就和艺术特色：

（1）古代西亚建筑就地取材，并充分发挥其性能。这一地区由于缺少石材和树木，黏土成为建筑的主要材料。在日晒砖和夯土墙外或包窑砖，或贴琉璃。同时，大型宫殿和山岳台都建在高高的台层之上，既防潮、防水，又显示出建筑所应有的壮观与气派，使建筑艺术与建筑技术密切结合。

（2）独特的装饰材料、构造措施和高超的艺术手法相结合。正是由于当地特殊地理条件的局限，使得西亚建筑在饰面技术上成就显著。从早期的陶钉、石片与贝壳到最后的琉璃，都有不同的表现手法和构造措施，尤其是色彩艳丽、质地极佳的琉璃的使用，使得西亚的王宫豪华而辉煌。古代西亚的这种饰面技术和成就，尤其是彩色琉璃砖影响深远，在后世的伊斯兰建筑和拜占庭建筑中都得到了继承和传播。

（3）发明了拱券技术。古代西亚人已经发明了拱券技术，如在巴比伦空中花园以及萨尔贡王宫的台层下，都有拱券的使用；并在后来传至古罗马地区，是古罗马券拱技术的主要源流之一。

（4）以宫殿为主的建筑群体的总体布局都是以院落式为主的布局方式。这种院落式布局整体上是自由的、非对称的，也是规整的、严谨的。

（5）古西亚建筑在空间的处理上还处于不成熟、不发达阶段。这与建筑的结构技术密切相关。古西亚王宫中也不乏规模宏伟的大厅，如帕塞波里斯的接待大厅柱距为 8.74m，百柱厅柱距是 6.86m。在苏萨的宫殿里有的柱距为 10m，空间达到一定的水平。但由于梁柱体系的局限，大厅中塞满了柱子，灵活性不够，且功能单一。只是这些柱子的尺度并不像古埃及神庙中的那样粗大，使空间并不显得那么沉重压抑罢了。

总之，古代西亚建筑总体上是世俗性的，与古埃及建筑相比也是欢快的。作为高台建筑，与中国奴隶制社会的高台建筑相比，同样以黏土为主要建筑材料，同样有着对天的崇拜。但是，由于西亚地区缺少木材，主要装饰表现在饰面上。而中国由于盛产木材，建筑以木结构为主，故其主要装饰表现在木构架上。

1.3 古希腊建筑——永恒的魅力

古希腊是欧洲建筑的发源地。

古希腊的地理范围包括希腊半岛、爱琴海诸岛屿、克里特岛和小亚细亚半岛西部的沿海地带。到后来，随着领土扩张，也包括北非、西亚、意大利半岛南部及西西里岛等地中海地区。

希腊半岛境内多山，雨量稀少，盛产大理石和陶土，为建筑提供了原料。希腊半岛三面环海，有利于航海业的发展和海外贸易。浩瀚的海洋、冒险的生涯，丰富了古希腊人的想象力和创造力，培养了一种开拓进取的精神。

古希腊实行自由民民主制度，具有相对的高度民主。在思想上允许百家争鸣。在社会风气上重视人的个性，也重视对人的创造力的发掘。

古希腊人奉行的是泛神论的理念，认为一切事物后面都有神灵存在。这种泛神论则给了希腊人一个无拘无束的空间。

古希腊很早就与东方有文化交流，古埃及、古巴比伦、波斯的文化都对古希腊文化有重要影响。善于吸收外来文化，使古希腊人逐渐形成了兼容并蓄的开阔胸襟，其文化有一种博大的气象。

古希腊地区从克里特文明开始到最后归属古罗马为止，有两千多年的历史，产生过灿烂的古典文化，源远流长并被西方国家传承至今。但是，其中的克里特文明与迈锡尼文明也称克里特—迈锡尼文明，与后来的古希腊建筑有一些相应的传承关系，在一些书中被分开来论述。考虑到地区文化的整体性，放到一起比分开似乎更具连贯性。

（1）克里特文明（Crete，公元前2000年）

古希腊文明是从爱琴海开始的，克里特岛是爱琴海中最大的岛屿。19世纪末，英国考古学家阿瑟·伊文思爵士（Sir Arthur Evans，1851–1941年）在克里特岛的克诺索斯发现了米诺斯（Minos）文明的建筑遗迹，在西方史学界引起轰动，这些遗迹被称为克里特文明。

（2）迈锡尼文明（Mycenae，公元前16–前12世纪）

19世纪末，德国人亨利·谢里曼（Henry Schliemann，1822–1890年）于1870年开始探索，发现了小亚细亚的特洛伊和伯罗奔尼撒的迈锡尼遗址。迈锡尼时期，建筑艺术得到很大发展。梯林斯城墙厚20m，十分坚固。迈锡尼也有高大的城墙和塔楼，其石头城门——"狮子门"至今留有遗迹。这些遗迹在西方考古学上具有极高的价值，她开辟了研究希腊大陆青铜器时代建筑发展的新纪元。从公元前15世纪到前12世纪，迈锡尼文明影响到地中海东部，而且对古希腊文化的发展起到了枢纽作用。

（3）荷马时代（公元前12–前9世纪）

从公元前12世纪开始，迈锡尼王率南希腊联军攻打小亚细亚的特洛伊城，史称特洛伊战争。后来，诗人荷马（Homer）写下了两部关于这次战争的史诗——《伊利亚

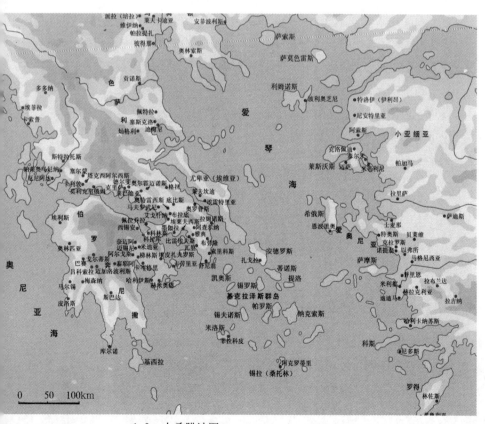

0 50 100km

1.3 古希腊地图

特》和《奥德赛》。所以，这一时期也称荷马时代。

（4）古风时期（公元前8-前6世纪）

这是古希腊奴隶制城邦的形成期。在整个希腊范围内出现了200多个城邦。在这些城邦中，以斯巴达为代表的贵族寡头政体的农业城邦和以雅典为代表的自由民民主政体的工商业城邦为主。城邦内的城市、广场、卫城逐渐发达起来，木构建筑向石构建筑过渡，而产生了多立克（Doric）和爱奥尼（Ionic）柱式（Order）。

（5）古典时期（公元前6-前4世纪）

这是古希腊奴隶制的全盛时期，以雅典为代表。自由民民主制度高度发展，促使古希腊内部文化达到高度繁荣时期，建筑达到一个灿烂的高峰，史称为古典建筑。在此时，多立克和爱奥尼两种柱式被混用，并在公元前431-前404年产生了科林斯（Corinthian）柱式。

在这一时期，古希腊最伟大的人文主义思想十分盛行。古希腊人非常强调人的作用，他们认为世界万物唯有人的力量最伟大，他们强调人体美，把神拟人化，强调神就是有本事的人。同时，这一思想也对古希腊的建筑美学产生了重要影响，使得古希腊建筑形成精致、秀美、典雅的气度和尺度宜人的艺术特色。除神庙外，这一时期又出现了大批公共建筑、露天剧场、竞技场、广场和敞廊等。

其间两次大规模的战争，希波战争使希腊逐渐繁荣，伯罗奔尼撒战争使希腊日趋衰落。

（6）希腊化时期（公元前336-前30年）

公元前4世纪后，希腊北部的马其顿统一了希腊。又经过十年的战争，马其顿王亚历山大（Alexander the Great，公元前356-前323年）建立起一个横跨欧、亚、非三洲的军事帝国。希腊文化中心也从雅典转移到了亚历山大里亚（Alexandria）。希腊文化与东方文化互相交流使得希腊外部文化达到高度繁荣时期。这一时期，城市建筑得到很大的发展，涌现出会堂、剧场、市场、浴室、旅馆、俱乐部等建筑类型。到公元前30年，托勒密王朝被罗马灭亡，希腊归属于罗马，古希腊文化成为古罗马文化的基石。

1.3.1 克诺索斯的米诺斯王宫（The palace of Minos, Knossos, Crete，公元前15世纪）：

克诺索斯的米诺斯王宫是爱琴海文明的一个重要标志，是古代传说中的克里特王米诺斯的主要宫殿，位于爱琴海南端的克里特岛上的克诺索斯城中。

此宫依山而建，规模庞大。它的周围有多个入口，

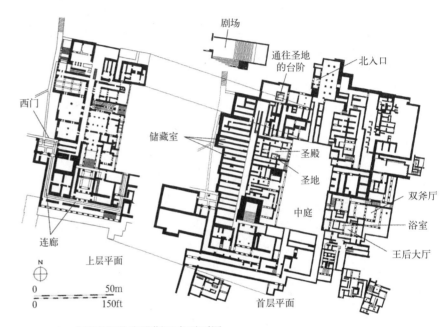

1.3.1-1 克诺索斯的米诺斯王宫平面图

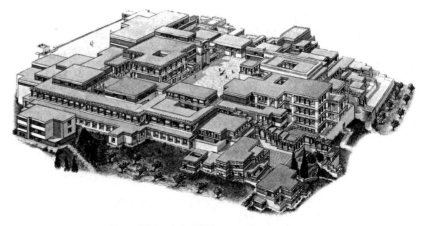

1.3.1-2 克诺索斯的米诺斯王宫复原图

其中西面的入口为主要入口，平面围绕中央大院自由布局。中央大院南北长约 51.8m，东西宽约 27.4m，是整个看起来散乱无序的建筑群的构图组织中心，像吸铁石一样将大大小小、功能不同、高低错落的建筑物牢牢地吸引在一起。同时这种南北长、东西短的院子无疑是为建筑在冬天里获得更充足的阳光而特意设计的。院子的东南侧是国王起居部分，有正殿、王后寝室、卧室、浴室、库房与小天井等用房，西面有一列狭长的仓库，北面有露天剧场，东南角有阶梯，直抵山下。宫殿内部道路曲折迂回，室内空间高低错落、层次丰富。

在米诺斯宫殿里，主要的建筑材料是石材。墙体虽用方正的石块砌筑，但仍保留有木骨架，作为单纯的装饰品，用它划定门窗和壁画的位置。屋顶是平的，铺木板、盖黏土。宫殿在颜色上主要用大红、橘红、褐色以及石材本身的颜色，墙面做红、蓝、黄三色的粉刷。重要的房间有大幅壁画和框边纹样，纹样以植物花叶为主要题材。壁画题材多样，有海豚和妇女等形象，装饰性极强。

宫殿内的柱子比例匀称，细长比约为 1 : 5-6，为上粗下细的构图，很像人的腿。这样的构图在各国古代建筑中极其少见。柱身最下部和柱头被漆成黑色，其他部分是红色。整个柱身与柱头之间断面为椭圆形，柱础是很薄的圆形石板。

米诺斯宫殿纤秀华丽的风格，以院落为核心的宫殿建筑群布局，工字形平面的大门，上粗下细的石柱构图等，是其主要的建筑特征。

大约在公元前 1400 年以前，米诺斯王宫和克里特岛上的其他建筑已经完全荒废，是天灾还是人祸众说不一。

1.3.2　梯林斯卫城（Tiryns，公元前 1350-前 1330 年）：

大约是在公元前 1600 年左右，迈锡尼人已经巩固和控制了希腊本土及其附近的岛屿，并建造了许多卫城建筑群。其中梯林斯卫城和迈锡尼卫城是主要代表，也是象征迈锡尼文明最伟大的两座城市。现存的遗址位于伯罗奔尼撒半岛的东北部，在希腊文化史上，这里是闻名遐迩的中心。在荷马史诗中，它被描述成一座"黄金遍地、建筑巍峨"的名城。是希腊神话中的迈锡尼国王阿加门农的都城。

梯林斯卫城建在迈锡尼南边港口要塞的一座堡垒式的小山——亚格斯（Argos）之上，在公元前 1400-前 1200 年达到高峰。卫城主要是由两部分构成，一部分是北面较低的空地，另一部分是南面的宫殿部分。宫殿部分的房屋比较整齐，正厅在院落的正面，长 11.75m，宽 9.75m；有前室，两侧毗连着其他房屋。卫城的内外两进

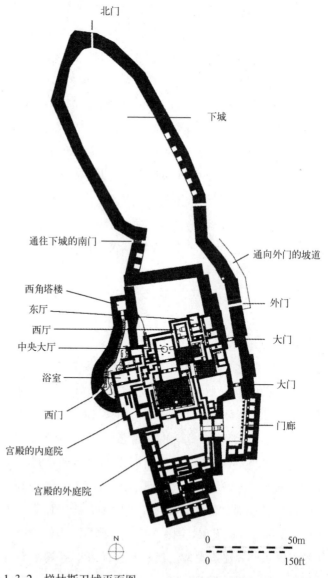

1.3.2　梯林斯卫城平面图

大门也是横向的工字形平面，前后都有一对柱子。

梯林斯卫城因其坚固厚实的城墙，被荷马史诗誉为"铜墙铁壁般的梯林斯"。

1.3.3 迈锡尼狮子门（The Lion Gate at Mycenae，公元前1250年）：

与梯林斯卫城相媲美的是迈锡尼卫城，它坐落在一个三角形的小山丘之上，约建于公元前1350—前1330年。城墙至今保存完好，按山岩高低取平，其高度一般为4.6—10.7m，最高处达17m；厚度为3—14m；全部采用雕凿成长方形的巨石砌筑。位于西北角的"狮子门"是欧洲最早的装饰雕刻作品，是人类创造才能的杰出典范，它是迈锡尼卫城遗址的正门，高和宽各为3.5m，上有一长4.9m、厚2.4m、中间高1.06m的石梁。梁上是一个三角形的叠涩券，使过梁不必承重，叠涩券的中间填一块三角形、高3m的石板，雕刻着一对相向而立的狮子，保护着中央一根象征宫殿、上粗下细的圆柱。

1.3.3 迈锡尼狮子门

这种造型显然是受米诺斯文明的影响。这块石板填补了大门过梁上留下的三角形空间，而这种使雕刻与建筑相分离的做法，说明在这一时期迈锡尼人只是把雕刻看作是和建筑相关的一种装饰而已。门上的叠涩券，是世界上最早的券式结构遗迹之一。这种门的形式在迈锡尼非常普遍，门两侧的围墙都用巨大的石块砌成，最大的石块达5—6t重。

迈锡尼是古希腊最伟大的文化中心之一，在公元前12世纪达到了繁荣的极点，对古典希腊建筑和城市的发展及综合文化的形成都有非常深远的影响。

1.3.4 古希腊柱式

古希腊柱式源于古代爱琴海沿岸和岛屿地区的建筑经验。当时的人们习惯建造木构架泥土墙的庙宇。为了保护墙面，防止雨水侵蚀，常沿周边搭起一圈棚子遮雨，逐步形成了后来的围廊式庙宇形制。这些木构建筑的柱子上有顶板用以传递荷载、保护柱子。到了古风时期，希腊建筑已演化成石构建筑，而早期的木构建筑的一些做法也延续下来。这一时期神庙的平面是一个很窄的长方形，四周为柱廊所围绕。这些柱子支撑着一个共同的檐部，两坡顶，山墙为三角形山花。因此，四个立面就有着同等重要的地位，使庙宇看起来浑然一体。因此，柱子、额枋（梁）、檐部的艺术处理，基本上决定了庙宇的面貌。到了公元前6世纪，它们的做法有了成套的制度，这套制度被后来的罗马人称之为希腊"柱式"（Order）。柱式通常分为两类：完整的和不完整的。完整的柱式包括基座、柱子和檐部三部分；不完整的柱式没有基座。所以，基座是可以省略的部分。

柱式的各部比例关系：完整柱式，如果柱子的高度为1，那么，檐部为柱高的1/4，基座为柱高的1/3，即1/4∶1∶1/3。如果化为整数的话，把整个柱式部分分为19份，这三部分的比例则为3∶12∶4。不完整柱式的比例是将柱式划分为五个部分，檐部为1，柱子为4，即为1∶4。

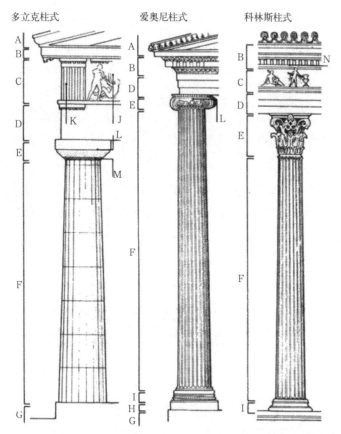

多立克柱式　　　　爱奥尼柱式　　　　科林斯柱式

1.3.4　古希腊柱式各部名称图（A 山花，B 檐口，C 檐壁，D 额枋，E 柱头，F 柱身，G 台基，H 底座，I 柱础，J 陇间板，K 三陇板，L 柱头顶板，M 拇指圆装饰，N 檐部）

母度的概念：古希腊柱式中柱子最下部的半径就是一个母度，它是古希腊柱式和建筑的基本度量单位，在古典柱式及其所构成的建筑中是十分重要的。该数值一旦确定，便决定了建筑的大部分尺寸，如建筑的长、宽、高和柱子间的距离等。

三种柱式：古希腊在古风时期产生了两种柱式。一种是流行于小亚细亚先进的共和制城邦里的爱奥尼（Ionic）柱式；一种是流行于意大利西西里一带寡头制城邦里的多立克（Doric）柱式。到了古典时期还产生了科林斯（Corinthain）柱式。它的柱头由忍冬草的叶片组成，宛如一个花篮，其余部分采用爱奥尼的形制，也可以看成是爱奥尼柱式的变种。这三种柱式，尤其是多

立克和爱奥尼柱式在各自特征上差异极大，使用上也有不同的要求，是构成古希腊建筑的重要构件，对后世影响深远。

1.3.4.1　多立克柱式（Doric Order）：

多立克柱式是古希腊三种古典柱式中最早出现的类型，盛行于希腊本土及西西里岛的寡头制城邦中。因为那里主要住着多立克人，故称为多立克柱式。多立克柱式厚重、粗壮；檐部的高度相当于柱高的 1/3 左右；柱头是倒立的圆锥台，造型极为简洁单纯。成熟时期的多立克柱式柱身的细长比为 1：5.5—5.75，柱间净空较小，为 1.2—1.5 个柱底径。柱身有明显的收分和卷杀，柱身断面有 20 道凹槽，凹槽之间成尖角连接。多立克柱式无柱础，雄壮的柱身从台基面拔地而起。台基是三层朴素的台阶，且中央高，四角低，微有隆起。多立克柱式的雕刻是高浮雕，甚至是圆雕，强调体积。整套柱式朴实无华、沉稳雄健。取材多为粗糙的石灰岩，使这套柱式更显得刚劲有力，像健壮的男子。雅典卫城上的帕提农神庙是应用成熟时期多立克柱式的最高代表。

1.3.4.2　爱奥尼柱式（Ionic Order）：

爱奥尼柱式是古希腊三种古典柱式之一，盛行于爱琴海岛上及小亚细亚海岸线周围、以手工业和商业为主的共和制城邦中。因为那里主要住着爱奥尼族人，故称为爱奥尼柱式。与多立克柱式相比较，爱奥尼柱式更加精致。檐部比较轻，为柱高的 1/4。柱头由两侧两个精巧柔和的涡卷和典型的盾剑饰母题构成，极富装饰性。柱身比例修长，细高比为 1：9—10；开间比较宽，为 2 个柱底径左右；柱身没有明显的收分和卷杀，断面有 24 道凹槽，凹槽之间成圆角连接。柱式的柱础构成复杂，看上去富有弹性；台基比较自由，无固定的台阶级数。爱奥尼柱式的雕刻是薄浮雕，强调线条。整套柱式清新秀丽，加之取材多为细纹的大理石，更显柔美，而女性味十足。雅典卫城上的伊瑞克提翁神庙是古典时期爱奥尼柱式的杰出代表。

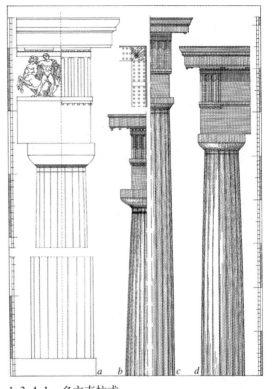

1.3.4.1　多立克柱式

1.3.4.2　爱奥尼柱式

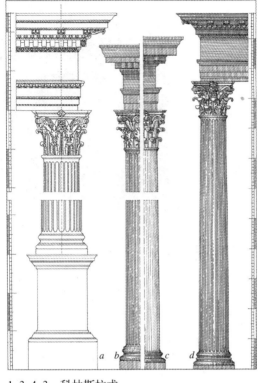

1.3.4.3　科林斯柱式

1.3.4.3　科林斯柱式 (Corinthian Order)：

科林斯柱式是古希腊三种古典柱式中最晚出现的柱式类型。由建筑师卡利曼裘斯（Callimachus）发明于科林斯而得名。严谨地说，科林斯柱式可以视为是爱奥尼柱式的一种演变。与爱奥尼柱式相比，它的柱头高度增加到约等于柱身的直径，上面有精美的、向上的涡卷和植物形叶片做装饰，比爱奥尼柱式的柱头更富有装饰性，宛如一棵生命力旺盛的忍冬草，象征希腊人民的坚强勇敢。柱身的高度也约等于柱径的 9—10 倍。柱身下端也有装饰着优美曲线、富有弹性的柱础，这种柱式与爱奥尼柱式相比显得更加华丽，更加秀美，像是在模仿少女的身段，甜美而婀娜多姿。但是，在古希腊使用科林斯柱式建造的神庙并不多见，位于雅典的宙斯神庙是其典型代表。

1.3.5　古希腊神庙

由于宗教在各民族的古代社会中都占有重要的地位，因而古代国家的神庙往往是这个国家建筑艺术成就的最高代表。古希腊是个泛神论国家，人们把每个城邦，每种自然现象都认为是受某一位神灵的支配。因此，在古希腊，人们供奉着各种神灵，为其建造神庙。同时，古希腊神庙不仅是宗教活动的中心，古希腊人崇拜的圣地，也是城邦公民社会活动和商业活动的场所，还是储存公共财富的地方。围绕圣地还要建造竞技场、会堂、旅舍等公共建筑。从而，形成一个综合的文化中心。

但是，据史料考证，在迈锡尼文明和荷马史诗中都未曾提及神庙这种建筑类型。据此推测，古希腊最早出现的神庙不会早于公元前 8 世纪的古风时期。神庙建筑的形式也可能是模仿贵族居住的有门廊的长方形住宅。因为在

1.3.5 赫夫斯托斯神庙

当时，神庙的功能并不是容纳信徒，而是为神提供的住所。在他们看来神庙是神居住的地方，而神不过是更完美的人，所以神庙也不过是更高级的人的住宅。这样，建筑师在创作时就不要求神庙很巨大，而是去关心神庙从整体构思到最小的细部设计的完美性。因此，神庙的建筑创作特点主要是以和谐、宜人、完美、崇高为其最高原则。

古希腊神庙一般都建在圣地内，成为圣地的主体建筑。神庙一般都立在台基上，多立克式庙宇一般有三层台阶，而爱奥尼式庙宇的台阶则比较自由。庙宇周围都有柱廊，有前后廊和周围廊等形式，中间的主体部分由放置神像的内殿、前室和后殿等部分组成。

古希腊的神庙建筑遍布希腊全境，是古希腊乃至整个欧洲最伟大、最辉煌、影响最深远的建筑。

1.3.5.1 德尔菲阿波罗圣地 (The Sanctuary of Pythian Apollo at Delphi, 公元前6世纪)：

德尔菲的阿波罗圣地在距雅典150km的帕那索斯深山里，是世界上最著名的古迹之一。在宽度不足140m，两侧是250~300m高的悬崖上面，主要布置着阿波罗太阳神庙、雅典女神庙、剧场、体育训练场和运动场。其中最有名的是古希腊象征光明和青春，并且主管音乐、诗歌、医药和畜牧的太阳神阿波罗的神庙，它是阿波罗神昭示其

神谕的地方。这座神庙与美丽的自然景观和谐地结合在一起，被古希腊人赋予了极为神圣的意义，即地球的中心、"地球的肚脐"。自公元前6世纪以来，就是古希腊的宗教中心以及希腊统一的象征。据说当时每逢战争或重大事件时，古希腊人都要来这里向太阳神问卜，而阿波罗的预言又对整个事件的结果起着重要的作用。

圣地中的主体建筑阿波罗神庙始建于公元前7世纪，中间数度被毁。公元前360年－前330年最后一次重建。庙长约60m，宽约25m。在东西两面各有6棵柱子，南北两面各有15棵柱子，全部是多立克柱式。现在人们仍可看到6棵柱子的残迹，它们粗悍有力，从它们身上不难想象神庙当年的雄伟。

圣地中的另一重要建筑是神庙上方的剧场。和其他古希腊时期的剧场一样，它也是半圆形格局，可容纳5000人。剧场建于公元前4世纪或3世纪。在这里每4年会举行神祭活动，同时也常在这里举办音乐、诗歌及

1.3.5.1 德尔菲阿波罗圣地全景

戏剧的竞赛。这一剧场这么重要也是因为它和阿波罗神庙建在一起，而阿波罗正是音乐与诗歌之神。

整座圣地景观非常奇险壮丽，给人以强烈震撼。

1.3.5.2　阿丹密斯神庙 (Temple of Artemis, 公元前6世纪)：

阿丹密斯神庙位于古希腊小亚细亚地区的以弗所 (Ephesus) 城邦内，现在的土耳其西海岸。阿丹密斯是古希腊神话中的月神，是未婚少女和小动物的守护女神。供奉她的神庙很多，以弗所的这所神庙是其中最大的一处，大约建于公元前550年，被古希腊人列为与古埃及金字塔、巴比伦空中花园等奇迹齐名的世界七大奇迹之五。

以弗所的阿丹密斯神庙是两进围廊式庙宇的典型代表，由希腊建筑师切尔斯夫隆 (Chersiphron) 父子设计。神庙的柱子采用白色大理石砌筑，上面覆盖着木制屋顶。神庙的平面为长方形，台基面尺寸大约为55m×109.20m。庙宇由至少106棵立在基础上的柱子支撑着屋面。柱子高近20m，采用早期的爱奥尼柱式。在许多柱子上，曾用金、银、宝石作装饰，因此被称为是希腊最美丽的庙宇之一，也是希腊庙宇建筑最高水平的综合体现。

神庙毁于公元前356年的一场大火，在原址新建的庙宇又于公元262年再罹火难，并逐渐毁灭。

1.3.5.3　帕埃斯图姆的第二座赫拉神庙 (The second Temple of Hera at Paestum, 公元前5世纪)：

这座赫拉神庙是供奉宙斯之妻子赫拉的庙宇，位于意大利西西里地区的帕埃斯图姆，是古希腊早期保存得最好的一座多立克式庙宇，体现了早期多立克柱式一些明显的特征。

庙宇屹立在带有三层台阶的台基上，规模为24.26m×59.98m，6×14柱呈围廊式布局。内部空间由标准的内殿、前室和后殿三部分组成。外廊柱子高8.88m，底部直径2.06m，上部直径1.45m。底径与柱高之比为1：4.3，比成熟时期柱子的细高比要小；显示出柱子的粗壮有力，也表明柱子的收分十分明显。柱身凹槽为24道，

1.3.5.2　阿丹密斯神庙复原图

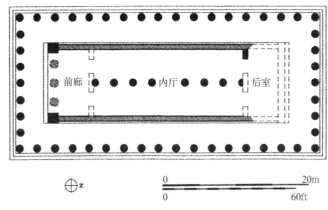

前廊　　内厅　　后室

⊕z
0 ——————————— 20m
0 ——————————— 60ft

1.3.5.3-1　位于帕埃斯图姆的第二座赫拉神庙平面图

1.3.5.3-2　位于帕埃斯图姆的第二座赫拉神庙遗址

比成熟时期的柱身凹槽多出4道。另外,柱头也略显肥大。在视线矫正上,有意将角柱做成椭圆形,而不是常见的圆形。在山墙上由于面积较小而不做雕刻,也是希腊神庙所不常见的。

总之,因为这座庙宇让我们看到了早期多立克式庙宇的真实风貌,而独具重要的艺术价值。

1.3.5.4 阿法亚女神庙 (The Temple of Aphaia at Aegina, 公元前510—前490年):

这座庙宇位于埃伊纳岛东部的一个山坡上,是供奉地方女神阿法亚的庙宇,也是古希腊神庙中保存得较好的一座,是古希腊古典早期多立克柱式迈向成熟的标志之一。

神庙同样采用围廊式,6×12柱的布局方式,柱子都有较大的内倾角。但像这种侧立面采用12棵柱子的庙宇在古希腊的神庙中并不多见。另一个不常见的现象是神庙的外廊柱有29棵是独石柱,而只有3棵是用石鼓式石块砌筑而成的。柱子的细高比为1:5.272,这一比例接近帕提农神庙的1:5.5的细高比,表明古希腊的多立克柱式已经走向成熟。神庙的平面规模是28.81m×13.77m,内部空间布局也是成熟时期的典型布局方式,即由内殿、

前室和后殿三部分组成。只是在东立面门前的台基上设有一条坡道,较为独特。

1.3.5.5 奥林匹亚宙斯神庙 (The Temple of Olympian Zeus, Athens, 公元前174年):

雅典的奥林匹亚宙斯神庙是古希腊所有神庙中最宏伟的一座,前后花了近700年的时间才建造完成。它最早开工于公元前515年的雅典僭主皮西斯特拉托斯时期,但因其下台而停工。之后曾有多位雅典统治者试图完成它,但都因为各种原因而被迫放弃。一直到公元131年才在罗马皇帝哈德良(Hadrian,76-138年)的资助下完工。

神庙的规模是110m×44m,总共由104棵17m高、直径1.7m的巨大柱子支撑着屋顶。然而,现在仅有15棵柱子残存下来。哈德良皇帝完成宙斯神庙后,在庙中树立起13m高的宏伟的宙斯神像,并在宙斯神像的旁边,树立起与其等大的皇帝自己的塑像。宙斯神庙是古希腊最典型的采用科林斯柱式建造的神庙建筑,是成熟时期科林斯柱式的代表。今天的宙斯神庙虽然只剩下15棵柱子,但仍然散发着它曾经拥有过的大气磅礴和雄伟壮观的气息。

1.3.5.4 位于埃伊纳岛的阿法亚女神庙遗址

1.3.5.5 雅典的奥林匹亚宙斯神庙遗址

1.3.6 雅典卫城（The Acropolis at Athens，公元前 5 世纪）：

雅典卫城是古希腊文化的标志，古希腊人宗教活动的中心，古希腊建筑艺术的杰出代表。雅典卫城的建筑艺术达到了古希腊圣地建筑群、庙宇、柱式和雕刻的最高水平。

雅典卫城位于雅典市中心的一座小山丘上，建于公元前 5 世纪，是为祭祀雅典的守护神雅典娜而建造的。根据古希腊神话传说，雅典娜生于天父宙斯的前额。她将纺织、裁缝、雕刻、陶艺和油漆工艺传授给人类。她是战争、智慧、文明和工艺女神，后来成为雅典的守护神。在古希腊早期的城邦战争中，她是希腊军队勇往直前、取得胜利的精神力量，也是城邦国家繁荣昌盛的象征。作为宗教崇拜圣地的雅典卫城，在希腊波斯战争中，原卫城被波斯人彻底破坏。在击退了波斯人后，为了纪念反侵略战争的胜利，雅典人花费了四十余年的时间建造了这座新卫城，用白色的大理石建造了卫城上的全部建筑。

雅典卫城在西方建筑史中被誉为建筑群体艺术处理的一个极为成功的实例，在巧妙利用地形方面成就卓著。卫城建在一座高 70—80m 的小山上，建筑分布在山顶长

1.3.6-2 雅典卫城复原图

1.3.6-3 雅典卫城遗址鸟瞰

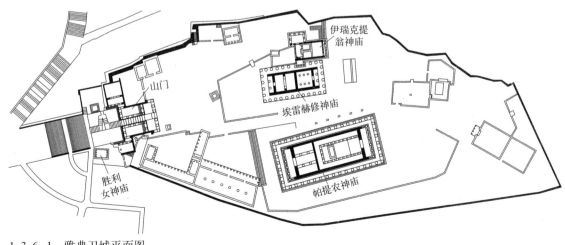

1.3.6-1 雅典卫城平面图

约280m，宽约130m的一个天然平台上。考虑到地形的变化和山上山下的观赏角度，卫城的主要建筑沿西、南、北三边布局。在卫城的核心地段，矗立着11m高，手持长矛，一身戎装的雅典娜女神像，形成整个卫城的构图中心。而围绕着她的是山门、胜利女神庙、伊瑞克提翁神庙和作为卫城主体建筑的帕提农神庙。

雅典卫城的另一个成就是多立克与爱奥尼柱式的交替使用。它突破了以往建筑中的禁区，使建筑物在形制、形式和规模上极富变化。

卫城建筑上的雕塑题材丰富、构图精妙、手法高超，体现了西方雕刻史上的最高成就。

总之，雅典卫城在高低起伏的台地上构筑出布局自由、高低错落、主次分明、重点突出、形态优美、统一完整的建筑艺术形象，表明古希腊建筑艺术达到了一个灿烂的高峰，也是古希腊人文主义精神和审美理想的完美体现。

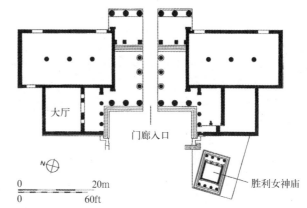

1.3.6.1-1　雅典卫城山门与胜利女神庙平面图

1.3.6.1　山门 (The Propylaea on the Acropolis, 公元前437—前432年)：

卫城山门是雅典卫城的入口，由建筑师穆尼西克里 (Mnesicles) 设计。按照古希腊的传统习惯，卫城就是圣境，必须有门来将圣境与尘世隔开。所以卫城山门就成为进入圣境必须通过的大门，他们称之为通往圣境之门。

山门是一座大理石建筑，因地势不平，西低东高，高差为1.43m，屋顶也断为两部分，以保持东西两个立面的完整构图。建筑中间是宽大的门廊，两边是柱廊。门廊的两翼不对称，北翼过去曾是绘画陈列馆，南翼是敞廊。两翼的体量很小，凸显了主体的雄伟壮观。人们从山下透过中间的门廊就能望到山门的正入口和正对着主入口的雅典娜女神铜像。

山门的主体使用多立克柱式，前后各有6棵，细长比为1：5.5。中间开间最大，为3.85m。山门的一个独特之处是室内通道两侧前所未有地采用三对爱奥尼柱式。选用两种柱式于一栋建筑上，既符合视觉规律和室内气

1.3.6.1-2　雅典卫城山门遗址

氛，又打破了既往的习俗，这种灵活的处理方式是古典时期建筑成熟的一个标志。

整座建筑外观简洁朴素，内部装饰华丽。

1.3.6.2　胜利女神庙 (Temple of Athena Nike, 公元前427—前424年)：

胜利女神庙位于卫城山门的南侧，设计人卡里克拉特（Callicrates）。

神庙规模很小，只有8.2m×5.4m，形制属于前后廊式。采用爱奥尼柱式建造，柱高4m，柱径0.53m，细高比为1：7.68。这种比例明显地不符合传统的爱

1.3.6.2　胜利女神庙

为 1：5.5，每棵柱子都用 10-12 段圆鼓状的石块叠合而成。东西两侧檐部之上是饰有高浮雕的三角形山花，分别饰有雅典娜诞生和雅典娜与海神波塞冬争夺雅典统治权斗争场面的雕塑。

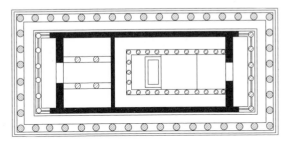

1.3.6.3-1　帕提农神庙平面图

奥尼柱式的比例，从这样设计可以看出建筑师试图保持它与山门的多立克柱式在构图上的协调关系。

　　胜利女神庙虽然很小，但它的艺术特色有三点值得注意，其一是它的点题作用，即点明雅典卫城是为了庆祝波希战争的胜利而建；其二是其位于山门南侧的布局，起到了均衡其与山门之间构图关系的作用；其三是它朝向山门处的扭转，将最佳观赏面迎向由山下拾级而上的观赏者。

1.3.6.3　帕提农神庙 (The Parthenon on the Acropolis, 公元前447-前432年)：

　　雅典卫城建筑群的主体建筑是供奉着雅典娜女神像的帕提农神庙。它耸立在旧雅典娜神庙的南面，由当时著名建筑师伊克蒂诺斯和卡利克拉特在执政官伯里克利的主持下设计的。费时 9 年，于公元前 438 年完成。同年，著名雕刻家菲迪亚斯（Phidias，公元前 490-前 430 年）在神庙内建成高大的雅典娜神像。外部装饰于公元前 432 年结束。

　　神庙用白色大理石砌筑。平面为长方形，东西长约 69.54m，南北宽约 30.89m。周围有柱廊围绕，由前殿、正殿和后殿三部分组成。神庙建在带有三层阶梯的基座上，每个阶梯高 0.5m，宽 0.7m。四周有 46 棵大理石的多立克柱式，柱子直径为 1.9m，高 10.44m，细高比约

1.3.6.3-2　帕提农神庙西立面图

1.3.6.3-3　帕提农神庙现状外观

在神庙东部大厅的正殿内，供奉着11.89m高的雅典娜女神像。她全副武装，头戴饰有战车飞鹰的头盔，左手持帝盾，右手托胜利女神。通体使用金片包裹，面部、手臂和脚趾用象牙装饰，双眼则以宝石镶嵌。神像是菲迪亚斯的得意之作，是古希腊雕刻艺术黄金时代的代表作品。

神庙的主立面朝东，迎着太阳而背向卫城的中心。每当旭日东升之时，僧侣们打开庙门，阳光照进殿内，落在雅典娜神像上而产生的神秘与圣洁的气氛，为神庙点染了浓重的宗教色彩。

神庙外观整体协调、气势宏伟，给人以稳定坚实、典雅庄重的感觉，是古代希腊全盛时期建筑与雕刻的主要代表，有"希腊国宝"之称。也是人类艺术宝库中一颗璀璨的明珠。

帕提农神庙在其历史上曾被用作多种用途。大约公元500年，神庙被改为基督教教堂。15世纪时，土耳其人攻占雅典城，帕提农神庙变成清真寺。后于1687年又被用来储藏火药，并在威尼斯人攻城期间被炮火击中炸毁了神庙的中部。1801—1803年，英国人埃尔金将神庙中大部分存留的雕刻运走，现在在伦敦的大英博物馆里有专门的展室陈列着这些雕刻的残片。19世纪下半叶，希

腊人曾对神庙进行过部分修复，但已无法恢复原貌，只留有一座石柱林立的外壳。

1.3.6.4　伊瑞克提翁神庙 (The Erechtheion on the Acropolis, 公元前421—前405年)：

伊瑞克提翁神庙是雅典卫城建筑群中的又一颗明珠，其建筑构思之奇特、复杂和建筑细部之精致、完美，在古希腊建筑中是不多见的。特别与众不同的是其女雕像柱廊的使用，在古典建筑中更为罕见。

神庙建于公元前421—前405年，是雅典卫城里最后完成的重要建筑，是古典盛期爱奥尼柱式的代表，它的

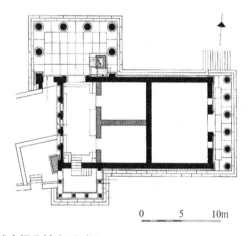

0　　5　　10m

1.3.6.4-1　伊瑞克提翁神庙平面图

1.3.6.4-2　伊瑞克提翁神庙现状外观

1.3.6.4-3　伊瑞克提翁神庙女像柱

建筑师是皮特欧（Pytheos）。神庙位于帕提农神庙的对面，是为纪念雅典人的始祖伊瑞克提翁而建。它依山势的起伏变化而布局，坐落在三层不同高度的台基上，平面为多种矩形的不规则组合，从而突破了古希腊神庙布局形式的一贯之制。它的东立面由6棵爱奥尼柱式构成入口柱廊；西部地基低矮，建筑师巧妙地将柱廊设置在4.8m高的墙体上；南立面的西部，突出设置了一个小型的女雕像柱柱廊，共有6尊，每个高2.3m，面部朝南，头顶大理石花边屋檐和顶棚。雕像体态丰满，仪表端庄，栩栩如生，衣着服饰逼真；神庙主殿南北墙壁都开设窗户，与矩形方石块砌筑的墙壁取得协调。经过漫长的历史，神庙屡遭损毁；例如自西数第二个女像柱就被埃尔金盗运到伦敦，现存放在大英博物馆内。

雅典卫城是古希腊建筑的又一个杰作，它被公认具有较高的艺术水平有以下几方面原因：

（1）雅典在这一时期已成为希腊的盟主，又是战胜波斯侵略者的主力军，其地位极为显赫。

（2）有充足的资金来保证整个卫城的建设。雅典卫城的建造可以说是穷尽了当时雅典同盟的所有岁贡和雅典的各项收入。仅"一个山门就用了2012塔兰同金子"。

（3）古希腊自由民民主制度的优越性，使得雅典在这一时期经济繁荣兴盛、平民文化健康。

（4）自由民工匠的创造性得到充分发挥，各显其能，不甘落后，而此时全希腊最优秀的人才都会聚于此，劳动力中奴隶数量不超过25%。

（5）古希腊建筑到这一时期已经达到高度成熟期，柱式、庙宇、圣地建筑等都达到高峰。雅典卫城就是继承了全希腊的艺术成就最完美的果实。

（6）雅典卫城是公众欢聚的场所，在其周围还建有竞技场、旅舍、会堂、敞廊等建筑，供祭祀时来自希腊各地的人们使用。同时，雅典卫城还是希腊人艺术鉴赏的中心，其建筑和雕刻的艺术水平要高，才可与其地位相适应。

正是上述原因，使得雅典卫城成为古代希腊建筑最高成就的代表，西方建筑史上的杰出范例。

1.3.7 利西克拉特合唱队纪念碑（The Choragic Monument of Lysicrates，Athens，公元前334年）：

在古希腊曾建有很多用来陈列体育或歌唱比赛所获奖杯的独立式纪念性建筑物，称为"雅典得奖纪念碑"。从公元前4世纪起，这类纪念性建筑逐渐兴起，这座奖杯亭是唯一留存下来的一座。这座亭子是公元前335—前334年间，雅典富商利西克拉特为了纪念由他扶植起来的合唱队在酒神节比赛中获得胜利而建造的。

亭子下部是2.9m见方，高4.77m的基座。其上立着高6.5m实心的圆形亭子，亭子四周有6颗科林斯式倚柱。亭子的顶部是由一块完整大理石雕成的圆穹顶，安放奖杯。檐壁有浮雕，刻着酒神狄奥尼索斯（巴库斯）海

1.3.7 雅典的利西克拉特合唱队纪念碑

上遇盗，把海盗变成海豚的故事。亭子采用集中式构图，基座和亭子各有完整的基座和檐部，衔接自然。基座的简洁厚重与亭子的华丽轻巧形成鲜明对比。此外，这座亭子也是古希腊建筑中较早使用科林斯柱式的建筑物。

1.3.8　埃比道拉斯剧场（The Theatre at Epidaurus，公元前 350 年）：

古希腊剧场起源很早，在古典时期已形成比较典型的形制：即由观众席、歌舞场和舞台三部分组成。其造型常常是利用山坡地势，将半圆形的观众席逐排升高，其间布置有多条放射形的通道。歌舞场位于剧场中心一块圆形平地上，后面有狭长的舞台，并与供演员化妆及存放道具的建筑相连。

埃比道拉斯是伯罗奔尼撒半岛东北部沿海的一个城邦。公元前 4 世纪中期，希腊人在这里兴建了以艾斯克里比奥斯（古希腊的医神）神庙为中心的建筑群，其中最著名的是这个露天大剧场。它的设计者是著名雕刻家波里克里托斯的儿子小波里克里托斯。

埃比道拉斯剧场建于公元前 350 年，是希腊古典晚期建筑中最著名的露天剧场之一。它的前面是建在山坡上的扇形观众席，直径约为 118m，有 34 排座位。中心是圆形表演区，即歌舞区，直径约 20.4m，后面是舞台。

整个剧场气势宏大，舒展开阔，是古代希腊古典后期建筑艺术最高成就的代表之一。

1.3.9　雅典风塔（Tower of the Winds，Athens，公元前 48 年）：

希腊化时期由天文学家安德罗尼卡建造，由白色大理石制成。它的顶端呈圆锥形，顶上有风标、日晷，主要被用作风向标和水钟，下面的八角柱每个面高 3.2m，八个面雕刻着各方的风神，是最引人注目的地方。但由于墙面石块雕刻过大，显得建筑尺度比例失调。风塔内部还有一个滴漏，用于计时。塔内还有一个通过塔南面蓄水池驱动的水力钟，另有一个机械天体。

在基督教早期，风塔曾被用做教堂。后经岁月侵蚀，塔的一半被埋入土中。19 世纪开始重新挖掘，1916 年和 1976 年又进行了两次修复。

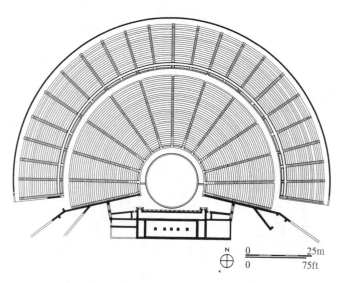

1.3.8-1　位于埃比道拉斯的剧场平面图

1.3.8-2　位于埃比道拉斯的剧场遗址

1.3.9 雅典风塔

古希腊建筑的艺术成就：

（1）创造了影响深远的古希腊柱式。

古希腊建筑采用的是梁柱结构体系。柱子与额枋、檐口所形成的一套固定做法以及由此产生的三种柱式——多立克、爱奥尼、科林斯柱式，构成了希腊建筑的精髓；使柱式这种技术与艺术的统一之作达到了巅峰，创造了不朽的艺术成就。反映出古希腊人将石柱的塑造艺术与其对力学性能的认识相结合的非凡能力，对后世建筑产生了极其深远的影响。

（2）有视觉矫正。

人类观赏建筑会产生许多视觉上的误差，古希腊人很早就发现了这一点，并在建筑创作上作了许多视觉上的校正：

水平线向上凸起。为了防止在视觉上水平构件的塌陷感。古希腊人将建筑的水平构件——额枋从中部向两侧做向上凸起处理。如雅典卫城山门的额枋中央凸起4cm。帕提农神庙的额枋在短边的中央凸起为4cm，长边为7cm。

柱子有侧角。19世纪，人们对帕提农神庙进行详细测绘时发现，整个结构几乎没有一根直线，每个局部都是凸曲的，这使人们在观察它的外形时，不会因直线产生错觉而影响对它和谐与完美的感受。其中，角柱的柱头均稍稍内倾，并非笔直状态。就结构而言，这样做的作用在于使各柱之间达到几何不变体系的稳定关系，增强了整体的结构稳定性。

柱子有收分。柱子的收分也是视觉上的需要。古希腊早期的梁柱也是采用木材，而木材天然的就是下粗上细。改用石材后为了延续这种下粗上细的视觉效果，就将石柱做成下粗上细的收分处理，这可以使柱子更显挺拔稳健和安定有力。这种收分很小，柱子上面的宽度比下面宽度要减少1/5-1/6，就是说，柱子上部直径是下部直径的4/5-5/6。

中国古代木构建筑的柱子也作收分处理，不同的是中国建筑是从柱子的2/3处开始收分，而希腊柱式从1/3处开始收分。其中的力学依据就在于石柱的表观密度远远大于木柱，而收分由下往上，对于柱身的压应力而言是一致的，从而使应力分布与柱形达到协同。

其他的视线矫正处理还有角柱加粗和尽间开间变小等方面。

（3）单体神庙建筑平面简单，主立面多朝向东方。

（4）建筑的墙体是用大块石材摆放而成，不用灰浆。

（5）建筑的装饰线脚细致入微，这与古希腊人艺术创作的热情成正比。

（6）古希腊哲学发达，这表现在古希腊人对美的强烈追求、理性精神以及人本主义精神之中。

（7）古希腊建筑外部空间丰富，而内部空间由于结构的局限，不甚发达。

（8）古希腊人把建筑当作雕塑来处理，被西方学者称为"放大了的雕塑"。

（9）石造梁柱建筑在施工、构图、细部等方面都达到了成熟阶段。如帕提农神庙共有46棵多立克柱式，每个柱身用石料加工成若干个圆鼓形，每个圆鼓的底平面中央凿出一个凸起的榫头，顶平面中央凿出一个凹槽，这些圆柱体上下衔接叠成柱身。这种处理方法十分有利于施工，同时也可以使柱身在石鼓的结合平面内增加抵抗水平剪力的能力，以提高结构性能。

（10）在希腊化时期拱券已发明，虽然很少采用，却为古罗马拱券技术提供了重要源泉。

比较：

纵向看，古希腊建筑尽管很完美，但它们仍处于人类文明和生产力水平较低的时期。西方美学家称古希腊建筑为"放大了的雕塑"，因为它追求形式上的完美，是艺术上的建筑。

横向看，与古埃及建筑相比，结构上有很大进步，石结构的梁柱技术水平提高了。在政治上，古希腊社会的自由民民主制度要比古埃及的专制制度先进。同时，古希腊是人本主义的国家，以人为本。例如，雅典国歌里的一句歌词就是"世间多奇迹，为人最可贵"。因而，古希腊建筑注重与人的比例关系，强调宜人的艺术效果；而古埃及建筑则以震撼人心为其精神功能，强调震慑人心恐怖压抑的艺术效果。

与中国相比，中国传统建筑注重的是空间，古希腊建筑则注重实体，这也就是称它为"雕塑建筑"的原因。因此，希腊建筑的内部空间极不发达。

古希腊人最早将美纳入哲学范畴，而产生了美学。在古典时期，对音乐、戏剧的贡献极大，对后来欧洲文化的影响亦不容小觑。所以，西方学者常赞美古希腊文化具有"永恒的魅力"。

1.4　古罗马建筑——帝国风貌的展示

古罗马建筑是欧洲建筑继希腊之后的又一个发展高峰。它的发祥地在意大利半岛（又称亚平宁半岛）。这里北依阿尔卑斯山，南临伊奥尼亚海，东濒亚得里亚海，西接第勒尼安海。古代意大利气候温和，雨量充足，土地肥沃，河流纵横，宜于发展农牧业。古罗马的历史跨越1500多年，历经以下几个阶段：

（1）王政时代（公元前753–前509年）：

公元前1000年，拉丁姆（Latium）平原的7个山丘上就有人居住。自公元前7世纪起，七丘结成同盟，以帕拉丁为中心，逐渐形成了罗马城。古罗马开始由氏族制度向国家过渡，而"七丘同盟"也被看作是古罗马建国的标志。

王政时代共有7个王先后统治罗马，公元前509年，第七代王塔克文的统治被推翻，王政时代结束。

（2）共和时代（公元前509–前27年）：

推翻王政和建立共和制是早期罗马发生的一个重要的政治事件。共和时期执掌国家政权的是两个通过选举产生的执政官，他们主持召集元老院和公民大会，来共同治理国家。从公元前3世纪上半叶开始，经过一个多世纪的血腥扩张，古罗马成为东起小亚细亚，西临大西洋，南达撒哈拉沙漠，北抵莱茵河和多瑙河横跨欧、亚、非三大洲的大帝国。

公元前44年，恺撒（Gaius Julius Caesar，公元前102–前44年）夺取政权成为独裁者。此后不久，恺撒被暗杀身亡

公元前30年，恺撒的侄子兼养子屋大维（Gaius Julius Caesar Octavianus，公元前63–前14年）率古罗马军团进军古埃及，古埃及并入罗马。随后古罗马进入帝国时代。

（3）帝国时代（公元前27–公元476年）：

公元前27年，屋大维被元老院封为奥古斯都（Augustus），成为古罗马的第一任皇帝。他建立了一套

有效的行政管理体制——中央集权，为确保古罗马帝国的200年和平奠定了基础。至公元2世纪末，古罗马国力强盛，文化繁荣，经济发达。

公元313年，君士坦丁颁布《米兰敕令》，承认基督教的合法地位。

公元330年，君士坦丁迁都拜占庭，更名为君士坦丁堡。

公元395年，古罗马帝国分裂为东西两部分，东罗马帝国也称拜占庭帝国，一直延续至15世纪中叶。

公元476年，日耳曼雇佣军废除最后一个罗马皇帝的帝位，西罗马帝国灭亡。

在文化上，古罗马人十分羡慕古希腊的文化和艺术。在公元前168年，罗马战胜马其顿后做了希腊的"保护者"。随后，古希腊文化逐步为古罗马人所接受，古希腊的艺术家、工匠、建筑师大批地涌向古罗马的各个角落，为古罗马延续和发展古希腊建筑做出了重要贡献。因此，

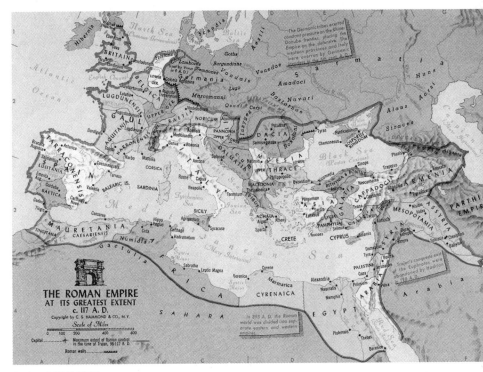

1.4　古罗马地图

古罗马建筑文化可以说是直接建立在古希腊建筑文化的基础之上，并与古希腊建筑文化一起被后人称为欧洲古典建筑文化。

在希腊化时代，由于东西方建筑文化的交融，使这一地区的建筑发生了巨大的变化：

首先，公共建筑的类型得以发展和增加。会场、剧院、市场、浴场、旅馆、俱乐部、图书馆、码头等建筑都有了固定的模式。

其次，技术手法的改进。从东方的西亚传来面砖和砖的生产技术，也传来了拱券技术和起重、运输机械的使用。

最后，东方文化的融入体现在了建筑风格之中，产生了有关的构图法则。在纪念性建筑中，流行集中式构图。

这些建筑上的变化，构成了古罗马建筑文化形成和发展的基础与养料，使西方古典文化在继希腊之后又达到一个新的高峰。而在古罗马帝国时期，古罗马人逐步构筑起古罗马帝国建筑新的辉煌。

1.4.1　尼姆水道桥（Pont du Gard，Nimes，公元前20-前16年）：

尼姆水道桥又称戛合输水道，位于今日法国的尼姆城。是古罗马为供应城市生活用水而建造的输水道。在古罗马时期，类似的输水道曾建过许多处。尼姆城的这

1.4.1　尼姆水道桥

个引水工程的目的就是把 50km 之外位于额尔（Eure）的泉水通过如此之长的一条水道，引至尼姆市内的储水塔（Castellum）内，为城市供水。当年的尼姆城最高峰时有市民约 5 万人，这个水道每日可为市民人均供水 400 公升。

水道原长约 50km，现仅存横跨戛合河谷的一段。最高处达 48.77m，最大的拱券跨度达 24.5m。现存水道由三层拱券相叠构成，下层由 6 个拱券支撑，长度为 142.35m。中层有 11 个拱券，长度为 242.55m。上层共 35 个拱券，输水用，长度为 275m，倾斜度为 1：3000。尼姆水道桥底层和中层用 6t 重的巨石建成。这些巨石来自距该桥 600m 远的采石场。上层石墙内铺设巨大的长板石，形成水源通道。这些拱券的利用，既减轻了架设很高的输水道的自重，节约了材料，又减轻了桥墩压力，增强了桥的稳定性，而且使桥的形状优雅，层次丰富。形成了桥梁结构内在的和谐，物化了创造者的壮美理想和时代趣味。

1.4.2　古罗马柱式

古罗马时期，罗马人汲取希腊人的建筑经验，继承希腊柱式加以创造性地发展，形成五种柱式，即塔斯干、多立克、爱奥尼、科林斯和混合柱式。这些柱式与古希腊柱式相比更华丽、更精细、更复杂。罗马人完善了科林斯柱式，广泛用来建造规模宏大、装饰华丽的建筑物，并且创造了一种在科林斯柱头上加上爱奥尼柱式涡卷的混合式柱式，成为这五种柱式中最为华丽的一种；他们还改造了古希腊多立克柱式，并参照伊特鲁里亚人的传统，发展出柱身光滑的塔斯干柱式；这两种柱式差别不大，前者檐部保留了古希腊多立克柱式的三陇板，并加上了柱础；而后者柱身没有凹槽。它们多被用于小型建筑或在做叠柱式时立在底层；爱奥尼柱式变化较小，只把柱础改为一个圆盘和一块方板。

维特鲁威在他的《建筑十书》中给柱式本身和柱式组合作了相当详细的量的规定。他注意到这些规定要根据建筑物的大小、位置等具体条件作必要的调整。柱式

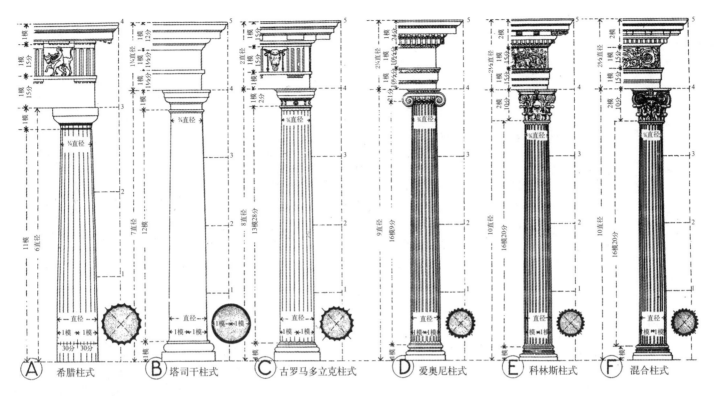

1.4.2-1 古罗马五种柱式 (注：1模度等于直径的一半，也等于30分)

1.4.2-2 古罗马券柱式

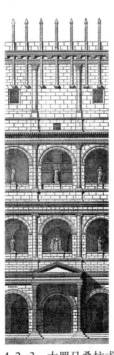

1.4.2-3 古罗马叠柱式

作为基本的建筑造型手段，在罗马帝国流行，并形成统一的古罗马建筑风格。

罗马人对柱式的另一个发展就是在使用上的创新。随着古罗马拱券技术的产生与推广，柱式的结构作用逐渐消失，而装饰作用越发突出。为了能够在柱式与拱券之间产生顺利的过渡，他们在墙面上和柱墩上贴装饰性的柱式。柱子一般突出墙面3/4个柱径，券洞就镶嵌在柱子的开间里，券脚和券面用柱式的线脚装饰。这样既能够满足古罗马建筑巨大尺度的要求，又能够取得风格上的统一。这种使用形式被称之为券柱式；另外，在古罗马的多层建筑中，罗马人还将券柱式发展为几层叠加的形式，底层一般为塔斯干柱式或多立克柱式，第二层用爱奥尼柱式，上面用科林斯柱式或科林斯的壁柱。这些柱式的安排解决了柱式与多层建筑的矛盾，也符合下简上繁的视觉规律，增强了立面的视觉稳定性和横向的水平划分。这种使用形式被称为叠柱式；还有一种使用方式就是为了适应高大建筑体量的构图，一根柱子贯穿二、三层使用，以强调垂直式构图，从而打破叠柱式那种单一的水平向划分，这种使用形式被称为巨柱式。

与古希腊时期相比，古罗马柱式的发展愈来愈趋向装饰性，成为古罗马皇帝们构筑他们审美趣味的产物。

1.4.3 罗马胜利者海克里斯神庙（Temple of Hercules Victor，Rome，公元前 2 世纪）：

这是一座圆形的建筑，是用来供奉卖油者的守护神海克里斯的庙宇，规模不大，却十分精巧。与右侧的佛坦纳维利斯神庙一起位于罗马城的波里乌姆广场（Forum Boarium）内，二者相距很近。庙宇是由古希腊建筑师赫默道鲁斯（Hermodorus）设计，用来自于古希腊彭特利库斯山（Mount Pentelicus）的大理石建造的。它的入口设在东部，由 20 棵科林斯式柱子环绕着小小的神殿，形成一圈柱廊。屋顶比较独特，像一个圆形的斗笠戴在庙宇之上。

1.4.4 罗马佛坦纳维利斯神庙（Temple of Fortuna Virillis，Rome，公元前 2 世纪）：

位于罗马城波里乌姆广场上的佛坦纳维利斯神庙是一座很小的庙宇。在古罗马时期这里面临台伯河畔，是用来供奉河港之神波图努斯（Portumnous）的神殿，公元 872 年曾被改为基督教堂。这个端庄典雅的庙宇立在高高的基座上，在入口处有台阶可上至台基之上。神庙内部是一个小的单一空间，周围绕以 18 棵爱奥尼柱子，这是典型的古希腊围廊式庙宇的做法。只是除了入口前的 6 棵柱子是独立的以外，其余的 12 棵都是与墙结合在一起的壁柱。这也是古希腊围廊式庙宇传入古罗马后的一个主要变化，即从柱廊到壁柱的变化。这一变化将古希腊雕塑般的庙宇变成了古罗马图画般的庙宇，是一种意义与符号的转变。与之相类似的是带有科林斯壁柱的、比此稍大一些的尼姆四方神庙。

1.4.5 尼姆四方神庙（The Maison Cárrèe at Nimes，公元前 19－前 16 年）：

尼姆四方神庙位于法国南部尼姆小城的一个古代集会的

1.4.3 罗马胜利者海克里斯神庙

1.4.4 罗马佛坦纳维利斯神庙

1.4.5 尼姆四方神庙

广场旁，是公元前 1 世纪奥古斯都大帝（Augustus）时代建造的，也是迄今为止世界上古罗马时代遗留下来的神殿中少数几座保存状况良好的神庙之一。它位于一个高 3.7m 的台基之上，正面门廊为 6 棵科林斯柱式的柱子，其余三面的柱子都是附在建筑外墙上的壁柱。这共计 30 棵柱子包围着中央有"方形之家"之称的神殿。庙宇的内部空间使人感觉方正宽敞，建筑风格简洁典雅，与古罗马帝国中后期富丽堂皇的庙宇较为不同。

1.4.6 万神庙（The Pantheon，Rome，118-128 年）：

万神庙又译为潘提翁神殿，由古罗马哈德良皇帝督建，位于意大利的罗马城。它是古罗马建筑中唯一被完整保存下来的大型建筑，代表了古罗马时期最高的建筑成就，是人类古代社会最伟大的建筑之一。

万神庙由两部分组成，一部分是入口处长方形的、类似于希腊神庙的一个门廊，宽 34m、深 15.5m，共有 16 棵科林斯柱子，每根都是用整块的花岗石制成，柱高达 14.15m，底部直径为 1.51m。另一部分是主体为圆形平面的神殿，由一个直径达 43.3m 的穹顶覆盖，尺度巨大，完整统一。而 43.3m 这一数字也作为欧洲古代建筑跨度的最高纪录保持了近 1800 年。

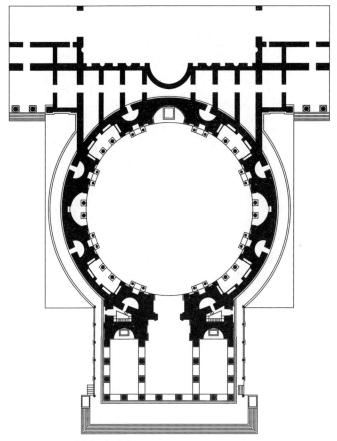

1.4.6-1 万神庙平面图

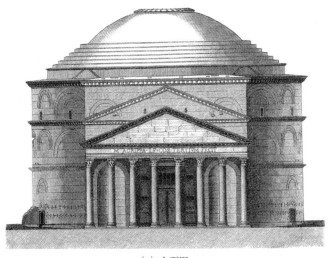

(a) 立面图

1.4.6-2 万神庙立面与剖面图

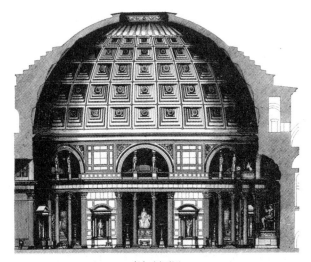

(b) 剖面图

1.4.6-3　万神庙外观　　　　　　　　　　　　　　　　　　1.4.6-4　万神庙室内穹顶仰视图

　　穹顶的顶部开有一个直径8.9m的圆形采光洞，这个洞成为万神庙唯一的采光点。光线从顶部泄下，并会随着太阳位置的移动而改变光线的角度，给人一种神圣庄严的感觉，十分适合宗教建筑的性质。同时它也为世人提供了一个与天上诸神对话的心灵通道。

　　神殿的结构除了这个巨大的穹顶外，外墙厚6.2m，用以抵抗穹顶巨大的侧推力。在建筑材料上，古罗马人使用天然的混凝土与砖作为主要材料。在混凝土的使用中，他们将比较重的骨料用在基座上，到顶部时只使用浮石作骨料。同时，罗马人还根据力学原理，将穹顶的厚度从下至上逐渐减薄，从穹顶底部的5.9m一直减少到顶部的1.5m。不仅如此，他们还在穹顶内部做了五层类似井字梁一样的藻井，并逐层缩小，但是内凹尺寸相同。上述做法不仅极大地减轻了穹顶的自重，更加衬托出穹顶的巨大，并给人以一种向上的感觉。

　　神殿室内的墙面上开有7个壁龛，每个龛都用两颗彩色大理石柱来屏隔，为室内墙体立面增加了丰富的层次和观赏点。

　　神庙的外部造型简洁，内部装饰华丽，在神秘幽暗的光束之下，显得更加雄伟壮观。它不但是古罗马建筑艺术的珍品，而且对西方的建筑史发展也有举足轻重的影响。文艺复兴时期无数的建筑师们就曾到此领略它的风采。这种圆厅加柱廊的设计，被应用在许许多多的市政厅、大学、图书馆和其他各种公共建筑物上而影响深远。

1.4.7　维纳斯和罗马神庙（The Temple of Venus and Rome，Rome，121-135年）：

　　古罗马最大的、最为壮丽辉煌的庙宇是位于罗马广场东侧的维纳斯和罗马神庙，也是唯一一座主立面带有10颗柱子的围廊式庙宇。由哈德良（Hadrianus，76-138年）皇帝亲自设计，并于公元121年开始建造，135年建成。307年庙宇遭遇火灾，随即又由当时的皇帝马克森梯乌斯（Maxentius，278-312年）修复和改造。

　　修复后的神庙坐落在一个高高的台基上，周围有柱廊和院墙环绕。庙宇的形制为古罗马不多见的围廊式，60棵高大的科林斯柱式形成的柱廊支撑着屋面和巨大的山花，规模为145m×100m。神殿空间在中央被一分为二，

1.4.7-1 维纳斯和罗马神庙遗址

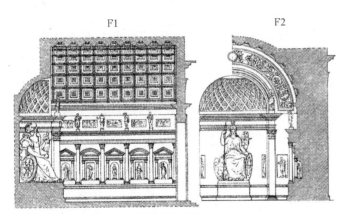

1.4.7-2 维纳斯和罗马神庙大殿剖面图

分隔成背靠背的两个空间，分别供奉着维纳斯和罗马神；并将供奉着维纳斯神像的那部分面向大角斗场，而供奉着罗马神的那部分面向广场。这种内部空间布局的方式在古代神庙建筑中并不多见，一座神庙等于两座庙宇。

这座庙宇规模宏大，形制独特，富丽堂皇，充分反映了古罗马帝国皇帝们的审美趣味。

1.4.8 巴尔贝克大庙建筑群（Temple at Baalbek, 1-3世纪）：

位于现今黎巴嫩境内的巴尔贝克是一组规模宏大的神庙建筑群。巴尔贝克意为"太阳城"。公元前3000年，崇拜太阳神的迦南人在这里修建了一座祭祀太阳神的庙

宇，称为巴尔贝克。公元前47年，恺撒大帝在此建造神庙，并派军队驻防。其后奥古斯都皇帝在神庙原址上大规模扩建。以后经过二百多年不断的修建，最终完成这座规模宏伟的神庙群。主要用以祭祀罗马主神朱庇特、酒神巴卡斯和美神维纳斯。

神庙由祭礼大厅、主神朱庇特庙、酒神巴卡斯庙、美神维纳斯庙组成，全部用巨石垒成。庙外有巨石砌筑的高墙环绕，庙内的庭院和大殿坐落在巨石砌成的高高的台基上。

经过入口门廊和一个六边形的前院，进入祭礼大厅；厅长104.5m，宽103m。由128颗高大的花岗石柱子组成的柱廊环绕大厅，中间为祭坛，祭祀活动在此进行。

朱庇特庙被认为是古代最伟大的神庙之一，约建于公元60年罗马尼禄皇帝（Nero，37-68年）时代，是一座科林斯式庙宇。庙宇四周以高大的柱子组成气势雄伟的柱廊，大殿正面有巨柱10颗，侧面各19颗。巨柱高达20m，直径2.3m，均由3段圆柱衔接而成。如今朱庇特神庙只剩排成一行的6颗巨柱屹立在高台之上。

酒神巴卡斯庙也是一座科林斯式建筑，约建于公元

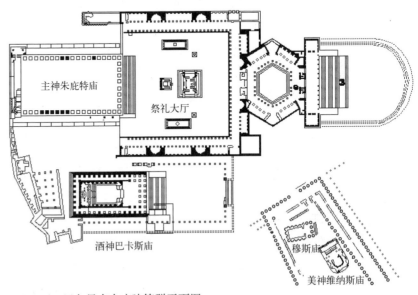

1.4.8-1 巴尔贝克大庙建筑群平面图

1.4.8-2　朱庇特庙

1.4.8-3　美神维纳斯庙复原图

100年。庙宇的正面耸立8颗石柱，侧翼各15颗，石柱高15m，直径2m，柱上刻满包括各种蔬菜水果的精致图案。神庙中有巴卡斯神像，旁有大酒窖，四周墙上刻有葡萄和酒壶组成的图案。现在庙顶虽已坍塌，但四壁和石柱尚存。

美神维纳斯庙建于公元245年，是一座圆形建筑，庙宇四周环绕50颗石柱，庙内供奉着维纳斯神像。

如今这个建筑群虽已大部分被毁，但那曾经由巨石建成的庙宇、花岗石石柱围成的院落、柱梁上精美绝伦的古代雕刻图案，尽显古罗马帝国所拥有过的辉煌。

1.4.9　卡拉卡拉浴场（Thermae of Caracalla，Rome，212-216年）：

以古罗马皇帝卡拉卡拉（Emperor Caracalla，188-217年）命名的卡拉卡拉浴场建于他在位期间的公元212-216年。它位于罗马城的南部，是罗马城中最大的浴场之一，内部可同时容纳一万多人消遣娱乐。罗马浴场的形制大致有温泉浴场、私人浴室、公共浴场三类。帝国时期，罗马人更是把兴建公共浴场作为与兴建体育场、图书馆具有同样意义的大事。据计算，公元4世纪时，罗马城的公共浴场已超过1000家，其中特大型的有11家。

卡拉卡拉浴场的主要入口位于北侧，总面积为575m×363m。主体建筑的规模大约是225m长、185m

宽、38.5m高。中央大厅分别设有冷水池、温水池和热水池三个大的洗浴空间。可同时容纳2000-3000人洗浴，每个浴室之外都有更衣室等辅助性用房。室内装饰华丽，并设有许多凹室与壁龛。卡拉卡拉浴场可谓豪华至极，四面的窗子宽大透亮，以确保阳光在白天的任何时候都

1.4.9-1　卡拉卡拉浴场室内复原图

能照射进来。整个浴场的地面和墙壁都是用来自罗马帝国不同地区珍贵的彩色大理石铺嵌而成的。这些大理石的墙面上，还要饰以精美的图案和绘画。周围是花园，最外一圈设置有商店、运动场、演讲厅以及与输水道相连的蓄水槽等。

卡拉卡拉浴场的建筑成就是多方面的：

首先，它复杂的功能表达代表了人类社会在处理建筑功能方面的一次重大飞跃。总体上，它是一座集洗浴、运动、读书、讲演、购物等为一体的娱乐消遣的、多功能的大型公共建筑；功能之复杂前所未有。局部上，它设置了三个不同水温的洗浴大厅及相关的服务用房，以满足不同的使用要求。从而体现了古罗马人对大型复杂空间卓越的整体把握能力。

其次，浴场主体大厅所采用的十字拱与筒形拱相组合的拱顶系列结构体系，这是古罗马人在房屋结构上的一大创举，代表了古罗马拱券结构体系的最高成就。

最后，浴场的空间组织达到了古代社会在复合空间处理上的一个里程碑的高度，超越了古希腊建筑重实体而空间不发达的局限；完成了欧洲建筑史上的一次巨大跨越——使建筑真正地成为建筑。

这些成就表明卡拉卡拉浴场在结构、功能和艺术上达到了完美的统一。

公元 537 年，卡拉卡拉浴场由于供水管道遭人破坏而停止使用，并逐渐被废弃，如今只剩下一片废墟。

1.4.10　戴克里先浴场（Thermae of Diocletian, Rome，298-306 年）：

戴克里先浴场是古罗马最大、也是最为壮观的帝国浴场。位于罗马城人口最稠密的中心区内，由马克西米安（Marcus Aurelius Valerius Maximianus，240-308 年）与戴克里先（Gaius Aurelius Valerius Diocletianus，245-312 年）两位皇帝负责兴建。浴场是一座庞大的建筑群，占地长 380m，宽 370m，前面设有商店，后面是个半圆形剧场。地段中央是浴场的主体建筑物，长 240m，

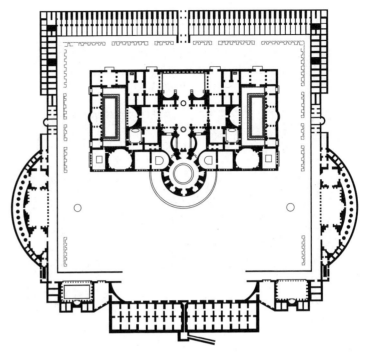

1.4.9-2　卡拉卡拉浴场平面图

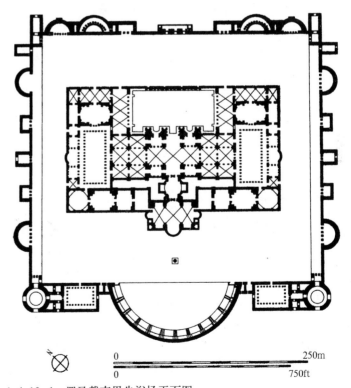

1.4.10-1　罗马戴克里先浴场平面图

1.4.10-2　罗马戴克里先浴场室内复原图

到后来的古罗马大角斗场的外立面上。

作为古罗马世俗性的公共建筑，马塞鲁斯剧场的形制相当成熟，立面简洁，构图严谨，柱式典雅，与功能结合得十分融洽。在希腊半圆形露天剧场的基础上，对剧场的功能、结构和艺术形式都有很大的发展。

宽148m。每侧各一个出入口。其余部分类似于卡拉卡拉浴场的形制，只是规模更大，结构上使用拱券平衡体系的手法更成熟一些。

公元537年，戴克里先浴场与卡拉卡拉浴场的供水管道同时遭人破坏而停止使用。

1.4.11　马塞鲁斯剧场（Theatre of Marcellus，Rome，公元前13-前11年）：

奥古斯都在位时落成的马塞鲁斯剧场是罗马剧场发展史上的一座里程碑。它建造于台伯河边的一处平地上，而不是像古希腊剧场那样建在山坡上，但是它的平面依然采用典型的古希腊剧场的模式。它高耸的观众席是由一系列同心的混凝土环形拱廊一层层地架起来的。观众席的最大直径为130m，可以容纳10000-14000人；在增加了最顶部的一层后，剧场达到了容纳15000名观众的规模。它的舞台为矩形，宽80-90m，两侧有大厅。建筑的外立面的下面两层，采用连续的拱券与柱式结合的方式，一层用多立克柱式，没有凹槽和柱础；二层用爱奥尼柱式。这种立面的处理方式被称为券柱式和叠柱式，并被运用

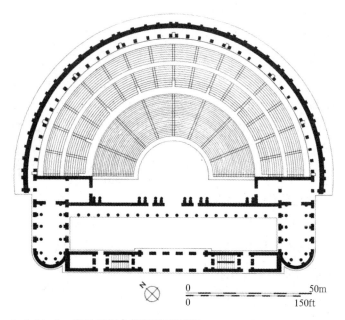

1.4.11-1　罗马马塞鲁斯剧场平面图

1.4.11-2　罗马马塞鲁斯剧场遗址

1.4.12 罗马大角斗场（Colosseum, Rome, 72－80 年）：

在古罗马的众多建筑遗迹中，角斗场（也称斗兽场）是古罗马皇帝们专门为野蛮的奴隶主和游氓们看野兽与野兽、角斗士与野兽或角斗士之间作搏斗表演而建造的、最为惊心动魄的建筑。从功能、规模、技术和艺术风格等方面看，罗马城的这座大角斗场是其中最重要的一座，也是古罗马建筑的代表作之一。

公元 72 年，罗马皇帝蒂图斯（Titus Flavius Vespasianus，9–79 年）为了庆祝征服耶路撒冷的胜利，强迫数万俘虏用了不到 10 年时间建成了这座角斗场。仅仅在角斗场开幕式的 100 天表演中，就有 3000 名奴隶、俘虏与 500 头狮子、老虎在你死我活的角斗中而死。

罗马大角斗场是古罗马时期最大的椭圆形角斗场，它长轴 188m，短轴 156m，周长 527m。中央表演区也是椭圆形，长轴 86m，短轴 54m。地面铺上地板，外面围着层层看台。看台约有 60 排，分为五个区。前面一区是荣誉席，最后两区是下层群众的席位，中间是骑士等地位比较高的公民的席位。最多可容纳 5 万

1.4.12-2　罗马大角斗场遗址

1.4.12-3　罗马大角斗场表演区

1.4.12-1　罗马大角斗场观众区

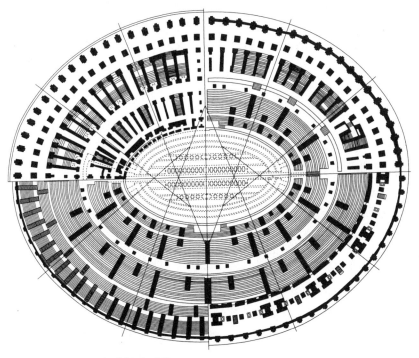

1.4.12-4　罗马大角斗场平面图

人同时观看表演。观众席内部交通系统纵横交错，以纵向过道为主，横向过道为辅。观众按票号从不同的入口、楼梯，到达各区座位，方便快捷，不会出现拥堵混乱现象。为了架起这一圈观众席，结构采用三层混凝土的筒形拱和交叉拱来承重。每层80个拱，形成三圈不同高度的环形券廊，即拱券支撑起来的走廊。表演区地下隐藏着很多洞口和管道，可以储存道具和野兽。

大角斗场的立面分四层，高48.5m，采用典型的叠柱式构图。下三层依次采用多立克柱式、爱奥尼柱式和科林斯柱式，第四层为实墙与科林斯壁柱。这种构图方式使大角斗场显得轻灵通透，极富节奏韵律。

这座建筑物的成就很高，尤其是它的形制在体育建筑中被沿用至今。

1.4.13 罗曼努姆广场（Forum Romanum，Rome）：

古罗马的广场是古罗马建筑中最为重要的一种类型，它是一个城市的政治、经济和宗教生活的中心。在古罗马的各个城市里，一般都有中心广场（Forum）。早期的广场有希腊化时期广场的遗风，政治、经济、宗教等性质的建筑构成广场的主体建筑。由于这些建筑都是陆续建造的，没有统一的规划，也没有核心建筑来控制构图，所以广场显得很零乱。罗曼努姆广场就是古罗马早期广场的一个代表。

罗曼努姆广场是罗马城的核心，原为沼泽地带，大约公元前6世纪加以整修，成为市场和集会之地。随后，历代统治者在这里修建庙宇、宫殿、会议场所、政府机构和一些食品店及售卖食品的摊棚。逐渐形成了一个规模宏大、十分壮观的广场。

这些建筑包括：元老院、议事堂、讲演台、艾米利亚巴西利卡、尤利亚巴西利卡、马克森提乌斯巴西利卡、蒂图斯凯旋门、奥古斯都凯旋门、赛佛鲁斯凯旋门、农神庙、双子星神庙、维纳斯和罗马神庙等。这些建筑都是古罗马建筑中的重要代表。

公元4世纪罗马开始衰落，大规模的建设停止。5世

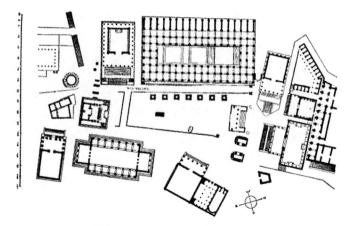

1.4.13-1 罗曼努姆广场平面图

1.4.13-2 罗曼努姆广场遗址

纪，西哥特人（410年）和汪达尔人（455年）先后攻入罗马，广场遭到破坏。中世纪时期，这里的石块被大量地劫掠去盖教堂和宫殿，以后长期颓损。

1.4.14 罗马帝国广场（Imperial Fora，Rome）：

罗马帝国时期，在罗曼努姆广场的西北方向逐步建起了一个庞大的帝国广场群，包括恺撒广场、奥古斯都广场和图拉真广场。这些广场的布局也发生了重大变化。首先，广场是通过规划建造起来的，整体统一，形式规整；其次，广场的布局严谨，轴线对称；最后，广场中开始出

现中心建筑，多以神庙为主。同时，广场也满足平民聚会、宗教和商业活动的需要。因为每一个时期广场都与前一个广场毗邻而建。因此，它们在各自的时期内都是规模最大、形象最突出的广场。

1.4.15 恺撒广场（Forum of Caesar，Rome，公元前54-前46年）：

古罗马城的第一个由官方建立的广场就是恺撒广场，他用征服高卢获得的战利品来购买建造的原材料，于公元前54年开始规划建造，8年后建成。恺撒广场是整个帝国广场中面积最小的一座，但它的形制对罗马帝国时期的广场产生了深远影响。恺撒大帝认为罗马共和时期建造的那些布局零散的广场缺少秩序。所以，他的广场被规划成了一个讲究轴线对称、封闭式布局、中心突出的长方形广场。广场占地面积为10000m²，由回廊围绕着长152m，宽72m的矩形空间。广场的中央立着恺撒个人的骑马镀金铜像，底部是公元前46年建造的恺撒家族的守护神维纳斯的神庙（Temple of Venus Genetrix）。神庙里放着恺撒大帝与埃及艳后克利奥帕特拉两人的雕像，克利奥帕特拉还被塑造成维纳斯的样子。公元80年，神庙遭火灾，后来的图拉真皇帝对其进行了修复。

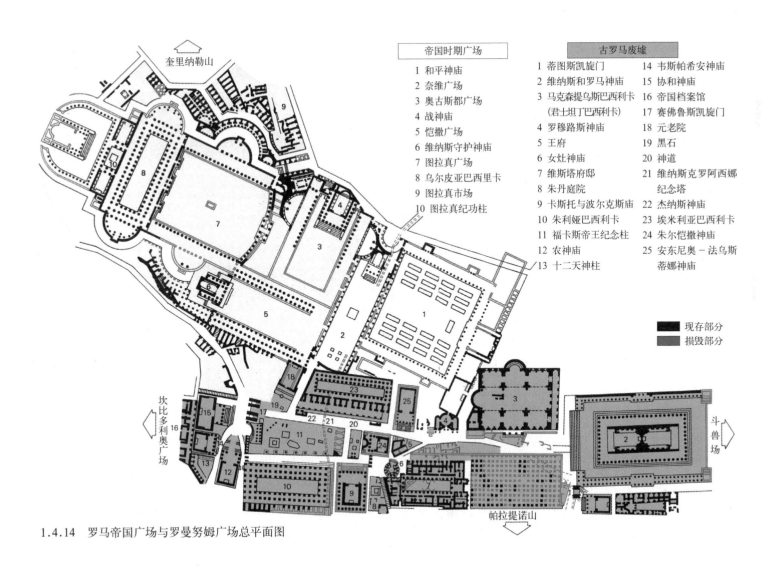

帝国时期广场	古罗马废墟	
1 和平神庙	1 蒂图斯凯旋门	14 韦斯帕希安神庙
2 奈维广场	2 维纳斯和罗马神庙	15 协和神庙
3 奥古斯都广场	3 马克森提乌斯巴西里卡	16 帝国档案馆
4 战神庙	（君士坦丁巴西里卡）	17 赛佛鲁斯凯旋门
5 恺撒广场	4 罗穆路斯神庙	18 元老院
6 维纳斯守护神庙	5 王府	19 黑石
7 图拉真广场	6 女灶神庙	20 神道
8 乌尔皮亚巴西里卡	7 维斯塔府邸	21 维纳斯克罗阿西娜
9 图拉真市场	8 朱丹庭院	纪念塔
10 图拉真纪功柱	9 卡斯托与波尔克斯庙	22 杰纳斯神庙
	10 朱利娅巴西里卡	23 埃米利亚巴西里卡
	11 福卡斯帝王纪念柱	24 朱尔恺撒神庙
	12 农神庙	25 安东尼奥-法乌斯蒂娜神庙
	13 十二天神柱	

现存部分
损毁部分

1.4.14 罗马帝国广场与罗曼努姆广场总平面图

1.4.15　恺撒广场遗址

1.4.16　奥古斯都广场局部复原图

1.4.16　奥古斯都广场（Forum of Augustus，Rome，公元前 42– 公元 2 年）：

奥古斯都是古罗马的第一任皇帝，他的广场也是第一个真正的帝国广场。广场与恺撒广场垂直，与图拉真广场平行。一堵苏布拉高墙（苏布拉，罗马皇帝）将其与恺撒广场隔开。

广场从公元前 42 年开始建造，当年屋大维下令建造一座战神庙，拉开了广场建造的序幕。公元前 27 年，屋大维接受了元老院给予他奥古斯都的封号。公元前 2 年，奥古斯都广场基本建成，广场长约 125m，最宽处 118m，其余宽为 80m。广场周围有柱廊和院墙围合。广场内的主体建筑战神乌尔托（Mars Ultor）神庙是一座围廊式庙宇，入口立面宽 35m，门前三排 16 棵科林斯式柱子构成深深的门廊。柱子高 17.7m，底径 1.75m，立在 3.55m 高的台基上。庙里的战神雕像是按照奥古斯都本人的形象雕成的。

广场的建造纯为歌颂奥古斯都本人的功绩，广场内没有其他公共建筑。只在两侧设置一个半圆形的讲堂，从而在主轴线之外又形成与之十字相交的次轴线，丰富了广场的空间构图。广场的围墙全长 450m，厚 1.8m，高

36m，全部用大块花岗石砌筑，它将广场与城市完全隔绝。奥古斯都广场华丽壮美，它艺术地记录了古罗马帝国建立这样一个重大的历史事件。

1.4.17　图拉真广场（Forum of Trajan，Rome，109– 113 年）：

罗马帝国广场群中规模最大、形制最特殊、内容最丰富、也是最晚建造的广场就是图拉真广场。它由图拉真（Trajan，56–117 年）的御用建筑师，叙利亚人阿波洛道鲁斯（Apollodorus，97–130 年）设计。广场的形制参照了东方君主国建筑的特点，轴线对称，多层纵深式布局。沿轴线布置有凯旋门、广场、纪念铜像、巴西利卡、图书馆、纪功柱、神庙等建筑，形成了一个尺度宏大、布局严整、多层次的复合型广场，充分反映了帝国时期最强有力的皇帝的宏伟霸业。

广场总体长 300m、最宽处 185m。光是立有图拉真骑马青铜雕像的前庭广场就达 120m×90m 的规模，已经超过了奥古斯都广场的总面积。与之相邻的乌尔比亚巴西利卡是古罗马最大的巴西利卡之一，它内部有 4 列柱子把巴西利卡分为 5 跨，中央一跨达 25m，它的木桁架的跨度是古罗马最大的。巴西利卡的两端各有一个半圆

1.4.17 图拉真广场遗址

形的龛，使得广场有了横向的轴线。

巴西利卡之后是一个长 24m，宽 16m 的小院子，两侧为图书馆，中央立着一颗连同基座总高达 35.27m 的图拉真纪功柱。

广场的最后是另一个围廊式的院子，中央是一座崇拜图拉真本人的围廊式庙宇立在高高的台基上。庙宇的正面有 8 棵科林斯柱子，非常豪华。是整个广场的艺术高潮所在。

整个广场内建筑鳞次栉比，空间开阖有致，轴线纵横交错。

图拉真广场只不过是罗马皇帝们修建的众多主题广场之一，这些广场都是为了突出当时的在位的皇帝的功绩和伟业。

1.4.18 图拉真纪功柱（Trajan's Column, Rome, 106—113 年）：

图拉真广场中的图拉真纪功柱是纪念图拉真功绩的标志性建筑，位于两个图书馆之间形成的小院子中心。柱子采用多立克式，高 29.55m，连同基座总高 35.27m，底径 3.70m。柱的内部有 185 级台阶盘旋至顶，柱顶竖立图拉真全身雕像。柱身全部采用白色大理石制成，共分为

18 段，上面刻着 23 圈盘旋而上的浮雕带，全长近 200m。雕刻真实地记录了图拉真两次远征达奇亚（Dacia）的史实。

这幅长卷式的浮雕详细记录了图拉真亲自率领军队跋山涉水、艰苦卓绝、日夜鏖战不息的经历。记载的事件是按照实际战场上的情景刻画的。所有的人物、军事装备、战争阵势、民族特征等内容都合乎历史真实。它给后世留下一份极其珍贵的形象资料，具有经得起历史考证的文献价值。因此，这座纪功柱不仅是件珍贵的艺术品，还是一本立体的历史文献。

饰带浮雕上总共刻画了 2500 个人物，而图拉真的形象前后竟出现了 90 次。人物构图比较紧凑，场面繁而不乱。除此以外，还有缓缓流淌的多瑙河水，地平线上的罗马前哨，着了火的房屋以及那些横贯河流的桥梁、营帐、城堡等，构成了一幅幅极为丰富的战争形象图册。

图拉真纪功柱作为对古罗马帝王崇拜的象征物，它的设计构思与雕刻手法都反映出古罗马时期建筑师与雕刻家高超的技艺与卓越的水准。

1.4.18-1 罗马图拉真纪功柱 　　1.4.18-2 罗马图拉真纪功柱局部

1.4.19　哈德良别墅（Hadrian's villa, Tivoli, 118-134年）：

位于罗马城东郊蒂沃利的哈德良别墅是古罗马的大型皇家花园，哈德良皇帝的私人别墅。别墅的东面和东北面均有山丘，西侧视野开阔。别墅是一座庞大的建筑群，占地约250英亩。其中有水上剧场、黄金广场、卡诺布斯大水池、维纳斯神庙、皇家图书馆和浴场等30余座建筑。

水是整个别墅建筑中最显著的主题之一。水流从最南端引入，再通过一个由管道和水塔组成复杂系统，最后流过整个别墅。每一栋建筑都有自己的用水设施，包括大型水池和小型浴场水流系统等一应俱全。

水上剧场是一座直径约25m的圆形建筑，周围是一圈水池，人由桥进入剧场，剧场形成一种孤岛的意象。它的东面是图书馆建筑群，西面是哲学家之家，南面是浴场。

黄金广场包括一个中央花园和许多会见官员和外交人员的办公建筑，极其奢华。卡诺布斯大水池是用来模仿从埃及亚历山大到卡诺布斯的一条运河。水池宽18m，长119m，周围绕以柱列、雕像，西侧有模仿雅典卫城伊瑞克提翁神庙的女像柱。

哈德良别墅规模空前、装饰精细、雕刻秀美，呈现出一派奢华富丽的景象。作为一座规模宏大的行宫，一直是后世意大利花园创作的典范。

哈德良之后的其他罗马皇帝可能来此居住过，但因年久失修，哈德良别墅渐渐被人遗忘。文艺复兴以后，意大利尚古之风弥漫，北方贵族纷纷来到罗马领略其过去的辉煌，掠夺持续发生，别墅因此遭到很大的破坏。

如今，尽管哈德良别墅遗址已是满目疮痍，但它那永恒的古典之美却依然令人赞叹。

1.4.20　哈德良王陵（Hadrian's Mausoleum, Rome, 135年）：

哈德良王陵是罗马皇帝哈德良从公元130年开始替他自己与后继者在台伯河畔建造的陵墓，在他死后一年完成。陵墓的形式是古罗马时期比较典型的"台形墓"，由三部分组成。最下部是以大理石贴面的方形基座，边长91.4m、高22.9m。上面为直径73.2m、高45.7m的圆形平台，墓室就建在其中。建筑内部的承重墙和拱顶呈放射状，外部覆以厚土、植被。建筑的顶部有一方形神庙，神庙上面有皇帝的铜像。墓室有一座螺旋楼梯可以到达。除了哈德良皇帝和他的妻子莎比娜以外，还有不少罗马皇帝长眠于此。公元3世纪时，将其同罗马城墙连接在一起。由于此建筑的地点拥有战略意义，在中世纪，

1.4.19-1　位于蒂沃利的哈德良别墅总平面图

1.4.19-2　位于蒂沃利的哈德良别墅水上剧场

1.4.20　哈德良王陵

1.4.21　元老院

1.4.22　蒂图斯凯旋门

陵墓被改为一座军事要塞。现称为圣安杰洛城堡（Castle Sant'Angelo），成为著名的旅游胜地。

1.4.21　元老院（Curia, Rome, 303年）：

位于古罗马广场一侧的元老院是古罗马时期元老院议员们开会的场所，是共和国时代政治的最高机关。它的外观十分简洁，朝向广场的立面是简单的红砖墙，在三角形屋面下排列着三扇窗户，其下为建筑的入口。元老院的室内没有间隔，高高的天花板、漂亮的彩色大理石铺地和简单的墙面围合了一个尺度巨大的空间。入口左右两侧沿墙布置着带有三层台基的平台，每当召开议员大会时，平台上按等级坐着元老院的议员。在室内尽端的墙面前，有一座由奥古斯都放置的、金质、带有翅膀的胜利女神像，以庆祝他的军事功绩。

元老院在历史上曾两次被毁，现在看到的元老院是公元303年戴克里先时期重建的。

1.4.22　蒂图斯凯旋门（Arch of Titus, Rome, 82年）：

凯旋门是古罗马建筑中比较特殊的一种纪念性建筑，它是为了炫耀古罗马皇帝在各类战争中的胜利而建造的。通常横跨在一条道路上单独建造。在古罗马共和时期建造的凯旋门并不多，到了帝国时期，几乎每一次重大战役的胜利都要建一座凯旋门。现在罗马城中保留下来的凯旋门共有三座，蒂图斯凯旋门是其中年代最早的一座。

这座凯旋门大约是在公元81年蒂图斯（Titus Flavius Vespasianus，41–81年）死后，由他的弟弟和继任者多米提安（Titus Flavius Domitianus，51–96年）为纪念公元70年蒂图斯征服耶路撒冷而建设的。这是一座单拱凯旋门，也是古罗马最后一批单拱凯旋门之一。门高15.04m，宽13.50m，进深4.75m。凯旋门立面的台基与女儿墙都较高，给人以稳定、庄严和威武雄壮之感。整座建筑用混凝土浇筑，大理石贴面。檐壁上雕刻着蒂图斯凯旋时向神灵献祭的画面。前后两面饰有4颗混合柱式的壁柱，这也是古罗马开始使用混合柱式的标志。

1.4.23　赛佛鲁斯凯旋门（Arch of Septimius Severus, Rome, 203年）：

赛佛鲁斯凯旋门是为纪念古罗马皇帝赛佛鲁斯（Lucius Septimius Severus，145–211年）与他的两个儿子卡拉卡拉和盖蒂（Publius Septimius Geta，189–211年）于195年和197年两次战胜帕提亚人（Parthians）的功勋所建，位于古罗马共和时期建造的罗曼努姆广场的西部，它的两侧分别是古罗马元老院和演讲台。凯旋门高20.88m，宽23.27m，深11.2m。凯旋门由3个拱门组成，中央的一间高12m，宽7m，两侧的拱门高7.8m，宽3m，形成主次分明的立面构图。拱券立面用4颗混合柱式装饰，柱高8.78m，直径0.9m，并将柱式从凯旋门的墙面上独立出来。墙面布满颂扬赛佛鲁斯战绩的浮雕和纪念文字，凯旋门最上部有赛佛鲁斯皇帝、卡拉卡拉和盖蒂驾车青铜像。

这座白色大理石建筑整体形象十分壮丽，保存也比较完整。

1.4.24　君士坦丁凯旋门（Arch of Constantine, Rome，312–315年）：

君士坦丁凯旋门是罗马城现存的三座凯旋门中建造年代最晚、尺度最大的一座。它是为庆祝君士坦丁大帝（Constantine the Great，280–337年）于公元312年彻底战胜他的强敌马克森提并统一罗马帝国而建造的。这是一座3个拱门的凯旋门，高21m，宽25.7m，深7.4m，中央拱门高11.5m，宽6.5m；两侧拱门高7.4m，宽3.4m。由于它调整了高与宽的比例，横跨在道路中央，

显得形体巨大。8棵独立的科林斯柱式分立在凯旋门两面拱门的柱基上。表面看上去，巨大的凯旋门和丰富的浮雕呈现出恢宏的气派。但是，由于凯旋门的里里外外充满了君士坦丁、图拉真、哈德良与马克·奥里利乌斯等不同时代的浮雕，使它在构图上缺乏整体性。尽管如此，它仍不失为一座宏伟壮观的凯旋门，尤其是它上面所保存的罗马帝国各个重要时期的雕刻，使它成为一部生动的罗马雕刻史。

1.4.25　巴西利卡（Basilica）：

巴西利卡是古罗马时期一种用做法庭、交易所与会场的综合性厅式建筑。后来常专指一种长方形的大会堂建筑。它的外侧有一圈柱廊，主入口在长边，短边有耳室。大厅通常被两排或四排柱子纵向分为三或五个部分。中间的开间大且高，称为中厅（Nave，又译作中央通廊）。两侧的部分开间小且低，称为侧廊（Aisle，又译作侧通廊）。故中央开间两侧常开高侧窗。其结构形式有用木屋架的，如罗马罗曼努姆广场上的朱丽娅巴西利卡。也有用拱券结构的，如同一广场上的君士坦丁巴西利卡，中央用三间十字拱，跨度25.3m，高40m，左右各有三个跨度为23.5m的筒形拱，抵抗水平推力，结构水平很高。基督教在古罗马合法后，这一建筑形制成为基督教教堂建筑的雏形而被流传下来。

1.4.23　赛佛鲁斯凯旋门

1.4.24-1　君士坦丁凯旋门外观

1.4.24-2　君士坦丁凯旋门细部

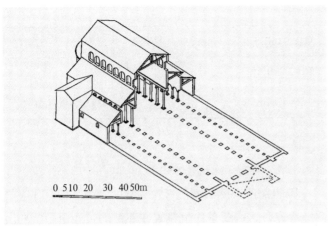

1.4.25 某巴西利卡剖透视图

1.4.26 庞贝银婚府邸（House of Silver Wedding, Pompeii，公元前2世纪）：

古罗马城市居住建筑大体分两类：一类是沿袭希腊晚期的天井式或称明厅式的独家住宅；另一类是公寓式的集合住宅。建于古罗马时期的庞贝银婚府邸是庞贝城的单层天井式住宅的典型，但规模要比普通住宅大一些。住宅中心为一间矩形的大厅，屋顶中央还有一个露明的天井。天井内设一个蓄雨水的水池。普通的家庭生活以

1.4.26 庞贝银婚府邸天井与平面图

大厅为中心，大厅周围布置正屋、餐厅、书房、藏书室和卫生间等。但在庞贝银婚府邸这座建筑的正屋后面加了一进宽大的内围廊式院子，里面有花木、喷泉和水池。这种做法与古希腊晚期的住宅有相似之处。整座住宅空间层次丰富，光线富于变化，内部的壁画和雕刻也十分精美。

古罗马建筑的艺术成就：

（1）发展了古希腊柱式。

古罗马柱式在古希腊的基础上得到了很大的发展，形成了著名的五种柱式，即塔斯干柱式、多立克柱式、爱奥尼柱式、科林斯柱式和混合柱式。在文艺复兴时期，由著名的建筑师维尼奥拉创作的《五种柱式规范》一书对这五种柱式进行了全面的总结与梳理，并成为后世欧洲建筑学的经典教科书。从此，古典柱式在世界范围内得到传播，深深影响着欧美建筑的发展。

古罗马在柱式的使用上也与古希腊有着很大的不同。由于采用了券拱技术，柱式的结构作用丧失了，成为了纯粹的装饰构件。在构图上，与券结合而形成的券柱式和叠柱式的构图方式；在一些高大的建筑上，增大柱式尺度使其贯通建筑二、三层而形成巨柱式的构图方式等，都表达了古罗马柱式在新的条件下的多种变通方式。

（2）古罗马的建筑类型影响非常深远。

古罗马帝国的皇帝们为了享受他们奢侈的生活，在帝国的各地建造了大量类型丰富的建筑。有以罗马万神庙为代表的宗教建筑；也有以皇宫、剧场、角斗场、浴场以及广场和巴西利卡为代表的各类公共建筑；还有带内部院落的住宅和4-5层的公寓。这些形制相当成熟的庙宇与世俗建筑，都有良好的功能关系、内部空间和形体构图，并对后世产生了极为深远的影响。例如，我们今天所经常光顾的现代大型体育场馆，其基本形制就延续了古罗马帝国各种规模的大角斗场的布局方式。

（3）完善的拱券结构体系。

古罗马建筑能满足各种复杂的功能要求，主要依靠

地区	平面	朝向	柱式	艺术趣味	材料	结构	规模	功能	层数	细部	风格	空间	艺术处理	劳动力
希腊	简单、对称	东	三种	精神	石材	梁柱体系	小而精致	简单、单一	单层	自由创作	典雅，更像雕塑	外部为主，雕塑性的	实体为主	自由民和奴隶
罗马	组合、复杂	广场	五种	物质	火山灰混凝土	拱券体系	大而粗糙	复杂、多功能	多层	程式化	骄奢、华丽，是纯粹的建筑	内部空间完美	实体与空间	奴隶

水平很高的拱券结构，获得宽阔的内部空间。巴拉丁山上的弗莱维王朝宫殿主厅的筒形拱，跨度达29.3m，万神庙穹顶的直径是43.3m。公元1世纪中叶，出现了十字拱，它覆盖在方形的建筑空间上，把拱顶的重量集中到四角的墩子上，无需连续的承重墙，室内空间因此更显开敞。

把几个十字拱与筒形拱、穹顶组合起来，能够覆盖复杂的内部空间。罗马帝国的皇家浴场就是这种组合的代表作。

古罗马城中心广场东边的君士坦丁巴西利卡，中央用三间十字拱，跨度25.3m，高40m，左右各有3个跨度为23.5m的筒形拱抵抗水平推力，结构水平很高。剧场和角斗场庞大的观众席，也是架在复杂的拱券体系上。

（4）独特的建筑材料。

古罗马的拱券结构能够得到推广，在很大程度上是因为使用了强度高、施工方便、价格便宜的火山灰混凝土。约在公元前2世纪，这种混凝土成为独立的建筑材料。到公元前1世纪，几乎完全替代了石材，用于建筑拱券，也用于筑墙。混凝土表面常用一层方锥形石块或三角形砖保护，再抹一层灰或者贴一层大理石板；也有在混凝土墙体前再砌一道石墙做面层的做法。

古罗马建筑艺术成就很高。大型建筑物风格雄浑凝重，构图和谐统一，形式多样。罗马人开拓了新的建筑艺术领域，丰富了建筑艺术手法。

19世纪欧洲的画家们喜欢到意大利画落日余晖中的罗马残迹，这些断壁残垣笼罩在苍茫的黄昏中，散发出朦胧之美。这一时期的美术作品被称为"罗马夕照"。

古罗马帝国固然有过横跨欧、亚、非三大洲的霸业，并发展了古典文化。但与古希腊灿烂的文化艺术相比，它毕竟不是人类文明最美好的朝霞，总使人感到一种古典文化"夕阳无限好"的惆怅。

奴隶制社会建筑小结：

奴隶制社会的建筑有两大成就值得注意：

其一，在尼罗河流域和两河流域、古希腊建筑产生了从无到有的第一次飞跃，从而产生了宫殿、庙宇、陵墓、住宅等建筑类型。在艺术处理上是重实体的，由于结构的局限性，建筑的内部空间不甚发达。

其二，古罗马建筑在建筑技术上的创造使得建筑的实体感更加突出，而其空间的地位也得以加强，从而实现了建筑发展的第二次飞跃。其中比较重要的是创造了拱券覆盖下的内部空间：有庄严的万神庙的单一空间；有层次多、变化大的皇家浴场的序列式组合空间；还有巴西利卡的单向纵深空间。这些建筑物内部空间艺术处理的重要性超过了外部体形。

2 欧洲中世纪与中古伊斯兰教建筑

从公元 5 世纪西罗马帝国的灭亡到 15 世纪意大利文艺复兴，这 1000 年的时间在欧洲的历史上被称为中世纪。其主体文化正是以基督教信念为核心的基督教文化。

基督教是以信仰耶稣基督为救主的宗教，分天主教、东正教、新教三个分支。基督教产生于公元 1 世纪前后的巴勒斯坦地区，它的创始人耶稣 30 岁时开始传道。他自称是上帝之子，提出的"平等、博爱"等教律，受到下层人民的赞同。他的"来世"和"天国的幸福"等主张虽渺茫空幻，却能给走投无路的人以暂时的慰藉。在最初阶段，基督教被古罗马帝国的统治者斥为异端而禁止，教徒们必须在秘密的状态下活动。耶稣传教只有 3 年，就被钉死在十字架上。但是他所倡导的基督教却被不断传播，他的事业由他的弟子们发展下去。

公元 4 世纪是古罗马帝国的后期，社会处于动荡之中。53 年间竟更换了 30 个皇帝，他们大部分死于政治谋杀。作为政权支柱的军人，也有许多人信奉基督教。当时的君士坦丁皇帝意识到基督教的力量，于公元 313 年颁布了著名的"米兰赦令"，从此使基督教合法化。公元 391 年，罗马皇帝狄奥多西一世宣布基督教为国教。从此，基督教开始迅速发展起来。公元 395 年，罗马帝国分裂为东罗马帝国和西罗马帝国。公元 1054 年，基督教的两大教会，东正教和天主教正式分裂。天主教以罗马为中心，教皇为最高领袖，使用拉丁语，教堂采用拉丁十字式平面。东正教以君士坦丁堡（现名伊斯坦布尔）为中心，主教为最高领袖，使用希腊语，教堂采用希腊十字式平面。

16 世纪，德国宗教人士马丁·路德等人发起席卷整个欧洲的宗教改革运动，从罗马天主教会里分离出一部分，产生了"新教"。

中世纪繁荣的基督教文化，影响着欧洲社会生活的方方面面。以教堂建筑为中心的中世纪建筑较之古希腊与古罗马建筑也发生了巨大的变化；根据其艺术特色可将其分为：早期基督教建筑、拜占庭建筑、罗马风建筑和哥特建筑。

2.1 早期基督教建筑（Early Christian Architecture）

君士坦丁大帝宣布基督教合法后，动用政府的大部分资源进行教堂的建设。几年之内，在古罗马帝国的一些重要城市里，都出现了大批由帝国资助建造的教堂建筑。这些建筑及罗马帝国灭亡后 300 多年的时间里西欧封建混战时期的教堂建筑统称为早期基督教建筑。

2.1.1 巴西利卡式教堂

早期基督教堂称为巴西利卡式教堂，它为后来西欧天主教堂的发展提供了基本形制。

巴西利卡本是古罗马时期的一种大厅式建筑，主要是用做法庭、市场或者会场等用途。基督教在最初的发展中，教徒们经常在这里进行传教活动。基督教合法后，教堂的建设便以巴西利卡为蓝本加以改造作为基督教的教堂来使用。

教堂是一个神的圣所。为了表现这一功能，在基督教堂的设计中必须设置一个新的重心，即祭坛；它位于巴西利卡东端，后堂的前部。巴西利卡中通常位于两侧的入口被移到中厅的西端。这样，早期基督教堂就沿着一条平直的纵向轴线排列。在正式进入教堂主体之前，还要穿过一个带柱廊的庭院，即前庭，中央有洗池（后发展为洗礼堂）。前庭尽头形成一个入口大厅，即前廊。进入教堂的入口后，见到的景象是：长方形的中厅和一排排让信徒们坐在一起听道祈祷的长椅；两侧连续的、由列柱撑起的拱廊和拱廊外侧窄而低的侧廊；视线的中心即是远处的祭坛。

由于新教堂的屋顶结构多采用三角形木屋架，而形成典型的"山"字形入口立面（西立面）是巴西利卡式教堂的标志。

新教堂既为举行基督教仪式提供了宽敞的内部空间，又显示了基督教作为新国教的特殊地位。"巴西利卡"式教堂在古代曾被视为最完美的教堂建筑形式，在教会史

上流行达数百年之久。代表实例是君士坦丁时代建造的罗马老圣彼得教堂。

2.1.2 拉丁十字式教堂

拉丁十字式教堂是在巴西利卡式教堂的基础上进行进一步改造后形成的一种新的教堂形制。原拉丁十字式教堂的东端有半圆形的圣坛，用半个穹顶覆盖，其前为祭坛，坛前是唱诗班的席位。随着宗教仪式的日益复杂，在祭坛前增建了一道南北向的横向空间，大一些的也有中厅与侧廊。纵向空间比横向空间长得多，交叉点靠近东端，从而形成了一个十字形的空间与平面。采用这种形制建造的教堂就是拉丁十字式教堂。由于其形式象征着基督耶稣受难时被钉死的十字架，更加强了宗教的意义，也更符合举行宗教仪式的需要，成为天主教堂的正统形制。代表建筑是公元 385 年建造的罗马城外圣保罗教堂。

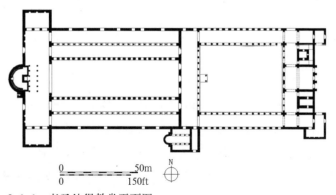

2.1.1 老圣彼得教堂平面图

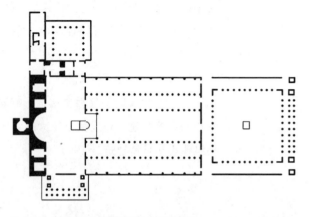

2.1.2 罗马城外圣保罗教堂平面图

2.1.3 希腊十字式教堂

在君士坦丁大帝时期，基督教堂也采用过圆形和多边形的集中式平面形制。后来，由于这样的平面不太符合天主教重视宗教仪式的理念，而被弃用或改做洗礼堂。但在东罗马帝国的东正教会区域，这种形制却十分盛行，特别是屋面上覆盖了古罗马的穹顶后更使教堂显得雄伟壮观，只是没有现存的实例了。

出于对十字架的崇拜，十字式平面逐渐受到重视。中央的大厅仍然像集中式那样用一个穹顶覆盖，但大厅向四周各伸出一个矮矮的"短廊"（Wing），在每个面上短廊的大小和长短是一样的。由于中央部分高于四周，控制着整体构图，所以，这种十字形平面的教堂仍属集中式，并在后来被称为希腊十字式教堂，成为东正教堂的主要形制而广为流行。意大利拉韦纳（Ravenna）的葛拉帕拉切迪亚（Galla Placidia，5世纪）墓是现存最早的希腊十字式教堂。

2.1.4 老圣彼得教堂（Old St Peter's Basilica, Rome, 333-363年）：

圣彼得是耶稣基督的主要弟子，罗马的第一个主教，公元67年为宣扬基督教被古罗马帝国皇帝尼禄下令处死。公元333年，君士坦丁大帝下令建造圣彼得教堂，以纪念以身殉教的圣彼得。老圣彼得教堂是君士坦丁时期最大的巴西利卡式教堂，它建在圣彼得的墓上，以作为朝圣神殿或殉难所。

这座巴西利卡式教堂的平面为长方形，由一个前庭和一个巴西利卡构成。前庭用作洗礼，巴西利卡为教堂的主体。它分为5个开间，长90多米，宽60多米。中厅高大，采用三角形木屋架覆盖。两侧高墙上开有许多采光窗，它既为帝国机构举行基督教仪式提供了宽敞明亮的内部空间，又显示了基督教作为新国教的特殊地位。中厅两侧各有两排侧廊，因为墙上没有采光窗，侧廊显得非常幽暗。圣彼得的墓被安放在中厅尽端的半圆形圣殿里，并在圣殿的前部，·添加了一个横向空间，为成千上万的朝圣者提供了一个瞻仰、礼敬的空间。

老圣彼得教堂是早期基督教堂的重要代表，它的形制对后世天主教堂的发展产生了深远影响。1506年，教皇朱利叶斯下令拆除这座已有一千多年历史的老教堂，并在原址建造了圣彼得大教堂。

2.1.5 圣劳伦佐教堂（S. Lorenzo Basilica, Milan, 370年）：

米兰的圣劳伦佐教堂是早期基督教堂中少有的一座集中式教堂，建于公元370年。它的平面为正方形，每边突出一个半圆弧，从而构成一个比较独特的平面形式。而围绕中心空间的两圈柱廊，将中心空间与其周围的附属空间分离开来，并由一穹顶覆盖，构成一个统一完整的室内空间。

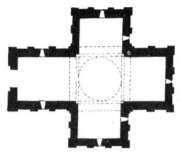

2.1.3-1 葛拉帕拉切迪亚墓平面图

2.1.3-2 葛拉帕拉切迪亚墓外观

2.1.4-1 老圣彼得教堂剖面

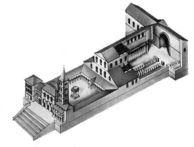

2.1.4-2 老圣彼得教堂轴测图

2.1.5　圣劳伦佐教堂外观

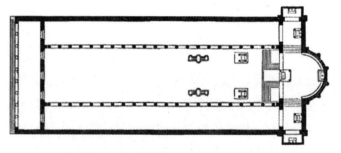

2.1.6-1　圣玛利亚马焦雷教堂平面图

2.1.6-2　圣玛利亚马焦雷教堂外观

对于以集中式布局为主的古罗马建筑来说，这是早期基督教建筑的一个重要实例。

2.1.6　圣玛利亚马焦雷教堂（S. Maria Maggiore Basilica，Rome，431–440 年）：

圣玛利亚教堂是早期基督教时期一座重要的巴西利卡式教堂，是罗马第一个献给圣母玛利亚的教堂，也是罗马四大圣教堂之一。它是教皇西斯托三世于公元 431 年开始建造的。

教堂的最初部分为巴西利卡式，中厅高大宽敞，内部空间与侧廊用漂亮的大理石爱奥尼柱式分隔。柱上没有常见的圆拱连续券，而是由带有多层次线脚的额枋等构件构成，其上开着许多带有半圆券的侧高窗，因而室内空间比较明亮。屋顶天花藻井绚丽多彩，富丽堂皇。半圆形的后殿上方还保留着许多早期的马赛克壁画，题材以宣扬圣经为主。堂内还有不同时期艺术家们的壁画，十分精美与珍贵，使教堂成为一座名副其实的美术馆。

教堂曾在 1348 年遭地震损毁，随后又被重建。在主体巴西利卡的两侧，后世也多有扩建，如今的主入口就是 18 世纪加建的。

2.1.7　罗马城外圣保罗教堂（Basilica St. Paul Outside the Walls，Rome，324 年，386 年）：

这座教堂是为纪念耶稣基督的弟子圣保罗而建造的，位于罗马市正南方圣保罗殉道之处，是罗马四大圣教堂之一，规模上仅次于圣彼得大教堂而排在第二位。最初的教堂是一座小教堂，由君士坦丁大帝下令在圣保罗的墓上修建，公元 324 年 11 月 18 日落成。公元 386 年，罗马的另一位皇帝蒂奥德斯乌斯（Theodosius，346–395 年）将其拆除，并在原址建造了一座大教堂，其规模是当时罗马基督教堂中最大的；后世也多有增建。

教堂的平面采用典型的拉丁十字式，主体长 132m，宽 65m，中厅高 30m。中厅两侧有连续的白色大理石爱奥尼式柱廊与侧廊分隔，其上的高侧窗为室内带来较为

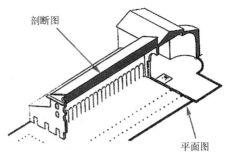

剖断图

平面图

2.1.7-1　罗马城外圣保罗教堂剖断图

2.1.7-2　罗马城外圣保罗教堂入口

明亮的采光。

　　1823 年的一场大火将教堂完全烧毁，后由工程师贝里负责重建，于 1854 年完工。重建工程恢复了主体建筑前原有的院落，也称作百柱廊庭院。中心位置竖立着圣保罗手握长剑的雕塑，象征他为传播基督教所做的卓越贡献。

2.1.8　罗马圣沙比那教堂（Santa Sabina，Rome，422—432 年）：

　　罗马圣沙比那教堂是献给公元 114 年殉教的圣使徒沙比那的教堂，也是罗马城保存得最好的一座早期基督教教堂建筑，建于公元 422 年，位于罗马七丘最南部的阿文蒂诺山上（Aventino，Mt.）。

　　教堂的平面十分简洁，是典型的巴西利卡式教堂，端部是一个半圆形后殿，形式完整。中厅高大，两侧大理石的科林斯柱式带有凹槽，细高比为 1：9.5，柱间距为 5 倍柱径，柱上接连续的半圆形拱券。屋檐下的高侧窗数量较多，给室内以充足的采光，相比之下，侧廊则较为昏暗。

　　教堂的外墙为清水砖墙，没有抹灰，十分质朴，形体也非常简单，没有过多后世添加的痕迹。

2.1.8-1　罗马圣沙比那教堂外观

2.1.8-2　罗马圣沙比那教堂室内

2.2 拜占庭建筑（Byzantine Architecture）

公元 4 世纪，罗马帝国外侵内乱频频。323 年，君士坦丁（Constantine，280–337 年）大帝统一了全罗马。次年，他开始在古希腊旧城的拜占庭（Byzantine）遗址上建立新都。330 年，他将罗马帝国首都迁到拜占庭，并以自己的名字将之命名为君士坦丁堡（Constantinople）。395 年，古罗马帝国分裂，东罗马帝国则在这里诞生，以希腊语系为主，史称拜占庭帝国，这一地区的建筑也因此被称为拜占庭建筑。其历史可分为以下三个部分：

前期（4–6 世纪）：拜占庭帝国鼎盛时期，尤其是查士丁尼一世（Justinian I，483–565 年）在位时，几乎统一了原罗马帝国的大部分领土，建立了一个强大的地中海王国，经济文化达到空前繁荣。在建筑上，按古罗马城的式样建设君士坦丁堡，建造了大量的建筑，包括王宫府邸、教堂、各种娱乐场所等，它们代表了拜占庭帝国建筑的最高水平，如圣索菲亚大教堂。

中期（7–12 世纪）：拜占庭帝国屡遭外敌入侵，国土缩小，建设量减少。这一时期的建筑规模不大，占地面积小而向高空发展。

后期（13–15 世纪）：十字军的数次东征，使拜占庭帝国的实力大为受损，直至 1453 年为土耳其人灭亡，延续了 1058 年的拜占庭帝国的历史到此结束。

所以，代表东罗马帝国风格的拜占庭建筑主要产生在前期。它在继承古罗马穹顶技术和巨大规模的同时，也保留了较多古希腊的建筑文化；同时，还汲取了古代波斯、两河流域、巴勒斯坦等东方国家和地区的建筑文化，逐步形成了自身独特的建筑形态；其特征主要有四个方面：

（1）穹顶的普遍使用；

（2）在穹顶统率下的集中式构图；

（3）创造了帆拱技术；

（4）建筑内部灿烂夺目的色彩。

拜占庭建筑极大地丰富了古代建筑的形式语言，也极大地扩展了古代建筑艺术的表现领域，并对后来俄罗斯的教堂建筑以及伊斯兰教的清真寺建筑都产生了积极的影响。

2.2.1 帆拱（pendentive）：

拜占庭式东正教堂的典型平面是正十字形，称为"希腊十字"。由于平面的中央用大穹顶覆盖，而其下方的平面却是一个正方形，如何解决这种方形平面与圆形穹顶之间的衔接就成为一个重要的技术问题。帆拱的创造成功地解决了这个技术难题。它的做法是：在中央方形平面的四角立起 4 个柱墩，在其上沿方形的四个边砌起相同大小的 4 个拱券。然后，在 4 个拱券之间砌筑以方形平面对角线为直径的穹顶。再把这个穹顶作水平剖切，水平切口和 4 个拱券之间所余下的位于四个角上的球面三角形部分称为帆拱。还可以在水平切口上砌筑一段圆筒形、被称为鼓座的墙，再把穹顶砌筑在这段圆形鼓座上，鼓座的高低可随建筑的规模而变化。

这个结构体系不仅使穹顶和方形平面完美地衔接过渡，而且把荷载传递到四角的柱墩上，完全不需要连续的承重墙；完成了穹顶统率下的集中式构图，为欧洲纪念性建筑的发展做出了巨大贡献。

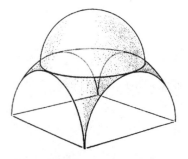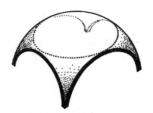

2.2.1 帆拱

2.2.2 圣索菲亚大教堂 (Santa Sophia, Constantinople, 532-537 年):

圣索菲亚大教堂是拜占庭帝国的宫廷教堂,查士丁尼大帝就是在这里加冕登基的,后来也成为了东正教的中心教堂。公元 6 世纪上半叶,老的圣索菲亚教堂在暴乱中被焚毁。公元 532 年,查士丁尼亲自主持重建工作,并委托建筑师安泰米乌斯(Anthemius)和伊西多尔(Isidore)设计与组织施工。整个工程用了 1 万名工匠,耗资 14.5 万公斤黄金,费时 5 年零 10 个月,于 537 年 12 月完工。

这是一座集中式构图的大教堂,主体部分东西长 77m,南北宽 71m。中厅由一系列穹顶覆盖,中央穹顶突出,直径 32.6m,穹顶离地 54.8m。中厅尽端像普通巴西利卡一样有一个半圆形神龛。两侧的侧廊用筒形拱覆盖,几个柱墩使中厅与侧廊空间既分隔又连通。教堂内部多用彩色大理石和玻璃马赛克做饰面,为教堂装点着美丽的色彩。该教堂的成就有以下几个方面:

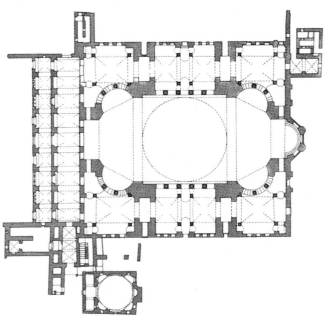

2.2.2-1 圣索菲亚大教堂平面图

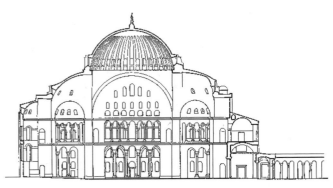

2.2.2-2 圣索菲亚大教堂剖面图

2.2.2-3 圣索菲亚大教堂室内

2.2.2-4 圣索菲亚大教堂外观

结构体系：新教堂没有采用老教堂巴西利卡式的结构形式，创造性地运用了帆拱上覆盖穹顶的方法，合理地解决了圆形穹顶同方形平面之间的衔接问题。为了平衡穹顶的侧推力，还在大穹顶东西两侧与四个角上，分别采用两个1/2穹顶和四个小1/2穹顶，以及在南北两侧用两个筒形拱的结构系统，并通过下面的柱墩来承接，摆脱了连续的承重厚墙。创造出了一个复杂而又条理分明的结构受力系统。

空间组织：教堂传承了早期基督教堂巴西利卡中厅与侧廊的空间模式，但又在结构体系的改变下打破了巴西利卡的单调形式，创造出穹顶统率下的集中式中厅空间，以及中厅与侧廊主次分明、流转贯通的复杂空间。还通过排列于大圆穹顶下部一周的40个肋间窗，将天然光线引入教堂，加深了飘忽、轻盈而又神奇的空间效果。

装饰色彩：教堂内部装饰华丽，色彩鲜艳，绚丽夺目，但没有线脚和雕刻等富有体积感的装饰。柱墩和墙面的大理石贴面由多种颜色组成不同的图案；穹顶的彩色玻璃马赛克贴面和肋间窗上的彩色玻璃配合着深绿色或深红色柱子以及镶着金箔的柱头。如此使用绚丽多姿、交相辉映的色彩语言，为教堂渲染着似乎与宗教气氛相悖的世俗氛围。

总之，圣索菲亚大教堂代表了拜占庭建筑的最高成就，尤其是它以帆拱上的穹顶为中心的复杂的结构体系，以及在这个体系支持下的集中式构图，对后世建筑产生了深远的影响。但是，由于教堂的穹顶下没有采用鼓座，使它的外部形象受到削弱。

15世纪，土耳其人将圣索菲亚教堂改为清真寺，并在四角加建了邦克楼。

2.2.3　圣马可大教堂（S. Marco, Venice, 1063–1094年）：

威尼斯圣马可教堂坐落在著名的圣马可广场的东侧，是一座重建的教堂，于832年兴建的老教堂被毁后，1063年在原地开始建造新教堂，1094年完成现在的圣马可教堂。

这座教堂是威尼斯最大的教堂，因埋葬了耶稣门徒圣马可而得名。就形制而言，教堂的平面是希腊十字式，加之入口处的三面环廊构成教堂的主体。内部空间由柱廊划分为中心与十字的四翼，其上均覆盖圆形的、外部带有鼓座、内部由帆拱支撑的穹顶。教堂和穹顶内部装饰有大量的马赛克镶嵌的壁画。中央的大穹顶内是一幅耶稣升天的庞大马赛克壁画，是威尼斯工匠们在13世纪所完成的，十分精美。这些画作都覆盖着一层闪闪发亮的金箔，使得整座教堂都笼罩在金色的光芒里，因此教堂又有"金色大教堂"之称。但是，这种设计取消了一些窗子，使教堂内产生一种昏暗朦胧的气氛。

教堂的南侧与总督府相连，西立面成为主立面。这个立面原来设计得非常简洁，共有5个拱券构成，中央的大拱券较为突出。教堂建成后，历经多次增改，如哥特式的尖塔等。每个拱券内都贴有描述圣马可传说的马赛克镶嵌画。拱券用带有高高的华盖和卷叶饰边的壁龛间隔开来。除了马赛克镶嵌画之外，教堂入口的三面回廊上也覆盖数个小穹顶，也由帆拱支撑。拱券两侧不少柱头也呈现出拜占庭风格。

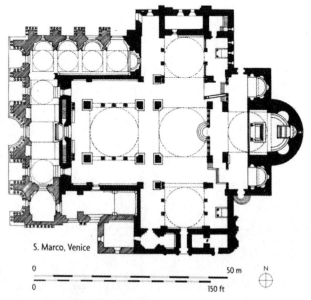

S. Marco, Venice

0   50 m

0   150 ft

N

2.2.3-1　圣马可大教堂平面图

2.2.3-2　圣马可大教堂外观

2.2.3-3　圣马可大教堂室内

2.2.4　基辅圣索菲亚大教堂（St. Sophia Cathedral, Kiev，1037—1057年）：

公元988年，基辅大公弗拉基米尔在其妻子——拜占庭帝国公主的劝导下接受洗礼，信奉东正教，并将其立为国教，东正教传入俄罗斯。从此，俄罗斯与君士坦丁堡之间在文化和经济上产生了千丝万缕的联系，其中之一

2.2.4　基辅圣索菲亚大教堂外观

就是建造具有拜占庭建筑特色的东正教堂。公元1037年，一批来自君士坦丁堡的建筑师和杰出的石匠开始在基辅修建这座带有多个穹顶的圣索菲亚大教堂，历时20年教堂建成。

这座教堂的名字源于君士坦丁堡的圣索菲亚大教堂，但它的形式却与之有很大的差别。它屋面上建有13个小穹顶，分别代表着基督和他的十二门徒。这些小穹顶的造型结合了俄罗斯民间木构教堂帐篷顶的一些元素；多边形，向上延伸，顶部用一个小葱头作为结束。它体现了外来的建筑文化与俄罗斯民族传统的建筑文化的巧妙融合。

2.2.5　圣巴兹尔教堂（The Cathedral of St. Basil, Moscow，1555—1561年）：

俄罗斯最著名的大型东正教堂是圣巴兹尔教堂（又名圣瓦西里教堂），它位于莫斯科克里姆林宫广场的东南隅，由沙皇伊凡于1555年为了庆祝战胜蒙古人的伟业主持建造，于1561年完成，建筑师为伊凡·巴尔玛（Ivan Barma），绰号波斯尼克（Postnik）。

圣巴兹尔教堂建造在一座大的平台上，8个独立的小礼拜堂围绕着中央的教堂，相互之间有通道连接成为整体。每个礼拜堂都是对一次抗击蒙古入侵胜利的纪念，其上都有一个圆形的葱头状穹顶。中央教堂用一个尖尖的帐篷式的顶子覆盖，高达60m。整座建筑汲取了拜占庭教堂穹顶的造型与俄罗斯民间木构教堂帐篷顶的造型，并加以发展组合而成，构成一个令人难以忘怀的建筑轮廓和主从秩序强烈的集中式构图。

教堂的色彩十分艳丽。墙体以红色为主调，点缀着许多白色的线脚，配上8个不同颜色的小穹顶和中央红色的帐篷顶，浓妆艳抹，分外妖娆。

教堂的内部空间不发达，故宗教活动难以展开。但作为抗击外族入侵的一座纪念碑，它的世俗意义显然大过了宗教意义。

拜占庭建筑的成就：

拜占庭建筑所创造的中央穹顶统率下的集中式构图和希腊十字平面，对东欧和俄罗斯的东正教堂，以及伊斯兰教的礼拜堂都产生了很大影响。

拜占庭建筑对西欧建筑的发展也有着重要贡献。其帆拱上的中央穹顶和希腊十字平面在文艺复兴时期得到了继承。在加入了古典柱式语言后，经过欧洲文艺复兴和法国古典主义的发展，它被从教堂建筑移植到大型公共建筑上，从欧洲传到美洲及世界各地。穹顶成为了各个城市常见的大型建筑上的标志物。

拜占庭建筑对世界的另一个贡献是彩色玻璃镶嵌画及其相关技术。西欧天主教堂受此启发，在中厅两侧的采光窗上用彩色玻璃拼贴画来图解圣经，成为哥特教堂的一大特色。

2.2.5　圣巴兹尔教堂外观

2.3　罗曼式建筑（Romanesque Archite-cture）

与拜占庭帝国不同，西欧在西罗马帝国灭亡之后长达三百余年的时间里，北方蛮族的入侵、封建领主之间的混战使得西欧处于一片混乱之中。基督教则趁此机会得到很大的发展，成为统治整个西方的唯一力量。

公元9世纪左右，西欧曾在查理曼大帝（Charle-magne，768-814年在位）的统治下一度统一，随后不久又分裂成为法兰西、德意志、意大利和英格兰等十几个民族国家，并正式进入封建社会。这时的经济属自然经济，社会秩序开始趋向稳定。于是，具有各民族特色的文化在各国发展起来。

到10世纪，西欧的一些国家重新出现了活跃的商业城市，以手工业工匠和商人为主体的市民文化开始复苏，新的建筑活动也开始了。这些建筑仍然是以基督教堂和修道院建筑为主，建筑材料大多来自罗马时代的废墟，技术则采用罗马传统的拱券结构。由于它主要是仿古罗马建筑，故被称为"罗曼"、"罗马风"或"仿罗马"式建筑。其特征如下：

传承了早期基督教堂拉丁十字的平面形制，也沿用了古罗马建筑中的半圆拱、古典柱式等构图要素。用拱顶完全取代了屋顶上的木屋架。在后期，用骨架券代替了厚拱顶，大大减轻了结构的自重。

在侧廊外墙上砌起厚重的扶壁来平衡中厅拱顶的侧推力。

墙面多设计成连续的拱券，并用古典柱式与之衔接。但由于窗口窄小，内部空间光线比较暗淡。墙面上有大面积的马赛克拼贴画，主题多为圣经中的故事，但人物比较呆板，被称为图解圣经，增强了教堂的宗教气氛。

中厅多布置得朴素简单，在外部的西面设一二个钟楼。到后来，中厅越建越高，并且把钟楼结合到整个教堂中去，使教堂具有一种向上升腾的动势，极具宗教意味。

早期教堂的建造者主要是修道士，教堂不做装饰，也不讲求比例，反对偶像崇拜，不设雕像。墙体和支柱也十分厚重，使教堂显得沉重封闭。

后期，随着城市手工业、商业的兴起，出现了由世俗工匠建造的城市教堂。教堂内的装饰逐渐增多，追求构图的完整统一，教堂的整体和局部的匀称和谐等也大有进步、砌工精致多了。

2.3.1　施派尔主教堂（The Cathedral of Speyer，1030-1106年）：

施派尔是坐落在莱茵河上游具有2000多年历史的一座小城，主教堂就位于市中心。教堂于1030年，在康拉德二世的主持下开始动工建造，原为皇家墓地的私人小教堂。亨利四世时，于1082-1106年间扩建成现今规模的大教堂，是现存的欧洲最大并最具代表性的罗曼式建筑。

教堂的平面为拉丁十字式，长134m，宽37.62m，中厅高33m。十字的横厅略短，没有中厅与侧廊之分，东部圣坛为半圆形。在平面的东西两侧各建有两座高塔，东塔高71.20m，西塔高65.60m。原来的中厅屋顶于1060年建成，为三角形木屋架。在1082年的扩建造中，改成石造的十字拱屋顶。从入口处望去，一道道半圆形拱券高高地跨越中厅，落在两侧的束柱上，形成极强的韵律感，也是其建筑风格的主要表征。

建筑的形体除4个高塔外，还在拉丁十字的交叉点上和入口门厅的中央各建有一个伸出屋面的八角形的

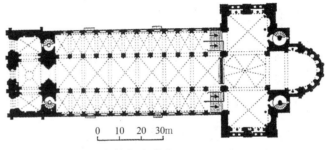

2.3.1-1　施派尔主教堂平面图

2.3.1-2　施派尔主教堂外观　　　　2.3.1-3　施派尔主教堂室内

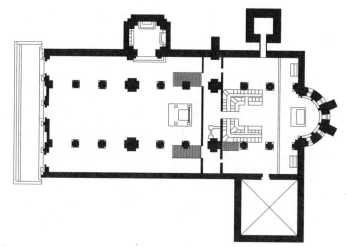

2.3.2-1　圣米尼亚托教堂平面图

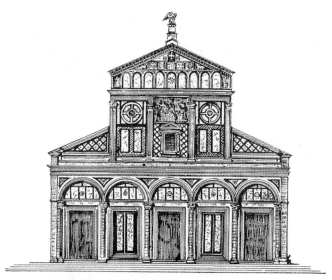

2.3.2-2　圣米尼亚托教堂立面图

塔楼，这总共 6 个高低错落、前后簇拥的高塔构成教堂突出的轮廓线。而教堂墙面与高塔立面上所开的半圆形窗，入口立面上的拱券门与圆形的玫瑰窗都确切地表明这座罗曼式建筑的形式特征。

2.3.2　圣米尼亚托教堂（S. Miniato al Monte，Florence，11-12 世纪）：

佛罗伦萨的圣米尼亚托教堂是意大利境内最漂亮、保存最完好的罗曼式教堂，它位于城外最高的小山上，始建于 1018 年。

教堂的平面采用早期巴西利卡的形式，屋面也是早期基督教堂常用的三角形木屋架，十分简洁。在两侧加建有包括米开罗佐设计的十字架小教堂（1448 年）和文艺复兴时的波尔托加洛红衣主教小教堂（1480 年）。中厅的地面上覆盖着 7 个刻有动物镶嵌图案的面板和黄道十二宫图。这也是教堂的建造者试图将星相术与基督教教义相结合的一个尝试，此教堂也因此而闻名于世。

教堂的正立面大约建于 1090 年，是个有着大理石几何图样的典型的罗曼建筑。5 个连续的圆拱券装饰着主入口及两侧的墙面；上部用一些线脚分隔中厅的山墙；墙上和顶部的山花里用大理石贴出许多半圆形和矩形的假窗；入口两侧的拱券内，同样用大理石贴出假门。这种做法对后来文艺复兴时期的建筑有很大影响。

2.3.3　佛罗伦萨洗礼堂（The Baptistery，Florence，1059-1272 年）：

佛罗伦萨洗礼堂也称为圣乔万尼（S.Glovanni，城市守护圣火之人）洗礼堂，位于著名的佛罗伦萨主教堂的前面，是佛罗伦萨城最重要的罗曼式建筑之一。它始建于公元 5 世纪，1059-1128 年间，又对洗礼堂进行了大规模的重建，而一些外部的连续拱和内部的镶嵌画与铺石都是 13 世纪建造的。15 世纪，由吉贝尔蒂（Lorenzo Ghiberti，1378-1455 年）添加青铜门，被米开朗琪罗称为是"天堂之门"，其雕刻十分精美，是文艺复兴时期最早、也是最好的纪念物之一。

洗礼堂高约 31.4m，平面为八边形，直径为 25m。相传八边形与纪念耶稣复活的八日活动有关。建筑外观端庄均衡，共分为 3 层，第二层在连续的半圆形拱券、壁柱装饰内开有较小的半圆券窗，这种半圆形的连续券是罗曼式建筑的主要风格特征。第一层与第三层均无窗，用白、绿色大理石拼贴成各种门窗图案和几何形图案装饰，这是意大利的教堂建筑常用的手法。教堂内部天花上有以《最后的审判》、《创世纪》等为主题，以金黄色为底色，带有拜占庭风格的马赛克镶嵌画，人物栩栩如生，色彩金碧辉煌。

这座拥有"天堂之门"的八角形洗礼堂与高耸的乔托钟楼、气势磅礴的佛罗伦萨主教堂构成和谐的建筑组群，已经成为佛罗伦萨最为著名的景点。

2.3.3-2　佛罗伦萨洗礼堂全景

2.3.3-3　佛罗伦萨洗礼堂室内天花马赛克镶嵌画——《创世纪》

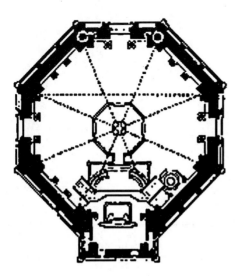

2.3.3-1　佛罗伦萨洗礼堂平面图

2.3.4　伦敦塔（The Tower of London，11-14 世纪）：

伦敦塔是影响整个英国建筑风格的巨大建筑物，是英国本土最早的罗曼式建筑。它占地 18 万 m²，于公元 1078 年，由征服者威廉一世（William I The Conquerer，1027-1087 年）委托罗切斯特主教贡多尔夫主持，沿泰晤士河北岸建造。目的是为了保护伦敦，也是王室权力的象征。伦敦塔曾作为堡垒、军械库、国库、铸币厂、宫殿、刑场、公共档案办公室、天文台、避难所和监狱，以及关押上层阶级的囚犯等功能。

伦敦塔最重要、最古老的建筑是位于城堡中心的塔楼，它是整个建筑群的主体，因其用乳白色石块建成，故又称"白塔"。

白塔平面为矩形，东西长35.9m，南北长32.6m。

2.3.4　伦敦塔外观

共分三层，有大堂、会议厅、会客厅、寝宫与教堂等房间。墙的底部厚4.6m，顶部厚3.3m，为双层墙壁。窗户很小，用坚硬粗糙的毛石砌成。白塔四角耸立着四座高塔，三方一圆，塔高27.4m。白塔西北角还有一座12世纪建的小礼拜堂。

白塔粗犷与厚重的建筑外形，墙上逐层减小的半圆形采光窗等特征是英国罗曼式建筑的主要表现。

2.3.5　伊利主教堂（Ely Cathedral，11—14世纪）：

伊利主教堂位于英国剑桥郡的伊利小镇里，它的建造时间跨越200余年，因此它兼有英国罗曼式建筑和早期哥特教堂建筑的双重特征。教堂最初为一座修道院，建于673年，后被损毁。1081年开始重建，陆续用了200多年的时间于14世纪完成现今规模的教堂。

教堂的平面为拉丁十字式。但是，十字的横厅与正厅在接近中央处相交，而不是像常规那样在东部圣坛处相交，这是这座教堂平面布局的一个特征。教堂总长165m，宽24m。在十字相交处，一个14世纪加建的八角形塔楼

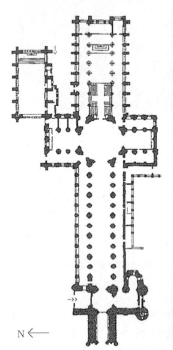

2.3.5-1　伊利主教堂平面图　　2.3.5-2　伊利主教堂外观　　2.3.5-3　伊利主教堂室内

伸出屋面，并以此为界，前部为正厅，中厅长75m，高32m，后部有唱诗班与后殿，教堂总面积4273m²。

教堂的入口处有一座于1189年完成的塔楼，高达66m，构成教堂的特殊风貌。在教堂的墙面上装饰有一层又一层的不露明的半圆形装饰性的拱券，很像是在实墙上做的一个装饰性栅栏。它的造型反映出英国天主教堂与欧洲大陆教堂建筑的一些不同之处。同时，教堂室内外的一些圆拱与顶棚上的骨架券也表明这座教堂的建造年代从罗曼时期一直延续到哥特晚期所出现的不同建筑元素的搭接。

2.3.6　比萨主教堂（Pisa Cathedral，动工于1063年）：

位于意大利比萨城中的比萨主教堂建筑群是世界上最著名的建筑组群之一，是意大利罗曼式建筑的主要代表。由教堂、洗礼堂（The Baptistery，1153–1265年）和钟塔（The Campanile，1173–1350年）三部分组成。这三座建筑形体各异，对比强烈，变化丰富。但它们的构图手法又十分统一，因为均采用了连续的拱券柱廊作立面装饰，并且用色彩相同的石材来建造。

主教堂平面是典型的拉丁十字式，全长95m，纵向

有4排68棵科林斯柱式支撑着长长的连续拱券廊来分隔中厅与侧廊。中厅三角形采用木屋架，侧廊用十字拱。平面的十字交叉处有一个椭圆形穹顶伸出屋面。圣坛位于东部半圆形空间内，顶部有以耶稣为题材的马赛克拼贴画。它的前面是祭坛，是举行仪式的地方。

主教堂正立面高约32m，底层入口设有三扇大铜门，

2.3.6-2　比萨主教堂建筑群全景

2.3.6-1　比萨主教堂建筑群平面图

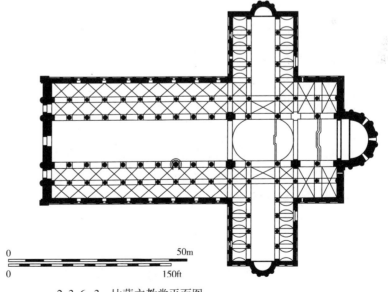

2.3.6-3　比萨主教堂平面图

2.3.6-4　比萨主教堂入口立面　　　　2.3.7　比萨斜塔全景

只在墙上作浮雕式的连续券，顶上一层收缩出一圈圆廊，供游人登高远眺。楼梯藏在厚厚的墙体里，共294级，钟置于斜塔顶层。整个建筑，造型古朴而灵巧，为罗曼式建筑艺术之典范。

塔体从1173年开始建造，历经近二百多年，中间出现两次长时间的停工，直至1350年才最终建成。如此长的建造时间是因为在建造伊始塔身就出现倾斜。主要原因是土层强度差，塔基的基础深度不够（只有3m深），再加上大理石砌筑的塔身非常沉重，因而造成塔身不均衡下沉所致。目前，塔已向南倾斜了大约30cm，斜度达到8°，塔身超过垂直平面5.1m。1972年10月，意大利发生的一次大地震使斜塔受到了强大的冲击，整个塔身大幅度摇晃达22分钟之久，极其危险。幸运的是，该塔仍巍然屹立。这种"斜而不倾"的现象，堪称世界建筑史上的奇迹，比萨斜塔也因此闻名遐迩。

上面有描写圣母和耶稣生平事迹的各种雕像。大门上方装饰有四层连续拱券的空廊，由长方形逐层回缩为梯形、长方形和三角形，光影变化丰富。外墙面是用色彩相间的大理石砌成，鲜艳夺目。

教堂的侧立面比较简洁，由线脚将其分为两层。底层高大，在连续的半圆形拱券内间隔地开着小窗；顶层的开间为底层的一半，没有圆拱券，间隔地开着矩形窗。教堂的东立面与十字横道的两端都有半圆形的龛突出于墙面，加之上面的连续拱券，构成了较为复杂的形体。

2.3.7　比萨斜塔（Leaning Tower, Pisa, 1173-1350年）：

闻名于世的比萨斜塔是比萨主教堂建筑群中的钟塔，在主教堂圣坛外东南20多米远处。平面为圆形，直径大约16m，底层面积约为285m²。塔高54.5m，共分为8层。塔身墙壁底部厚约4.09m，顶部厚约2.48m。塔体总重量达1.44万t。在底层有圆柱15棵，中间6层各有31棵，顶层12棵。这些圆形石柱自下而上一起构成了8层213个连续拱券。中间6层为实墙空券廊。底层除入口外，

2.3.8　比萨洗礼堂（Pisa Baptistery, 1153-1265年）：

圆形的洗礼堂由迪奥蒂萨维（Diotisalvi）创建于1153年，中途曾由于资金不足，导致建造速度极为缓慢。后由尼古拉和乔凡尼·皮沙诺（Nicola and Giovanni Pisano）接续，在一个世纪后才完工。因而，教堂的风格也由最初的罗曼式，加进了一些哥特式的建筑手法。

洗礼堂的平面为圆形，直径35.4m，总高54m。平面的中心是洗礼台，由科莫于1246年设计，外围有柱廊环绕。大理石讲坛（1260年）上有精美的浮雕，包含《耶稣诞生》、《贤士来朝》《耶稣显灵》《耶稣受难》，以及《最后的审判》等几个故事。支撑讲坛雕像的柱子象征着"美德"。

洗礼堂外墙的一、二层用连续拱券作为装饰，三层以上的尖券为哥特时期添建的，圆形的拱顶按迪奥蒂萨维的设计建造。像这样两种不同时期的建筑构图要素共处于一栋建筑之上，是洗礼堂的主要特色，它的这些特色也恰好表明洗礼堂的建筑形式由罗曼式向哥特式的转换与二者的融合。

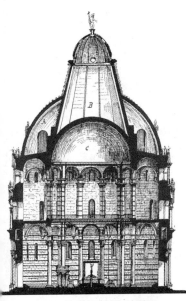

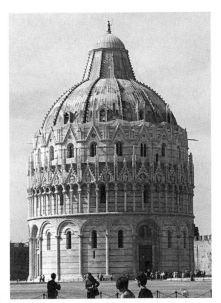

2.3.8-1 比萨洗礼堂剖面图　　2.3.8-2 比萨洗礼堂外观

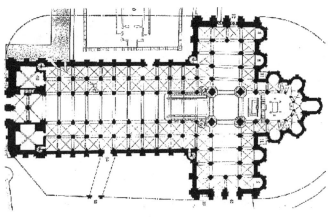

2.3.9-1 圣塞南主教堂平面图

2.3.9 圣塞南主教堂（Saint Sernin Cathedral，Toulouse，1080—1120年）

圣塞南主教堂位于法国图卢兹（Toulouse）城。在中世纪，这里是从法国到基督教三大圣地之一的西班牙圣地亚哥·德·贡博斯代拉（Santiago de Compostela）朝圣之路上的必经之城。这条路线沿途建有多座有名的修道院教堂，他们都供奉有圣徒的遗骨或有关的圣物。圣塞南主教堂就是其中之一。

圣塞南主教堂是世界上现存最大的罗曼式教堂，建于1080—1120年。这座教堂的平面是典型的拉丁十字式巴西利卡。正厅与横厅都是5开间，横厅的东侧建有4个小的祈祷室，圣坛的周围放射状地建有5个小祈祷室。中厅长115m，覆以筒形拱顶；拱顶上每一个开间对应一条横向拱肋，可以使拱顶分段砌筑，拱肋下方由半圆形壁柱承接；内侧的侧廊为两层，外侧的侧廊只有一层；两重侧廊的外墙上均开有采光窗；在拉丁十字平面的中央有4个粗大的柱墩，其上建有高出屋面达5层的采光塔。建筑采用砖石结构，地下为墓室。

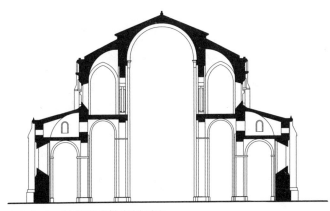

2.3.9-2 圣塞南主教堂剖面图

2.3.9-3 圣塞南主教堂鸟瞰图

教堂的造型十分简朴。在南北两侧，简洁的由红砖砌筑的外墙，被扶壁分割成许多间，并用半圆形拱券窗填充。主入口在西侧，两个高大的拱券装饰着大门。在教堂的东端，高高的采光塔和凸出的祈祷室是教堂的主要特征。

这座教堂从平面布局、结构体系到形体处理，都代表了法国罗曼式教堂的典型特征。

罗曼式建筑的成就与局限：

（1）罗曼式建筑所创造的侧廊外墙上的扶壁、中厅的骨架券、束柱与透视门，在结构与形式上都对后来的哥特建筑产生了很大影响。

屋顶的覆盖方式发生了很大的变化。由早期的三角形屋架转为筒形拱或十字拱，即中厅采用十字拱，侧廊采用半筒形拱。

（2）后期罗曼式教堂的中厅拱顶开始使用骨架券，以减轻结构自重。

（3）后期罗曼式建筑在形式和造型上的装饰性增强了，立面喜欢采用半圆形连续拱券做柱廊，产生很明显的光影效果，例如意大利的比萨主教堂建筑群。建筑内外也开始出现雕像。

但是，罗曼式建筑是在西方中世纪的社会经济、社会生产、文化水平低下的情况下出现的一种建筑风格，它有许多局限性：

（1）拱顶厚度一般在 60cm 左右，力的平衡体系没有明确地得到解决。侧廊的外墙要负担着极大的荷载，十分厚重，有的甚至要做到两层。这就使得立面开窗问题难以解决；中厅的内部空间昏暗，外部空间封闭。在后期，也有的教堂在侧廊外墙上砌筑厚重的扶壁，来平衡中厅的侧推力，解决中厅的开窗问题。

（2）结构体系使内部空间零乱，缺乏统一。中厅的十字拱虽然采用了骨架券，使十字拱的交缝工整了；但中厅十字拱的半径比侧廊的大，即使将其起脚降低，也常常会使每一间隆起一个包；从而打破了向着圣坛方向的纵向空间的动势。

（3）中厅的开间大于侧廊的开间，柱子也比侧廊的高大、粗壮。中厅的两侧立面，柱间被分为两半，同样使得两侧视觉的连贯性遭到破坏，而减弱了向着圣坛方向的动势。

在 12 世纪以后，以法国为中心的教堂建造中，罗曼式建筑的成就被继承下来，问题得以克服。一种全新的建筑风格产生了，那就是伟大的哥特式教堂。

2.4 哥特式建筑 (Gothic Architecture)

哥特 (Gothic)，原为参加覆灭西罗马帝国的一个北方的落后部族的族名。在建筑史上，哥特一词含有"怪野不文"之意。它是文艺复兴时期的欧洲人，因厌恶中世纪的黑暗而强加给中世纪建筑的。其实，哥特部族与哥特式建筑毫无关系，当哥特式建筑艺术出现时，哥特人早已融合在西欧其他民族之中了。欧洲的文艺复兴崇尚的是古希腊、古罗马为代表的古典文化，因而把12-14世纪，以法国为中心的教堂建筑风格称为哥特，有否定、批判的意思。随着历史的发展，这一称谓也就失去了它的褒贬意义，而成了一个专有名词。在习惯上人们将中世纪出现的一些主要建筑如教堂、市政厅、贵族的庄园府邸等建筑均称为"哥特式建筑"。哥特式建筑，尤其是哥特式教堂在欧洲建筑史上具有重要的历史地位。从一定意义上讲，哥特式建筑是中世纪最伟大的艺术，具有永恒的生命力。

一般认为，法国巴黎附近的圣丹尼修道院教堂是世界上第一座哥特式教堂；巴黎圣母院是早期哥特式教堂的代表；韩斯主教堂和亚眠主教堂是盛期哥特式教堂的代表。受法国的影响，英国、意大利、德国和西班牙等地区也开始流行建造哥特式建筑，其特色各有一定的差异。

哥特式教堂建筑的一般模式为：

在结构上，中厅的十字拱摒弃了罗曼式建筑的半圆形拱券形式，而发展成为双圆心尖拱，并做成骨架券的形式。这就大大地减弱了中厅十字拱顶的侧推力，侧廊的层高也随之降低，并在其外墙的扶壁上架一飞券，飞跃侧廊的屋面抵住中厅十字拱的拱脚。从而形成骨架券、双圆心尖拱、飞券和扶壁等一套完整的受力体系；罗曼时期没有解决的结构问题，在此时迎刃而解。

教堂的平面依然为拉丁十字式，但中厅愈发窄长、瘦高；向上和向着祭坛的动势都在加强。中厅有大面积的高侧窗，其上用彩色玻璃画来宣讲圣经，从而取代了罗曼式教堂中的马赛克壁画，光线透过这些彩色玻璃照进室内，增加了教堂神秘幽暗的气氛；中厅屋顶瘦瘦的骨架券投影在下面的束柱上。唱诗班、祭坛与圣坛被习惯地布置在东部，其外有环廊和许多呈放射状排列的小祈祷室。正门入口在西面，中央开门，两侧有钟楼。

西立面是建筑的主立面，两端一对高高的钟楼夹着中厅的山墙。横向的线脚与券廊强调着建筑的水平联系。三座大门由层层后退的尖券组成透视门，券面满布雕像。正门上方开有象征天国的玫瑰窗，雕刻精巧华丽。建筑整体形态的显著特点是众多大大小小的尖塔，平面十字交叉处的屋顶上通常建有一座很高的尖塔。侧廊的扶壁和飞跃侧廊上空的飞券共同承担着中厅的侧推力。整个教堂向上的动势很强，雕刻极其丰富。

在世俗建筑中，哥特风格还表现在一些贵族的城堡建筑中。由于连年战争和防卫的需要，城堡多建于高地，石墙厚重，碉堡林立，外形坚实。

在中世纪的一些城市中，市政厅建筑往往也采用哥特风格。常常是高坡顶，尖尖的老虎窗与烟囱构成复杂的屋面轮廓。立面上的窗也采用双圆心尖窗，再配以高高的钟塔，形成市政厅的典型特征。

2.4.1 尖十字拱 (Pointed arc)：

尖十字拱由古罗马的圆形十字拱发展而来，是哥特式教堂发展成熟的标志之一。尖十字拱也称双圆心尖拱，由两个圆心画出的两道弧线相交组成。它有三个主要优点：其一是在跨度一定时，尖十字拱可以达到更高的高度；其二是不同跨度的拱可以做到相同的高度，使得纵向成排连续的十字拱不致逐间隆起，甚至十字拱下的平面也不必是正方形的，这样就可以使教堂的室内空间更加完整统一，空间的逻辑性增强；其三是侧推力比半圆形拱小得多，当建造石拱时，作用于底座的侧推力是考虑的主要因素，因为石砌的墙体比较容易承担垂直方向的压力，尖十字拱只产生相当于半圆形拱一半的侧向力，从而大大减轻了石墙的负担。

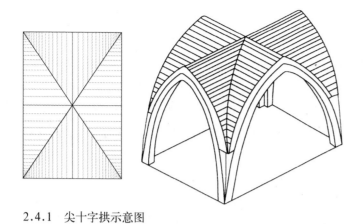

2.4.1 尖十字拱示意图

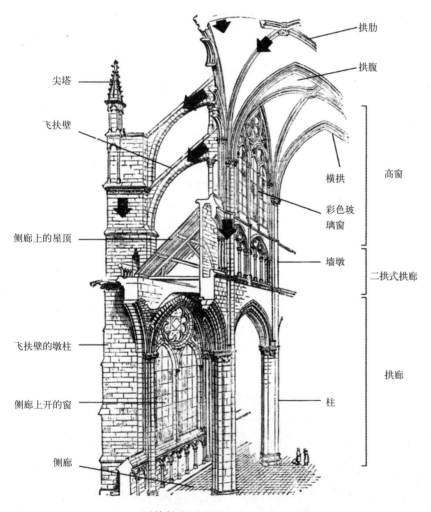

2.4.2 哥特教堂剖面图

尖塔
飞扶壁
侧廊上的屋顶
飞扶壁的墩柱
侧廊上开的窗
侧廊

拱肋
拱腹
横拱
彩色玻璃窗
墙墩
柱
高窗
二拱式拱廊
拱廊

尖十字拱的产生，是当时结构技术的一大进步，为哥特式建筑向更高、更大体量的发展提供了必要的条件。

2.4.2 飞扶壁（Flying Buttress）：

飞扶壁是哥特式建筑在结构技术的另一个创举，是传递中厅侧推力的重要构件。它由扶壁和飞券两部分组成。其做法是：在侧廊的外墙上按一定的距离排列若干粗壮的墙垛，这个墙垛被称为扶壁。在其上再做一道拱券(亦称为飞券)，飞跃侧廊屋面直抵中厅拱顶的券脚。扶壁和飞券共同产生向内的推力，抵消中厅拱顶向外的推力。扶壁和飞券完美地结合成一个整体，被称为飞扶壁。

飞扶壁的出现使教堂侧廊的拱顶不必像罗曼式建筑那样负担中厅拱顶的侧推力，可以大大降低高度。为中厅可以开大面积的侧高窗提供了便利，而且侧廊的外墙也因为卸去了荷载而可开大窗。结构的进步为教堂的功能与形式发展扫清了障碍。

2.4.3 圣丹尼修道院教堂（Abbey Church of St. Denis，Paris，1137—1144 年）：

位于巴黎郊区的圣丹尼修道院教堂，被认为是哥特式教堂的摇篮和发祥地，是世界上第一座真正的哥特式教堂。

圣丹尼修道院建于公元 628—637 年间，是一座王室修道院。1123 年前后，修道院的新任院长苏杰（Suger）对这所修道院进行了改建。东西端完成于 1140—1144 年，正厅、耳堂和唱诗班完成于 1231—1281 年。

改建后的这座教堂第一次在中厅的十字拱上采用骨架券结构，大大减轻了结构的自重和侧推力，使得中厅有了大面积彩色玻璃的侧高窗，光线第一次大量地出现在天主教堂内。在半圆形圣坛后面建有呈放射状排列的 9 个小祈祷室。在教堂的西部修建了一个双塔式前廊。立面的中心处为圆形花窗，即后来的玫瑰窗。带有圆形花窗的双塔式西立面在建筑中第一次出现。苏杰及其后人的这些手法对后世哥特式建筑的发展产生了重要影响，被后来的许多教堂所仿效，哥特式建筑就此登上历史舞台。

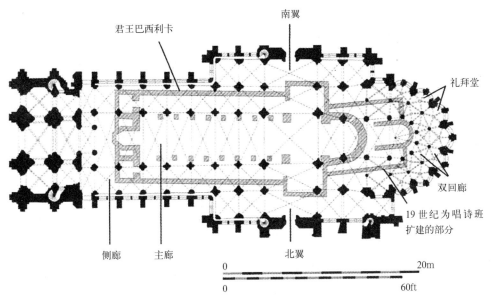

2.4.3-1 圣丹尼修道院教堂平面图

图中标注：南翼、君王巴西利卡、礼拜堂、双回廊、19世纪为唱诗班扩建的部分、侧廊、主廊、北翼

0　　　　　　　20m
0　　　　　　　60ft

在后世的一些战争中，圣丹尼修道院和教堂都受到破坏。18世纪对教堂进行了整修。

2.4.4 拉昂主教堂（Laon Cathedral，1160−1230年）：

拉昂是法国皮卡第大区埃纳省省会，拉昂主教堂就位于城中的一座小山坡上。它始建于1111年，平面是一个老式的巴西利卡式，后被损毁。1160年在原址上兴建新的主教堂，1230年新教堂完工。拉昂主教堂和巴黎圣母院建于同一时期，是法

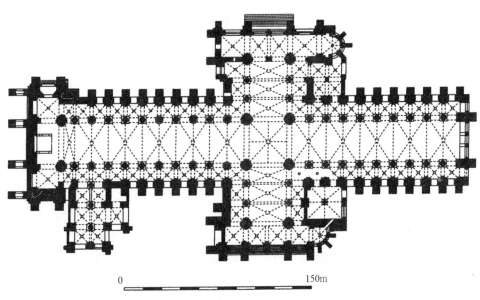

0　　　　　　　150m

2.4.4-1 拉昂主教堂平面图

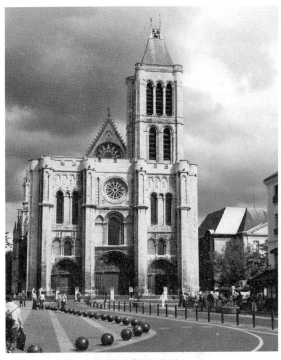

2.4.3-2 圣丹尼修道院教堂外观

2.4.4-2 拉昂主教堂外观

国早期哥特式教堂的代表作之一。

虽然与巴黎圣母院同为早期哥特式教堂，拉昂主教堂却有着自己的特色。教堂的平面为拉丁十字式，总长为110.50m，宽30m。十字的横厅宽22m，长54m，这么长的横厅在法国哥特式教堂中并不多见。中厅拱顶高24m，两侧用粗壮的圆柱墩而不是束柱支撑着尖拱券，构成连续的拱廊来分隔中厅与侧廊空间。

教堂中值得注意的还有那排列有序的5座高高的塔楼，一对在西端，另一对在横厅的两侧，还有一个位于拉丁十字的交叉处。这5座塔楼伸出屋面构成优美的天际线。此外，教堂的西立面造型立体感极强，三座高大的透视门和玫瑰窗都有深深的门洞与窗洞，塔楼顶部四角上的柱廊则尽可能地向外出挑。这些做法削弱了立面的水平联系，但却增强了立面的光影效果。

拉昂主教堂非凡的立体感和雕塑性，长横厅的平面布局，多塔式的总体轮廓等特征使其在法国的哥特式建筑中具有特殊的地位。

2.4.5 巴黎圣母院（Notre-Dame，Paris，1163–1345年）：

巴黎圣母院位于巴黎市塞纳河中的西岱岛上，始建于1163年，是巴黎大主教莫里斯·德·苏利决定兴建的。整座教堂在1345年才全部建成，历时180多年。其中，唱诗班席于1182年完成，中厅于1208年完成，西立面塔楼于1225–1250年完成，东部圣坛后面的一系列小祈祷室

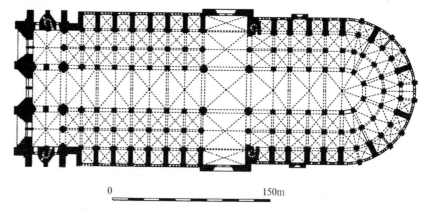

0   150m

2.4.5-1　巴黎圣母院平面图

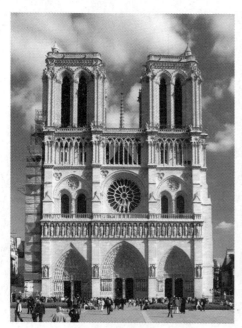

2.4.5-2　巴黎圣母院西立面

2.4.5-3　巴黎圣母院室内

2.4.5-4　巴黎圣母院玫瑰窗

于 1235–1250 年完成，圣坛于 1296–1330 年完成，拉丁十字的横厅于 1250–1267 年完成。

巴黎圣母院的平面为拉丁十字式，但十字的横厅极短，这也是法国哥特式教堂的一个主要特征。教堂平面长约 130m，宽 47m，中厅高约 32.5m，宽 12.5m，侧廊高 9m。东部圣坛放射状分布着许多小祈祷室，同圣坛之间有廊道隔开。与拉昂主教堂有相同之处的是中厅与侧廊的分隔都是用粗壮的圆柱而不是用束柱支撑着拱廊来完成的。

教堂建有三座塔楼，正入口立面的一对塔楼高 69m，十字交叉处的尖塔高达九十余米。东部的飞券从侧廊的扶壁上飞越 15m 跨度，抵住中厅的拱脚。教堂有几扇玫瑰窗，十字北翼的一扇最大，直径达 21m。西入口上的玫瑰窗直径为 13m。教堂西立面的构图是法国哥特式教堂中最为简洁的，纵向的塔楼与横向的线脚对立面进行了均匀的划分，每一部分比例都那么匀称。透视门、玫瑰窗和 28 尊代表以色列和犹太国历代国王雕塑的横廊都做得十分精致，为简洁的立面配上了精美的细部。

教堂内部的装饰也极为朴素，窄而高的中厅、瘦瘦的骨架券、色彩鲜艳的玻璃窗，为室内空间点染了浓烈的宗教气氛。

巴黎圣母院闻名于世，是欧洲建筑史上一个划时代的标志，是一首由巨石演奏的交响乐。

2.4.6 沙特尔主教堂（Chartres Cathedral，1194–1260 年，left spire，1507 年）：

沙特尔主教堂也称圣母大教堂，它坐落在沙特尔市的一座小山丘上，是法国重要的朝圣中心和祭祀圣母玛丽亚的地方。从公元 9 世纪到 13 世纪，在同一地方先后 6 次建造教堂。现在的教堂始于 1194 年，1260 年基本建成，1507 年又在左侧的塔楼上加建了带有火焰券的尖塔。

教堂的平面为拉丁十字式，中厅长约 134m，高约 37m，宽约 16m，是法国哥特式教堂中最宽的中厅。侧廊宽 8m，是中厅的一半。十字的横厅长约 46m。唱诗班席两侧有两条侧廊和 5 间呈放射状排列的小祈祷室。中厅的骨架券下接束柱并直接落地，而不再用圆柱。

古老的彩绘玻璃是教堂的另一个重要特征。沙特尔原是法国中世纪制作彩绘玻璃的中心，教堂内的 173 扇彩色玻璃窗和两扇玫瑰窗，面积大约有 2700m^2，塑造了 3898 个人物，表达着圣经的教义，被认为是中世纪彩绘玻璃的代表，也是法国现有彩绘玻璃面积最大的哥特式教堂之一。

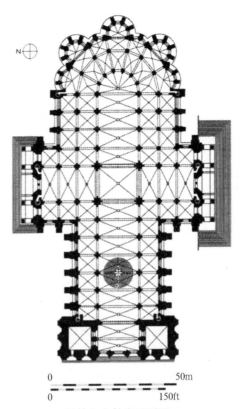

2.4.6-1 沙特尔主教堂平面图

2.4.6-2 沙特尔主教堂外观

教堂的西立面也比较简洁，它的两个高高的塔楼不同于巴黎圣母院，采用的是尖塔，左塔高约115m，右塔高约106m。这两座高塔由于建于不同时期，风格也明显不同。同时，两座高塔突出了西立面的竖向划分，而切断了横向联系。透视门与玫瑰窗都是比较典型的造型，门上的人物雕塑生动而又古朴。教堂两侧的飞扶壁厚重密集，十字南端的大门华丽而精美，透视门、玫瑰窗一应俱全。

这座教堂是法国哥特式教堂由早期向盛期的转折点，集建筑、雕塑和彩绘玻璃艺术于一身，被认为是中世纪艺术最杰出的代表。

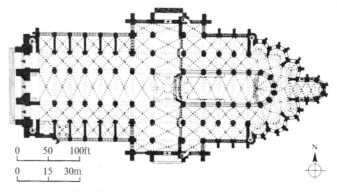

2.4.7-1　亚眠主教堂平面图

2.4.7　亚眠主教堂（Amiens Cathedral，1220−1264年）：

亚眠主教堂位于法国皮卡第大区索姆省的省会城市亚眠，由罗伯特·德·吕扎什（Robert de Luzarches）等人设计，是法国最大、最高的哥特式教堂，也是盛期哥特式教堂代表作，还是法国四大主教堂之一（其他三座是博韦主教堂、兰斯主教堂和沙特尔主教堂）。

教堂为拉丁十字平面，中厅的两侧各有一个侧廊，而唱诗班席的两侧则各有两个侧廊。建筑的总长为145m，正厅处宽31.64m，唱诗班处宽46m，总建筑面积7700m²。中世纪时，它可以容纳全城的百姓。建筑内部长133.5m，中厅的宽度在柱子轴线处为14.60m，净宽12.15m，中厅拱顶高42.3m，侧廊宽6.07m。横厅凸出不多，内部长62m，宽29.3m。平面的东部尽端呈放射状排列着7个小祈祷室，中间的最大、最长。中厅十字拱平面为长方形，柱子不再是圆形，4颗细柱附在1颗圆柱上，形成束柱。二、三层的束柱更细，与上边的骨架券相接，增强了向上的动势。教堂中厅上部的高侧窗开满整个开间，遍布彩色玻璃，几乎看不到墙面。教堂内的《亚眠圣经》雕塑闻名于世，再现了圣经中的几百个故事，如《最后的审判》《圣母生平》等，至今保存完好。

教堂的立面较为复杂，西立面是比较典型的双塔式

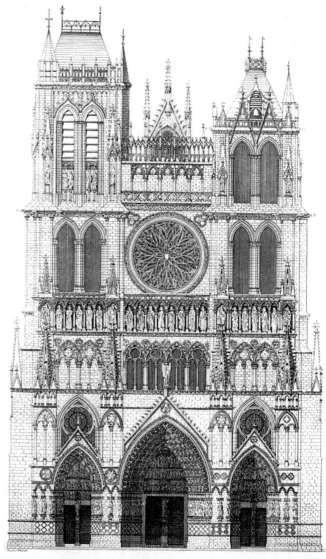

2.4.7-2　亚眠主教堂立面图

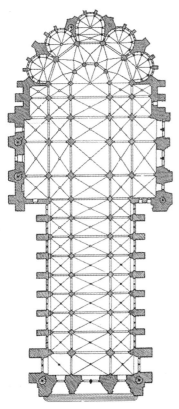

2.4.8-1 兰斯主教堂平面图

2.4.8-2 兰斯主教堂外观

2.4.8-3 兰斯主教堂立面细部

构图，北塔高 67m，南塔高 62m。十字交叉处的尖塔高 112.7m。双塔中心是 11m 高的火焰纹式玫瑰窗，窗下是著名的"国王拱廊"。入口处三座高大的透视门标志性极为突出，门上的人物雕塑也非常精美。由拱廊和线脚构成的横向划分较为明显，这一点与巴黎圣母院较为接近。

2.4.8 兰斯主教堂（Reims Cathedral，1211-1290 年）：

兰斯主教堂建于 1211-1290 年，是法国东北部城市兰斯的标志性建筑，也是法国最美丽壮观的教堂之一，还一直是法国国王的加冕地。

教堂的平面亦为拉丁十字式，正厅与横厅都有两道侧廊，而唱诗班席有四道侧廊。圣坛后有回廊环绕，5 间小祈祷室呈放射状均匀地排列在东端。教堂的中厅长 139m，超过了亚眠和沙特尔主教堂的中厅长度。中厅宽 13m，高 38m，空间的高宽比为 2.92。中厅也是采用束柱承载拱顶的骨架券，向上的动势十分强烈。

与巴黎圣母院、亚眠主教堂相同，兰斯主教堂的西立面也是双塔式构图。塔高为 81m，比原设计的 120m 矮了许多。南塔楼内有两座大钟，名为卡洛特的一座重达 11t。其余的部分，如国王拱廊、玫瑰窗、透视门与前两座教堂稍有变化，而且立面上的尖塔与尖券要多一些，但没有跳出它们的基本模式。教堂大门中左侧门有一尊名为"微笑天使"的雕像，由于雕像表情甜美，造型极为生动，现在已经成为兰斯市的象征，被称为"兰斯的微笑"。也因为教堂上的雕像多为天使，而得到"天使大教堂"的称谓。

2.4.9　巴黎圣礼拜堂（Sainte-Chapelle, Paris, 1241−1248 年）：

建成于 1248 年的巴黎圣礼拜堂是为路易九世所建的哥特式建筑小品，作为皇室使用的教堂，供奉耶稣受难的遗物。建筑师为蒙特瑞尔（Pierre de Montreuil）。

教堂的平面极为简单，外部长 36m，宽 17m。礼拜堂内部空间分上下两层，入口在下层。下层为皇室的仆人所用，高约六米，由一中厅及 2 条小侧廊组成，一圆形螺旋楼梯通往上层祭堂。上层狭长的大厅中间没有一根柱子，拱顶高达 20m，为国王与朝臣们专用。四周 15 扇高

约 15m，宽 4.5m 的彩绘玻璃窗占据了绝大部分墙面。上面用彩色玻璃镶嵌出一个个完整的圣经故事，包括了《圣物移送》《最后的晚餐》《出埃及记》等，共有 1130 个故事之多，这是这座小教堂最著名之处。正立面的玫瑰窗用 86 块彩色玻璃描述了《启示录（Apocalypse）》的故事。屋顶上有一尖塔，高达 75m，为 19 世纪重建之物。

2.4.10　斯特拉斯堡主教堂（Strasbourg Cathedral, 1190−1439 年）：

斯特拉斯堡主教堂是法国斯特拉斯堡市的标志性建筑，亦称圣母大教堂，属于典型的哥特式建筑。现存的教堂于 1190 年开始建造，完成于 1284 年，尖塔完成于 1439 年，全部工程耗时三个多世纪，是哥特式建筑艺术的杰作之一。

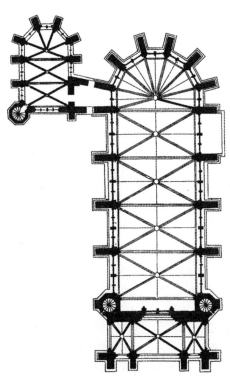

2.4.9-1　巴黎圣礼拜堂平面图

2.4.9-2　巴黎圣礼拜堂二层祭堂

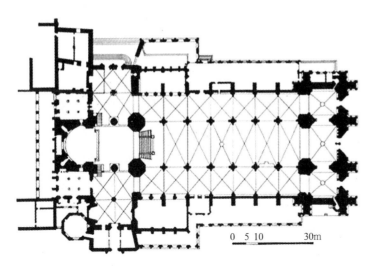

2.4.10-1 斯特拉斯堡主教堂平面图

2.4.10-2 斯特拉斯堡主教堂鸟瞰图

2.4.10-3 斯特拉斯堡主教堂
入口细部

　　教堂的平面在法国哥特式教堂中是最特殊的，正厅与圣坛构成了平面的主要部分，没有其他教堂中常见的唱诗班席和圣坛后面的小祈祷室。中厅比较宽大，粗大的束柱由 16 棵细柱组成，细柱与骨架券的衔接自然流畅，渲染出教堂应有的宗教气氛。

　　砌筑大教堂的石材是采自孚日山脉的玫瑰色砂岩，使教堂的色彩与其他教堂大不相同。在欧洲，天主教堂大多给人以冷峻之感；这座教堂却给人带来几分暖意。教堂塔楼原设计有两座，但只有一座建成。主入口处单塔的立面构图也是十分独特的。塔顶端的十字架到地面高达 142m，这一高度曾称冠于欧洲教堂四百余年，直到 19世纪中叶才被改写，这也是这座教堂最著名之处。

　　教堂正面三座透视门与上方的玫瑰窗，做工都十分精美。在大门和玫瑰窗的上下左右，在那些廊柱、门楣、侧壁、山墙上，甚至在教堂的扶壁、扶垛上，到处都装饰着精美的雕刻。有耶稣受难的景象，有 12 头雄狮和端坐在宝座上的所罗门国王，还有圣母抱着小耶稣的雕像等。所有这些大大小小的雕塑，无论是人神鬼兽，还是花鸟虫鱼，都穷极工巧，栩栩如生，每一件都堪称艺术品。

而大教堂则是由这无数的艺术品组成的世所罕见的特大艺术品。

2.4.11　林肯主教堂（Lincoln Cathedral，1092–1501年）：

　　位于英国林肯郡林肯市的林肯主教堂，是这座小城中最突出的建筑。它于 1092 年由瑞明齐斯（Remigius）主教主持建造了教堂的最原始部分，采用典型的拉丁十字式平面，西面为入口，东部是圣坛。1141 年，教堂毁于大火。1185 年又遭大地震破坏。1192 年由圣休（St Hugh）主教主持重修，并决定建造一座当时欧洲正在流行的哥特式风格的教堂。在随后的岁月中，教堂塔楼处在不断地损毁，不断地重建中直到 16 世纪。

　　这座大教堂在英国的哥特式教堂中特色十分鲜明。教堂为拉丁十字式平面，横厅仍然在十字的中央，西部是中殿，东部为唱诗班与矩形平面的圣坛。在教堂的北侧有回廊和议事堂。教堂的西立面于 1230 年落成，主入口两侧的半圆形拱门源自以前残存的罗曼式建筑，经过加宽以后形成现在的门厅式格局。另外，西立面水平方向连续的装饰拱券极为突出，以多层重复的券廊形式向两边展开，这些券廊与后边的墙体结构并无联系。在增建了两座高高的、带有小尖顶的钟楼以后，哥特式建筑的特征更加明显。

教堂内部结构与装饰也具有鲜明的特征。纤细的骨架券和束柱、墙壁上无数的小尖塔以及总面积达一万多平方米的彩色玻璃窗，在阳光的映射下，五彩缤纷，华美异常。总体上给人造成一种向上飞升，直至天国的神秘气氛。

林肯大教堂对其后英国的哥特式教堂产生了深远的影响，是一件建筑杰作。

2.4.12 坎特伯雷主教堂（Canterbury Cathedral，1377-1498 年）：

坎特伯雷是英国基督教的摇篮。公元 597 年，圣奥古斯汀（St Augustine）从罗马来此传教，并创建了最初的大教堂。1067 年教堂遭大火烧毁了的东部。1070-1077 年，兰富兰克大主教（Archbishop Lanfranc）按罗曼式教堂的样式重建了教堂的中厅。1377-1405 年，原中厅被拆毁，由亨利·雅维勒（Henry Yevele）设计，按哥特式教堂的样式修建我们今天看到的教堂中厅。1494 年，瓦斯泰尔（John Wastell）受命建造中央塔楼，1498 年完成。

教堂的平面为拉丁十字式，总长约为 156m，最宽处约为 50m。顺着轴线依次排列着正厅、由台阶抬高了的唱诗班席与圣坛，三部分所占的比例相差不大。这么大的唱诗班席与圣坛在其他国家的天主教堂中十分少见。由于经过了多次改建，十字的横厅相对于英国的其他天主教堂来说并不十分明显。教堂的左侧有回廊和僧侣用房。教堂东端设有巨大的地下室，用以纪念在坎特伯雷殉道的圣托马斯。

在正厅，一簇簇束柱直达拱顶，与瘦瘦的骨架券完美衔接。在与唱诗班席的十字相交处是中央塔楼，其内部天花十分精美。唱诗班席与圣坛处的中厅与正厅差别较大，束柱、圆柱、八角形柱交替使用，拱顶的骨架券也相对简洁。

教堂的三座塔楼分别建于不同时期，因而融合了多重风格和手法。西立面的入口只有一座大门，不是常见的透视门，其上方也没有玫瑰窗。与法国大教堂那种和谐统一的组织方式相比，坎特伯雷大教堂似乎是由一系列相互分离、但又松散相连的建筑要素组成。高大而狭长的中厅和高耸的中央塔楼及西立面的南北楼，体现了哥特式建筑向上腾飞的气势；而东立面则更多地体现出

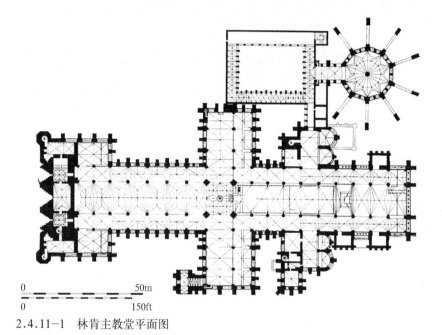

0 ———— 50m
0 ———— 150ft

2.4.11-1 林肯主教堂平面图

2.4.11-2 林肯主教堂外观　　2.4.11-3 林肯主教堂室内

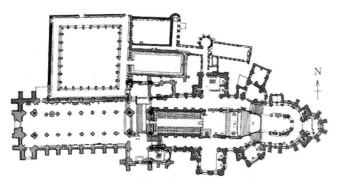

2.4.12-1 坎特伯雷主教堂现状平面图

2.4.12-2 坎特伯雷主教堂外观

2.4.12-3 坎特伯雷主教堂室内

罗曼式教堂的风格特色。此外，大教堂的彩色玻璃镶嵌画也是英格兰12-13世纪最好的作品。

2.4.13 威斯敏斯特教堂（Westminster Abbey，1245-1517年）：

伦敦的威斯敏斯特教堂，也称西敏寺，是英国王室的专属教堂，用来举办王室的加冕典礼和婚丧仪式。这里不仅有多位国王的墓，也有一些著名政治家、科学家、军事家、文学家的墓，其中有丘吉尔、牛顿、达尔文、狄更斯、布朗宁等人之墓。英国的无名英雄墓也设在这里。

教堂创建于616年。10世纪，英国国王埃德加（King Edgar，959-975年在位）时期改建成了正式教堂。1050年，国王爱德华（King Edward，1042-1066年在位）下令扩建。13世纪中叶，国王亨利三世（King Henry III，1216-1272年在位）下令采用当时的哥特式风格对教堂进行改建。1245年动工，1517年基本完成我们现在所见到的教堂，而西面的塔楼于1745年完工。

教堂平面为拉丁十字式，主体部分长达156m，宽22m。沿轴线分别布置有正厅、唱诗班席、圣坛、亨利七世祭堂等部分。正厅两边各有侧廊一道，上面设有宽敞的廊台；中厅宽为11.6m，拱顶高约31m，这么高的中厅在英国天主教堂中是不多见的；教堂只有一道横厅，总长62m，分隔了唱诗班与圣坛。受法国的影响，在圣坛后面还建有4间呈放射状排列的小祈祷室。教堂的南侧有修道院、教士会堂（Chapter House）、回廊等用房。

教堂的内部在不同的部分显示不同的空间形态与特色。正厅、唱诗班席与圣坛这三部分的束柱与骨架券都是一致的，只是后两部分有屏风围合，空间不如正厅宽敞高大；但在装饰上，唱诗班席屏风上的镀金尖拱为其增添了金碧辉煌的艺术效果。但是，最为灿烂辉煌的应是亨利七世祭堂。它是一座独立的小教堂，有自己的中厅、侧廊与祭坛。里面的每一处细部，如家具、屏风、尖拱、墙上的雕塑等都是精品，尤其是天花上的扇形拱顶堪称精美绝伦，是英国中世纪艺术最突出的代表。

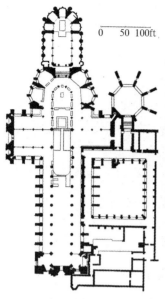

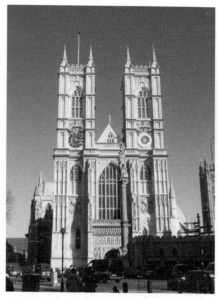

2.4.13-1 威斯敏斯特教堂　　2.4.13-2 威斯敏斯特教堂西立面　　2.4.13-3 威斯敏斯特教堂中厅　　2.4.13-4 亨利七世祭堂
平面图

教堂的外观也是非常宏伟壮观。西立面是典型的双塔式构图，塔高68.5m，与不远处的英国议会大厦的大笨钟遥相呼应，构成这一区域优美的天际线。北入口在横厅的北翼，大门上有典型的透视门与玫瑰窗。不同的是，玫瑰窗的上部是一个小山花，两侧有小尖塔和飞扶臂装饰着这座如今已是教堂日常主要入口的大门。

威斯敏斯特教堂规模宏伟，装饰精致华丽，玻璃彩绘窗缤纷绚丽。既富丽堂皇，又神圣肃穆，与皇室教堂的身份十分相称。

2.4.14　索尔兹伯里主教堂（Salisbury Cathedral，1220-1265年）：

索尔兹伯里主教堂是英国哥特式教堂的代表作，它虽然和法国亚眠主教堂的建造年代接近，但在形式上却与之相差甚远。

教堂始建于1220年；到1258年，教堂的中厅、横厅和唱诗班席等主体部分都已完成；1265年，教堂的西立面建成；1330年，教堂的尖塔建成。

教堂的平面是英国哥特式教堂的典型布置模式，拉丁十字平面上有一长一短两个横厅，依次布置着正厅、唱诗班席、圣坛及后面方形的圣三一祭室。主体的南侧建有英国最大的回廊及议事堂。教堂平面十字的中央是常见的尖塔楼。

教堂的中厅较为独特，它一改哥特式教堂中厅的竖向动势，将中厅两侧的柱廊作强烈的水平向划分，共分3层。一层是高大的柱子支撑着独立的拱券；二层为低矮一些的尖拱廊；三层开较大面积的尖拱窗。这3层划分突出了中厅空间向着圣坛方向的水平动势。

教堂的造型强调中央尖塔的控制构图，塔高123m，是英国最高的尖塔；但如今塔身也有倾斜。据测算，塔身已向南倾斜69.85cm，向西倾斜44.44cm。西立面采用法国哥特式教堂那样的双塔式构图，而更强调整体性。中央部分突出，用三角形尖山墙与两侧的小尖塔平衡。3扇尖窗与下面的3座透视门都有主次之分。墙面上布满雕像，共有67座之多。中厅外侧的飞扶壁稀少而又不明显。

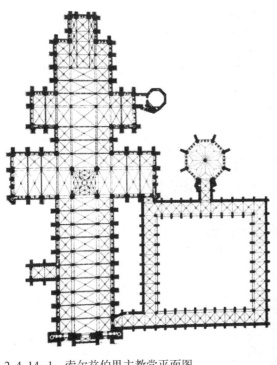

2.4.14-1　索尔兹伯里主教堂平面图　　　　　2.4.14-2　索尔兹伯里主教堂外观　　　　　2.4.14-3　索尔兹伯里主教堂室内

教堂的一些数据十分有趣，如共有 365 扇窗，代表一年 365 天；8760 棵大理石柱子，代表一年有 8760 个小时。

索尔兹伯里主教堂是英国极少数按照最初设计建造，而且在漫长的历史进程中没有多少改动的教堂。它向我们展示了一座完整的英国哥特式教堂的风貌。同时它也是英国最古老的教堂之一，七百多年来一直是英国教徒祈祷和朝圣之地。

2.4.15　科隆主教堂（Cologne Cathedral，1248—1880 年）：

科隆主教堂位于德国科隆市中心的莱茵河西岸，是德国最重要的，也是最高的哥特式教堂。它的建造分两个时期，奠基于 1248 年 8 月 15 日，1520 年停工；1842 年 9 月 4 日再次开始兴建，直至 1880 年 10 月 15 日，科隆大教堂举行了盛大的竣工典礼，前后陆续建造了六百多年。

教堂为拉丁十字平面，长 144.38m，中厅高 43.38m，跨度 15.5m。横厅长 86.25m，有 4 条侧廊，高 19.98m。教堂的唱诗班席是德国最大的，共有 104 个座位。教堂东端有 7 间呈放射状排列的小祈祷室。教堂的入口处有三开间巨大的门廊，两侧是著名的高达 157.38m 的钟塔，内有重达 24t、号称世界之最的圣彼得大钟。教堂还存有 1350m² 绘于中世纪的彩色玻璃画，题材均为圣经故事。教堂的中厅用挺拔高耸的束柱承载着两侧的拱廊与拱顶，有强烈的向上飞升的动势，再配以绚丽多姿的彩色玻璃窗，造就出天堂一般的意境。

外墙的扶壁上有两层飞券，有不断变换的光影洒落在墙面上。扶壁上矗立着无数的尖塔，墙上有无数的尖拱窗，入口大门两侧与上方有众多瘦高的雕像贴在龛内，都构成教堂立面精美的细部。尤其那两座高耸入云的尖塔，矗立在广阔的莱茵河平原上，显得格外巍峨雄壮、气势不凡。著名的德国诗人海涅在他的诗作《德国，一个冬天的童话》中曾经对科隆教堂的双塔作过这样的描述：

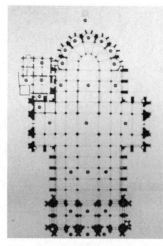

2.4.15-1 科隆主教堂平面图　2.4.15-2 科隆主教　2.4.15-3 科隆主教堂室内
堂立面图

2.4.16-1 维也纳大教堂外观　2.4.16-2 维也纳大教堂室内

"看啊，那个庞大的建筑，显现在月光里！那是科隆的大教堂，阴森森地高高耸起。"

2.4.16 维也纳大教堂（St. Stephen's Cathedral in Vienna，14-15 世纪）：

维也纳主教堂也称斯蒂芬大教堂，是奥地利最大和最高的天主教堂。它的历史较为久远，也是经过不同时期的改建和加建而成的。在罗曼时期，它是一座避难所，1147 年改为教堂，1258 年一场大火将之烧毁。自 14 世纪初开始建造我们现在所见到的这座教堂。其中高达 137.16m 的南塔建于 1359-1433 年，登顶可俯瞰维也纳全城。塔内的大钟重达 20t，是世界上最大的大钟之一。

教堂长 107m，宽 34m。教堂共建有 4 座塔楼；除了最高的南塔外，北塔是一座没有建完的塔，高 68m。主入口处的双塔高 65m。

教堂的建造周期较长，表现在风格形式上较为混杂。西面的入口为罗曼风格，南塔是哥特风格，而室内的圣坛是典型的巴洛克风格；但在总体上还是协调的。教堂成为维也纳人的骄傲，1782 年著名的音乐家莫扎特的婚礼和 1791 年 12 月他的葬礼都是在这座教堂内进行的。

2.4.17　米兰大教堂（Milan Cathedral，1386—1897 年）：

意大利的哥特式教堂与法国和英国相比，建造的数量并不多，而位于米兰市中心的米兰大教堂是意大利哥特式教堂中最大的，也是最具代表性的一座。教堂始建于 1386 年，1897 年最后完工，而入口处的 5 扇大铜门则完成于 20 世纪。

教堂平面为简单的拉丁十字式，总长约 157m，横厅长约 93m，总建筑面积近 1.2 万 m²。教堂的正厅有 4 条侧廊，由 4 排巨柱分隔而成。中厅高约 45m，在与横厅的十字交叉处，抬高至 65m，上面是一个八角形采光亭。

中厅高出侧廊很少，高侧窗很小，内部空间比较幽暗。

教堂的外观甚为华丽，共有造型各异的尖塔 135 座，每个尖塔上都有雕像作为结束。最高的尖塔高 108m，其上是高 4.2m 的圣母玛丽亚镀金雕像。西立面构图独特，不强调高度和垂直感，没有高钟塔、玫瑰窗和透视门；而是用 6 座尖塔将立面分为五个部分，3 扇尖窗、5 扇半圆券窗及窗上的山花混合着哥特、文艺复兴和巴洛克时期的建筑元素。

米兰大教堂内部高大的空间具有磅礴恢宏的气势，其巨柱的顶部由于带有奇异圣龛的雕像柱头，构成一种几乎是古韵悠然的味道。其华丽的外表和尖塔林立的奢华效果显现出意大利哥特式建筑鲜明的个性与特色，以及晚期哥特式教堂的奇妙设计。

2.4.18　威尼斯总督宫（Palazzo Ducale，Venice，1309—1424 年）：

威尼斯总督宫原是威尼斯共和国总督和政府办公的地方，也称公爵宫。原是一座公元 814 年修建的拜占庭式建筑。现在看到的这座哥特式风格的建筑是 1309—1424 年重建的。

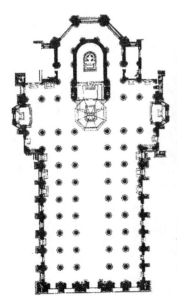

2.4.17-1　米兰大教堂平面图　　2.4.17-2　米兰大教堂室内　　2.4.17-3　米兰大教堂外观

总督宫的平面为四合院式，南立面临亚得里亚海，长约71m。西立面朝向广场，长约75m。北面与圣马可教堂相连，东面是一条狭窄的运河，著名的叹息桥就架在这条小河上。总督宫内设有多个大厅，最大的大会议厅在南侧的第二层，可观海景。面积为54m×25m,高15m。各个大厅都用油画、壁画和大理石雕刻来装饰，使整个总督宫壮丽辉煌、璀璨奢华。

总督宫最具特色的地方还是它的立面设计。西、南立面采用相同的要素、相同的手法来处理。下部镂空，上部厚实，符合下繁上简的构图规律。下部两层连续的尖拱和火焰纹式的券柱廊空灵通透、装饰精美。上部的实墙点缀着尖窗与圆洞，既消除了墙体的沉重感，与下部拱廊取得联系；又表达出强烈的虚实对比效果。粉白相间的石砌墙面明亮而华丽，在蓝蓝的大海的映衬下格外光彩夺目。檐口上尖尖的装饰带与下面的尖拱柱廊，向人们昭示出总督宫哥特式风格的显著特征。

2.4.19 威尼斯黄金府邸 (The Ca'd'Oro, Venice, 1425–1434年)：

临水而建的威尼斯黄金府邸又称康塔里尼 (Marino Contarini) 家族府邸，由于它的主立面做过贴金处理，所以称为黄金府邸。府邸建于1425–1434年间，在总督宫之后。建筑的主立面参考着总督宫的构图手法。但不同的是立面的左侧三层都做成尖拱柱廊，强调相互之间的联系。立面的右侧则用实墙开少量的窗来突出立面的对比，使整体构图更趋于灵活。

2.4.20 贡比涅市政厅 (Town Hall of Compiègne, 1505–1511年)：

除了教堂和修道院外，中世纪欧洲一些城市中的市政厅也是一类重要的哥特式建筑。法国的贡比涅市政厅比较有代表性。

贡比涅市位于巴黎东北66km的瓦兹省，是一座有着1000多年历史的名城。像大部分欧洲中等以上城市一样，贡比涅市也有一个非常气派的市政厅。这座建筑建于1505–1511年间，后有损毁，19世纪又进行过重建。这是一座具有典型哥特式风格的公共建筑。建筑共有3层，一、二两层有外墙，三层则罩在高坡顶下，顶上有老虎窗为其采光，窗上有尖山墙和小尖塔。水平向由主楼和两翼的配楼构成，主楼中间有高高的、带有尖塔的钟楼。尖塔的4个面上

2.4.18-1 威尼斯总督宫鸟瞰图

2.4.18-2 威尼斯总督宫南立面

2.4.19 威尼斯黄金府邸外观

2.4.20 贡比涅市政厅

又装饰有多个小尖塔，中央有 3 个敲钟的小人。钟楼两侧有 2 个小尖塔与之呼应。立面上的窗为矩形，窗上方装饰有尖尖的线脚，与窗间墙处的小尖塔相配合。两侧的配楼也采用高坡顶和老虎窗。

这座市政厅具有典型的法国民族传统建筑的特色，其高坡顶、老虎窗、尖钟楼等特征较为突出。

2.4.21 卡尔卡松城堡（Castle at Carcassonne，4—13 世纪）：

在中世纪的欧洲，战乱频繁，封建帝王和贵族们不得不躲在壁垒森严的宫殿或城堡中以求得一丝安宁。并常常以其为中心，在周围修建教堂、广场、市场和房屋街道等公共设施，构成一座小小的城市。欧洲现存最大、保存最完整的、位于法国南部奥德省（Aude）首府的卡尔卡松城堡就是其中的代表之一。

卡尔卡松是欧洲历史上的一个战略要地。因此，高卢人、古罗马人和西哥特人分别对这座重要的防御性工事进行了修建。公元 12 世纪，由特弘卡维子爵（Vicomtes Trencavels）对这些工事进行了整合并修建了城堡的西部，到 13 世纪城堡基本建成。17 世纪后期因失去军事功用成为废墟。19 世纪由建筑师维欧雷·勒杜克将之恢

复原状。

这座固若金汤的中世纪古堡的平面呈不规则曲线形，长大约 3km，拥有内外双重城墙，墙上有雉堞。城门都有高大的碉楼，上有大大小小的射击口，如纳荷

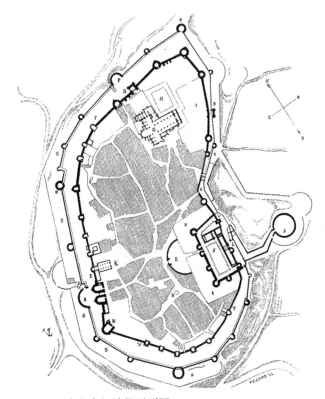

2.4.21-1 卡尔卡松城堡平面图

2.4.21-2 卡尔卡松城堡全景鸟瞰

波恩人城门（Narbonnaise Gate）和奥德城门（Aude Gate）。内外城墙上共有 52 座碉楼，其上都覆盖有圆锥顶。城内主要有伯爵堡、教堂和大量呈现不同时代特征的城市建筑。

对哥特式建筑的评价：

从建筑发展史的角度来看，哥特式建筑的结构成绩是值得肯定的。而作为一种建筑风格，近现代建筑史学家对其是褒贬不一。特别是在 14—15 世纪，哥特的晚期，有些教堂走极端，追求高尖塔，使教堂总是处于维修状态，即建造—倒掉—再重建的循环之中。法国 19 世纪中叶的史学家丹纳也是对哥特式教堂建筑持批评意见的，他在描写哥特式教堂时说："教堂不像一座建筑物，而像一件细工镶嵌的首饰；简直是一块五彩的玻璃，一个用金银线织成的巨大网络，一件在喜庆大典上插戴的饰物，做工像王后或新娘用的一般精致。而且是神经质的兴奋过度的女人的饰物，和同时代的奇装异服相仿；那种微妙而病态的诗意、夸张的程度正好反映奇特的情绪，骚乱的幻想，强烈而又无法实现的渴望。"（丹纳《艺术哲学》，p53）。

但是哥特式建筑在表现强烈的基督教情绪的同时，也具有高度的理性精神。这种理性与浪漫的交织是哥特式建筑矛盾而又统一的集中表达——合理的结构技术与艺术上的浪漫精神的统一。

它的浪漫色彩表现在：空间的神秘迷惘，形态的骇人心目，精神的飞升向上。

它的理性精神表现在：结构逻辑关系明确，技术构件轻巧、坦率、有力。

这种技术理性与艺术浪漫的交织也许正是今天的建筑史学家高度评价它是"伟大的哥特式建筑"的原因所在。

2.5 中古伊斯兰教建筑（Islamic Architecture）

伊斯兰教与佛教、基督教并称为世界三大宗教。公元610年，穆罕默德先知开始传教于阿拉伯半岛的麦加。自661年起，伊斯兰教进入阿拉伯帝国时期，历经伍麦叶王朝和阿拔斯王朝，地跨亚、非、欧三大洲，伊斯兰教成为帝国占统治地位的宗教。13世纪中期随着异族的入侵，帝国境内东、西部诸多地方割据，王朝的独立，阿拉伯帝国解体。中世纪晚期，伊斯兰世界并立着奥斯曼、萨法维、莫卧儿三大帝国，其中奥斯曼帝国版图和影响最大。

清真寺是伊斯兰建筑的主要类型，它是信仰伊斯兰教的居民点中必须兴建的建筑。清真寺礼拜堂的朝向必须面东，使朝拜者可以朝向圣地麦加的方向做礼拜。礼拜殿内不设偶像，仅以殿后的圣龛为礼拜对象。清真寺建筑装饰纹样不准用动物纹样，只能是植物、几何图案和阿拉伯文字的图形。

伊斯兰建筑的另一个特点是拱券发达，在建筑上经常可见尖拱、S形拱、马蹄形拱、海扇形拱、三圆心拱等拱券。

2.5.1 大马士革倭马亚清真寺（Umayyad Mosque, Damascus, Syria, 705-715年）：

坐落在叙利亚大马士革的倭马亚清真寺是世界上最著名的清真寺之一，是伊斯兰教第四大清真寺，是倭马亚王朝国王于公元705年亲自主持建造的清真寺。它的工匠大多来自君士坦丁堡、埃及和大马士革本地。

倭马亚清真寺为矩形平面的院落式布局，占地160m×100m。四周有围墙围合，围墙内附一圈圆拱券廊。东西两侧的中心位置都有入口，东侧为主入口。礼拜堂是一个长方形大厅，一侧与院墙相接。大厅占据整个院落的南半部分，136m长，37m宽。纵向用两排柱分隔成三个开间，横向有24列柱，分成25个开间。

清真寺的外观比较简洁，庭院内周围都是两层连续

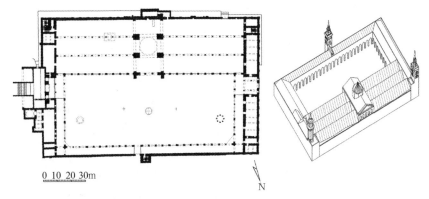

2.5.1-1　大马士革倭马亚清真寺平面和轴测图

2.5.1-2　大马士革倭马亚清真寺庭院内一角

2.5.1-3　大马士革倭马亚清真寺室内

的拱券廊。在礼拜堂的中央开间有三角形山花，外墙绘有彩绘图案。礼拜堂的入口上方是一个大的半圆形母券，其内嵌套 3 个连续的子券。礼拜堂中央的位置后加建了一个拜占庭式的穹顶，带有八边形鼓座。穹顶和鼓座上都有开窗。在院落的东南角、西南角和北侧外墙的中央位置还建有三座尖塔，因是不同年代建造的，而显出不同的风格。

礼拜堂内空间通透明亮，内部的柱子都是用大理石雕刻而成。柱廊分两层，下高上低。据史料记载：大厅四壁和圆柱上雕刻着精致的花纹，厅顶垂挂着一盏偌大的水晶吊灯。礼拜堂外的广场四周走廊的墙壁上有用金砂、石块和贝壳镶嵌而成的巨幅壁画，描绘出倭马亚时代大马士革的繁荣景象。但是，我们现在看到的建筑并非它初建成时的面貌，它在一千多年的历史中共经历了 5 次火灾，最后一次重建已是在 1893 年。

倭马亚清真寺具有清真寺发展阶段中的典型特征，它也是伊斯兰教清真寺建筑最早的范本。

2.5.2 科尔多瓦大清真寺 (The Great Mosque, Córdoba, Spain, 10-11 世纪)：

科尔多瓦大清真寺位于西班牙科尔多瓦市的瓜达尔基维尔河畔，是穆斯林在西班牙遗留下来的最为美丽的建筑之一，也是伊斯兰世界最大的清真寺之一。

科尔多瓦城建立于公元前 206 年，属于西班牙迦太基帝国的一部分，历史上一直是该地区政治和文化的中心。711 年，科尔多瓦一度是穆斯林占据下的西班牙首府。756 年，大马士革倭马亚王朝的最后继承人阿卜杜勒·拉赫曼 (Abderramán) 在此定都，自称统治者。

785 年阿卜杜勒·拉赫曼一世 (Abderramán I) 下令在一座教堂的废墟之上修建大清真寺。在接下来的几个世纪里，清真寺又进行过不断地翻修和扩建。阿卜杜勒·拉赫曼三世 (Abderramán III) 时期，曾下令修建一座新的尖塔。961 年，阿哈肯二世 (Alhaken II) 扩建了清真寺的平台，修缮了圣龛。其后的扩建是由阿尔曼

左尔 (Almansur) 在公元 987 年下令完成的。这次扩建之后，清真寺的内部变成了一个由双重连环拱门和马蹄形拱顶构成的石柱迷宫。1523 年，伊斯兰教被基督教征服后，在这座清真寺内修建了基督教堂。教堂的建造者在方形平面上勉强划出一个拉丁十字，并完成了最大的宗教组画、巴洛克雕塑和由桃花心木做成的唱诗班座椅。这两大宗教集于一身的情景，被视为科尔多瓦清真寺的一大特征。

科尔多瓦大清真寺最初的形制来自叙利亚。建筑的平面为矩形院落式布局，占地面积约为 135m×175m。入口在南侧，偏西。尖塔紧邻入口大门，合为一体。尖塔平面为正方形，塔身分 5 段，层层缩减，上面还有一些栏杆、壁龛和一些雕刻装饰。北侧院落内遍植橘树，所以有"橘院"之称。巨大的礼拜堂占据着这个院落南部的 3/5 的面积，其余三个方向为单进的拱廊。礼拜堂东西长 126m，南北深 112m，可容纳四万人。内有 18 排柱子，每排 36 颗，共有 850 颗。规整悠长的柱廊层层叠叠，使整个室内空间总是回荡着一种神秘迷惘的宗教气息。拱廊为上下双层，采用马蹄形拱券和红白相间的大理石砌筑。柱子是古罗马科林斯式，没有柱础，柱

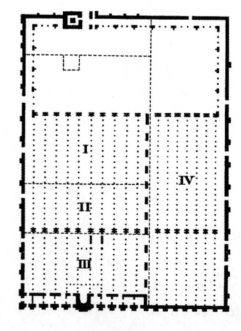

2.5.2-1 科尔多瓦大清真寺平面图

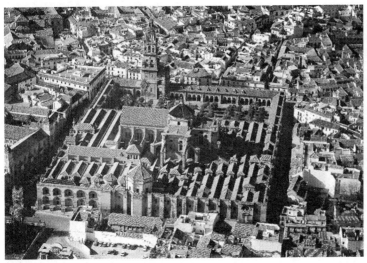

2.5.2-2　科尔多瓦大清真寺鸟瞰图

2.5.2-3　科尔多瓦大清真寺室内

高只有 3m，与券高相比大约为 1 : 1。礼拜堂的一侧有八角形的穹顶，石砌的工艺十分精湛，与拱廊一样，显示出拜占庭建筑的风格特征。圣龛是这座清真寺内最高贵的地方，由雕花大理石制成，其上装饰有拜占庭式的马赛克壁画。

自 8 世纪以来，科尔多瓦大清真寺经历了多次的改建，融合了罗马、哥特、拜占庭、叙利亚和波斯等各地的多种建筑要素，成为西班牙最美丽且最为独特的建筑。

2.5.3　比比—哈内清真寺（Bibi-Khanum Mosque, Samarkand, Uzbekistan, 1399–1404 年）：

比比—哈内清真寺位于乌兹别克斯坦古城撒马尔罕。撒马尔罕是世界最古老的城市之一，有着二千五百多年历史。在此修建的比比—哈内清真寺是帖木儿帝国时期中亚最杰出的伊斯兰建筑。在它落成之时，曾被誉为伊斯兰世界最大、最美的清真寺，是东方最雄伟的建筑之一。该寺是由来自世界各地的优秀工匠共同完成的。

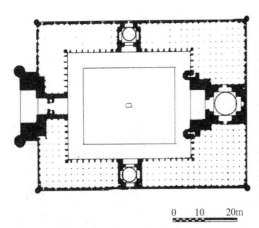

0　10　20m

2.5.3-1　比比－哈内清真寺平面图

2.5.3-2　比比－哈内清真寺入口外观

2.5.3-3　比比－哈内清真寺外观

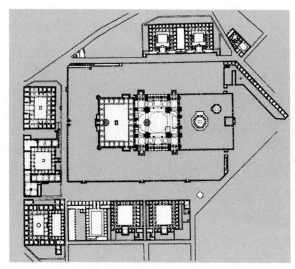

2.5.4-1 苏里曼耶清真寺建筑群平面

2.5.4-2 苏里曼耶清真寺外观

2.5.4-3 苏里曼耶清真寺室内

比比—哈内清真寺占地 109m×167m。平面为方形院落式布局,主入口朝东,沿东西向轴线完全对称。内院 63m 宽,76m 深,规则整齐。清真寺主要包括入口大门、礼拜堂、带有单面柱廊的围墙、南北两侧的侧殿和围墙四角的 4 座八边形塔。其中礼拜堂进深 9 开间,集中式平面。入口大门进深为 4 个开间,19m 高,尺度巨大。

从清真寺的外观看,正殿上方耸立着天蓝色的大穹顶,它的周围还环绕着 398 个大小不一的小穹顶,如众星捧月般烘托着巍峨壮观的美丽大穹顶,并与大门两端和院墙四角的八边形宣礼塔遥相呼应,显示出恢宏的气势和迷人的风采。

清真寺的所有墙壁上都镶有彩色瓷砖拼成的各式图案和彩石镶嵌的壁画。尽管岁月悠悠,数百年已逝,其色彩依然鲜艳夺目如初。该寺的大门上镌刻着细密的花卉藤蔓和回纹图案,在阳光照耀下,显示着独特的神韵。

比比—哈内清真寺曾是帖木儿时代最杰出的建筑之一,代表着中亚伊斯兰建筑的最高成就。可惜现状损毁十分严重。

2.5.4 苏里曼耶清真寺 (Suleymaniye Camii Mosque, Istanbul, Turkey, 1550-1557 年):

土耳其的苏里曼耶清真寺位于伊斯坦布尔市金角湾西岸的小山顶上,是奥斯曼帝国黄金时代最著名的建筑师希南 (Mimar Sinan, 1490-1588 年) 设计建造的。被誉为是伊斯坦布尔市内最大、最壮观的清真寺。

苏里曼耶清真寺的建筑面积约为 3249m²。平面布局有模仿圣索菲亚大教堂的痕迹。建筑的空间构图以直径为 26.5m 的中央穹顶为中心,帆拱和下面 4 个粗大的墩子界定了穹顶的边界。中央穹顶前后各有一个 1/2 穹顶,两侧是一排 3 个更小的穹顶,中央穹顶的四角还有 4 个小穹顶。这一穹顶系列为室内创造出了丰富的空间构图。中央穹顶的室内净高 53m。室内各个穹顶的底部和外墙部分都开有彩色的玻璃窗,充沛的自然光照进室内,五光十色,绚丽多姿。室内的墙壁和布道坛上全部由雕刻精美的白色大理石镶嵌,穹顶内部绘有以红色调为主的壁画。自然的光线和缤纷的色彩在苏里曼耶清真寺内营造出既华贵又庄重的气氛。

清真寺的外貌也在众多的大小穹顶和瘦高的尖塔的装点下显得格外动人。除此之外，建筑外部没有过多的装饰，墙体也很简洁。但它结构的有机性不如圣索菲亚大教堂；虽然也是帆拱、穹顶体系，但是因为前后两个1/2穹顶的高度不够，所以中央穹顶的侧推力不是由两个1/2穹顶承担，而是完全由4个粗重的柱墩承担。

清真寺的入口前还用围墙围出一个方形的小庭院，围墙内侧附一圈柱廊，柱廊上也用一排小穹顶覆盖。清真寺的后面是一座花园，内有苏里曼耶及其妻子胡瑞姆苏丹的陵寝，离此不远处有建筑师希南的陵墓。

苏里曼耶清真寺是16世纪中期奥斯曼帝国国力最强盛的苏里曼耶大帝统治时期建造的，是奥斯曼帝国建筑成就的最高代表。

2.5.5　泰姬·马哈尔陵（Taj Mahal，Agra，India，1632—1647年）：

泰姬陵位于印度新德里东南约200km的古都亚格拉市（Agra）亚穆纳河（Yamuna R.）的南岸。建于莫卧儿帝国的鼎盛时期，是第五代皇帝沙贾罕（Shah Jahan，1592—1666年，1628—1658年在位）为他死去的爱妃蒙泰姬·马哈尔（Mutaj Mahal，1593—1630年）建造的一组陵墓建筑群。泰姬陵是印度陵墓建筑发展成熟时期的代表作，也是世界上最美丽的建筑群之一。参与设计和建造的工匠来自土耳其、伊朗、中亚、阿富汗、巴格达以及印度本土等伊斯兰国家最优秀的人才。其中的主要建筑师是来自小亚细亚的乌斯达德·穆罕默德·伊萨·埃森迪（Ustad Muhammed Isa Ethendi）。

泰姬陵总平面为规整的矩形，占地面积为293m×576m，周围有围墙围合。总平面沿南北向主轴线对称布局，沿轴线依次有第一道门、小广场、第二道门、花园、泰姬·马哈尔墓以及墓后两侧的休息所和清真寺等几个部分。它的第一道门很小，起到与外界隔绝的过渡作用，与第二道门之间的广场161m宽，123m深，广场两侧有附属用房。

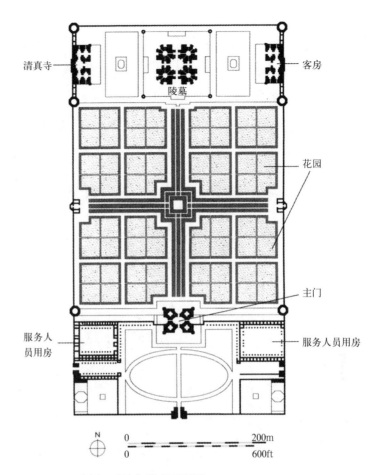

清真寺　　客房　　陵墓　　花园　　主门　　服务人员用房　　服务人员用房

N　0　200m　0　600ft

2.5.5-1　泰姬·马哈尔陵总平面图

2.5.5-2　泰姬·马哈尔陵第二道门外观

第二道门为主门。平面为矩形，东南西北四个方向都可出入，四角有八边形的角柱。门的外形很高大，四面入口都像是一个带有尖拱的凹龛，入口两侧有两层4个小的带有尖拱的凹龛。屋面上的女儿墙在入口处向上凸起一段短廊，廊上还有一排共11个白色的小穹顶。门四角的八边形角柱上各有一个带白色穹顶的凉亭，柱高约30m。

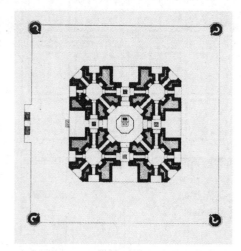

2.5.5-3　泰姬·马哈尔墓平面图

2.5.5-4　泰姬·马哈尔墓外观

第二道门后的花园是整个建筑群中占地面积最大的部分，共有面积293m×297m，由绿地、修剪成几何状的树木和水池组成。正十字相交的两条路将这座花园等分为四部分。路的中央为长长的、带有喷泉的水池，两条路的交汇处是一座大的方形水池。

花园之后就是整组建筑群的高潮部分——泰姬·马哈尔墓。墓室建在96m见方，高7m的白色大理石台基的中央，完全对称式的布局。墓室的平面为方形，边长56.7m，在四角处各被切掉一个斜边。平面以中央安置着蒙泰姬·马哈尔和她的丈夫沙贾罕的棺椁的八角形空间为中心，周围对称布置4个小的八角形空间和一个入口门厅。台基的四角建有4个圆塔，高40m。

这座建筑的4个立面基本一致，以中央的葱头状穹顶为中心，4个较小的葱头顶围绕它周围布置。中央的穹顶内径17.7m，用鼓座托起，高约73m。立面中央的大凹龛为两层，采用高约33m的尖拱。其余各面皆有2层带有尖拱的小凹龛。

整座墓室、基座和周围的圆塔都采用白色大理石建造。在不同的日光环境下，显示出不同的色彩。室内外的墙壁上到处都有精美的雕刻图案，局部甚至还运用了透雕的手法，美轮美奂。

泰姬·马哈尔墓后的两侧围墙旁还建有两座建筑。西侧是清真寺，东侧是休息所。它们的屋面上都有葱头状穹顶，墙面上都用带有尖拱的凹龛作装饰。

整组泰姬·马哈尔建筑群色彩纯净，尺度宜人，造型欢快，完全没有陵墓建筑的阴郁气氛。世界文化遗产委员会评价它是印度伊斯兰艺术最完美的瑰宝，是世界遗产中令世人赞叹的经典杰作之一。

3 欧洲资本主义萌芽和绝对君权时期的建筑

在欧洲中世纪一千年的时间里,基督教文化迅速发展并成为主导经济基础和上层建筑一切领域的强势文化。正是这样一种文化类型强化了欧洲中世纪的文化特色,同时也桎梏了文化多元性的发展途径。此后,15世纪欧洲的文艺复兴运动冲破了这一桎梏,被基督教会长期禁锢的欧洲古典文化被发扬光大,成为新时期的文化主体。

欧洲文艺复兴的产生是诸多因素共同促成的。但是,以下三方面因素的影响较大:

其一,资本主义萌芽:随着中世纪欧洲工商业的发展,14世纪意大利出现了手工工场。手工工场是由企业主开设的,他们提供工场、原料、工具,集中一批工人从事生产劳动。工人按照分工进行生产,受雇于企业主,企业主掌握全部产品,赚取利润。这种工业的生产规模比较大,但又是靠手工劳动,因此叫作工场手工业。它是介乎于个体手工业和机器生产之间的一种生产组织方式,是资本主义生产的萌芽。而这些工场的企业主和富商,开始演变成为资产阶级。资产阶级的人生观与基督教神学是不相容的。

其二,人文主义的兴起:人文主义是欧洲文艺复兴的思想基础,它和古希腊时期的人本主义有渊源关系,也是后来推进资产阶级革命的"人道主义"思想的基础和核心。在欧洲中世纪后期,由资本主义萌芽而产生的新兴资产阶级为了自身利益的需要,力求用世俗的文化摆脱教会束缚。人文主义成为其思想武器。

人文主义的主导思想是对人的肯定,反对人的生活受神的主宰,反对宗教的禁欲主义和隐逸生活,提倡现世的奋斗精神,提倡享受现世的欢乐与幸福;人文主义崇尚理性,主张积极探索人与自然的秘密,探究未知;人文主义崇尚古希腊和古罗马时期的文化遗产。人文主义学者们在这些遗产中发现了一个与中世纪基督教文化迥异的文化世界,并且从中找到了借以摆脱基督教束缚的精神武器。

其三,新航路的开辟:即开辟通向东方的贸易航线和发现美洲大陆。葡萄牙人迪亚士,1487年率船队沿非洲西海岸南下大西洋,第二年春天进入印度洋,归途发现好望角。葡萄牙贵族达·伽马于1497年7月,在迪亚士航行的基础上绕过好望角沿非洲东海岸北上,在阿拉伯人的领航下进入了印度洋,在1498年到达印度的卡里库特,从而找到了通往东方的新航路。热那亚人哥伦布于1492年从西班牙启程,横渡大西洋来到古巴、海地;他以为自己到达了印度,因此称当地人为印第安人,意思是印度的居民。美洲大陆被发现,是哥伦布的成就。葡萄牙人麦哲伦奉西班牙王室的命令做环球旅行,他走大西洋、南美南端的麦哲伦海峡,进入太平洋,到达菲律宾。

新航路的意义首先是开辟人类航行历史上的壮举,加强了各大陆的联系,增加了人们的知识,探明了地球上的海洋是相通的,证明地球是圆的;其次是对欧洲的经济产生了重大影响,开辟了殖民掠夺的道路,使欧洲的航运中心从地中海沿岸转移到了大西洋沿岸。意大利沿海城市逐步衰落,英、法、荷等国家发展起来,欧洲文化的中心也随之发生转移。

欧洲文艺复兴建筑正是在这个大背景下产生与发展的。它是欧洲建筑史上继哥特式建筑之后出现的一种建筑风格。15世纪产生于意大利,随后传播到欧洲其他地区,形成带有各自特征的各国文艺复兴建筑。其中,意大利文艺复兴建筑在欧洲文艺复兴时期的建筑中占有重要的位置。

3.1 意大利文艺复兴建筑（Renaissance Architecture of Italy）

15世纪意大利佛罗伦萨大教堂穹顶的建造被史学界公认为是意大利，也是欧洲文艺复兴建筑的开端和标志。16世纪罗马的坦比哀多和圣彼得大教堂的建造代表着盛期文艺复兴建筑的特征。16世纪末，意大利文艺复兴作为思潮和运动逐渐衰落，在其北部的维琴察和威尼斯还保持一些文艺复兴的余波。到了17世纪初，意大利文艺复兴建筑基本结束，并被巴洛克建筑所取代。在欧洲其他国家，在19世纪前400年的时间里所出现的建筑，都被归为文艺复兴建筑。

文艺复兴建筑的明显特征是扬弃了中世纪作为基督教神权统治象征的哥特式建筑样式，而在宗教和世俗建筑上重新采用古典柱式和穹顶统率下的集中式构图。

3.1.1 佛罗伦萨主教堂（Florence Cathedral，1296–1462年）：

佛罗伦萨主教堂位于意大利的佛罗伦萨，在当年曾经是欧洲最大的天主教堂。如今它的规模仅次于罗马的圣彼得大教堂、伦敦的圣保罗主教堂、米兰主教堂，为世界第四大教堂。

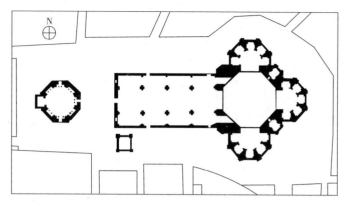

3.1.1-1 佛罗伦萨主教堂平面图

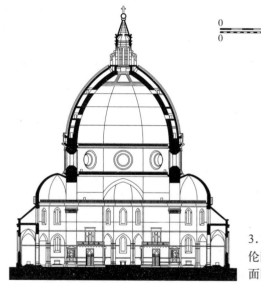

0   25m
0   75ft

3.1.1-2 佛罗伦萨主教堂横剖面图

3.1.1-3 佛罗伦萨主教堂远眺

3.1.1-4 佛罗伦萨主教堂钟塔

3.1.1-5 佛罗伦萨主教堂室内

教堂由著名建筑师坎比奥（Arnolfo di Cambio，1245-1302年）进行最初的设计并主持建造，1296年9月9日奠基。在此后170年的时间里，经过几代人的努力，尤其是由伯鲁乃列斯基（Filippo Brunelleschi，1377-1446年）设计的穹顶，由于打破了天主教堂的传统形制，而成为在建筑上开启欧洲文艺复兴时代的重要标志。

教堂的平面为拉丁十字式，中厅长约80m，宽约20m，进深只有4间。两道侧廊，西部为入口。教堂的总长约153m，十字交叉处宽约90m，穹顶下的内部空间高达90m。与普通拉丁十字式教堂平面不同的是东部圣坛被设计成八边形，预留了在其上构筑大穹顶的空间。

这座由伯鲁乃列斯基设计的大穹顶为八边形，直径约42m。于1420年开始建造，1436年完成，仅用了16年的时间，创造了欧洲建造史上的一个奇迹。同时，穹顶的建造也成为开创一个伟大时代的创举。

首先是教堂在空间组织上极具创造性。这座教堂是欧洲天主教堂首次出现穹顶统率下的集中式构图的范例，从而冲破了天主教会反对集中式的戒律，开创了宗教建筑空间的新观念。

其次是穹顶极佳的视觉效果。穹顶本身高三十余米，其下的鼓座高12m，使穹顶能够高高地突出于屋面之上，顶部用采光亭结束，总高达107m。加上亭顶的金属球和十字架，使高度增加到114.5m，成为有史以来最具视觉魅力的穹顶。改写了这座城市的轮廓线，也标志着文艺复兴时期科学技术的普遍进步。

第三是采用了多种手法来减少穹顶的侧推力。穹顶为双圆心形穹顶，骨架券结构；内外壳中空式双层拱墙，内置楼梯可登顶。穹顶底部设一圈铁链加固（类似于现在的圈梁）。这些技术手段表现出伯鲁乃列斯基对传统技术的谙熟，也反映出他强烈的创造力，推陈出新，在继承中有创新。

在穹顶的施工过程中，伯鲁乃列斯基还采用了很多新技术手段来科学地搭建脚手架，使工人的施工便捷省力。

佛罗伦萨主教堂在平面布局、空间构图、立面形态、结构技术和施工组织上都取得了巨大成就。而伯鲁乃列斯基也由于设计建造了这座伟大教堂的穹顶而成为一代巨人，为一个生机勃勃的时代开辟了道路，掀开了欧洲建筑史上崭新的一页。

3.1.2 育婴院（Foundling Hospital，Florence，1419-1424年）：

佛罗伦萨的育婴院位于安农齐阿广场的一侧，由伯鲁乃列斯基设计，是意大利文艺复兴早期建筑的代表作之一。

这是一座四合院式建筑，有一长一方两座院落。建筑的特色主要表现在立面上。伯鲁乃列斯基采用一系列连续的半圆形拱券架在一颗颗纤细的由古罗马混合柱式组成的柱廊上，完全摒弃了中世纪尖拱券廊的风格。拱廊上部由几层简洁的线脚过渡到建筑的二层，浅黄色的墙面开着带有小山花的矩形窗，与一层的拱廊形成虚实对比。

这座建筑规模不大，但使用的建筑元素有趋向古典建筑的感觉，而且建筑的立面构图丰富，比例匀称，从一个侧面表达着意大利早期文艺复兴建筑的基本特色。

3.1.2 育婴院外观

3.1.3 巴齐礼拜堂（The Pazzi Chapel, Florence, 1430—1461 年）：

伯鲁乃列斯基在佛罗伦萨的另一杰作是巴齐礼拜堂，也是意大利早期文艺复兴建筑的代表作。

这座小教堂位于佛罗伦萨圣十字教堂（Santa Croce）的侧院里，规模小巧。他的平面为矩形，前面是柱廊，宽为 5.3m，横向有 5 个开间。室内正厅长 18.2m，宽 10.9m，尽端是一个 4.8m 见方的神龛。

教堂采用集中式构图，在正厅的中心，一个 10.9m 直径、20.8m 高、有 12 根骨架的穹顶坐落在帆拱上。两侧有两个 15.4m 高的筒形拱覆盖，构成了明确而统一的室内空间。穹顶出屋面后，一段鼓座加高了它的高度，为人们提供一个完整穹顶的视觉形象。门前柱廊的立面重点突出，中央开间宽 5.3m，一个半圆形拱券落在下面的科林斯柱子上，形成构图的中心。两侧开间小，为长方形，柱廊里雕刻十分华丽。

这座小教堂是意大利文艺复兴时期第一个采用集中式平面构筑穹顶的实例，意义重大。教堂的外观简洁典雅，结构明晰紧凑，与周围环境的关系也十分协调。

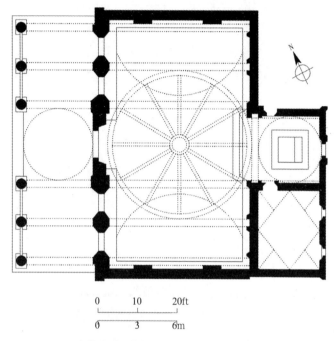

0 10 20ft

0 3 6m

3.1.3-1 巴齐礼拜堂平面图

3.1.3-2 巴齐礼拜堂外观

3.1.4 圣安德利亚教堂（S. Andrea, Mantua, 1470—1494 年）：

圣安德利亚教堂位于意大利的曼图亚，是意大利文艺复兴时期著名的建筑师阿尔伯蒂（Leon Battista Alberti，1404—1472 年）的代表作。

这座教堂采用拉丁十字式平面布局，但与传统的哥特式教堂有很大的不同。阿尔伯蒂用附属的小祈祷室取代了哥特式教堂中的侧廊，创建了一个新的教堂类型。并在十字交叉处，通过筒形拱和帆拱托起一个带有一圈采光窗的大穹顶，与佛罗伦萨主教堂穹顶的做法相似。在这里，穹顶下的空间明亮开敞，其重要性超过了圣坛，教堂的宗教意义降低了。教堂的中厅采用 18m 宽的筒形拱覆盖，规模很大。中厅两侧的 6 个大的神龛也用筒形拱覆盖，形成很强的韵律。

教堂正立面构图的特色更加突出，是古罗马凯旋门和神庙的结合体。中央拱门高大宽敞，成为构图的中心，突出着主入口。两侧用 4 颗完整的科林斯壁柱划分出狭长的墙壁，二、三层上的 4 个拱窗洞与大拱门做出构图上的呼应。门上方的大山花与科林斯壁柱衔接完美，神

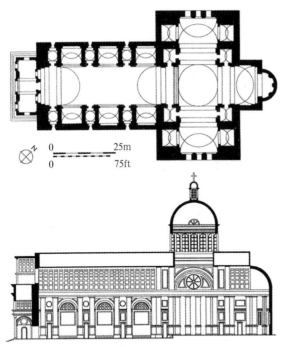

3.1.4-1 圣安德利亚教堂平面图与剖面图

3.1.4-2 圣安德利亚教堂外观

庙的味道十足。但由于照顾入口立面的整体比例，而降低其高度，不得不在山花的上面又做了一段筒形拱来遮挡中厅的山墙。

总之，圣安德利亚教堂在内部空间和外部形态上都具有很强的创新性，突破了中世纪上千年教堂建筑的传统。它是后世意大利教堂最重要、最杰出的范本，是阿尔伯蒂最优秀的作品之一。

3.1.5 美狄奇—里卡尔迪府邸（Palazzo Medici-Riccardi，Florence，1444-1459 年）：

位于意大利佛罗伦萨的美狄奇—里卡尔迪府邸是意大利文艺复兴时期府邸建筑的重要代表。它的合院式布局，3 层划分的立面设计，大块重石的墙体，双联半圆拱窗等手法都对欧洲后来的宫殿与贵族府邸建筑有很大影响。

府邸由建筑师弥开罗卓（Michelozzo Michelozzi，1397-1473 年）设计。平面围绕着一个四面带有回廊的中庭布局，回廊由连续的半圆形拱廊组成，三面布置着各种房间，一面有一个花园，整体布局紧凑、整齐，没有明确的轴线。外观的沿街立面十分突出，由通长的线脚将其

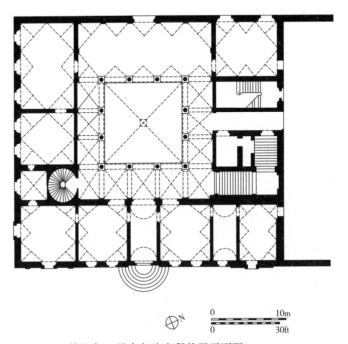

3.1.5-1 美狄奇－里卡尔迪府邸首层平面图

分为 3 层，檐口挑出很深，也很整齐。与中世纪自由活泼的城堡式府邸相比更注重方正、规则。二、三层的窗子是半圆券下的子母式双联复合窗，大小一律，排列整齐，底层有大拱门和矩形高侧窗。外墙面全用大石块砌筑，底层粗糙，宽砌缝，石块表面起伏达 20cm；二层的石块平整，砌缝也很宽；三层石材平滑。立面总高将近 27m，檐口高近 3m，出挑 1.85m。

美狄奇府邸在外立面上用重块石砌筑的方式，使

3.1.5-2　美狄奇-里卡尔迪府邸立面图

3.1.5-3　美狄奇-里卡尔迪府邸外观

这座建筑显得非常沉重封闭，风格威严高傲，成为佛罗伦萨府邸的一种身份象征，为后来的许多府邸建筑所效仿。

3.1.6　鲁切拉府邸（Palazzo Rucellai, Florence, 1455–1460 年）：

佛罗伦萨的鲁切拉府邸是著名建筑师阿尔伯蒂于1446–1451 年为鲁切拉家族设计的一座大型府邸建筑。府邸于 1455 年开始建造，1460 年建成。

府邸同样是采用院落式布局，用连续的半圆形拱廊围绕着中庭，显示着意大利文艺复兴时期府邸建筑的一个普遍模式。府邸的立面特征也十分突出，也是采用横向线脚将建筑划分为 3 层的方式，与美狄奇—里卡尔迪府邸不同的是划分后的 3 层墙体高度相同，由下至上分别由塔斯干、爱奥尼和科林斯柱式和半圆形拱券窗组成。在爱奥尼柱式的柱头上阿尔伯蒂添加了一些植物叶饰，而显示着鲜明的特色。

府邸设计中三层的立面划分模式和类似于券柱式的构图以及三种柱式的选择，都比较明显地反映出阿尔伯蒂是在有意地借鉴古罗马斗兽场的立面形式。

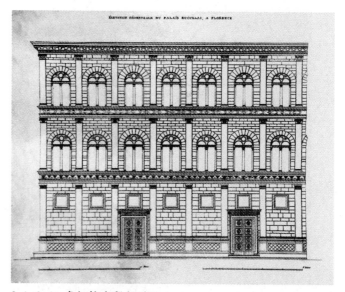

3.1.6-1　鲁切拉府邸立面图

3.1.6-2 鲁切拉府邸外观局部

3.1.7 坦比哀多（The Tempietto at S. Pietro in Montorio, Rome，1502-1510 年）：

坦比哀多坐落在意大利罗马城蒙托里奥的圣彼得教堂的侧院里，是为纪念圣彼得殉教所建。建筑师伯拉孟特（Donato Bramante，1444-1514 年）为文艺复兴盛期的杰出代表人物，他在 1499 年来到罗马，随后不久就设计了标志着意大利文艺复兴盛期开端，或者说是第一座盛期文艺复兴建筑的坦比哀多。因此他也被称为意大利盛期文艺复兴建筑的缔造者（The creator of High Renaissance architecture）。

这座小神堂采用圆形平面，以古罗马的圆形神庙为蓝本，由两个同心圆的柱廊和圣坛组成。圣坛外墙直径 6.1m，柱廊直径 8m，由 16 颗粗壮的多立克柱子组成，柱高 3.6m。在柱廊上方的平台上，坐落着带有鼓座的半圆形穹顶。穹顶高 13m，算上十字架高 14.7m。

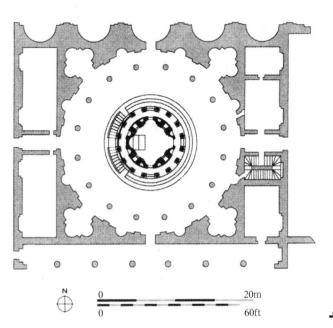

3.1.7-1 坦比哀多平面图

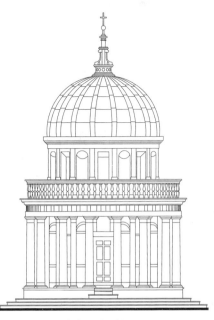

3.1.7-2 坦比哀多立面图

3.1.7-3 坦比哀多外观

神堂虽然体量不大，但特色突出。穹顶统率下的集中式构图、柱式构图、对称式构图、体积构图等手法被娴熟地运用。集中式穹顶、鼓座、柱廊虚实对比，产生强烈的体积感；柱廊与鼓座、穹顶的过渡自然流畅；整体比例和谐完美，各局部形态饱满雄健。总体上给人以宏伟壮观的印象，非常成功地体现了文艺复兴盛期建筑的艺术水平。

坦比哀多对后世建筑的影响极大，在伦敦圣保罗大教堂、巴黎万神庙以及美国国会大厦等建筑的屋顶上都可以看到它的影子。

3.1.8 圣彼得大教堂（St Peter's Basilica，Rome，1506—1626年）：

位于意大利罗马城的圣彼得大教堂是意大利文艺复兴盛期建筑作品的杰出代表，是梵蒂冈的教廷教堂。圣彼得大教堂曾吸引多位文艺复兴时期著名建筑师的参与（如伯拉孟特、拉斐尔、米开朗琪罗和小桑迦洛等）。教堂于1506年开始建造，1626年建成，历时120年。教

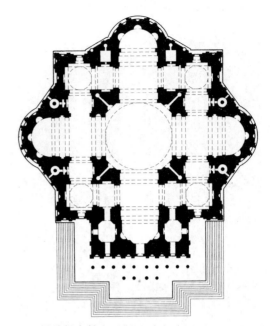

3.1.8-2　圣彼得大教堂平面图（2）（米开朗琪罗设计）

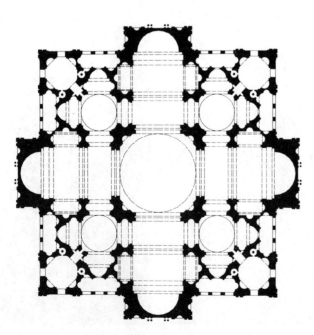

3.1.8-1　圣彼得大教堂平面图（1）（伯拉孟特设计）

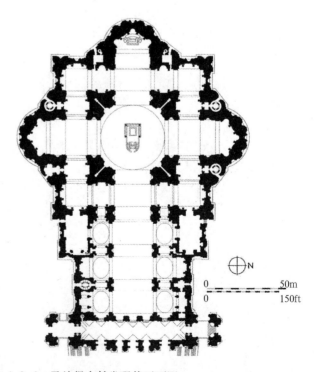

3.1.8-3　圣彼得大教堂现状平面图

堂是世界上最大的天主教堂，占地2.3万m²，能容纳6万人。

教堂的设计经过了几代人的努力，最早可追溯到15世纪中叶。当时的教宗尼古拉斯五世（Nicolas V）下令重建已遭损毁的圣彼得老教堂，伯纳多·罗赛里诺（Bernardo Rossellino）做过第一轮的设计。尼古拉斯五世去世后，设计工作中断。直到1506年，教宗朱利亚斯二世（Julius II）指派伯拉孟特为总建筑师，负责设计建造一个"不朽的教堂"，要"超过一切异教的教堂"。伯拉孟特设计的教堂为希腊十字式平面，在希腊十字的正中覆盖大穹顶。1514年伯拉孟特去世后，由佩鲁齐（Baldassare Peruzzi，1481–1536年）、小桑迦洛、拉斐尔（Raphael Santi，1483–1520年）等人继续设计建造。1547年，米开朗琪罗（Michelangelo Buonarroti 1475–1564年）开始主持设计建造大教堂。他对伯拉孟特的方案稍作修改，并在西面设计了入口。1564年工程进行到穹顶鼓座时，米开朗琪罗去世，由泡达（Giacomo della Porta，1537–1602年）等人继续进行大穹顶工程。1564年维尼奥拉（Giacomo Barozzi da Vignola，1507–1573年）设计了大穹顶四角上的小穹顶。大穹顶于1590年竣工。不久，教宗保罗五世（Paul V）命令建筑师玛丹诺（Carlo Maderno，1556–1629年）在教堂的西部加了一段三开间的巴西利卡式（1606–1612年）。1626年11月18日，历时120年的圣彼得大教堂正式宣告落成，教宗乌尔班八世（Urban VIII）主持落成典礼。

建成后的大教堂为拉丁十字平面，中厅长218m，东部十字横翼长137m。大穹顶内径41.9m，从顶部采光亭上的十字架顶端到室外地面的高度为137.77m，到室内地面的高度为118.87m。内部墙面有各色大理石图案，众多艺术大师的壁画和雕塑做装饰，成为名副其实的艺术宝库。巨大的穹顶内设夹层，内层上有藻井式天花，下面是青铜华盖。

教堂的西立面总高51m，用花岗石砌筑。巨大的高度为27.6m的科林斯壁柱装饰着墙面。柱顶上的额枋做折断式处理，巨大的山花落在入口的壁柱上，标识作用十分突出。屋檐的女儿墙上矗立着手拿各种圣器的宗教人物雕像，件件栩栩如生。巨大而又饱满的穹顶由于前

3.1.8-4　圣彼得大教堂外观

3.1.8-5　圣彼得大教堂室内

面巴西利卡的遮挡，失去了应有的效果，集中式构图的艺术特色被减弱了。

3.1.9 法尔尼斯府邸（Palazzo Farnese，Rome，1517，1534–1589 年）：

法尔尼斯府邸位于意大利的罗马城，是文艺复兴盛期著名的府邸建筑。建筑师是小安东尼奥·达·桑迦洛（Antonio da Sangallo, the Younger, 1485–1546 年）。

这座建筑初建于 1517 年，原是为红衣主教亚历山德罗·法尔尼斯（Cardinal Alessandro Farnese）设计的府邸。1534 年他升为教宗（Pope Paul III）之后，要求小桑迦洛对方案又进行全面修改，以显示他身份的显赫与高贵。1546 年小桑迦洛去世，米开朗琪罗接手完成了巨大的屋檐和庭院内第三层装饰部分的设计，1589 年建筑全部完工。

建筑的平面同样是采用院落式布局，不同的是平面带有强烈的纵横轴线。主入口处的门厅被设计成带有中厅与侧廊的巴西利卡式，约 12m 宽，14m 长。两侧的多

3.1.9–2　法尔尼斯府邸主立面

立克柱式共 12 棵，一个巨大的筒形拱覆盖在上面。它的中庭 24.7m 见方，一层为柱廊，二层以上作房间和内廊。立面仿照古罗马剧场的布局模式，由下至上由多立克、科林斯和爱奥尼柱式来划分墙面。柱间的窗为矩形，上面戴着山花和圆弧拱。

建筑的正立面约 56.4m 长，30.5m 高，由线脚将立面分为 3 层。每层窗楣的样式都不一样。入口处由石块砌筑，与两侧墙角的隅石相呼应。屋面上的大挑檐牢牢地控制着立面的构图，是米开朗琪罗加上去的。

这座建筑是 16 世纪意大利最能体现权利和地位的府邸，它的雄伟壮观反映出那个时代建筑的主要特色。

3.1.10 美狄奇家庙（The Medici Chapel or New Sacristy，Florence，1520–1534 年）：

受教宗克莱门特七世（Pope Clement VII）的委托，米开朗琪罗为美狄奇家族在佛罗伦萨的圣劳伦佐教堂的右侧设计了一间新圣器室，1520–1534 年建造。室内集建筑与雕塑于一体，反映出米开朗琪罗作为建筑师的独特设计理念。

新圣器室也是美狄奇家族的祭室，室中最惹人注目的是劳伦佐（Lorenzo）和朱利亚诺（Giuliano）的墓，他们是教宗里奥十世（Leo X）的父亲和弟弟。室内的

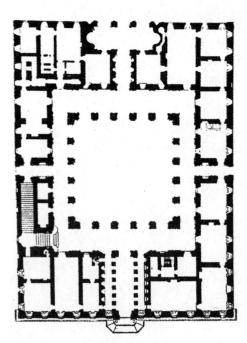

3.1.9–1　法尔尼斯府邸平面图

3.1.10-1　美狄奇家庙室内

墙面上有很多壁柱和假窗似的壁龛凸出于墙面，立体感和雕塑性都很强，这也是米开朗琪罗建筑作品的主要特色。因为他首先是雕塑家和画家，然后才是建筑师。

室内主要由两组雕塑组成，劳伦佐墓上方的壁龛内坐着沉思着的劳伦佐雕像，米开朗琪罗将他的雕像比喻成"思考的人性"，雕像呈现出一个哲学家和诗人般的形态。他的雕像下面另有一组表现"暮"（男体）和"晨"（女体）的雕像。对面的朱利亚诺墓也是由一组雕像组成。米开朗琪罗将朱利亚诺打扮成罗马教皇的模样，下面两个雕像分别是"昼"（男体）和"夜"（女体）。这两组雕像是米开朗琪罗作品中杰出的代表，"晨""暮""昼""夜"构成了完美的时间体系。

3.1.11　劳伦斯图书馆的前厅和楼梯（Vestibule and Staircase of the Laurentian Library，Florence，1524-1550 年）：

劳伦斯图书馆位于佛罗伦萨圣劳伦佐教堂左侧的跨院内，由一个方形的前厅和一个狭长空间的阅览室组成。这个前厅和厅内的楼梯是由米开朗琪罗设计的。

前厅是从建筑的入口进入阅览的一个过渡空间，近乎方形，9.5m 长，10.5m 宽。厅的正中央有一部共 3 个梯段的黑色大理石楼梯通向阅览室。在以往的建筑中，楼梯一般都被隐藏起来；而在这里，米开朗琪罗将楼梯作为一个前厅中的重要构图要素和艺术构件刻意进行了精心的设计。

米开朗琪罗完全是按照雕塑的手法来雕凿这座小楼梯的，他将楼梯

3.1.10-2　美狄奇家庙雕塑"晨""暮"

3.1.10-3　美狄奇家庙雕塑"昼""夜"

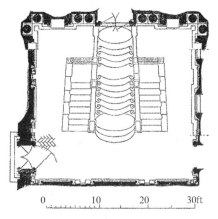

3.1.11-1　劳伦斯图书馆的前厅和楼梯平面图

3.1.11-2　劳伦斯图书馆门厅内的楼梯

的中间梯段设计成曲线形，并用体积感很强的低矮栏杆将其与两侧梯段分开。楼梯的形体富于变化，动态效果明显，装饰性极强。而且还在本来不长的台阶中插入了几个独特的休息平台。

此外，在室内的墙壁上，米开朗琪罗又将其当作建筑的外立面来处理。他将成对排列的圆形巨柱凹于墙内；而凸于墙体的壁龛、采光窗和壁柱下面的牛腿的处理也都起伏变化，与众不同；此外，阅览室门上的山花也被刻意折断。米开朗琪罗的这些手法不惜破坏建筑构件的结构逻辑，违背常理与常规，具有强烈的体积感和视觉冲击力，也体现着米开朗琪罗强烈的创新欲望。

这个前厅和楼梯成是整个图书馆中的精华部分，也成为17世纪意大利巴洛克建筑师学习的典范。

3.1.12 安农齐阿广场 （Plazza Annunziata, Florence, 1415-1585 年）：

佛罗伦萨的安农齐阿广场是文艺复兴早期最完整的城市广场。它的功能简单，平面方正，三面券廊，尺度宜人、风格平易。

广场平面为矩形，约六十米宽，73m 长，三面围合，一面开敞。广场的主体建筑是建于 13 世纪的安农齐阿教堂，后由阿尔伯蒂参照广场右侧由伯鲁乃列斯基设计的育婴院的立面对教堂进行改造，加了 7 开间的券廊，与

之相协调。与育婴院相对的一所后建的修道院也是模仿育婴院的风格而建。这样，广场上的两座建筑都以这座育婴院为参照系来改造或新建，解决了广场的整体统一问题。因此，广场的三面都是券廊，立面连续完整，整体上协调统一。这种做法对后来米开朗琪罗设计的罗马市政广场产生了一定的影响。

广场中央有一对喷泉和一座斐迪南大公 （Grand Duke Ferdinando I）的骑马铜像。走出广场透过小街前望，佛罗伦萨主教堂的穹顶成为广场的对景。

3.1.13 罗马卡比多山市政广场 （Piazza del Campidoglio, Rome, 1536-1650 年）：

这座广场坐落在罗马的卡比多 （The Capitol）山上，原为古罗马的元老院所在地，中世纪逐渐荒芜。1536 年受教宗保罗三世 （Pope Paul III）的委托，米开朗琪罗重新对广场进行了规划设计，米开朗琪罗去世后，工程由贾科莫·德拉波尔塔和杰洛拉默·拉伊纳尔蒂主持建造。

3.1.12　安农齐阿广场与斐迪南大公雕像

3.1.13-1　罗马卡比多山市政广场鸟瞰

米开朗琪罗根据已有的建筑布局将广场设计成对称的梯形，前沿完全敞开。广场深79m，前面宽40m，后面宽60m，梯形底角80°，尺度适宜。广场正面的市政厅是原古罗马时代的元老院，曾历经过多次改建。米开朗琪罗对它的立面进行了重新设计，加进了一些文艺复兴建筑元素，并加建了一座钟塔。同时，他还对广场南侧的档案馆（Palace of Conservators，1564年）进行了立面改造设计，并根据改造后的风格，在它对面设计了一座相同样式的博物馆（Capitoline Museum，1644–1655年）。

这三座建筑的立面尺度都不算高大，正面的市政厅高约二十七米，两侧的博物馆和档案馆高约二十米。三座建筑都采用巨柱式构图，都有相同的大屋檐和女儿墙，墙面上的窗也都有相近的窗楣。使得三座建筑主次分明，协调统一。广场的地面做椭圆形铺面，中心有12个放射点呈菱形花格向外辐射构成优美的图案。在图案的中心处是一座由米开朗琪罗设计基座的古罗马皇帝马库斯·奥瑞利斯（Marcus Aurelius）骑马青铜像。广场前沿栏杆的柱墩上立了三对古代石像，形成广场的虚界面，也使得广场更富有层次感。广场入口与山下有大台阶相连，在视觉上更加强调了广场的壮观。

这个广场是文艺复兴盛期城市设计的典范，是建筑和雕塑的完美结合，是罗马最美丽的广场之一。

3.1.14 圣马可广场（Piazza San Marco, Venice, 14–16世纪）：

圣马可广场是意大利威尼斯市的中心广场，是威尼斯城市的橱窗。它因广场中心的圣马可教堂而得名。广场最初形成于14世纪，16世纪中叶在原有建筑的基础上由桑索维诺（Jacopo Sansovino，1486–1570年）重新规划设计，并基本上建成了一个比较完整的广场。到18世纪，广场西端"拿破仑翼"的完工标志着广场的最终建成。广场总体上是意大利文艺复兴时期城市设计与建筑风格的代表，曾被拿破仑称为"欧洲最美丽的客厅"，是世界

3.1.13-2 罗马卡比多山市政广场平面图

0　　　　　　　50m
0　　　　　　　150ft

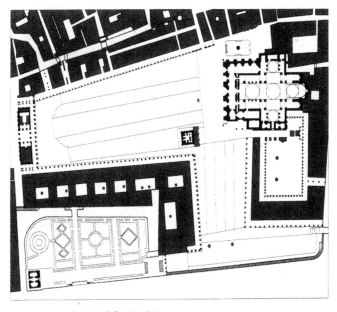

3.1.14-1 圣马可广场平面图

3.1.14-2　圣马可广场鸟瞰　　　　　3.1.14-3　圣马可广场钟塔

建筑史上最卓越的建筑组群。

　　现今的广场平面呈 L 形，由两个大小不同的空间组成。大广场较为封闭，四面围有建筑，有几个与城市道路相连的入口。平面为非对称的梯形，长 175m，东面宽 90m，西面宽 56m，面积约为 1.28hm²。大广场东面是 11 世纪兴建的拜占庭式的圣马可教堂；北端是由彼得·龙巴都（Pietro Lombardo，1435-1515 年）设计的旧市政大厦（Procuratie Vecchie，1496-1517 年）；南侧是由斯卡莫齐（Vincenzo Scamozzi，1552-1616 年）于 1582 年设计的新市政大厦（Procuratie Nuove，1582-1640 年）；与总督宫相对的是 16 世纪中叶由桑索维诺设计的圣马可图书馆（Library of S.Marco，1537-1588 年）；西面原是一所教堂，经桑索维诺做过修整。19 世纪初这座教堂被拆除，按照拿破仑的旨意建造了一个两层的建筑，称为"拿破仑翼"。圣马可钟塔（Campanile）是圣马可广场最突出的标志，从远处的海上就可以看到它那挺拔秀丽、高耸入云的身影。这座钟塔建于 15 世纪，高 99m，共 9 层，现有电梯可登顶。钟塔由卡罗和保罗·拉尼埃利兄弟设计，位于大广场与小广场之间，起到了过渡的作用。1540 年，桑索维诺为钟塔加建了三开间的入口券廊。

　　在圣马可教堂南侧的总督府和圣马可图书馆之间是另一个垂直的梯形小广场。南端耸立着一对来自君士坦丁堡的纪念柱，高约 17m，柱顶的雕塑分别是象征圣马可的带翅膀的狮子像和威尼斯的守护者圣泰奥多罗像。这对石柱为小广场的空间进行了虚界定，使游人能够有良好的视线隔海相望对面小岛上的教堂，漂亮的穹顶和尖塔与小广场遥相呼应，为小广场提供了优美的对景点。钟塔曾于 1902 年 7 月倒塌，随后进行了重建。

　　圣马可广场周围的建筑物都是各个时期陆续建成的，风格多样，但由于一些共性的构图要素，如横向的线脚与券廊、整齐的天际线、圣马可大教堂在广场中突出的主体地位，高高的钟塔在竖向构图中的控制作用等因素的共同影响，使得广场无论在实体上，还是在空间上都既富于变化又和谐统一。它完整的体量，毫无缺憾的节奏，宜人的空间尺度，都给人以美的享受。

3.1.15　圣马可图书馆（Library of S. Marco，Venice，1537-1588 年）：

　　圣马可图书馆位于圣马可广场的南侧，与总督府相对，与新市政大厦相邻。这是威尼斯的第一座使用古典柱式的建筑，它的建筑语言表现了文艺复兴建筑成熟期的明显特征。建筑师为桑索维诺。建筑始建于 1537 年，完成于 1588 年。

　　圣马可图书馆平面呈 L 形，长边长约八十米，有 2 层，阅览大厅设在上层。立面构图显示了典型的文艺复兴建筑的基本特征。下层采用券柱式柱廊，完整的古罗马多立克柱式填充在券间墙上。柱顶的额枋与上层栏杆自然衔接，栏杆之间使用爱奥尼式壁柱。柱顶上方的檐壁上布满了雕刻，华丽而又精美。屋檐上的女儿墙横向整齐，在每个柱墩上都立有人物雕像，转角处用小方尖碑替代雕像。

　　这座图书馆建筑形体比较单纯，但节奏与韵律感极

3.1.15-1　圣马可图书馆外观

3.1.15-2　圣马可图书馆局部

职人员大楼是他最好的作品之一。建筑始建于 1550 年，但整个建造过程却持续了一个多世纪，直到 1680 年才建成。

建筑平面主体为方正的矩形，中轴对称。一层沿轴线设置门廊与椭圆形大厅，而里面 2 座相对而设的大楼梯占据了内厅的主要位置。像这样突出强调沿轴线设置主要大厅，而两侧设置使用房间的布局方式是帕拉第奥常用的模式。

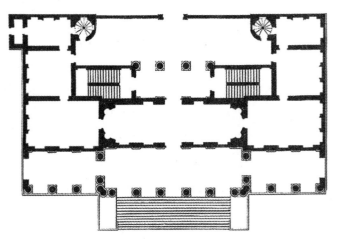

3.1.16-1　维琴察神职人员大楼平面图

强，立面的横向划分也十分突出，是桑索维诺在威尼斯所建造的一系列具有创新精神并且符合威尼斯人传统爱好的建筑物之一，为文艺复兴时期的威尼斯增添了一份荣耀。

3.1.16　维琴察神职人员大楼（The Palazzo Chiericati, Vicenza，1550-1680 年）：

维琴察是威尼斯的一个附属镇，维琴察神职人员大楼的建筑师帕拉第奥（Andrea Palladio，1508-1580 年）是意大利文艺复兴晚期著名的建筑大师，维琴察是他的故乡。他在维琴察设计了许多优秀的建筑作品，这座神

3.1.16-2　维琴察神职人员大楼外观

建筑的立面处理受到威尼斯柱廊建筑的影响，底层柱廊采用多立克柱式，直接连接到额枋上，柱间没有拱券，这也是这座建筑的特殊之处。中央五开间柱廊为入口，两侧各有三开间的柱廊与入口相配合；二层中央的五开间开小窗，窗上有三角形和圆弧形窗楣，窗间墙由爱奥尼式壁柱装饰；两侧三开间的柱廊与下层柱廊对位整齐，同样采用爱奥尼柱式，同样没有拱券。屋檐上在柱子轴线的位置设有人物雕像，打破了平直的屋檐线。

这座建筑的本意是体现古典建筑精神，柱廊的角色十分重要，就连柱廊内天花也都沿袭了古典的传统。这也是帕拉第奥建筑手法的一个缩影。

3.1.17　维琴察的巴西利卡（The Basilica, Vicenza, 1549－1617 年）：

维琴察的巴西利卡是帕拉第奥的另一件重要作品。这个巴西利卡原是一座老的会堂，建于 1444 年，为哥特风格。帕拉第奥的主要工作是在原建筑外围加一圈两层高的券柱式围廊。

从建筑的立面形式看，帕拉第奥显然是受到了桑索维诺的圣马可图书馆立面的影响，但又不是完全的模仿。在这圈围廊中，帕拉第奥采用上下 2 层相同，且每一间重复的立面构图，形成一个韵律感和节奏感极强

的外廊。立面的每一间都近似于方形，都由两棵柱子为界来划分。半圆形的拱券落在下面的小柱上，小柱与大柱间还有一个矩形空洞，与中间的大拱券相配合。在大拱券的两侧各有一个小圆洞布置在柱与拱券间的墙上。这种构图方式被称为"帕拉第奥母题"（Palladian Motif）。它既满足了实际功能需要，又取得良好的视觉构图效果，并有很强的适应性和调节能力，被很多后来的建筑师所效仿。

3.1.18　维琴察的圆厅别墅（Villa Rotonda, Vicenza, 1567－1570 年）：

维琴察的圆厅别墅是帕拉第奥最著名的建筑作品，它位于维琴察郊外的一个小坡地上。建筑的周围有大片的绿地和树木，环境十分优美。

这座建筑的平面布局极具特色，与文艺复兴时期众多封闭式的府邸建筑都不相同。帕拉第奥放弃了那种典型的院落式布局模式，而采用了一种类似于古罗马庙宇似的集中式布局。他在方形平面内设置了一个直径 12.2m 的圆形大厅，上冠圆形穹顶，并以它为中心，周围布置卧室和其他房间。别墅也由于这个圆形大厅而得其名。在府邸建筑上使用穹顶，圆厅别墅是首次。在方形平面的四个边上，帕拉第奥又布置了 4 个相同的门廊作为四面的入口，

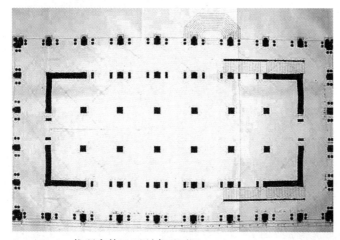

3.1.17-1　维琴察的巴西利卡平面图

3.1.17-2　维琴察的巴西利卡外观

门廊下的大台阶直达建筑的二层空间。而纵横两条轴线的对称式布局，为别墅构建出古典式的严谨与规整。

别墅的立面设计也十分优雅。建筑的 4 个立面完全相同，都有仿罗马万神庙入口构图的门廊，廊中使用了 6 根两层高的爱奥尼柱式和三角形山花，在阳光之下具有很强的光影效果，活跃了原本十分严谨的立面构图。圆形大厅出屋面后，通过一段鼓座，连接着上方的圆锥形穹顶，控制着别墅的整体构图。立面上严谨的轴线，又将建筑上不同的几何形体统一起来。

帕拉第奥在这座建筑中尽展纯粹的几何形体之美，在方与圆、活泼与严谨、变化与统一之间展现着古典建筑庄严与宁静的风范。他所应用的众多古典建筑元素，不但引起当时人们的共鸣与认同，更深远地影响了整个西方的建筑发展。这种近乎完美的集中式构图和四面对称的手法为后世众多建筑师所效仿。

3.1.19 奥林匹克剧场（Teatro Olimpico, Vicenza, 1580–1585 年）：

维琴察的奥林匹克剧场是帕拉第奥设计的有史以来第一个室内剧场，具有极高的历史价值和艺术价值。这也是帕拉第奥最后一件作品，他并没有看到剧场的建成，他的学生斯卡莫齐（Vincenzo Scamozzi, 1552–1616 年）在他去世后主持完成了这座著名的建筑。

整个剧场约有一千个座位，保持了古代剧场的 3 个基本组成部分，后台、舞台和观众厅，也为现代剧场创

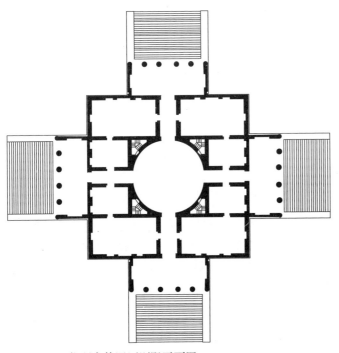

3.1.18–1 维琴察的圆厅别墅平面图

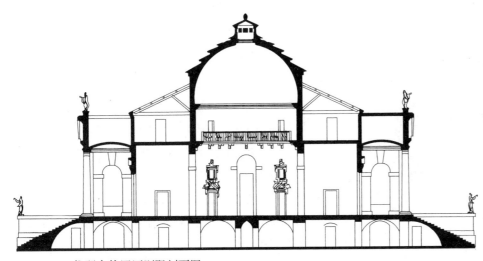

3.1.18–2 维琴察的圆厅别墅剖面图

3.1.18–3 维琴察的圆厅别墅外观

造了先例。不同的是，它的后台不是帷幕，而是一道被划分为3个开间的装饰墙。墙的下层开有3个门洞，门洞里设有5道表现理想城市的街景，为斯卡莫齐所设计。

该剧场舞台结构的形制特点，是古代剧场和现代镜框舞台剧场之间的过渡形式。观众席逐排升起，坡度很陡，架在木桁架上。乐池在舞台之前，低于观众席第一排座位1.5m。剧场有非常好的音质效果，直到现在还有演出。帕拉第奥为近现代室内剧场形制的发展开辟了道路。

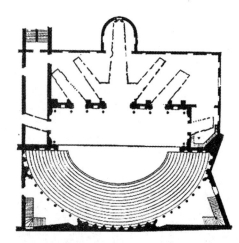

3.1.19-1　奥林匹克剧场平面图

3.1.19-2　奥林匹克剧场室内

意大利文艺复兴建筑的特点：

（1）世俗建筑成为建筑活动的主要内容。资本主义萌芽使城市生活发生了很大的变化，城市建筑也随之产生一些新的类型。资产阶级的府邸、市政大厅、行会大厦、广场与钟塔，及一些建立了中央集权的国家的宫廷建筑等，都得到很大的发展，成为建筑创作的主要对象。

（2）扬弃了中世纪哥特式建筑一些常用的手法，而在宗教和世俗建筑上重新采用古希腊、古罗马时期的柱式构图要素。文艺复兴时期的建筑师和艺术家们认为哥特式建筑是基督教神权统治的象征，而古希腊、古罗马的建筑是非基督教的。他们认为这种古典建筑，特别是古典柱式构图体现着和谐与理性，并且同人体美有相通之处。这些特点正符合文艺复兴运动的思想基础——人文主义。

（3）采用新的构图要素同哥特式建筑相抗衡。在建筑构图上，除了使用古典柱式外，还选用了一些其他建筑构件，如半圆形券、厚重的实墙（尤其是基座）、圆形穹顶，水平向的厚檐（强调水平层次的划分），以取代哥特式建筑中的尖券、尖塔和垂直向上的束柱、飞扶壁等构件。

（4）在建筑轮廓上强调整齐、统一。文艺复兴建筑非常强调建筑轮廓的整齐（如府邸建筑）和统一（如圣彼得大教堂），而不像哥特式风格那样参差不齐、富于自发性与高低的强烈对比。

（5）城市的广场建筑与园林建筑非常活跃。如：著名的圣马可广场。

（6）建筑理论得到系统的认识和总结，一批重要的理论著作问世，对以后建筑学的发展起到了巨大的作用。

（7）建筑结构没有太大的创新，被认为是古罗马和拜占庭建筑的继续，但施工水平大大提高。

（8）人才辈出。文艺复兴是一个"需要巨人，而产生了巨人"的时代。如集绘画、雕塑、建筑于一身的文艺复兴三杰：达·芬奇、米开朗琪罗、拉斐尔，以及一些著名的建筑理论家：阿尔伯蒂、帕拉第奥等。

3.2 意大利巴洛克建筑（Baroque Architecture of Italy）

巴洛克建筑产生于 17 世纪的意大利，是意大利文艺复兴结束后发展起来的一种建筑和装饰风格。巴洛克的原文是 Baroque，意为畸形的珍珠，是法国古典主义时期的艺术家们对其带有贬义的命名。巴洛克建筑起源 16 世纪晚期的手法主义。其特征是追求怪异和不寻常的效果，如以变形和不协调的方式表现空间，以夸张的细长比例表现人物等，其开创者为米开朗琪罗。作为集建筑师、雕刻家、画家于一身的米开朗琪罗，他设计的建筑物雕塑性极强，擅长用雕刻的手法来处理建筑形体，以突出建筑的立体感和光影变化；或将建筑与雕塑结合起来，创造新颖的立面形态；他喜欢颠覆理性的传统建筑构图，有意破坏承重构件在立面构图上的结构逻辑；常把壁柱嵌在墙内，或用纤细的"牛腿"伸出墙外来承托柱子；常将柱子上的额枋和山花做成凹凸折断状等。他的这一套做法深为后来的巴洛克建筑师所推崇，如巴洛克著名建筑师波洛米尼就曾说过：他只效仿三位老师，那就是自然、古代和米开朗琪罗。

巴洛克建筑的出现有它历史的必然性。首先，轰轰烈烈的意大利文艺复兴使古典文化得到了空前的张扬，也使世俗文化深入人心。宗教信仰不可能再像中世纪那样狂热和统摄人心了。甚至连教皇也受到世俗文化的冲击，爱用金银珠宝来荣耀上帝，使教堂内的豪华气派压倒了神秘气氛。其次，新航路的开辟使得意大利的经济地位遭到很大削弱，欧洲的经济中心开始转到了大西洋沿岸的英、法、西班牙等国。受经济的影响，这一时期意大利教堂建筑的规模逐渐变小。最后，17 世纪的罗马，聚集了全意大利的艺术家和建筑人才，他们不愿再墨守成规，而渴望创造，要前进。他们的创造力和进取精神使他们的思想更加解放，更加敢于挑战前人所确立的各种条条框框。著名的巴洛克建筑师伯尼尼说："一个不偶尔破坏规则的人，就永远不能超越它。"另一位建筑师迦里尼也说过："建筑应该修正古代的规则，并且创造新的规则。"

巴洛克建筑的风格基调是在墙面装饰、天顶壁画和一些人物雕塑上，常常披金挂银，大量使用贵重的材料，追求建筑内部富丽堂皇的空间效果和色彩绚丽的格调；喜欢运用断檐、波浪形墙面、重叠的壁柱等非理性手法，来表现自由活泼、充满动感的建筑形态，形式上求新求异；将建筑、雕塑、绘画三种艺术形式融为一体，开创了建筑创作的新领域；用穿插的曲面和椭圆形空间来表现教堂建筑，创造了出人意料、反常的艺术效果。巴洛克建筑这些标新立异、非理性的设计手法和表现世俗、突出欢乐气氛的格调常常使人激动，令人欢悦。

除教堂外，巴罗克建筑的设计手法也被广泛地运用于广场、街心花园、喷泉和水池等地方。

3.2.1 罗马耶稣会教堂（Church of Gesù in Rome, 1568–1584 年）：

罗马耶稣会教堂是维尼奥拉为罗马耶稣会（Society of Jesus）设计的主教堂（mother church），它完全是按照法尔尼斯红衣主教的要求设计的。维尼奥拉去世后，由泡达（Ciacomo della Porta, 1537–1602 年）对教堂的入口立面进行了部分修改，并主持建造完成。

教堂的平面放弃了文艺复兴时期所普遍采用的集中式布局，又回到了中世纪所惯用的巴西利卡式。教堂的

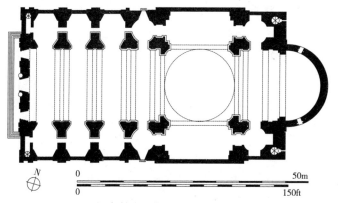

3.2.1-1　罗马耶稣会教堂平面图

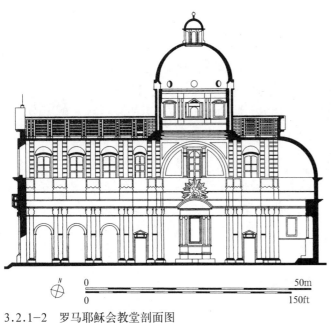

| 3.2.1-2 罗马耶稣会教堂剖面图 | 3.2.1-3 罗马耶稣会教堂入口 | 3.2.1-4 罗马耶稣会教堂室内 |

中厅宽阔，拱顶和墙面上满布了令人眼花缭乱的巴洛克式壁画、大理石雕像和各种镶金的装饰。两侧用两排小祈祷室代替原来的侧廊。东端突出一个圣龛，前面十字交叉处由一座穹顶覆盖。

教堂的创新之处在于立面的构图，是泡达在维尼奥拉设计的基础上加了一些复杂的装饰构成的。教堂外墙的壁柱成对出现；中厅与侧廊外墙之间使用2个巨大的涡卷；入口处的山花是圆弧形与三角形双层套叠的；两侧的额枋凹凸变化；主入口上方有徽章形装饰，两侧的盲窗内矗立着人物雕像。这些前所未见的形象、手法和非理性的组合方式，使教堂取得了反常的视觉效果，充满欢乐和生机勃勃的气氛。

耶稣会教堂被认为是手法主义向巴洛克风格过渡的代表作和第一座巴洛克建筑，耶稣教会将其定为天主教堂建筑的范例，为后世众多教堂所模仿。

3.2.2 圣苏珊娜教堂 (Church of Santa Susanna, Rome, 1597—1603年)：

圣苏珊娜教堂是17世纪早期巴洛克建筑的主要代表，

由马代尔诺（Carlo Maderno, 1556—1629年）以耶稣会教堂为蓝本设计的。

教堂的立面由上下两层构成，上层两侧的涡卷略小，中央三开间的窗上都戴着圆弧形山花，装饰丰富细腻，人物雕像栩栩如生。上下两层由三角形山花和凹凸的额枋分开。下层比上层略宽，有5个开间，被几组壁柱分隔。由外向内壁柱由扁平的方柱变为半圆柱再变为3/4圆柱。入口门上用圆弧形山花装饰，两侧的盲窗上则装饰着三角形山花。这些不同的装饰为教堂装点出起伏多变的体形，虽是在模仿耶稣会教堂，但又有明显的差别。

3.2.3 圣维桑和圣阿纳斯塔斯教堂 (Santi Vincenzo e Anastasio, Rome, 1650年)：

由马代尔诺设计的另一座巴洛克风格的天主教堂是位于罗马城的圣维桑和圣阿纳斯塔斯教堂，它是巴洛克的代表性建筑之一。同样以耶稣会教堂为蓝本，采用拉丁十字式平面，并将侧廊改为几间小礼拜室。立面处理却与耶稣会教堂的构图有很大的变化。立面的柱子3棵为一组，突出垂直的划分。檐部的山花做成3层套叠，并在中间

3.2.2　圣苏珊娜教堂立面图

3.2.3　圣维桑和圣阿纳斯塔斯教堂外观

处折断，这也是较早使用折断式山花的例子。入口上方圆弧状的山花设在了额枋的上面，2层套叠，上层折断。立面上高浮雕和凸出的壁柱使教堂的立面起伏剧烈，立体感极强。教堂的内部大量装饰着壁画和雕刻，处处是大理石和贴着黄金的细部雕饰，充溢着十足的"富贵"之气。

3.2.4　罗马圣安德烈·欧吉利纳教堂（S. Andrea al Quirinale，Rome，1658-1670年）：

位于罗马城的圣安德烈·欧吉利纳教堂是巴洛克建筑大师伯尼尼（Gian Lorenzo Bernini，1598-1680年）所设计的一座重要的教堂。

教堂的平面为横向摆放的椭圆形，而不是惯用的巴西利卡式。入口与圣坛相对，为椭圆的短轴，也确立了轴线的位置。长轴两侧由彩色大理石壁柱和几个小的龛而非祈祷室组成。教堂的内部空间中的椭圆形穹顶非常突出，它的中心位置有天光照下。顶壁周圈上的一些小天使和大理石人物雕像以及圣坛上方的贴金雕像都形态活泼、动感十足，与巴洛克建筑配合得十分恰当。教堂前面有一微型小广场，像是有意模仿圣彼得教堂广场。

在教堂的立面上，伯尼尼打破了16世纪与17世纪惯用的双层立面构图定势，以巨大的科林斯壁柱支撑着一个大山花，其内再由两颗独立的爱奥尼立柱支撑起圆弧形门廊，充满了强烈的动感。

圣安德烈·欧吉利纳教堂被认为是体现巴洛克建筑特色的经典作品之一。

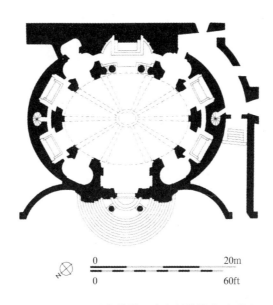

3.2.4-1　罗马圣安德烈·欧吉利纳教堂平面图

3.2.4-2　罗马圣安德烈·欧吉利纳教堂外观

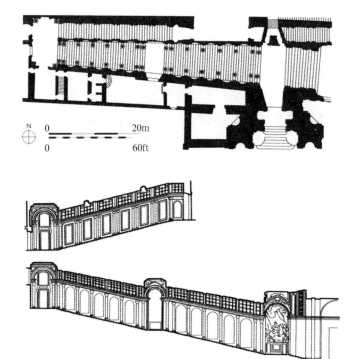

3.2.5 梵蒂冈斯卡拉阶梯平面和立面图

3.2.5 梵蒂冈斯卡拉阶梯 (Scala Regia in the Vatican, Rome, 1663-1666年)

斯卡拉阶梯是指罗马的圣彼得教堂与梵蒂冈教廷之间一座设计华丽的大阶梯，它由柱廊一直延伸到教皇的房间，这是伯尼尼颇具闪光点的设计之一。

从阶梯的平面看，伯尼尼非常善于运用透视原理来增加空间的纵深感。他将阶梯设计成近宽远窄的样子，并在楼梯的两侧设计了两排爱奥尼柱子，上面覆以筒拱屋顶。随着台阶高度的不断上升，这些柱子在人们视线中汇聚，并逐渐消失，从而产生了强烈的透视效果，使空间更加深远。

3.2.6 罗马四泉圣卡罗教堂 (San Carlo alle Quattro Fontane, Rome, 1638-1641年)：

位于罗马城的四泉圣卡洛教堂由著名的巴洛克建筑师波洛米尼 (Francesco Borromini, 1599-1667年) 设计的，它是全面体现巴洛克建筑风格特征的代表作品。

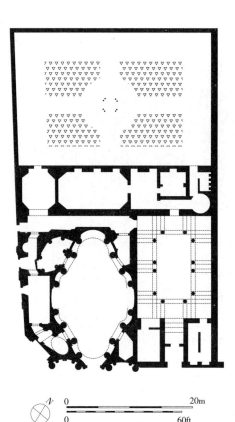

3.2.6-1 罗马四泉圣卡罗教堂平面图

3.2.6-2 罗马四泉圣卡罗教堂外观

3.2.6-3　罗马四泉圣卡罗教堂室内

3.2.6-4　罗马四泉圣卡罗教堂室内天花

这个小教堂的平面十分独特，彻底摈弃了文艺复兴及其以前建筑常用的几何构图，像是由希腊十字变形而来的一个近似于橄榄形的平面。教堂内部的墙体几乎没有直角，完全是由曲面构成，凹凸变化，动感十足。平面的整体性较强，有集中式构图的痕迹。教堂使用了大量的雕刻和壁画，线脚繁多，装饰图案复杂，五彩缤纷，富丽堂皇。教堂的内部借助于椭圆形的藻井形成一个神奇美丽的空间。在光线暗淡的室内，藻井看起来像是悬浮于内部空间的上方。其上的十字形、八边形和六边形构图元素更增加了空间的戏剧性效果，并有很强的向心感。室内的壁柱、雕像、壁龛、栏杆和一些几何体都具有巴洛克教堂的典型特征，呈现出持续的动感。

教堂外立面也曲折多变，宛如起伏的波浪。在上下两层高的立面上装饰了大量的动植物雕刻、栏杆、假窗和奇形怪状的图案。立面山花断开，檐部水平弯曲，墙面凹凸度很大，装饰丰富，有强烈的光影效果。在拐角立面上和十字街道的另外三个角上装饰有水池、凹龛和人物雕像，分别是阿尔诺河神（Arno）、底比斯河神（Tiber）、朱庇特之妻朱诺女神（Juno）和戴安娜月神（Diana）。

这个教堂并不大，但在建筑的动态效果和形态塑造方面却达到了较高的成就，具有极强视觉效果，成为巴洛克时期教堂建筑的巅峰之作，令许多后来者竞相效仿。

3.2.7　圣伊沃·德拉·萨宾恩察教堂（S. Ivo della Sapienza，Rome，1642–1650 年）：

位于罗马城原罗马大学院内的圣伊沃·德拉·萨宾恩察教堂是波洛米尼设计的另一座极富创造力的教堂建筑。

罗马大学平面为矩形的四合院式布局，在庭院底部是就是圣伊沃·德拉·萨宾恩察教堂。这座教堂规模不大，平面为集中式、六角星形的平面布局。六角中 3 个为环形

3.2.7-1　圣伊沃·德拉·萨宾恩察教堂平面图

3.2.7-2　圣伊沃·德拉·萨宾恩察教堂外观

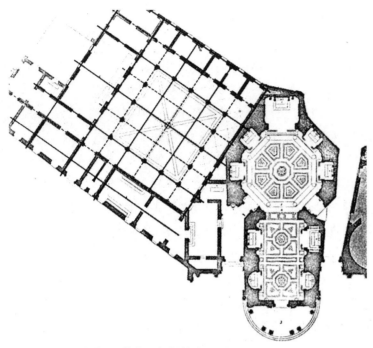

3.2.8-1 圣玛利亚·德拉·佩斯教堂平面图

3.2.8-2 圣玛利亚·德拉·佩斯教堂外观

殿,另外3个为壁龛及入口。中央穹顶也接续着墙面的形状向上生长,出来的屋顶应"形"而生,以前所未有的曲线形态成为巴洛克建筑的突出特征。从外观上看,屋顶上部的采光亭造型独特,尤其是螺旋状的尖顶和上面的金属架都是历史上仅有的。

总的来说,这座小教堂从平面到整体形态处处充满了奇异与动感,它在波洛米尼的众多作品中,是巴洛克意味最为浓郁的一个。

3.2.8 圣玛利亚·德拉·佩斯教堂(S. Maria della Pace,Rome,1656-1659年):

位于罗马城拉塔大街和陶索大街之间的圣玛丽亚·德拉·佩斯教堂是一座非常小巧的巴洛克式教堂,它是在1482年建造的一座天主教堂的基础上,由17世纪意大利另一位巴洛克艺术大师彼德罗·达·科尔托纳(Pietro da Cortona,1596-1669年)对其进行立面改造而成的。

教堂的巴洛克特征主要表现在入口立面上。建筑师将他设计成2层,底层是一个向外凸出的半圆形门廊,由多立克柱式构成。二层向后退进许多,在波浪起伏的立面上,圆柱、方柱和倚柱相互拥挤在一起,共同支撑着上面曲折变化而又折断的檐口,其上的三角形山花里又套着一个圆弧形山花,空白处被一个徽章式的浮雕所占据,建筑与雕刻密切配合。小教堂虽然不大,但这种前凸后凹的立面处理方式,动态强烈的构图手法都表达了巴洛克教堂生动醒目的风格特征。

3.2.9 圣彼得广场(Saint Peter's Piazza,Rome,1656-1667年):

位于罗马城的圣彼得广场,是罗马教廷举行大型宗教活动的地方,可容纳50万人。广场因建在圣彼得教堂前而得名。这座世界上最壮丽的广场由著名的巴洛克建筑大师伯尼尼于1656年设计,并花了11年时间修建而成。

广场是由与教堂连接的梯形广场和外部的椭圆形广场两部分复合而成。梯形广场也作为教堂的入口广场,有2/3的部分是通向教堂入口的台阶,做成梯形可增加它的透视深度。椭圆形广场比圣彼得大教堂还要宽,是广场的重心。它的长轴长340m,短轴长240m,地面用黑色小方石铺砌而成。广场南北两端各有一条148m长的圆柱回廊,为多立克柱式,共有284棵圆柱和88棵方柱组成。柱廊分列4排,中间形成3条走廊。这两条回廊和圣彼得大教堂前梯形广场两侧的建筑相连,像一双巨大的手臂,拥抱着从四面八方赶来的客人和朝圣者。

回廊中的多立克柱式构图完整，檐口上有栏杆，栏杆之间的柱墩上各有一尊3.2m高的大理石雕像，共计140尊，均为圣使徒。雕像神态各异，栩栩如生。

广场的中心位置有一座来自于古埃及的红色花岗石方尖碑，是1586年教宗西斯廷五世（Pope Sixtus V）下令从古罗马皇帝尼禄皇宫的圆形广场中移来的，伯尼尼在进行广场规划时将其保留下来。碑高25.5m，重320t。碑身由4只铜狮子背负着，伏卧在下面的石座上，铜狮子之间镶嵌着展翅欲飞的雄鹰。

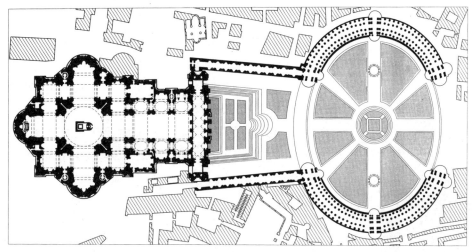

3.2.9-1 圣彼得广场平面图

3.2.9-2 圣彼得广场鸟瞰

3.2.9-3 圣彼得广场方尖碑

方尖碑两侧在与于半圆形柱廊直径的相交之处各有一个互相对称、造型考究的14m高的喷泉。喷泉上下共2层，上层呈覆钵状，水柱从其上落下，在四周形成水帘落入下层的池中，潺潺有声。右边的喷泉是玛代尔诺于17世纪时建造的，左侧的是后来根据伯尼尼的设计复制的。

在方尖碑与喷泉之间，左右地面上各有一个小圆形的白色大理石标志，是半圆形回廊的中心点。站在此点向回廊望去，4排列柱回廊则成为一条直线柱廊，非常奇妙。

圣彼得广场气势雄伟，是伯尼尼的天才之作，尤其是它的半圆形回廊所体现的无限深远的空间和变化剧烈的光影，都表达了巴洛克建筑师所擅长的营造空间的手法与特色。

3.2.10 纳沃那广场（Piazza Navona，Rome，1652年）：

位于罗马市中心的纳沃那广场建在古罗马时代战车竞技场的遗迹上，是罗马城诸多广场中巴洛克意味最为浓郁的代表作之一。

广场为长方形，长240m。广场以3座喷泉闻名于世，分别是四河喷泉、尼普顿喷泉和摩尔人喷泉。四河喷泉（Fountain of the Four Rivers，1648-

1651年）：位于广场中央，是巴洛克建筑大师伯尼尼的杰作，主体由4座男子雕像环绕着一座方尖碑构成，4座雕像分别代表世界4大洲的4条河流——尼罗河、恒河、多瑙河、拉普拉多河。在3座喷泉中，以这座喷泉最为著名，它造型雄伟有力，气势磅礴，人物雕像动感强烈，体现巴洛克艺术的动态之美。尼普顿喷泉（Fountain of Neptune）位于广场北端，由泡达于1574年创作，尼普顿和他周围的女神是19世纪添加的。尼普顿是罗马神话中的海神，即希腊神话中的波塞冬，他手持利箭刺向巨

大的章鱼。摩尔人喷泉（Fountain of the Moor，1653－1655年）位于广场南端，也是泡达于1576年创作的，中央的摩尔人雕像是伯尼尼17世纪的作品，外围吹海螺的人物雕像也是19世纪添加的。广场西侧的圣阿格尼斯教堂（Santa Agnese in Agone，1653－1657年）正对着四河喷泉，是波洛米尼作品，也是巴洛克教堂的典范。

纳沃那广场以汇集巴洛克时期最著名的两位大师伯尼尼和波洛米尼的优秀作品而成为世界上最美丽的广场之一。它的雕塑作品和教堂建筑由于表现出巴洛克艺术的鲜明特色而成为世界文化遗产中的宝贵财富。

3.2.11　罗马的西班牙台阶（The Spanish Steps，Rome，1723－1728年）：

西班牙台阶位于罗马城西班牙广场（Piazza di Spana）的底端，由于历史上这里曾经是西班牙驻意大利大使馆的所在地而得名。

这是一座十分华丽的阶梯，由设计师桑提斯（Francesco de Sanctis，1693－1740年）设计。台阶平面为花瓶形，共有137阶，12个不同的梯段。底部梯段的中央部分延伸向广场，踏步向上逐渐变窄，汇聚于一个小平台上，再由此分成两股曲线梯段通往上部的宽大平台。然后通过一段较宽的台阶集中至一个小平台上，

3.2.10-1　纳沃那广场全景

3.2.10-2　纳沃那广场四河喷泉　　3.2.10-3　纳沃那广场摩尔人喷泉　　　　3.2.10-4　纳沃那广场尼普顿喷泉

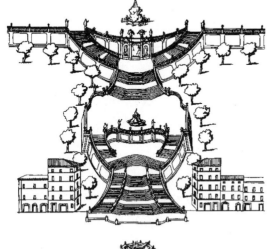

3.2.11-1 罗马的西班牙台阶轴测图

3.2.11-2 罗马的西班牙台阶外观

最后由两段优美的圆弧曲线梯段达到顶部的街道广场。在靠近弧形梯段之间的弧形栏杆的环抱下，一座方尖碑拔地而起，成为大台阶与顶部圣三一教堂（Church of the Trinita dei Monti，1502－1585年）的过渡元素，使之成为一个和谐的整体。在这个环境中，大台阶作为一个通往广场和教堂的功能构件，已经升华为整个广场空间的艺术主体和视觉中心。它也成为罗马城市设计中最富有艺术特色的开放空间，并巧妙地连接了两个不同高度的空间，形成一个更大的城市空间。圆弧形的阶梯由低向高延伸，宽大而松散，极具动态效果。它的走向对轴线做了略微修正，以便和教堂之前的方尖碑相互对位。

在大台阶的下面有一座奇特的古船喷泉（Barcaccia Fountain or Fountain of the Old Boat，1627年），是17世纪初伯尼尼与他父亲共同雕塑的作品。

3.2.12 罗马特利维喷泉（The Trevi Fountain，Rome，1732－1751年）：

罗马城内的特利维喷泉也称"许愿泉"。传说人们背对着喷泉，从肩上投出一枚硬币，如果能投进水池中，就能梦想成真。在罗马的无数座喷泉中，特利维喷泉不一定是最美丽的，但它绝对是最有特色的。

喷泉的主体由萨尔维（Nicola Salvi，1697－1751年）设计建造于1732－1751年间。它是由一组人物雕塑和几支喷射而出的水柱组成。雕塑以海神尼普顿获胜为主题，半裸的尼普顿威武地站在巨大的贝壳式的战车上，两侧是由崴尔（F.Valle）雕塑的象征富裕（Abundance）和健康（Salubrity）的女神。水中两个勇敢的人鱼吹着海螺，是由布雷斯（P.Bracci）于1762年雕成的。他们正为海神驾着两匹长翅膀的烈马，自豪地通过凯旋门。喷泉上的浮雕由格劳斯（G.B.Grossi）雕塑，其上记载着一位罗马少女给一群打仗归来十分饥渴的士兵指明水源所在地的故事，所以特利维喷泉也称少女喷泉。

喷泉的背景是一座宫殿（The Palace of Neptune）的立面，中央为雕塑主体所凭借的凯旋门，4棵巨大的科林斯圆形壁柱将大门分为3间。门两侧各有三开间的宫殿外墙，上下两层窗上都有三角形或半圆形山花。

整座喷泉无论是建筑还是雕塑都充满了力与美，是意大利巴洛克艺术晚期的代表作品，场面雄壮，充满生机。

3.2.12　罗马特利维喷泉

对巴洛克建筑的评价：

从建筑艺术史的发展来看，巴洛克建筑的出现，可以看作是对包括文艺复兴在内的欧洲传统建筑思想和设计理念的一次重大变革。尽管巴洛克建筑有许多畸形的特点，但是它敢于冲破古希腊以来古典建筑所形成的种种清规戒律，对僵化的古典建筑的构图原则，如严格、理性、秩序、对称、均衡等进行了总体上的大反叛，开创了一代设计新风。因此，可以说巴洛克建筑是继哥特式建筑之后，欧洲建筑风格的又一次嬗变。尤其是在追求自由奔放的格调、表达世俗情趣和讲究视感效果等方面影响深远。反映出巴洛克建筑师那种勇敢的创新精神和摆脱神圣的古典理性制约的英风豪气。

除意大利的罗马外，巴洛克建筑也被传播至西欧各国，并因与各国的传统文化相结合而有各自不同的表现。其中，在英、法等国，巴洛克建筑的风格特色多表现在室内装饰上；如卢浮宫东部，外立面为古典主义风格，而内部装饰则是地道的巴洛克风格。在德国、奥地利和西班牙，也建有许多带有本国文化痕迹的巴洛克式教堂。

总之，巴洛克建筑在风格上奇异怪诞，在造型上自由奔放，在装饰上繁复多变，是世界建筑艺术宝库中的一朵艳丽的奇葩。

3.3 法国古典主义建筑（Classicism Architecture of France）

法国古典主义建筑是一个专有名词，它与一般意义上的古典主义建筑有所不同，是专门指16世纪中期到18世纪初的一段时间里，法国的建筑师们开始全面探索将本民族的传统建筑要素与由意大利传来的纯正的古希腊、古罗马时期产生的古典柱式和意大利文艺复兴建筑的一些新要素相融合，并以卢浮宫东部立面的建筑形式为典型代表的一股新的建筑思潮。

法国古典主义建筑的产生在政治上迎合了法国民族国家的建立与发展。体现了以国王路易十四的专制王权极盛时期为高潮的绝对君权时代的文化氛围，并以歌颂君主制为其主要任务。路易十四的那段名言"什么是国家？国家就是我，爱国就是忠君"就充分反映了这一时期的政治特色。

在哲学上，法国古典主义崇尚唯理论。以笛卡尔（René Descartes，1596-1650年）为代表，他主张一切以合乎情理为原则，把理性看成是知识的唯一源泉。倡导数学与几何学的无所不包，并推崇为主导一切的理性方法。

在艺术上，法国古典主义强调理性至上，称一切艺术的结构都要像数学那样合乎理性的逻辑，说得清、道得明。主张艺术的真实，不注重个人的思想情感。

在建筑理论上，突出强调建筑的比例关系，认为建筑美就是一种数字关系的反映。著名的法国古典主义建筑理论家布隆代尔（Jacques-François Blondel，1705-1774年）的名言"美产生于度量和比例""只要比例恰当，连垃圾堆都会美的"就代表了这一主张。

在建筑风格上，法国古典主义突出古典柱式的构图法则，讲究轴线对称和主从关系。其代表建筑是规模巨大、造型雄伟的宫廷建筑，纪念性的广场建筑群，以及法国王室和贵族们建造的离宫别馆和园林；如巴黎的卢浮宫东部立面、凡尔赛宫等。

法国古典主义建筑的发展历程：

（1）早期文艺复兴（15世纪中叶-16世纪上半叶）

这一时期法国中央政权逐步建立。在城市中，意大利文艺复兴建筑的影响逐渐渗透进来，并很快为宫廷所接受，发挥主导作用。主要建筑实例为乡间别墅型建筑，代表作品是尚博尔城堡。

（2）盛期文艺复兴，早期古典主义（16世纪下半叶-17世纪初）

法国王室从尚博尔城堡迁至巴黎，建筑创作转向城市，意大利文艺复兴建筑的影响加强。代表作品是卢浮宫西部。

（3）盛期古典主义（17世纪中叶-18世纪初）

国王路易十四（Louis XIV，1638-1715年）在位时期，法国进入绝对君权时代，是欧洲最强大的君权国家。代表作品是卢浮宫东部。

3.3.1 尚博尔城堡（Château de Chambord，1519-1685年）：

尚博尔城堡位于法国贵族生活气息最浓郁的卢瓦尔（Loire）河谷地区的一座国家公园内，是这一区域内最壮观、最著名的宫廷建筑，法国早期文艺复兴建筑的代表作。卢瓦尔河全长约1005km，是法国最大的河流。这一流域是法国古代文明的中心之一，两岸有许多历史遗迹，多为15-16世纪法国贵族们自建的城堡与猎庄。尚博尔城堡是这里最大的建筑，周围用31km长的围墙环绕着52.5km^{2}的森林猎场。

尚博尔城堡的用地原本属于布洛瓦·都荷伯爵家族，后被收归国有。1519年法国国王弗朗索瓦一世（François I，1494-1547年）下令拆除老旧城堡，开始建造这座华丽的皇家猎庄。城堡的建筑师为意大利人多米尼克·德·考特纳（1465-1549年）（一说为法国建筑师皮埃尔·耐普，也说是达·芬奇提供了部分设计，如双螺旋楼梯的设计）。城堡的建造过程十分漫长，在弗朗索瓦一世过世后由于政府的财政原因，工程基本上停滞下来，只有侧翼建造完成。

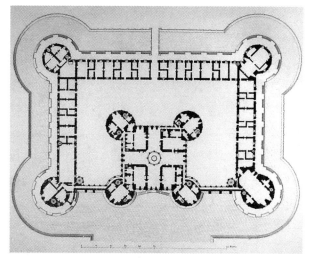

3.3.1-1 尚博尔城堡平面图

3.3.1-2 尚博尔城堡外观

3.3.1-3 尚博尔城堡室内楼梯

而后，弗朗索瓦一世之子亨利二世（Henri II，1519–1559 年）继续增建了西翼及礼拜堂的二楼。到 1685 年由国王路易十四（Luis XIV，1638–1715 年）最后建成，历经 166 年。

城堡的总体布局是一个长方形的大院落，宽 156m，深 117m，规模庞大，中轴对称。院落的三面为单层的附属建筑，四角都有圆形塔楼。南面为主体建筑，共 3 层。主楼平面为正方形，边长 67.1m，中央有十字形走廊，四角也有圆形的塔楼。整座城堡共有房屋 440 间，壁炉就有 365 个（据说，每天点着一个，一年轮回一次）。13 部大楼梯，70 部小楼梯，800 多棵柱子，足以体现皇家建筑的豪华与气派。尚博尔城堡室内最精彩的部分当属城堡主厅十字走廊中央的双螺旋式楼梯，两组楼梯围绕着自身的中轴线向上盘旋，既独立又相互交错。当两个人同时上下楼时，可以互相凝视，各自上下，却不会碰面，极为精美绝妙。

尚博尔城堡被公认为是法国早期文艺复兴建筑的代表，他的立面构图特征鲜明地体现了意大利文艺复兴建筑要素与法国民族传统建筑要素的叠加：

柱式普遍采用，虽不严谨却在构图中已显示出一定的作用；

立面用线脚做水平层次的划分；

对称式布局，象征着统一的民族国家的建立，体现了很强的政治色彩；

建筑屋面上的高坡顶、老虎窗、采光亭、烟囱和四周塔楼，显示着法国中世纪建筑的明显痕迹。表达着新元素与老传统的激烈碰撞与痛苦的融合。

3.3.2 阿赛—勒—李杜府邸（Château d'Azay-le-Rideau，1518–1527 年）：

在卢瓦尔河谷地区的另一座小巧而又美丽的城堡是著名的阿赛—勒—李杜府邸，由国王弗朗索瓦一世的财政大臣波迪娄（Gilles Berthelot）于 1518–1527 年建造。这座建筑体现了法国民族传统的城堡建筑与意大利文艺复兴府邸建筑的完美结合。

城堡的周围环境十分优美，它三面临水，后面有平台与小桥同外部花园连接。城堡的平面为"L"形，布局比较简洁，

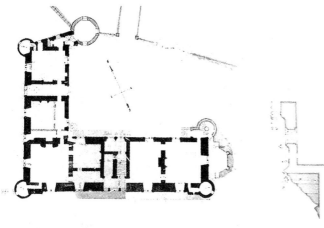

3.3.2-1 阿赛-勒-李杜府邸平面图

3.3.2-2 阿赛-勒-李杜府邸外观

建筑共2层，屋顶有阁楼，入口在凹角处。一层有阅览室和举行舞会、宴会的大厅等房间，二层有多个卧室。

这座城堡最具特色的是它的外部形态。在"L"形平面的五个外转角上布置有1大4小共5个圆形碉楼，下部悬空，上部覆盖圆锥形尖顶，与屋面上的高坡顶、老虎窗相配合，显现着法国中世纪城堡的构图特征。在墙面上，用3层薄薄的线脚和1层厚厚的屋檐将立面作清晰的水平向划分，传递着意大利文艺复兴时期府邸建筑的影响。二者的结合定位了这座建筑为法国早期文艺复兴建筑的代表作品。

3.3.3 枫丹白露宫（le Chateau de Fontainebleau，16-19世纪）：

Fontainebleau的法文原意是美泉，因宫内有一美丽的八角形小泉而得名。枫丹白露的中文译名则出自于朱自清的笔下。它坐落在巴黎东南120km，1.7万hm²的枫丹白露森林中，是法国最大的皇家城堡之一。1137年路易六世因打猎在此修建过小的猎庄。1528年弗朗索瓦一世委派法国建筑师吉勒斯·勒·布雷顿（Gilles le Breton，1506-1558年）开始规划建设这座城堡，并特别邀请意大利佛罗伦萨画家罗梭（Rosso）和罗马画家布里曼蒂斯（Primatice）来装饰城堡的室内。亨利二世时期，他曾委派法国著名建筑师德罗姆（Delorme）继续完成枫丹白露宫中最豪华的舞厅，以及那座最著名的入口庭院（白马庭院）内的圆形大台阶。此后，亨利四世，路易十四、十五、十六和拿破仑等历代君王都根据各自的需要和爱好，不断地对其进行改建与修缮，使之日臻富丽豪华。它的规模相当于一个城镇，有相当长的时间被用作法国国王的居城。

枫丹白露宫占地面积0.84km²，是一个庞大而又复杂的建筑景观群，由1座古堡主塔，6朝国王修建的宫殿，5个大小不一、形状各异的院落和4座各具特色的园林组成。分别布置了宫殿、城堡、教堂、回廊、剧院等内容，并在外围集中设置了广场、石桥、木桥、喷泉、雕塑等建筑小品；人工湖、人工渠等水面；以自然的方式配置植物花卉的英式园林和几何形式修剪植物花卉的法式园林等大型花园。在建筑内部，有用8组壁画装饰的舞厅；有展示25幅描述法国历史壁画的蒂亚娜长廊；有镶嵌着128只细瓷画碟的碟廊；有仿皮革墙饰的国王卫队厅；有摆设豪华的帝王居室等空间，气势恢宏，富丽堂皇。

在整个建筑组群中，法国早期文艺复兴建筑的特色主要体现在建筑立面上的水平线脚对立面层次的划分、柱式的使用、简洁的开窗等要素所反映出的意大利文艺复兴建筑的影响，以及高坡顶、老虎窗、墙面上的凸出体

3.3.3-1　枫丹白露宫白马广场　　　　　　　3.3.3-2　枫丹白露宫园林　　　　　　　　　3.3.3-3　枫丹白露宫室内

和众多的屋顶烟囱所表现的法国民族传统的建筑要素二者之间的融合与矛盾。

枫丹白露宫的内部装饰由意大利艺术家负责，并融合了意法两国的装饰风格特色于一体，形成了建筑艺术上著名的"枫丹白露派"。这一派的装饰有些娇柔之气，附于墙上的人体雕像、大幅色彩浓重的壁画、略显琐碎而又色彩娇艳的顶棚与墙面上的木装修，体现了这一时期法国宫廷文化的审美情趣。

无论从规模还是从建筑艺术上看，枫丹白露宫都可以说是法国文艺复兴时期建筑的代表作之一，并在其后几个世纪的扩建中，各种不同的建筑风格都在这组宫殿建筑群和园林景观上留下了深深的印迹。

3.3.4　麦松—莱菲特府邸（Le Château de Maisons-Lafitte，1642—1650年）：

麦松—莱菲特府邸是法国古典主义早期府邸建筑的代表作，是建筑师弗·孟莎（Francois Mansart，1598—1666年）为富有的金融家勒内·德隆吉维尔所设计的府邸。

这座建筑为"U"形平面，对称式构图，共2层，屋顶有阁楼。建筑坐落在高高的平台上，立面的中央入口和

两翼向前突出，构成竖向上的5段式构图。在二层，两翼的凸出体向后回缩，露出一个宽大的屋顶平台。在中央入口的屋顶处，一个中心折断了的三角形山花与高高的采光亭被组合在高坡屋顶上，强调着入口的重要性和构图上的主体地位。在水平方向，明确的线脚与屋檐将建

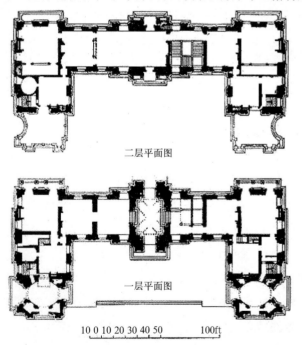

3.3.4-1　麦松－莱菲特府邸平面图

3.3.4-2 麦松－莱菲特府邸外观

筑立面横向分成 3 段，并用叠柱的方式与线脚共同构建着立面的秩序，使柱式构图成为控制这座府邸建筑立面构图的主体要素。而这种横向划分为 3 段，竖向划分为 5 段的构图方式也清晰地表明这座府邸建筑的历史地位，即法国古典主义建筑的代表作之一。

在建筑的屋面上还矗立着高高的坡顶，其上开着老虎窗，并伸出高高的烟囱等法国的民族传统建筑要素。但处理手法已明显有所节制，使整座建筑的外观显现出更明显的意大利文艺复兴建筑的风格特征。

3.3.5 卢浮宫 （The Louvre，Paris，1546-1878 年）：

法国巴黎的卢浮宫是世界上最著名、最大的艺术宝库之一，也是法国历史最悠久的王宫。它位于巴黎市中心的塞纳河北岸，最早建于 1190 年，当时只是菲利普·奥古斯特二世皇宫的城堡。在十字军东征时期，为了保卫北岸的巴黎地区，菲利普二世于 1200 年在这里修建了一座通向塞纳河的城堡，主要用于存放王室的档案和珍宝，当时就称为卢浮宫。

1527 年，国王弗朗索瓦一世搬回巴黎居住。1546 年，他下令拆毁了这座老城堡，并由建筑师皮埃尔·莱斯科（Pierre Lescot，1510-1578 年）设计，雕塑家让·古乔恩（Jean Goujon，1510-1565 年）做装饰，对卢浮宫进行新的建设，并在他的继任者们亨利二世、四世的努力下，完成了卢浮宫西部的建设工作。17 世纪中叶，路易十四把卢浮宫建成了正方形的庭院，并完成了卢浮宫东部的建设工作。在拿破仑一世（Napoléon Bonaparte，1769-1821 年）至三世（Napoléon Ⅲ，1808-1873 年）期间，将卢浮宫向西进行了大规模的扩建，最终完成了卢浮宫宏伟建筑群，历经三百余年。

卢浮宫的平面由一个正方形四合院与一个两侧用建筑围成的"U"形庭院组合而成，总占地面积为 24hm²，其中建筑占地面积为 4.8hm²。

卢浮宫方形庭院的西部是弗朗索瓦一世委托皮埃尔·莱斯科设计的，它的原平面是一个带有角楼的封闭式四合院，53.4m 见方。但莱斯科只建了西面的一部分，这就是现在内院的西南一角。1642 年，路易十三扩建卢浮宫，由杰克斯·勒·梅西埃（Jacques Le Mercier，

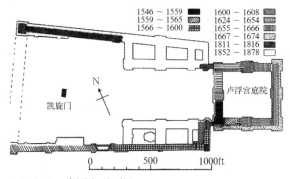

3.3.5-1 卢浮宫平面图

3.3.5-2 卢浮宫西部立面

3.3.5-3 卢浮宫东部立面

1585—1654年）设计建造，将内院面积扩大到120m见方。但他只是延长了莱斯科方案中已建成的西面，照原样建起对称的一翼，加了中央塔楼，形成西面的主体。其特征带有法国文艺复兴盛期或古典主义早期建筑的明显意味。

立面有明显的水平向划分，柱式构图明显。

每隔数开间有一个凸出体的竖向划分，上部有半圆形山花。

正中凸出体上用三角形山花加方底穹顶，并高出屋面，与两侧形成明显的主从关系。

立面装饰由下而上逐渐丰富精致，并与柱式相配合。第一层是科林斯柱式，位于圆拱窗的两侧，在每个凸出体处都有人物雕像和一些浮雕，而一般墙面只是在檐壁上有些浮雕。第二层是混合柱式，窗上的小山花由弧线形与三角形交替布置，檐壁上的浮雕比第一层深；屋顶阁楼上的窗间墙和檐口上都布满雕刻，复杂而突出。这些雕刻中有很大一部分是由雕塑家让·古乔恩亲手所雕。

在路易十四时期，著名建筑师路易斯·勒伏（Louis le Vau，1612—1670年）又设计了卢浮宫方形庭院的南、北、东三面的建筑。它们朝内院的立面都按原有的建筑形式设计。1667年，路易十四指定路易斯·勒伏、查尔斯·勒勃亨（Charles le Brun，1619—1690年）和克劳德·彼洛（Claude Perrault，1613—1688年）合作设计东部的临街立面，并于1674年建成了著名的卢浮宫东柱廊。

东部立面全长约172m，最高处为28m。采用横向分3段，竖向分5段，都以中央一段为主的立面构图，轴线突出。柱廊部分采用巨柱式和基座式，以强调柱式使用的合理性。基座高9.9m，贯通2层的巨柱高13.3m，柱间距为6.69m，约为柱高的一半，再上面是檐部和女儿墙。立面在中央和两端有3个凸出体，中央部分高和宽都是28m，是一个正方形。两端的凸出体高和宽都是24m，并为柱廊48m宽度的一半。这一系列几何数字反映了法国古典主义建筑理论所强调的比例的数字关系。建筑采用平屋顶，而摒弃了法国民族传统建筑中的高坡顶与老虎窗。

建筑的外形反映了法国古典主义建筑的最高成就，端庄而雄伟。但在内部空间与装饰上则大量采用巴洛克建筑的装饰手法，奢侈而豪华。此后，又用同样手法重建了卢浮宫方形庭院的南、北两个立面。至此，方形庭院内的建筑全部完成。

卢浮宫东部立面的建成，反映了法国建筑师顺利地完成了将意大利文艺复兴建筑要素与法国民族传统建筑要素的融合，开创了一个新的建筑风格，欧洲文化的中心又重新回到了法国。

1981年，法国政府对卢浮宫进行了大规模的扩建，由著名的美籍华裔建筑师贝聿铭主持设计。值得一提的是，贝聿铭先生将所有的扩建部分都安排在拿破仑广场前的地下，而地面之上只建有1大3小共4个玻璃金字塔。这一举措又一次震动了世界，古老的卢浮宫与透明的金字塔是融合还是碰撞，有待后人去评说。

3.3.6 孚—勒—维贡府邸（Château de Vaux-le-Vicomte，1656—1661年）：

位于巴黎郊外的孚—勒—维贡府邸是路易十四时期的财政大臣N·福凯（Nicolas Fouquet，1615—1680年）为自己建造的。它是法国当时最为壮观的府邸建筑，由

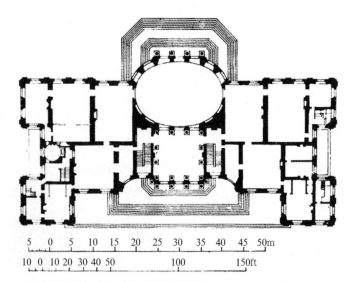

3.3.6-1 孚－勒－维贡府邸平面图

3.3.6-2 孚－勒－维贡府邸鸟瞰　　　　　3.3.6-3 孚－勒－维贡府邸园林一侧外观　　　　3.3.6-4 孚－勒－维贡府邸椭圆形大厅

当时法国3位最有才华的建筑师和艺术家共同完成，他们是建筑师路易斯·勒伏负责建筑设计，景观建筑师和园艺家安德鲁·勒诺特尔（André Le Nôtre，1613-1700年）负责园林设计，画家查尔斯·勒勃亨负责室内装修。这一工程十分浩大，包括建筑与园林两大部分，曾雇佣工人达到1.8万人。在艺术特色上，它成功地把古典主义的理性原则彻底地贯彻到园林设计之中，是法国古典主义园林的代表作。

府邸建在一个方形的人工水池中，仿佛处在一个小岛上，四面环水，前后各有一座小桥与前庭和后园相连。前庭是一片带有十字形卵石路的草地，两侧各有一组四合院式建筑作为府邸的附属用房。后园是一座轴线长达1km、宽约200m的大型几何型园林，并在两侧向外延伸有茂密的林园，环境十分优美。

府邸延续了16世纪法国府邸建筑的传统，但也有一些意大利巴洛克建筑的影响，如椭圆形大厅。建筑也正是以这个椭圆形大厅为轴线对称地布置着两套相同的房间，一套是为国王准备的，一套是福凯自用的。而这条中轴线，前面穿过林荫道指向城市，后面与花园和林园的轴线重合并指向郊外。建筑的室内装饰在勒勃亨的主持下特色十分鲜明。在椭圆形大厅中，16棵漂亮的女像柱装饰着二层墙壁，并代表一年四季与12个月之功能。女像柱下的墙面，

由方形壁柱与半圆形拱券组合而成，带有明显受意大利文艺复兴建筑影响的痕迹。在为国王准备的卧室和起居室内，墙面挂满了大型壁毯和许多当时流行的意大利绘画；一些墙面和顶棚装饰都是贴金而成，十分豪华。

府邸立面的主体为二层，另有高坡顶和老虎窗所形成的阁楼层。巨大的室外台阶引导着建筑的主入口，上有三开间的券柱支撑着充满雕塑的山花。两翼的凸出体由贯通二层的壁柱与山花构成，古典柱式构图的意味十分浓郁，意大利文艺复兴建筑的影响十分突出。在面向花园的立面上，椭圆形大厅上的大穹顶控制着整体构图，这在法国文艺复兴以来的建筑上是不多见的。入口处的柱廊与山花，两侧墙面上高大的壁柱以及厚重的屋檐都是这一立面的主要构图要素，成为这座法国古典主义建筑的成熟标志。但是，屋面上高耸的坡屋顶、老虎窗和烟囱仍顽强地表达着法国人对民族传统的浓厚情节。

孚—勒—维贡府邸的园林设计反映了法国古典主义园林艺术的标志性特色，也是园艺家安德鲁·勒诺特尔的经典之作。他将花园做成梯田一样的叠层式布局，笔直的大道，长达一公里的轴线，表现着古典主义的庄重与严谨。沿轴线两侧各种雕塑、水池、景观小品、花坛应有尽有。花园是几何形的，花坛内的植物都做了精心的修剪，图案极其优美。水池也是几何形的，有圆形和椭圆形等形式，

远处的大水池还设有层层跌落的瀑布。花园内的道路纵横垂直，树木被修剪成规则的圆锥状。花园两侧的园林则保持了树木的自然状态，使人工与自然之间形成强烈的反差。花园的整体布局和景观形态都是对法国古典主义理性精神的集中体现。

孚—勒—维贡府邸的建成标志着法国古典主义在花园府邸建筑上的突出成就，它的许多设计手法，尤其是它的园艺设计影响深远，并成为路易十四建造凡尔赛宫的蓝本。

3.3.7 凡尔赛宫（The Palace of Versailles，1661—1701 年）：

凡尔赛宫位于距巴黎西南 16km 的凡尔赛镇，1682—1789 年，曾经是几代法国国王们的主要居住地和进行登基典礼、行政办公的地方。早在 1624 年，国王路易十三就在原来只是小村落的凡尔赛开始修建一座小城堡，作为他狩猎时的猎庄。1631 年，他又在猎庄处建造了一座小宫殿。1661 年，路易十四下令由建筑师路易斯·勒伏负责建筑设计，安德鲁·勒诺特尔负责园艺设计，查尔斯·勒勃亨负责室内设计，开始了对凡尔赛宫的综合扩建。1677 年，路易十四宣告整个朝廷和政府机构将设立在凡尔赛宫，浩大的工程从此全面展开。1678 年，由国王首席建筑师于·阿·孟莎（Jules Hardouin Mansart，

3.3.7-1 凡尔赛宫总平面图

3.3.7-2 凡尔赛宫入口广场

3.3.7-3 凡尔赛宫大镜厅

3.3.7-4 凡尔赛宫园林

1646–1708 年）增建大镜厅及南北两翼。1682 年，当朝廷搬进凡尔赛宫时，工程还在继续。1689 年完成大镜厅，1701 年完成国王寝宫。至此，经过 50 年的建设，凡尔赛宫基本建成。1789 年法国大革命后，凡尔赛宫开始衰落。随后，拿破仑一世、路易十八等人对宫殿进行过简单的维修。1837 年被确定为国家博物馆，至今历经三百多年的风风雨雨，凡尔赛宫已经成为世界瞩目的艺术宝库。

现存的凡尔赛宫殿及其园林的总占地面积为 800hm²，其中建筑占地面积为 11hm²，另有 20km 长的道路和相应的城墙，35km 长的水渠，20 万株树木和大量培植的鲜花等。宫殿的主体部分为"U"字形平面，开口向东，两端与南宫和北宫相衔接，形成对称的两翼。宫殿的高度多为两层，东西长 707m，南北长 402m，主入口大厅 3 层。宫殿共有七百多个房间，2153 扇窗，67 座楼梯。正殿的一楼有王太子和太子妃的厅室，二楼主要有国王和王后居住的寝宫，二者之间有大镜厅相隔。右侧还有国王办公与会见朝臣的多个大厅。宫殿的南翼是王子和亲王们的住处，北翼是法国中央政府的办公处所，并有小礼拜堂、剧院等房间。

大镜厅是宫中装饰最豪华的大厅，它原是由路易斯·勒伏建造的连接国王寝宫与王后寝宫的一个露台，1678 年由于·阿·孟莎设计成一座大厅。它的平面狭长达 73m，宽 10.5m，高 12.3m。在面临花园的外墙一侧建有 17 扇圆拱窗，为大厅提供充足的采光。与之相对的内墙上，也建有 17 个圆拱，每个圆拱内镶有由 21 块镜片拼装而成的落地玻璃镜，总共是 357 块镜片，大镜厅也由此得名。厅内有两排 32 座贴金的由人物雕像擎起的大烛台，金光灿烂。拱形天花板上有查尔斯·勒勃亨绘制的描绘中世纪人们生活场景的巨幅油画；天花与墙面的交界处，复杂的装饰线脚和上面的天使雕像都作贴金处理。人们站在这座金碧辉煌的大厅中央，现实中的绚丽景象与镜中的虚幻世界相映成趣，再与自己一连串由

大到小的影子相重叠，顿感人间仙境般的奇妙与奢华。

凡尔赛宫的立面设计具有法国古典主义建筑的基本特色，横向水平层次的划分和柱式构图都十分明显。但与卢浮宫东部立面相比，凡尔赛宫则更强调立面的装饰性，尤其是外墙上精致的雕刻作品。檐口和入口山花上形态各异的人物雕像，都具有巴洛克的构图元素。同时，屋面上的高坡顶和圆形的老虎窗也反映了法国民族传统建筑的特色。

由安德鲁·勒诺特尔设计的大型花园是凡尔赛宫的有机组成部分。园中拥有众多的花圃、林木、雕像及美丽的喷泉，风景如画，十分迷人，堪称法国古典主义园林的典范。园林主要部分分布在宫殿的西侧，有三条主要大道。中间为皇家大道，长达 3km，是整体宫殿和园林的中轴线所在，布置着拉朵娜喷泉、阿波罗喷泉和大水渠。左侧大道旁有国王园林、王后园林等景观，右侧大道旁有王太子园林等景观；这些园林全部设计成不同的几何形图案，其中的植物和树木也作几何形修剪。其间点缀着雕像、喷泉、花坛、草坪、柱廊、跑马道、水池、河流与假山等景观，景色优美恬静，令人心旷神怡。站在正殿前极目远眺，玉带似的人工河上波光粼粼，两侧大树参天、郁郁葱葱，绿荫中女神雕塑亭亭玉立、丰腴多姿、美不胜收。

在园林的西北端，还建有两座独立的小型宫殿，分别是路易十四为其情妇建造的大特里阿农宫和路易十五为其王后建造的小特里阿农宫，可称为园中之园。

凡尔赛宫和园林是 17 世纪法国专制王权的象征，也是法国古典主义艺术最杰出的典范，并成为欧洲许多国家的国王建造自己宫殿与园林的蓝本；如奥地利维也纳的美泉宫，俄国圣彼得堡的夏宫等。

3.3.8　恩瓦立德教堂（Dôme des Invalides, Paris, 1676–1706 年）：

恩瓦立德教堂又称残废军人教堂，是路易十四下令建造的一座可容纳 4000 人的残废军人收容所的附属教堂，也是路易十四时期军队的纪念碑。建筑师为于·阿·孟莎。

恩瓦立德教堂从平面选择到整体形态都表现出完整的理性精神，是法国第一座古典主义教堂。

教堂接在旧的巴西利卡式教堂的南端，并采用集中式构图。平面为正方形，四臂等长，四角上是4个圆形的祈祷室，旧教堂部分被做成圣坛。平面的中心是一圆

3.3.8-1 恩瓦立德教堂平面图

3.3.8-2 恩瓦立德教堂外观

3.3.8-3 恩瓦立德教堂室内穹顶

形贯通两层的空间，下面一层陈放着法国已故国王拿破仑一世的灵枢。教堂高高的穹顶覆盖着平面的中心区域，显示着集中式空间的完整与统一。

教堂的立面由2个部分组成，下面是2层高的教堂的主体部分，有横向线脚划分着立面的水平层次。入口处有2层向外凸出的柱廊，中间三开间的柱廊上戴一小山花。上面部分是由带有壁柱的墙身、鼓座、穹顶和采光亭构成的、模仿罗马城的坦比哀多式构图的组合体。高举的鼓座托起饱满的穹顶，显得尤为突出醒目。穹顶表面为金色，顶部离地106.5m，造型高耸；上面有两层高窗，以加强教堂内部的采光，并为教堂创造出强烈的升腾感。教堂主体与穹顶部分的比例近乎1：1，这使得教堂主体成为一个巨大的基座，承托着高高的穹顶，使整体建筑显得稳定而和谐。

恩瓦立德教堂是法国古典主义教堂的代表，整个建筑造型轮廓清晰、庄重雄伟，体现出古典建筑的"理性之美"，并成为后来欧美一些国家建造宫殿和纪念性建筑所效法的典范。

3.3.9 旺道姆广场（Place Vendôme, Paris, 1689–1701年）：

旺道姆广场是巴黎最重要的都市广场之一，是路易十四于1685年计划兴建的一座都市广场，并且在四周配置图书馆、造币厂、外国使馆与学院。整个计划到1689年才执行，由于·阿·孟莎负责设计建造。如凡尔赛宫一样，旺道姆广场是法国历史上最辉煌的时代——路易十四统治时期的见证。

广场平面为当时喜用的抹去四角的矩形，长141m，宽126m，有一条大道从广场短边的中央通过，从而形成一道明显的轴线。中央原有路易十四的骑马铜像，法国大革命后被拆除。1806-1810年，拿破仑一世在原址为自己建造了一座高高的纪功柱。柱高44m，仿古罗马图拉真纪功柱的样式，内为石制，外包青铜。柱身有螺旋形雕饰带，上刻有拿破仑的战功。广场周围的建筑在立面

构图上由横向线脚划分为3层，底层是券柱廊式基座层，廊后为商店；中间层是2层的住宅，由贯通2层的巨柱式壁柱作装饰；屋顶部分是带有老虎窗的高坡顶。在广场两个长边的中央与广场四角转角处的墙面上有由圆柱和三角形山花组成的凸出体，以标明广场的横向轴线和中心。这种讲究全面规划、明确主从关系、追求和谐统一与有条不紊的风格，是古典主义时期广场的一大特色。

旺道姆广场在风格简朴、庄重方面堪称是完美的典

3.3.9-1　旺道姆广场鸟瞰

3.3.9-2　旺道姆广场中央的纪功柱

范，典型的建筑格局是巴黎的城市精神和建筑风格相融合的一个缩影。

3.3.10　协和广场（Place de la Concorde，Paris，1754-1763年）：

位于巴黎市中心的协和广场是巴黎最大的广场，它始建于1754年，完成于1763年，时称"路易十五广场"；法国大革命时期，更名为"革命广场"；1795年改名为"协和广场"，取"全国各族和谐、融洽、凝聚"之意。

协和广场是一个四周对外开放式的广场，由路易十五的宫廷建筑师雅克·昂日·卡布里耶（Jacques-Ange Gabriel，1698-1782年）设计建造。同旺道姆广场一样，卡布里耶将广场设计成一个内角抹斜的八边形，南北长约245m，东西宽约175m，周边由24m宽、4.5m深的大城壕（现已填平）围合。在城壕靠近广场的一侧，建有1.65m高的栏杆（现已拆除）。广场有两条轴线，在东西向轴线上，西接杜乐丽花园（Tuilerie Gardens），东连香榭丽舍（Champs Elysées）大道；在南北轴线上，北起皇家大道（La Rue Royale），南临塞纳河。广场中央原有路易十五的骑马青铜雕像，法国大革命时期被拆除，并将广场改为刑场。在1793-1795年，包括路易十六夫妇在内的2800多人在这里命丧断头台。

在广场与杜乐丽花园相接的一侧，还保留有一座装饰华丽、漂亮的大门。在广场抹斜的8个角上，各有一尊人物雕像，象征着法国八个主要的城市，分别是里尔（Lille）、斯特拉斯堡（Strasbourg）、里昂（Lyon）、马赛（Marseille）、波尔多（Bordeaux）、南特（Nantes）、布雷斯特（Brest）和鲁昂（Rouen）。

1833-1846年，路易·菲利普（Louis Philippe，1773-1850年）下令由建筑师希托夫（Jacob Ignaz Hittorf，1792-1867年）对广场进行新的建设，包括安置方尖碑、建造喷泉等工程。

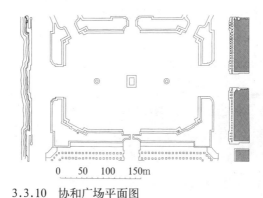
3.3.10 协和广场平面图

3.3.11 协和广场喷泉

3.3.12 协和广场方尖碑

3.3.11 协和广场喷泉（The Fountains，1836—1839年）：

在1836—1839年，协和广场上添置了两个场景宏大的喷泉和一些装饰华丽的纪念碑。纪念碑以船首图案作装饰，是巴黎城的象征。两个喷泉则是着意体现当时法国高超的航海及江河航运技术。实际上这两个喷泉只是罗马的圣彼得广场（la Place Saint-Pierre）喷泉的仿制品，广场北边的是河神喷泉（La Fontaine des fleuves），与之相对在广场南边的是海神喷泉（la fontaine des mers）。

3.3.12 协和广场方尖碑（The Obelisk）：

协和广场正中心矗立的方尖碑，高22.38m，重230t，有3400多年的历史。它是1831年由埃及总督穆罕默德·阿里（Muhammad Ali）赠送给法国的，并在1936年10月运至巴黎，被安置在协和广场中央。这座方尖碑原是一对儿中的一座，三千多年前曾被竖立在埃及卢克索（Louxor）阿蒙神庙的大门两侧。碑身纵向刻有三行古埃及象形文字，记述了拉美西斯二世（Ramses II）

及拉美西斯三世（Ramses III）法老的故事。如今，方尖碑又像一个巨形日晷的晷针，而协和广场则成了"晷面"。每天随着斗转星移，方尖碑在协和广场上一分一秒默默地投下时间，时间又一点一滴静静地凝结成历史。

法国古典主义建筑的艺术成就：

法国古典主义建筑力图表现封建王权，政治色彩浓郁。建筑师们均热衷于用古代艺术的形式来表现当时的政治与道德观念。

（1）用古罗马的建筑要素建造宫殿和贵族府邸。

（2）以古典柱式为构图要素，造型严谨。

（3）突出轴线，强调对称，讲究主从关系。

（4）注重比例，尤以数字比例关系构图为主。

古典主义建筑以法国为中心，向欧洲其他国家传播，后来又影响到世界广大地区；在宫廷建筑、纪念性建筑和大型公共建筑中采用尤多。世界各地许多古典主义建筑作品至今仍然受到赞美。

3.4 欧洲其他国家文艺复兴建筑

意大利文艺复兴建筑的影响颇为深远，在欧洲持续了几百年，尤以16-18世纪最为风行。其形式特征多为意大利文艺复兴建筑的基本构图要素与本国的传统建筑要素相结合，产生了带有各国特征的文艺复兴建筑。

3.4.1 伦敦格林尼治女王宫（Queen's House, Greenwich, London, 1616-1662年）：

16世纪中叶，文艺复兴建筑在英国逐渐确立。16世纪下半叶到17世纪初，在世俗建筑上，如在富商、权贵、绅士们的大型豪华府邸等建筑上，开始采用古典柱式作为主要构图手段。推崇意大利文艺复兴时期著名建筑师帕拉第奥严格的古典建筑手法，成为英国文艺复兴建筑的主要特征。其中，由两度游学意大利的宫廷建筑师伊尼戈·琼斯（Inigo Jones，1573-1652年）设计、位于伦敦格林尼治的女王宫就是英国文艺复兴时期一座重要的代表性建筑。

这座小府邸建筑最初是詹姆斯一世（James I, 1566-1625年）为他来自丹麦的皇后——安娜（Anne, 1574-1619年）建造的狩猎屋。它最初的平面为"H"形，1662年约翰·韦布（John Webb，1611-1672年）将原

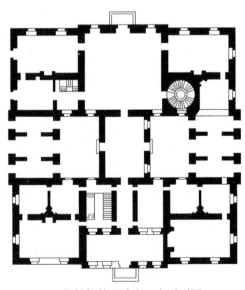

3.4.1-1 伦敦格林尼治女王宫平面图

3.4.1-2 伦敦格林尼治女王宫外观

平面的内凹处用柱廊和外墙填平，改成现在的方形平面。

女王宫平面的边长为35m，房间沿中轴线对称式布局。内部在轴线两侧设有采光天井，东北角设有一个螺旋楼梯。宫中最大的房间是会客厅，12.2m见方。王宫共3层，地下1层，地上2层。

格林尼治女王宫的立面十分简洁，整座建筑通体白色，墙面上装饰很少。其构图深受帕拉第奥风格的影响，也有意大利佛罗伦萨美狄奇府邸的痕迹。底层用大块石材砌筑，上层墙面抹灰。面向广场的立面为简洁方正的构图，室外一对弧形台阶直达地上一层。在面向花园一侧立面二层的中央，由约翰·韦布设计的一段爱奥尼柱式的柱廊与帕拉第奥设计的维琴察神职人员大楼的立面有明显的继承关系；这段柱廊具有丰富立面构图、增加立面层次的作用。

格林尼治女王宫的形式精练、单纯，构图和谐。在优美的环境中显得非常典雅。它的出现对于当时的英国来说是革命性的。

3.4.2 格林尼治海军医院建筑群（Greenwich Hospital, London, 1694-1715年）：

格林尼治海军医院建筑群位于伦敦东南部格林尼治村中，紧邻泰晤士河。它是英国建筑史上最大的文艺复兴建筑组群。这座海军医院是按照英国女王玛丽二世

（Mary II，1662-1694 年）的指令，于 1694 年以查尔斯宫的一翼为基础扩建而成。设计者是英国资产阶级革命时期最著名的建筑师之一的克里斯托弗·雷恩爵士（Sir Christopher Wren，1632-1723 年）和他的助手。

格林尼治海军医院建筑群的平面由 4 组建筑共两进院落组成。第一进院落向泰晤士河方向开放，由相同的两组建筑对称布置。每组建筑本身都是一座封闭的四合院，共三层，立面为典型的英国文艺复兴建筑样式。下面两

3.4.2-1　格林尼治海军医院建筑群鸟瞰

3.4.2-2　格林尼治海军医院建筑群入口

层的柱廊和壁柱采用巨柱式构图，成对出现。在面向泰晤士河一侧的立面上，壁柱的上面有两个对称的三角形山花。第三层很简洁，开方窗，坡屋顶，屋顶周围有栏杆。第二进院落向内收紧，尽端不封闭。这是为了突出后面的女王宫和格林尼治天文台，以及整个建筑组群的轴线。

院落两边的建筑对称布置，建筑一角的屋面上都有一个高高的穹顶。穹顶饱满有力，有罗马城坦比哀多的影子，非常醒目。两进院落形成了一个"T"字形广场。在第一进院落内，有一座乔治二世雕像。雕像的设置延长了以格林尼治天文台、女王宫为中心的轴线，并直达泰晤士河沿岸，而格林尼治海军医院建筑群也在这条轴线的控制之中。

格林尼治海军医院建筑群规模庞大，建筑雄伟。它虽然建于英国资产阶级革命之后，却是当时英国最大的文艺复兴建筑组群，也明显带有法国古典主义建筑的痕迹。

1869 年这座海军医院关闭，1873 年改为皇家海军学院。现为英国国家海事博物馆（National Maritime Museum）。

3.4.3　圣保罗大教堂（St Paul's Cathedral，London，1675-1710 年）：

圣保罗大教堂位于伦敦一个非常显要的地段上。原来的圣保罗大教堂始建于公元 12 世纪，1666 年的伦敦大火把它的大部分房间焚毁。1675 年 6 月 21 日在原址东南隅开始重建新的圣保罗教堂，1710 年竣工。建筑师也是克里斯托弗·雷恩爵士。

教堂的原平面采用八边形的集中式构图，后来在国王和教会的干涉下改成了拉丁十字式布局。内部进深 141m，中厅宽 30.8m，高 27.5m。中厅的天花用多个圆顶构成，中厅与侧廊也是由多个圆拱来分隔。在平面十字的中央是教堂的突出标志——大穹顶，其内部高度为 65.3m。

圣保罗大教堂的立面构图在入口处设双层柱廊、双柱式，下层采用科林斯柱式，上层采用混合柱式。这些高大的柱式恰当地表现出建筑物的尺度。柱廊上部的山

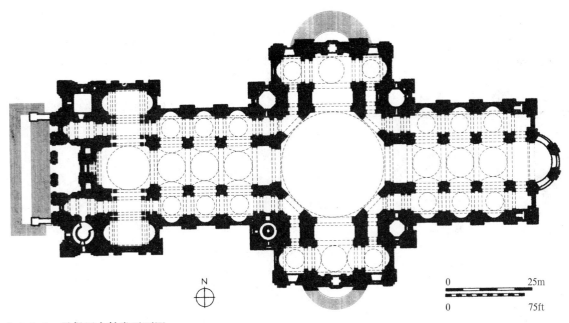

3.4.3-1　圣保罗大教堂平面图

3.4.3-2　圣保罗大教堂西面外观

花统一着立面的整体构图。山花内的雕刻的是圣保罗到大马士革传教的故事，山花顶尖上站立着圣保罗的雕像。教堂中央的大穹顶高高耸立，顶端距地面高 111.5m，由两层鼓座承托，鼓座的直径达 34m。穹顶有 3 层，外层直径达 30.8m，方砖砌筑，厚度只有 0.457m。穹顶上建有采光亭、镀金的圆球和高高的十字架，在很远的地方都可以看到它。教堂主体四周的墙用双壁柱均匀划分，每个开间和其中的窗子都处理成同一式样，使建筑物显得统一、完整、严谨。教堂的西立面两侧建有一对具有哥特遗风的钟塔，其形式与大教堂的整体风格不尽一致。

教堂内的装饰十分华丽，唱诗班席上方圆顶的天花内施以金碧辉煌的彩绘。窗户用彩色玻璃镶嵌；四周墙面上绘有耶稣、圣母和圣使徒的巨幅壁画。教堂的地下室内有许多重要人物的墓碑，包括建筑师雷恩的坟墓。

圣保罗大教堂为英国古典主义建筑的代表。整体建筑设计优雅、完美，内部空间静谧、安详，以雄伟的体量和庞大的规模享誉世界。

3.4.4　维也纳卡尔大教堂（The Karlskirche, Vienna，1715-1737 年）：

维也纳的卡尔大教堂是著名的奥地利建筑师菲舍尔·冯·埃拉（Johann Fischer von Erlach，1656-1723 年）设计的最重要的教堂建筑，也是奥地利最出色的巴洛克建筑之一。

卡尔大教堂的平面不同于过去集中式或拉丁十字式的布局方式而十分独特；即在一个较长的纵深空间的前、中、后部布置了三个横道，形成一个近似于汉字"王"字形的平面。三个横道中以第一进的最窄、最长，由主入口两侧的横廊以及两端的塔楼组成；中间一进的形式有模仿巴黎恩瓦立德教堂的痕迹，正中是一个椭圆形平面的大厅，周围有小祈祷室，屋面用椭圆形穹顶覆盖；最后一进是圣坛，与中部大厅衔接。整个平面完全是中轴对称的。

教堂的正立面构图元素非常丰富，表达出不同时代世界上著名教堂的构图要素。入口处门廊的科林斯柱式和上面的三角形山花显示出古罗马万神庙的艺术特点；门廊两

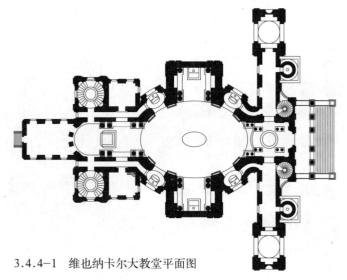

3.4.4-1 维也纳卡尔大教堂平面图

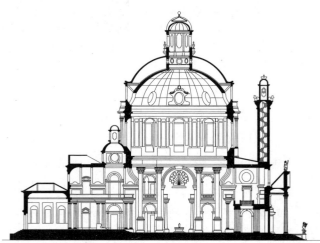

3.4.4-2 维也纳卡尔大教堂剖面图

3.4.4-3 维也纳卡尔大教堂外观

侧各有一棵仿罗马图拉真纪功柱的巨柱，其上的雕刻十分精美；主立面两端的双塔又像是在模仿伦敦圣保罗大教堂的立面构图，但在造型上则体现出浓郁的巴洛克建筑的韵味；而高达72m的大穹顶很有罗马圣彼得大教堂的遗风，其表面装饰着丰富的线脚和精美的雕刻。整个教堂的形态异质共存，有模仿，有继承，有创造，体现出十足的个性。

卡尔大教堂的内部空间也十分令人震撼。椭圆形穹顶的使用在感官上增大了空间感。教堂穹顶内的天花、墙面的壁画和圣坛上的雕塑都动感十足，十分精美。而圣坛的装饰更将教堂的内部空间映衬得金碧辉煌、富丽豪华，是奥地利巴洛克教堂建筑内部空间的典范。

3.4.5 彼得保罗大教堂（Peter and Paul Cathedral, Saint Petersburg，1712-1733年）：

彼得保罗大教堂坐落在俄罗斯圣彼得堡市涅瓦河畔的彼得保罗要塞内，由彼得大帝下令建造，瑞士建筑师多梅尼科·特列兹尼（Domenico Trezzini，1670-1734年）主持设计。这座建筑是俄罗斯第一座以基督教新教的样式和巴洛克建筑风格为特征的教堂，表达了对俄罗斯传统东正教建筑形制的背离，具有特殊的历史地位。

这座教堂原是木结构，1712年改建成石构建筑，1733年完工。教堂的平面为拉丁十字式，而不是俄罗斯东正教堂惯用的集中式。中厅与侧廊的空间用一排带有半圆形拱券的柱子划分，并用半圆形十字拱覆盖。在圣坛前，有一小穹顶伸出屋面，穹顶下有高高的鼓座，并带有一圈采光窗。穹顶造型为葱头状，是俄罗斯教堂的典型形式。

建筑的立面造型以入口处带有高高尖顶的钟楼为构图中心。钟楼主体共分5层，底层为入口，中间为3层逐渐收分的塔身，墙面开窗。顶部有两层覆钵与鼓座状的基座，其上举起高达40m的尖塔。钟楼总高度达到122.5m，一直是圣彼得堡最高的建筑（新建的电视发射塔高度超过了它），人们从很远处都可以看到它垂直的、金光闪闪的尖顶。尖塔的最顶端是一个持有十字架的天使，高3.2m，翼展3.8m，十字架高6.4m。这个天使是圣彼得堡最重要的标志之一。巨大的钟塔与后面的穹顶有着明显的主次之分，二者高低错落，对比中显示着某种协调关系。

彼得保罗大教堂的内部装修也很有特色。橡木雕成的涂金圣像壁装饰成一座三开间的凯旋门样式。圣像壁上的每一组图案都加工得极其精细准确。教堂四壁以鲜亮的颜色为基调，拱顶绘有各式装饰图案。拱形窗边挂有 18 幅彼得大帝时期著名的艺术家绘制的以福音故事为题材的绘画。大厅悬挂着镀铜吊灯和有色水晶灯架，内壁饰有 43 幅精雕细镂的木刻雕像。整个内部装饰从色彩、装饰图案与材料等方面都表现出巴洛克建筑应有的特色。

教堂内有从彼得大帝到亚历山大三世俄国历代沙皇的陵墓，许多大公也埋葬于此，并立有大理石墓碑。

彼得保罗大教堂的独特造型和高高的尖塔，使它成为当地最重要的一处人文景观，也是俄罗斯建筑史上的一件杰作。

3.4.5　彼得保罗大教堂外观

3.4.6　俄罗斯海军总部（The Admiralty，Saint Petersburg，1806–1823 年）：

俄罗斯海军总部坐落在圣彼得堡市中心，冬宫西面，涅瓦河南岸。总部奠基于 1704 年，原为木构建筑。1732–1738 年，由建筑师伊万·克罗波夫（Ivan K.Korobov）将其改建为石构建筑，并升高了中央塔楼。1806 年，由建筑师扎哈洛夫（Adrian Dimitrievich Zakharov，1761–1811 年）负责对其进行扩建，并改造了临广场一侧的立面，1823 年完成。改造后的俄罗斯海军总部是俄罗斯古典主义建筑的代表作品。

海军总部的平面为"凹"字形，408m 长，163m 宽，对称式布局。建筑内有一条 14m 宽的廊道将建筑分为内外两部分。外面的为办公部分，面向城市广场；里面的为工厂车间，面向涅瓦河。

建筑的主立面很长，但扎哈洛夫在两端进行了典型的古典主义划分，即横向分为 5 段。以中央塔楼的大拱门为主轴线，两端又各布置了一组次轴线。次轴线上的建筑是一个由 12 棵柱式和山花组成的突出体，形似古希腊神庙。为建筑点染了十足的古典主义建筑韵味。

中央部位的塔楼高达 73m，采用自下而上层层收分的手法。塔楼顶部的尖塔像一根闪闪发光的镀金长针，23m 高，八角锥形，上面有一艘彼得大帝旗舰的模型。塔尖下面有八角形的采光亭，再下面是平面为正方形的爱奥尼柱廊，每面看是 8 棵，共 28 棵。柱廊的檐口上对应有 28 尊雕像，分别代表古希腊神话中的天空、大地、水、

3.4.6　俄罗斯海军总部鸟瞰

火和四季诸神。不仅如此，雕塑家还总共用了 56 座大型塑像、11 幅巨型浮雕、350 块壁画来装饰整座大厦，使建筑成为名副其实的艺术殿堂。

俄罗斯海军总部的设计结合了古典主义建筑艺术和俄国本土建筑艺术的特点，庞大的规模和精致的构图成为当时圣彼得堡最著名的城市建筑之一。它过去是海军总部所在地，现已改为海军学校。

3.4.7　冬宫（Winter Palace，Saint Petersburg，1754–1762 年）：

冬宫坐落在俄罗斯首都圣彼得堡市涅瓦河南岸的圣彼得堡广场上。是彼得大帝的女儿伊丽莎白·彼得罗夫娜女皇（Empress Elizabeth，1709–1762 年）所建的皇宫。后经过大火和战争的破坏而多次改扩建，形成目前的规模。最初的建筑师为意大利人巴托洛米欧·拉斯崔立（Bartolomeo Rastrelli，1700–1771 年）。他的父亲是一位雕刻家，16 岁时他同父亲一起来到俄罗斯。

冬宫占地 9 万 m^2，建筑面积 4.6 万 m^2。它面朝广场，背靠涅瓦河，旁临海军部。它的平面呈"口"字形，为封闭的院落式布局。宫殿长约 230m，宽 140m，高 22m，地上 3 层。宫内共有 1057 间厅室、1886 座门、1945 扇窗。

冬宫面向广场一侧的立面是建筑的主立面，中央入口部分向外凸出，有 3 扇拱形铁门。墙面采用巨柱式加叠柱式的构图，檐口上有三角形山花控制着入口处的整体构图。建筑的一层和檐口处用两层线脚做水平向划分。檐口上的女儿墙是透空的栏杆，上面每隔一段距离设有一个雕像，形态各异。

这座建筑的艺术特色十分鲜明。立面的水平向划分、对称式布局和柱式构图有法国古典主义建筑的影响，表现出规整严谨的理性精神；同时，柱式上的额枋曲曲折折，又体现着强烈的非理性特色，门窗上的圆弧形和三角形窗楣构图复杂，布满雕塑，有明显的巴洛克建筑意味。在色彩方面，建筑的外观以嫩绿色为主调，配以白色的柱身和金黄色的柱头，也有很强的洛可可建筑特征。

整座建筑装饰很多，艺术手法层出不穷，包含着明确而清晰的构思。在材料的使用上，以各色大理石、孔雀石、石青石、斑石、碧玉镶嵌为主，辅以包金、镀铜等细部点缀。墙面配以各种质地的雕塑、壁画、绣帷装饰，使得建筑从内到外都色彩缤纷，富丽堂皇。

冬宫一直是沙皇俄国的皇宫，活泼的构图、精美的装饰、绚丽的色彩都体现出皇室宫殿建筑的雄伟气势。

苏联革命后，冬宫成为全国最大的博物馆——国立埃尔米塔日博物馆。馆内有展品 270 万件，足可与伦敦的大英博物馆、纽约的大都会博物馆和巴黎的卢浮宫相媲美。

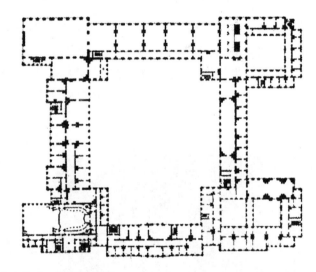

3.4.7-1　冬宫平面图

3.4.7-2　冬宫外观

4　欧美资产阶级革命时期的复古思潮建筑

欧美各国的资产阶级革命是从英国开始的。与法国相比，英国在 15 世纪末建立了中央集权的民族国家。1642 年，英国爆发了资产阶级革命。1649 年，建立了以资产阶级为代表的科伦威尔共和政体。1659 年由于社会矛盾，资产阶级向国王投降，于是王朝复辟。1688 年，资产阶级发动政变，建立了君主立宪制，直到如今。

英国的资产阶级革命具有重大的历史意义，它是人类历史上资本主义制度对封建制度的一次重大胜利。它为英国资本主义的迅速发展扫清了障碍，揭开了欧洲和北美资产阶级革命的序幕，标志着近代史的开端。

此后，1775-1783 年，美国的独立战争爆发，并于 1776 年 7 月 4 日发表了著名的《独立宣言》，标志着美利坚合众国的诞生。

1789-1794 年，法国资产阶级革命爆发，摧毁了法国国内腐朽的封建制度，建立了资产阶级共和国。

资产阶级革命的意义：

标志着一个新型的社会形态——资本主义的建立；

新的生产关系的建立促使生产力极大地提高；

促进了科学技术的进步；

引发了工业革命——手工工场转化为大机器工业。

工业革命改变了世界的面貌，它标志着人类社会开始了由农业文明向工业文明的转型；标志着工业化社会将逐步建立；标志着社会的方方面面将发生深刻的变革。而建筑的发展在很大程度上是滞后于社会发展的。在建筑领域首先是伴随着资产阶级革命而出现的复古思潮。从 19 世纪下半叶开始，探索与时代发展相吻合的新建筑运动才开始产生。

4.1 古典复兴建筑（Classical Revival Architecture）

古典复兴建筑是 18 世纪 60 年代至 19 世纪末资本主义建立初期，流行于欧美的一种建筑潮流。这类建筑采用严谨的古代希腊、罗马建筑形式，即以古典柱式、穹顶等古典建筑要素作为建筑立面构图的主要标志，又称新古典主义。

4.1.1 巴黎的万神庙（The Panthéon，Paris，1756–1792 年）：

巴黎万神庙原是路易十五献给巴黎守护神圣什内维埃芙（Ste-Genevieve）的教堂。法国大革命时重新命名为存放法国名人（包括卢梭、居里夫妇、雨果和万神庙的建筑师等人在内的重要人物）骨灰的先贤祠，改称为万神庙。由法国当时著名的建筑师 J·G·索夫洛（Jacques Germain Soufflot，1713–1780 年）设计。

教堂平面原为希腊十字式布局，竖道长于横道一个开间。它的平面东西方向长 110m，南北方向宽 85m，每个方向的开间为 32m 宽。在十字的中央建有高大的穹顶，穹顶内径 20m，在鼓座上开有一圈的窗子，穹顶的中央也开有圆洞。在十字的 4 个臂上，也各有一个穹顶覆盖。这些穹顶均用帆拱和柱墩来支撑。

万神庙的穹顶在立面上是罗马城坦比哀多式的造型，顶端有采光亭，高达 85m。万神庙的入口立面由高大的柱廊和三角形山花构成，与罗马万神庙的入口十分相似。柱廊正面有 6 棵，两侧各有 6 棵，共计 18 棵 19m 高的科林斯柱子支撑着上面的大山花。山花内有法国女神为伟人戴桂冠的浮雕。

巴黎万神庙的形体简洁，内部空间开阔，是法国古典复兴建筑的典范。尤其是它那高大的穹顶控制着建筑的整体构图，使之成为巴黎城市轮廓的重要标志；可与罗马的圣彼得大教堂、伦敦的圣保罗大教堂和佛罗伦萨大教堂相媲美。

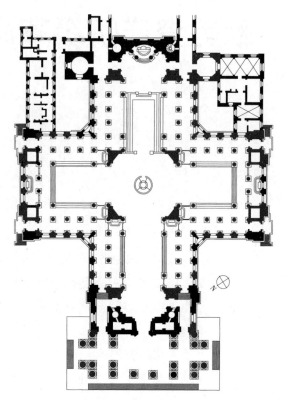

4.1.1-1 巴黎的万神庙平面图

4.1.1-2 巴黎的万神庙外观

4.1.2　玛德莱娜教堂（L'église de la Madeleine，Paris，1806–1842 年）：

位于法国巴黎协和广场北端的玛德莱娜教堂也称军功庙，是拿破仑帝国时期的代表建筑，古典复兴建筑的典型作品。它是一座颂扬对外战争胜利的神庙，还是世界上最早使用铸铁结构的建筑之一。建筑师为 P·维尼翁（Pierre Vignon，1763–1828 年）。

玛德莱娜教堂的平面采用古希腊围廊式庙宇的形制，其灵感来自法国尼姆城的四方神庙。建筑外围一圈柱廊，正面 8 棵，侧面 18 棵，总共 52 棵 20m 高的科林斯柱子。柱间距近 2m，约为柱径的两倍。建筑的面宽 43m、高 30m、全长 107m，体量巨大。

教堂的内部中厅上空覆盖着 3 个圆穹顶，其下通过帆拱和柱墩承接，整个结构体系明确。因为使用铸铁结构，穹顶的跨度很大，空间宽敞。但是内部没有自然光的引入，全靠人工照明；内部空间十分幽暗，形成神秘压抑的气氛。

教堂整体坐落在高高的基座上，基座高 7m。柱式上面的檐板和三角形山花内都是动感十足的浮雕作品，采用圆雕手法，立体效果十分突出。围廊里层的围墙用粗石块砌筑，未加任何装饰，更加烘托出建筑威严、肃穆的气氛。

拿破仑死后，建筑几经易名，现在又被称为圣玛德莱娜教堂。

4.1.3　雄狮凯旋门（Arc de Triomphe，Paris，1806–1836 年）：

雄狮凯旋门坐落在巴黎市中心星形广场的中央，是世界上最大的凯旋门，也是法国古典复兴建筑的代表。著名的香榭丽舍大道与它相连。凯旋门是拿破仑于 1806 年 2 月为纪念他在奥斯特利茨战役中战胜奥俄联军的功绩，下令在巴黎市中心兴建的。建筑师为 J·F·查尔金（Jean-François Chalgrin 1739–1811 年）。

凯旋门的立面为方形构图，高 50m，宽 45m，厚 22.3m。四面各有一门，中心拱门高 36.6m，宽 14.6m。凯旋门竖向由三部分组成，分别是檐部、墙身和基座，各部比例匀称。门上没有使用柱式，只有墙身一道线脚，檐口部分也很简洁。在拱门两侧的内壁和外墙上有许多精美的雕刻。内壁刻的是拿破仑东征西讨的上百个战役的浮雕。外墙上刻有取材于 1792–1815 年法国战史的巨幅雕像。其中最吸引人的是刻在门右侧墙壁上著名的《马赛曲》浮雕，人物形态十分传神，在世界雕塑史上占有重要地位。

4.1.2　玛德莱娜教堂

4.1.3–1　雄狮凯旋门

4.1.3-2　星形广场平面图

4.1.4-1　大英博物馆鸟瞰

凯旋门内设有电梯和螺旋楼梯，可直达凯旋门屋顶。螺旋楼梯有273级，采用石材铺就。凯旋门的上部有一个小型的历史博物馆；馆内陈列着许多有关凯旋门建造史的图片和历史文件，以及介绍法国历史上伟大人物拿破仑生平事迹的图片和558位随拿破仑征战的将军的名字。

凯旋门下是一环形广场，是凯旋门建成后修建的，称为星形广场(Place Charles de Gaulle，1892-1899年)。星形广场以雄狮凯旋门为中心，直径约300m，12条道路从广场中心辐射出来，道路的宽度40-80m不等。其中最著名的就是向东南延伸的香榭丽舍大街，直达埃菲尔铁塔，是巴黎市一条重要的景观轴线。

4.1.4-2　大英博物馆外观

4.1.4　大英博物馆 (The British Museum, London, 1825-1847年)：

大英博物馆，又称不列颠博物馆，位于英国首都伦敦北部布鲁姆斯伯里区（Bloomsbury）的罗素大街，是世界上最早的公立国家博物馆。大英博物馆由建筑师罗伯特·斯默克爵士 (Sir Robert Smirke，1780-1867年)

4.1.4-3　大英博物馆大庭院

设计，是英国古典复兴建筑的代表作之一。

大英博物馆占地约五万 m²，主要建筑面积约十万 m²。博物馆的平面以中央正方形庭院为中心，在周围布置主要展厅建筑，主入口在平面的中央，并作内凹式处理，留出前面一个大的平台。建筑的总体平面布局比较自由，没有明确的轴线和对位关系。这种平面布局方式适应了当时公共建筑具有复杂功能要求的新特点，反映了新时期建筑发展的一个趋势。

大英博物馆的立面具有典型的古希腊建筑特点。其正立面用单层的爱奥尼柱廊环绕，主入口的柱廊上冠有三角形大山花，两侧配以去掉了山花的柱廊，强调了明确的主次关系。

1857 年，大英博物馆对读者开放。包括萧伯纳、马克思、列宁等在内的许多著名人物曾在此学习过。到 19 世纪 50 年代末，大英博物馆基本上形成了今天的规模。

20 世纪 90 年代，大英博物馆原有馆舍的规模已经无法满足参观者的使用需要。1994 年，大英博物馆开始了包括大庭院（The Great Court）在内的大规模扩建工程。由诺曼·福斯特爵士（Sir Norman Foster，1935 年 –）担任总体设计。在扩建工程中，福斯特大胆地将一个巨大的玻璃顶覆盖在大庭院上，使新老建筑达到完美的结合，成为一个范例。作为英国伦敦千禧年的标志性建筑之一，大英博物馆扩建工程于 2000 年竣工，并于当年 12 月正式对游人开放。

4.1.5　柏林勃兰登堡门（The Brandenburg Gate, Berlin，1788–1791 年）：

勃兰登堡门因通往勃兰登堡而得名，最初建于 1734 年；是原柏林城墙上的一道城门，用来控制城市进出的人流和货物。现今的勃兰登堡门建于 1788–1791 年，位于柏林荣耀广场（Pariser Platz）西侧，是柏林最著名的景观之一。它由德国著名建筑师朗汉斯（Carl Gotthard Langhans，1732–1808 年）设计，以希腊卫城山门为蓝本。

4.1.5　柏林勃兰登堡门夜景

勃兰登堡门共有 5 个开间，中央开间略大于两侧。门的总宽 65.5m，高 26m，进深 11m。两边共有 12 棵古希腊式多立克柱子，每边 6 棵，柱高 15m，底径 1.75m。柱式的比例稍显纤细，下有柱础，不如古希腊多立克柱式粗壮。进深方向的每列柱子之间有隔墙，上面刻有文字。檐部简洁，檐口的陇间板上饰有浮雕。檐部上方没有山花，而是模仿古罗马凯旋门的方式做了一段女儿墙，并在中央位置设计了一座带有翅膀的和平之神驾驶四马二轮战车的雕像。门的两翼还有风格类似的门房。

勃兰登堡门是柏林的第一座古典复兴建筑，以希腊复兴为主。

4.1.6　柏林老博物馆（Altes Museum, Berlin，1824–1828 年）：

柏林老博物馆坐落在柏林著名的博物馆岛上，是该市最古老的博物馆。由德国著名建筑师辛克尔（Karl Friedrich Schinkel，1781–1841 年）设计，是德国古典复兴建筑的又一例证。

博物馆的平面为长方形，共两层。建筑的整体布局以一个空间尺度很大、仿自罗马万神庙式的圆形大厅为中心，展室沿建筑周边设置。大厅的穹顶天花内也有逐层向内镶嵌的格子，20棵科林斯柱子支撑着二层的环廊；柱间与环廊的壁龛里设有雕像，大厅两侧是两个内院式天井。所有展览空间都是尺度一致的房间，串联式布局。正对入口处是两部横向布置的楼梯。建筑的面阔为80m，进深约四十多米。

建筑的立面由辛克尔设计了一排带有18棵12m高的爱奥尼柱子的柱廊，开间均等，没有变化。柱廊承接檐口，檐口上对应每棵柱子的位置都有一座雕塑。入口占据了5个开间的宽度，透过柱廊隐约能看到门厅内向上的楼梯。建筑内圆形大厅的穹顶为了不与旁边柏林大教堂的穹顶相争而在屋面上隐去。

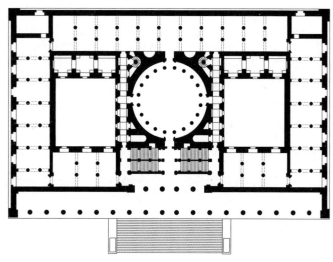

4.1.6-1　柏林老博物馆平面图

4.1.6-2　柏林老博物馆外观

柏林老博物馆整个立面构图单纯简洁，体现了古希腊建筑的端庄与典雅。

4.1.7　柏林国家剧院（Schauspielhaus，Berlin，1818-1821年）：

柏林国家剧院是19世纪德国最重要的表演艺术中心，是德国古典复兴建筑的杰出代表。它是在朗汉斯较早设计的话剧院的遗址上重建的，由德国建筑师辛克尔设计，新设计保留了原建筑门廊上的6棵爱奥尼柱子。

剧院的平面简单地分为三个部分，对称式布局。中央是舞台和一个半圆形的观众席，两侧对称布置了排演厅和附属用房，观众席共有5层包厢，1821个座位。

在建筑立面中，辛克尔极力效仿古希腊的建筑形式和构图方法。入口门廊为典型的希腊神庙样式——爱奥尼柱式与三角形山花的构图。观众厅的立面与入口门廊上下重叠，也为三角形山花构图。入口处高高的台阶直达观众厅，同时也满足了立面造型的需要。整座建筑造型简洁，在不同体量上使用了相同的线脚来增加建筑的整体性。

柏林国家剧院是一座典型的现代公共建筑披上古典建筑外衣的实例。在这座建筑中，室外的古典建筑外观完全服务于一栋功能要求复杂的公共建筑，形式与功能之间的矛盾凸显。

4.1.7　柏林国家剧院

4.1.8 华盛顿白宫 （White House, Washington, D.C., 1792-1801 年）：

白宫是 1792 年美国举行的"总统之家"建筑设计竞赛的获奖作品。当时美国的首任总统华盛顿（George Washington，1732-1799 年）对这座未来的总统官邸非常感兴趣，亲自选中爱尔兰出生的建筑师詹姆斯·霍本（James Hoban，1762-1831 年）设计方案作为胜出作品。同年 10 月 13 日由华盛顿亲自选址、奠基，1800 年基本完工。1902 年，第 26 届美国总统西奥多·罗斯福(Theodore Roosevelt，1858-1919 年) 将其正式命名为"白宫"。它位于华盛顿特区宾夕法尼亚大街 1600 号，是美国总统办公和居住的地方。

白宫占地 7.2hm²，坐南朝北，由大片漂亮的绿地和树木环绕，由主楼和东、西两翼三部分组成。经过多次改建，房间由过去的六十多间增加到现在的 132 间。白宫主楼的平面为矩形，宽 51.51m，进深 25.75m，共有 3 层。底层有外交接待大厅、图书室、地图室、瓷器室、金银器室和白宫管理人员办公室等；外交接待大厅呈椭圆形，在南侧，是总统接待外国元首和使节的地方。一层的北面是白宫的正门，门厅内的墙面、地板和柱子均采用大理石饰面，气魄宏大，宽敞明亮；四周墙上挂着 20 世纪美国总统的肖像。东大厅、绿厅、蓝厅、红厅和宴会厅依次相邻；东大厅是白宫中最大、装饰最豪华的厅室，长约 24m，宽约 11m，高约 2.5m，可容纳 200 多人，供美国总统家庭举行重要仪式时使用。三层为总统全家居住的地方。白宫西翼是由西奥多·罗斯福总统主持修建的，于 1902 年建成，用于办公；其中最主要的厅室是西翼内侧的椭圆形总统办公室。东翼由富兰克林·罗斯福（Franklin D. Roosevelt，1933-1945 年）总统主持修建，于 1941 年建成，作为客房。东西翼与主楼用走廊连接。白宫的后花园就是著名的南草坪，也称总统花园，是举行正式仪式欢迎国宾来访的地方。

白宫的立面是詹姆斯·霍本根据 18 世纪末英国乡间别墅的样式，融合了当时在英国流行的帕拉第奥风格设计而成的。主楼一层的北面是白宫的正门，门廊由粗大的乳白色爱奥尼石柱支撑，正面 4 棵，两边各 2 棵。门廊上面有三角形山花，山花内为白墙，无雕刻。南立面有圆弧形柱廊凸出于墙外，爱奥尼柱式采用贯通两层的巨柱式构图。整座建筑的外观非常简洁，外墙的窗楣上有简单的三角形或圆弧形山花。檐口简洁，女儿墙每隔一段设有镂空的栏板。

掩映在青草绿树丛中的白宫，体态轻盈，构图简洁，色彩纯净。高达两层的柱廊、透空的栏板和简约的立面显示出帕拉第奥风格对这座建筑的影响。

4.1.8-1 华盛顿白宫南侧外观

4.1.8-2 华盛顿白宫北侧入口

4.1.9 美国国会大厦（United States Capitol，Washington，D.C.，1793–1866 年）：

美国国会大厦是华盛顿特区一栋充满古典色彩的建筑。原始设计是由移居美国的业余建筑师威廉·商顿（William Thornton，1759–1828 年）完成。1793 年 9 月 18 日，华盛顿总统亲自奠基，国会大厦开始兴建。至 1866 年大穹顶完成时为止，在七十多年的修建和改建过程中，历经数位建筑师的修改，才形成目前的规模和面貌。

国会大厦占地面积为 16273.7m²，建筑面积为 66773.2m²，总长为 229m，总宽为 106.68m，到穹顶顶端的自由像头顶的高度为 87.78m。各层总共有 540 个房间；房间内共有 658 扇窗，穹顶内有 108 扇窗；建筑内外总共有 850 扇门。

建筑的平面以中央圆形的国家雕像大厅（National Statuary Hall）为中心，左右对称式布局。大厅直径为 29.26m，高为 55m。共有代表美国 50 个州的雕像 100 座，每个州选送 2 座，都是对本州有特殊贡献的历史名人。

建筑共分 5 层。一层除圆形大厅外，还有一些国会各委员会及其官员们的办公用房。二层的南翼为众议院用房，北翼为参议院用房，以及国会官员的办公用房；二层的另一个空间是陈列一些描述美国历史和事件的绘画、雕塑等艺术品的展厅。三层主要是会议室、一些委员会的办公用房和新闻发布会场。四层也是办公用房。地下层是设备用房。

建筑的立面以中央穹顶为控制中心，向两侧舒展延伸。穹顶由两层高高的鼓座托起，外观很简洁，没有过多复杂的装饰。穹顶的两肋之间有椭圆形的开窗。上层鼓座顺沿穹顶的肋做方形壁柱，壁柱上贴浮雕，壁柱之间

开通高的拱券窗。下层的鼓座周围用一圈古罗马混合柱式围成柱廊。穹顶上高耸着一座采光亭，上面有象征自由的雕塑，像高 5.94m。整个穹顶体系仿照巴黎的万神庙，都源自罗马的坦比哀多，造型既丰满雄伟，又简洁明快、坚实通透。

建筑东西两侧的立面构图略有不同。东立面的主入口和南北两翼都有由三角形山花主导下的柱廊和高高的大台阶；西立面则只有柱廊而去掉了山花，而且在中央柱廊的两侧设有两组大台阶。所有柱廊的柱式均为古罗马的混合柱式，是古典复兴建筑中典型的罗马复兴的做法。

国会大厦的结构技术有很大的创新，尤其是它的大穹顶，首次采用了铸铁构架。

美国国会大厦融合了古罗马时期的一些建筑元素，也受意大利文艺复兴和法国古典主义时期建筑的影响。它以华丽、雄伟、简洁、实用为特点，成为美国新古典主义建筑风格的优秀代表。

4.1.9 美国国会大厦外观

4.2 浪漫主义建筑（Romanticism Architecture）

浪漫主义建筑是18世纪中后期至19世纪下半叶以英国为中心的一种艺术思潮，在建筑上表现为以复兴中世纪的贵族寨堡、东方情调为主的先浪漫主义和以复兴哥特式建筑为主的后浪漫主义两种形式。主要反映的是英国的一些艺术家们对资本主义和工业化的不满，以及对中世纪艺术的眷恋。

4.2.1 丘园（Kew Gardens, London, 1761-1762年）：

丘园又称皇家植物园（Royal Botanic Gardens），位于伦敦西南，是英国最大的植物园。最初是为威尔士公主奥古斯塔（Augusta）建造的植物花卉园。因为它的所在地称为丘（Kew），奥古斯塔公主的府邸也称为丘宫，所以这座园林亦被称为丘园。设计者为英国国王乔治三世的老师钱伯斯（William Chambers，1723-1796年）。

丘园占地300英亩，现有植物38000余株。其布局以自然为主，少有人工雕琢的痕迹，在英国属于风景式园林一派；其主要特色是钟情于纯自然之美，以理性、客观的写实，侧重于再现大自然风景的具体实感。其创作手法是把大自然的构景要素经过艺术地组合，自然地呈现在人们眼前。

因为钱伯斯曾经受到东方园林设计思想的影响，所以，丘园不是一座单纯的风景式园林，还蕴涵一些东方文化的情调。其中它那建于1762年的中国式塔（pagoda）的设计更显示出钱伯斯对东方文化的浓厚兴趣。该宝塔的平面为八角形，楼阁式，共10层，高约50m。每层的高度减小一英尺，直径也减小一英尺。首层有一圈外廊，其余各层都有栏杆。每层的各个面都发券，有的为门，有的为窗。这座塔是当时欧洲最高的中国建筑。历经二战的炮火和1987年横扫英格兰南部的飓风的洗礼，依旧安然无恙，足以看出它的稳定性是非常好的。

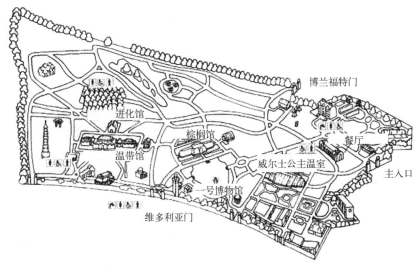

4.2.1-1 丘园总平面图

4.2.1-2 丘园中的中国塔　4.2.1-3 丘园中的温室

1841年丘园成为国有，并进行了扩建，成为英国的园艺研究基地。

4.2.2 英国国会大厦（Houses of Parliament, London, 1834-1870年）：

英国国会大厦的前身是位于伦敦泰晤士河畔的皇家西敏宫，1834年的一场大火将其烧毁，英国政府决定在此兴建新国会。在政府组织的竞赛中，贝利（Charles Barry，1795-1860年）与普金（Augustus Welby Northmore Pugin，1812-1852年）合作的带有典型哥特式复兴风格的方案一举夺魁。1870年，国会大厦建成。

英国国会大厦占地三万余平方米。平面布局上比较自由，南侧是国会的上院，北侧是下院。所有房间基本都安排在一条南北向的交通线上，分别设置下院（House of Commons）、下院门厅、中央门厅、上院（House of Lords）、王子厅及皇家长廊等房间。两院都有各自大量的附属房间，包括办公楼、餐厅、图书室、休息室等，使用很方便。在纵横两个轴线的交点上有一个八角形的中央大厅，是进入上下两院大厅的交通枢纽。整座建筑内

共有一千多间房屋，十几个院落。

国会大厦的正面朝西，非对称式布局。东面濒临泰晤士河，立面长达266m。在建筑风格上，国会大厦是英国后浪漫主义或哥特复兴建筑的代表作。建筑主体共三层，外观上尖塔与尖券将中世纪哥特式建筑的特色表现得淋漓尽致。而高大的大本钟（Big Ben）、维多利亚塔和圣斯蒂芬塔更为建筑构筑了多个构图的控制点和复杂的轮廓线。最著名的是北端的大钟楼，它高达96.3m的尖塔已成为伦敦的标志。里面著名的大本钟重达13t，每小时报时一次，钟声响起时远近可闻，走时准确。维多利亚塔是这座建筑的最高点，位于西南角，塔高103m。塔顶的四角上有四个小尖塔，中央为旗杆，高举着英国国旗。两座塔楼的形式差别很大，但都以哥特式尖塔来表现浪漫主义所追求的富于变化的轮廓线。1941年5月，大厦遭到德军轰炸，后来由建筑师斯考特（Sir Giles Gilbert Scott，1880–1960年）主持修复。

英国国会大厦优美的轮廓线和细腻的装饰风格已经成为伦敦泰晤士河畔最重要的建筑。也正因为国会大厦极正统的哥特风格，使英国的浪漫主义建筑又有了"哥特复兴"的别称，而国会大厦也成为英国人心目中最美丽的建筑之一。

4.2.2-1 伦敦英国国会大厦鸟瞰

4.2.3 布莱顿皇家别墅（Royal Pavilion，Brighton，1815–1822年）：

布莱顿位于伦敦正南方80km，与法国隔海相望。18世纪末，威尔士王子（Prince of Wales，即后来于1820–1830年统治英国的乔治四世）在此买下一间农舍，经过不断的改造扩建，成为今天布莱顿的标志性建筑——皇家行宫（Royal Pavilion）。目前别墅的主体是由约翰·纳什（John Nash，1752–1835年）在1815年设计的。

这座别墅的主要特色表现在建筑的外部形态和室内装饰上对于印度与中国建筑的模仿，从而表现出强烈的崇尚东方情调的浪漫主义情怀。

4.2.2-2 伦敦英国国会大厦细部

别墅的立面为对称式构图。屋顶有多个大大小小的"洋葱头"式穹顶、小塔柱和两个"大帐篷"式的屋顶，这些装饰性的屋顶明显是在模仿印度泰姬陵的建筑元素。在入口门廊之间采用伊斯兰传统建筑中"火焰券"式的镂空雕花板。在由弗雷德里克·克雷斯（Frederick Crace，1779—1859年）设计的室内装饰中，中国传统文化的特色十分突出。如在小宴会厅中有红色的窗帘、墙壁上金色的饰物和玉兰花式的吊灯；用竹子做装饰的楼梯间、镀金的龙等。都表现出明显的模仿东方文化的痕迹。

这座别墅的另一个特点是对铸铁材料的使用。它的大穹顶重达50t，由铸铁做框架，由铁柱来支撑。这是欧洲建筑较早采用生铁这种新建筑材料的代表，只不过它是将这种新材料用到了仿古建筑上。

4.2.3-1　布莱顿皇家别墅外观

4.2.3-2　布莱顿皇家别墅剖视图

4.3 折中主义建筑（Eclecticism Architecture）

折中主义建筑是 19 世纪上半叶至 20 世纪初，流行于欧美一些国家的一种建筑风格。所谓折中（Eclectic）有随处取材之意，所以折中主义建筑的特点就是集各种风格于一身。折中主义没有固定的风格，只讲究比例权衡的推敲、讲究纯形式美。但在各国的建筑实例中，折中主义常常表现出两种不同的倾向：其一是任意模仿历史上的各种建筑风格；其二是将历史上各种不同的风格要素自由地组合在一栋建筑上。

4.3.1 巴黎歌剧院（L'Opéra, Paris, 1861−1875 年）：

法国的巴黎歌剧院是法兰西第二帝国的重要纪念物，是 19 世纪中叶折中主义建筑在法国最为典型的代表作品。它的方案是 1860 年 12 月举行的设计竞赛的获奖作品，建筑师是 35 岁名不见经传的查尔斯·加尼叶（Charles Garnier, 1825−1898 年）。

剧院于 1861 年奠基，1862 年正式开工建设。其间经历几次战争和意外事件，延缓了建设速度，直到 1874 年工程全部完工；1875 年 1 月 15 日第一场演出在巴黎歌剧院隆重上演。

剧院平面采用对称式布局，总建筑面积 11000m²。在主轴线上依次布置主入口、入口大厅、观众席、舞台和后台区等几部分。在横轴两侧各有一个较大的次要入口。观众厅的布局为多层马蹄形包厢加池座的方式，有

2150 个座席。池座部分宽 20m，进深 28.5m。它的舞台是当时全世界最大的，宽 32m，深 27m，高 33m，可容纳 450 名演员同时演出。

剧院的正立面为两层，在构图上用水平线脚划分为 3 层。下层是等距离并置的共 7 开间的厚重券廊；二层用 8 对古罗马混合柱式控制整体构图，并在两端各有一开间用圆弧状山花覆盖；三层为女儿墙，同样在两端有凸出体，其上设两组人物雕像。观众厅包厢的穹顶伸出屋面成为立面的轴线标志。在风格上，它有模仿欧洲建筑史上多种建筑要素的特征：有意大利文艺复兴时期的柱式构图，有法国古典主义建筑立面上的纵横划分，还融合了巴洛克建筑对光影和雕塑的运用等；对欧洲各国建筑有很大影响。

剧院的室内大厅有一座白色大理石的大楼梯，栏杆为红色和绿色大理石。富丽堂皇的门厅四壁和廊柱布满巴洛克式的雕塑、挂灯、绘画。天花是圆弧形的，贴有

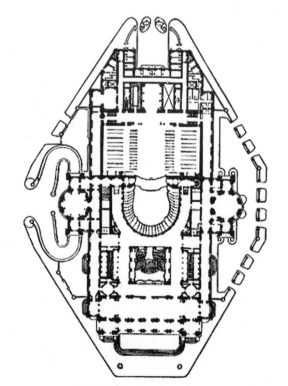

4.3.1−1 巴黎歌剧院平面图

4.3.1−2 巴黎歌剧院外观

4.3.1−3 巴黎歌剧院入口楼梯

漂亮的马赛克。观众席上面的穹顶用绿色大理石打造。休息厅很大，也很讲究，里面装修豪华，艺术氛围浓郁，是观众休息、社交的好场所。

巴黎歌剧院的建造使用的是当时最先进的技术和结构形式——铁框架，十分轻巧。但是，为了符合折中主义风格的建筑效果，建筑师将结构部分包裹得非常严实，没暴露一点新材料和新结构的痕迹。

巴黎歌剧院是一座装饰十分豪华的建筑，是法国19世纪最重要的观演建筑；也是折中主义建筑师任意模仿历史上各个时期建筑风格，或自由组合各种建筑要素的产物；还是一座比例均衡，注重形式美的建筑佳作。

4.3.2 巴黎圣心教堂（Basilique du Sacré-Cœur, Paris，1875—1914年）：

巴黎圣心教堂是普法战争后，两位幸存的天主教商人捐资兴建的天主教堂。工程由巴黎的基督教主教主持，保罗·阿巴迪耶（Paul Abadie，1812—1884年）设计。于1875年奠基，1914年建成，1919年正式投入使用。

教堂建于巴黎北部蒙马特地区（Montmartre）的山丘之上。平面为拉丁十字式布局，总长85m，宽35m。在十字交叉点和平面四角分设1大4小共5个穹顶，大穹顶高达55m，直径16m。圣坛后矗立一座钟塔，塔高84m，塔内的大钟重达18t，号称是世界上最重的大钟。在欧洲宗教建筑中，将钟塔置于教堂圣坛后部的做法极其少见。

教堂的立面为典型的对称式构图。入口为三开间的门廊，门廊上有两尊骑马雕像。门廊之后正立面山墙之下有一个摆放耶稣雕像的壁龛，它打破了山花的完整形式。教堂的主穹顶和周围的4个小穹顶皆为双圆心穹顶。每个穹顶上都有高高的采光亭。

圣心教堂高耸的穹顶与鼓座以及厚重的墙身呈现出拜占庭建筑的风格特征；同时，连续拱券的使用又兼具罗曼建筑的表现手法。都为这座教堂点染着浓郁的折中主义建筑的风貌特征。

4.3.2-1 巴黎圣心教堂鸟瞰　　4.3.2-2 巴黎圣心教堂室内

4.3.3 林肯纪念堂（Lincoln Memorial，Washington, D.C.，1915—1922年）：

林肯纪念堂是为纪念美国第16任总统林肯（Abraham Lincoln，1809—1865年，任期为1861—1865年）而设立的纪念堂。在林肯遇刺两年后的1867年3月，美国国会通过了兴建林肯纪念堂的法案。1913年由建筑师亨利·培根（Henry Bacon，1866—1924年）提出设计方案，1915年2月12日，于林肯的生日那天破土动工，1922年5月30日竣工。设计师亨利·培根为此于1923年获得了全美建筑协会颁发的设计金奖。

林肯纪念堂位于华盛顿特区国家广场（National Mall）的西侧、阿灵顿纪念大桥（Arlington Memorial Bridge）引道前，与国会大厦和华盛顿纪念碑一起构成城市的主轴线。在纪念堂与华盛顿纪念碑之间，有一条长长的水渠和刚刚建成不久的二战纪念碑，对纪念堂起着重要的烘托作用。纪念堂周围有圆形道路和草坪环绕，又为建筑增添了一份宁静和清新。

纪念堂的平面呈长方形，长约58m，宽约36m，高约

25m。这座纪念堂是一座仿古希腊帕提农神庙样式的复古建筑，用大理石建造。白色的大理石柱廊环绕着纪念堂，36棵古希腊多立克柱式象征着林肯任总统时所拥有的36个州。每个廊柱的横楣上分别刻有这些州的州名。纪念堂的屋顶是方形的，没有三角形山花，檐口也很简洁，没有装饰，很符合纪念堂建筑的性格。纪念堂内的林肯坐像高达5.7m，用洁白的佐治亚云石雕刻而成，是美国著名雕刻家丹尼尔·切斯特·法兰西（Daniel Chester French，1850–1931年）的作品。坐像非常传神，林肯犀利的目光穿过大门，注视着远处的华盛顿纪念碑，还有大草坪尽头的国会大厦。雕像由28块石头雕刻而成，看上去浑然一体。

林肯纪念堂色彩纯净，构图简洁。柱廊的使用为整座建筑增加了层次，也表达了这座建筑的折中主义特色。

4.3.4　伊曼纽尔二世纪念堂（Victor Emmanuel II Monument，Rome，1885–1911年）：

坐落在意大利首都罗马城的伊曼纽尔二世纪念堂，是卡比多山北部威尼斯广场的主体建筑，也是折中主义建筑风格在意大利的典型代表作品。它是为了纪念1870年统一意大利的国王维克多·伊曼纽尔（Victor Emmanuel，1820–1878年）而建造的。由建筑师萨克尼（Count Giuseppe Sacconi，1852–1911年）设计。

伊曼纽尔二世纪念堂采用了古希腊晚期的祭坛形制。平面非常简单，它总长135m，宽130m，高70m。纪念堂的通身采用白色大理石饰面，庄重而又肃穆。

建筑立面构图分两层。底层是大台阶上的国家祭坛和无名烈士墓，正中的高台上是伊曼纽埃尔二世的骑马雕像。上层是一段弧形的柱廊，柱廊采用的是16棵古罗马科林斯柱式。柱廊两端的入口与纪念堂的正立面平行，入口有三角形山花，山花上的屋顶还有四马战车雕像。纪念堂入口的台基、栏板、檐口、檐板、女儿墙和三角形山花内都有大量精美的浮雕作品。纪念堂的内部是一座博物馆，并有楼梯可以登顶，前可鸟瞰威尼斯广场，后可俯瞰古老的罗马广场遗迹。

整座纪念堂洋溢着古希腊和古罗马建筑艺术的气息。然而，它在建造时却备受争议，因为它的建造毁坏了很多中世纪建筑。

对复古思潮建筑的评价：

上述这些复古思潮的建筑在建筑艺术上具有很高的价值，是世界建筑宝库中的重要财富。但是，在顺应时代的发展上，这些建筑及其建筑师却显得十分的落伍。工业革命所带来的新材料、新技术与新时代所产生的新思想都没有在这些建筑上体现出来。

然而，时代的发展大潮必将推动建筑领域的探索与革新，也必将有众多敏感的建筑师迎头赶上时代的发展潮流，为世界建筑史创造崭新的未来。

4.3.3　林肯纪念堂

4.3.4　伊曼纽尔二世纪念堂

中篇
工业社会建筑——作为机械化产品的建筑

工业社会建筑，即现代主义建筑，就如同受制于数学计算和经济法则所产生的汽车、飞机、轮船一样，毫无一丝一毫多余的东西。它们所体现的理念是"装饰就是罪恶""形式追随功能""房屋是居住的机器"和"少就是多"。同时，这些建筑也与这些汽车、飞机、轮船一样，由工厂化、预制化、装配化的方式生产出来，是工业文明的产物，反映着工业社会机械化大生产的时代特征。因此，在工业社会，建筑是机械化产品。它们所表现出的"纯净建筑""机器美学"呼应着工业社会"简约"的时代精神。现代主义建筑中那光洁的墙面、纯净的形体，就体现了工业文明、体现了机械化大生产的时代特色。

一部工业社会的建筑发展史，其核心就是围绕着现代主义建筑的产生、发展、充实与提高来展开的。她植根于工业革命，发生于两次世界大战之间，结果于 20 世纪 50 年代。

5 现代主义建筑之根

现代主义建筑（Modern Architecture），又称为现代派建筑，是指20世纪20年代在西方建筑领域产生的一种建筑思潮。这一派建筑的代表人物主张：建筑师应以顺应时代的发展为己任，摆脱复古思潮的创作理念，大胆创造适应工业社会发展要求的新建筑。因此，现代主义建筑具有鲜明的理性主义和激进主义色彩。

现代主义建筑思潮的产生可以追溯到工业革命和由此而引起的社会生产和生活的大变革。这些变革表现如下。

第一，机器产品的进步。18世纪末的工业革命也称动力革命。从那时起，人类开始运用机器替代手工来生产各种产品，机器产品由此问世。机器产品代表着人类社会发展的巨大进步，它由最初的工艺粗糙，到后来的制造精美。像飞机、汽车、轮船那样，既给人类社会带来前所未有的交通上的便利，又以十分精美的外部形象带给人们强烈的视觉冲击力。

第二，简约精神的体现。这种新时代的机器产品功能复杂，外形简洁，体现了以机械化大生产为特征的时代精神，即简约精神。在19世纪末到第一次世界大战前，这种简约精神主导着欧洲文化艺术的方方面面。

第三，技术美学的凸显。形式简约的机器产品鲜明、合理地表现了功能，完善、严格地适合于产品的目的性，即良好地表现了它的用途。那么它就具有了体现这个时代精神的新的美学特征，即功能美或工业美。它表现在这些机器产品并不是工程师为了美而创造出来的，而是他们将技术本身进行合理使用的一种客观结果。新时期的机器产品同一幅大师的油画、一座大师的雕像一样具有了审美价值。机器美学或技术美学由此诞生，并成为后来现代主义建筑美学的精髓。

伴随着这些巨大的社会变革，建筑领域也出现了影响建筑发展的新因素。首先，工业革命带来了一些新型的建筑材料，如铁、钢、混凝土和玻璃等。它们的出现为建筑革新提供了强大的技术支撑。其次，资本主义社会的建立使主导建筑的因素发生了巨大的变化。国王的宫殿、陵墓，贵族的庄园、府邸等建筑被诸如火车站、银行、博览会展馆、综合医院等新型建筑所取代。这些新建筑有全新的功能要求，需要全新的技术保障。最后，新建筑的功能与形式之间的矛盾日益突出，建筑形式的革新势在必行。

总之，时代的发展要求建筑师突破传统的束缚，探索适应新时代生活需要的新建筑，变革创新，面向未来。这一时代潮流无疑为20世纪现代主义建筑的产生奠定了坚实的基础，使现代主义建筑之根牢牢地扎在新时代的沃土之中。

5.1 工程师的探索

探索新时期建筑的发展方向，革新建筑的设计理念是19世纪下半叶欧美建筑领域的发展主题。这一探索是以最初的铁建筑，尤其是几位著名工程师所设计的三座铁建筑，率先拉开了序幕。这些建筑以空前的高度、跨度和装配化的施工方式表达着新时代建筑的突出特征。

铁这种新材料在引发建筑革新运动方面起到了巨大的推动作用。1779年，英国人亚伯拉罕·达比（Abraham Darby）在萨普罗郡的塞文河上设计建造了世界上第一座生铁桥。1848年，在英国伦敦的丘园内，一座由生铁结构和玻璃这两种新材料建造的、世界上最大的植物园温室落成，标志着金属结构与玻璃材料的完美结合和新建筑雏形的产生。从此，人类社会的建筑开始迈向了一个全新的发展阶段。

5.1.1 伦敦"水晶宫"（The Crystal Palace，London，1851年）：

1851年，英国伦敦举办第一届世界博览会，其展览馆的建造成为当时新旧建筑思想的一次大博弈。在筹办博览会时，各国建筑师提供了245个建筑方案，都因为无法在一年内建成，以及在博览会结束后要便于拆除而遭到淘汰。以擅长建造植物园温室而闻名的英国园艺师约瑟夫·帕克斯顿（Joseph Paxton，1801–1865年）的"水晶宫"方案最终获选，成为世界建筑史上的一座里程碑。

约瑟夫·帕克斯顿按照当时建造植物园温室和铁路站棚的方式进行设计，用铁结构和玻璃材料组装成了这座大型展览馆。因为建筑的外墙和屋面均为玻璃，整个建筑通体透明，宽敞明亮，故被誉为"水晶宫"。

"水晶宫"位于伦敦的海德公园内，总建筑面积约71533m²，长约564m（1851英尺，与建造年代吻合；一说为1848英尺），宽约137m，共5跨。中间一跨的宽度为72英尺，两侧为24英尺和48英尺交替布置，均以8

英尺为建筑模数。建筑高3层。

"水晶宫"采用标准化构件建造，共用铁柱3300根，铁梁2300根和玻璃9.3万m²。这些铁构件在工厂里生产加工，到现场进行组装。

展览会结束后，"水晶宫"被拆运到伦敦南郊，重新组装。它成为一个举行各种演出、展览、音乐会和其他娱乐活动的场所。1936年11月30日晚，水晶宫几乎全部被毁于一场大火，断壁残垣一直保留到1941年。

"水晶宫"的建成意义：

（1）用新材料、新技术创造了前所未有的新形式，技术与形式高度统一。被称为世界上第一座新建筑。

5.1.1-1 伦敦"水晶宫"外观

5.1.1-2 伦敦"水晶宫"室内

（2）显示了金属结构与玻璃材料的巨大作用。对 20 世纪中后期的玻璃摩天楼影响深远。

（3）是世界上最早的装配式建筑。水晶宫显示出预制构件和装配化在建筑中的优越性。

（4）建筑的各个表面只表现铁架与玻璃，没有任何传统装饰，完全体现了机械生产的本能。

（5）建造周期短。施工从 1850 年 8 月开始到 1851 年 5 月 1 日结束，总共不到 9 个月，就全部装配完成，体现了真正的高速度。

"水晶宫"是欧洲建筑史上最重要的建筑之一，它的建造充分利用了工业革命所提供的新材料和新技术。它所表现出的新的设计思想和技术手段，至今仍未失去生命力。

5.1.2 埃菲尔铁塔（Eiffel Tower，Paris，1887—1889 年）：

埃菲尔铁塔是 1889 年法国政府为庆祝 1789 年法国资产阶级大革命一百周年，举办世界博览会而建造的一座建筑纪念物。它由法国工程师古斯塔夫·埃菲尔（Gustave Eiffel，1832-1923 年）设计，并以埃菲尔的名字来命名这座铁塔。

铁塔坐落于巴黎市中心塞纳河左岸的战神广场，于 1887 年 1 月 23 日动工，1889 年 3 月 31 日举行竣工典礼，历时 2 年 2 个月零 5 天。铁塔共用钢铁 7000t（20 世纪 90 年代，约 1000t 重的非受力杆件被卸掉），18038 个金属部件，由 250 万只铆钉连接起来。除了 4 个铁腿的基座采用钢筋混凝土材料之外，其余部分全身都用钢铁材料构成。

铁塔高约 308m，共有 1711 级台阶，分别在离地面 57m、115m 和 276m 处建有平台。现有电梯通向各层平台。1959 年铁塔顶部增设广播天线，塔高增至 328m。直至纽约的帝国州大厦建起之前，埃菲尔铁塔一直是全世界最高的建筑物。

铁塔由基座和塔体两部分构成。基座部分由四根弯曲的支柱组成，巨大的弧形梁架坐落在约 125m 见方的基

5.1.2　埃菲尔铁塔

地上。铁塔二层以上逐级收缩，形成优美的外部轮廓线。

在埃菲尔铁塔建成之前，欧洲一些哥特式教堂的高度已接近两百米。埃菲尔铁塔的建造大大突破了这一极限，达到 300m 以上。这一奇迹的创造得益于 19 世纪后期结构科学和施工技术的长足进步。同时，它也告诉我们，采用金属结构将会大大增加建筑的高度。20 世纪所出现的超高层建筑无不以此塔为典范。因此，埃菲尔铁塔的落成是世界建筑史上的又一座里程碑。至今它仍被认为是巴黎乃至法国的标志。

5.1.3 机械馆（Galerie des Machines，Paris，1889 年）：

机械馆是 1889 年巴黎世界博览会的主馆，建在埃菲尔铁塔的后面。是由工程师康泰明（Victor Contamin，1840-1893 年）和建筑师杜特（Charles-Louis-Ferdinand Dutert，1845-1906 年）合作设计的。二人运用了当时世界上最先进的结构和施工技术，建造了当时世界上最大跨度的生铁结构建筑。机械馆于 1889 年建成，1910 年被拆除。

机械馆占地近 5 万 m²，呈矩形平面，长约 420m、跨度约 115m、高约 46m。

机械馆的结构为生铁三铰拱结构，总共有 20 榀这样的拱架，形成建筑的主要结构体系。弧形的拱架使屋顶和玻璃墙壁连为一体，过渡更为平滑，室内空间也更为开阔。构成屋架的三铰拱最大截面处高 3.5m，宽 0.75m，从屋顶向地面逐渐收缩，在地面处集中为一点，落在基座上。

屋顶的拱架上和墙面的四壁均覆盖着蓝色和白色的半透明玻璃，内部空间宽阔而明亮，光线良好。每块玻璃都按模数进行生产组装，保证了屋顶与拱架体系能够完整地衔接起来。由于使用了装配式构件，大大节省了建造费用。机械馆的造价只有 150 万美元，还不到博览会总费用的 1/5。机械馆的建造速度也是惊人的，它在一年之内就建成了，显示出工业生产的强大威力和工业技术的长足进步。机械馆巨大的跨度和对三铰拱的应用代表了新时期建筑技术的最高成就。

机械馆的意义在于它巨大的跨度。在农业化社会，万神庙的巨大穹顶以其 43.3m 的跨度一直保持着世界第一的纪录；而作为工业化社会代表的机械馆以其 115m 的跨度大大地突破了这一纪录，并显示出金属结构的巨大潜力。

5.1.3-1　机械馆外观

5.1.3-2　机械馆拱脚

5.2　新建筑运动

如果说工程师的探索为建筑师引领了一个革新建筑方向的话，那么与之相伴随的19世纪中后期开始的新建筑运动则全面启动了建筑领域的革新浪潮。

5.2.1　英国的工艺美术运动（Arts and Crafts Movement）：

英国的工艺美术运动又称艺术与手工艺运动，19世纪50年代起源于英国。其代表人物为英国的散文作家、评论家约翰·拉斯金（John Ruskin，1819—1900年）和他的门徒诗人、艺术家威廉·莫里斯（William Morris，1838—1896年）。

这一派的艺术家们否定机器制造的产品，认为机器产品粗制滥造；他们也反对当时盛行的复古思潮，在建筑上不抄袭历史的样式；他们有崇尚自然的思想，提倡用"田园式"住宅来摆脱古典形式；主张建筑要表现材料的自然美。

5.2.1.1　红屋（The Red House, Bexley Heath, Kent, 1859年）：

"红屋"位于伦敦郊外的肯特郡，是莫里斯邀请他的朋友建筑师菲利普·韦伯（Philip Webb，1831—1915年）为自己建造的住宅。这座"田园式"住宅是工艺美术运动的代表性建筑。

住宅采用L形平面，共两层。首层为门厅、厨房和其他服务性房间，主人卧室和其他休息用房设在二层。内部空间根据需要灵活布置，位于南侧的楼梯将上下两层空间联系起来，使各个房间的功能流线安排得十分合理。由于采用了不规则平面，每个房间都能获得充足的日照。

"红屋"的外观充满浓郁的田园气息，形态自由活泼。高高的坡顶根据房间的大小灵活地穿插组合在一起。墙面上形式各异的小窗均采用彩色玻璃拼贴画作为装饰。户外的水井上还加了一个圆锥形的尖顶，明显具有中世纪建筑的痕迹。外墙主要使用红砖墙，没有烦琐的装饰，

创造出安逸舒适的居住气氛。

"红屋"的建筑意义：

（1）非对称的平面布局，按功能要求安排房间，突破了传统住宅的面貌与布局手法，在居住建筑设计合理化上迈出了一大步。比美国赖特的草原住宅早30年。

（2）表现了建筑材料的自然属性。"红屋"使用的是当地的红砖，而且不加粉饰，也不加装饰，充分体现了工艺美术运动崇尚自然的思想。

（3）艺术造型独特，是功能、艺术、材料完美结合的范例，对后来的现代主义建筑产生了积极影响。

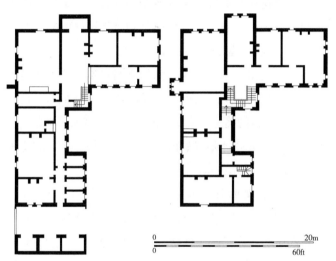

5.2.1.1-1　红屋一层平面　　　　5.2.1.1-2　红屋二层平面

5.2.1.1-3　红屋外观

5.2.2 新艺术运动（Art Nouveau）：

新艺术运动是欧洲探索新建筑的一个重要流派，于19世纪末产生于比利时的布鲁塞尔，并在法国广为流传。这一流派被看成是改变欧洲建筑形式的信号，一经产生就影响深远，并席卷整个欧洲大陆，形成不同特色的新艺术运动建筑。它波及建筑、家具、工艺品、书籍装帧、绘画，珠宝、舞台设计等多个领域。

这一流派革新建筑的主要目标是解决建筑的装饰问题，在本质上是一场装饰运动；即以建筑装饰为中心，试图创造一种前所未有的、适应工业化社会特征的、以抽象的自然花纹与曲线为主的装饰手法，同传统的折中主义装饰相抗衡；是现代设计简化和净化过程中的重要步骤之一。其主要思想及表现如下。

（1）主张艺术要源于自然，学习自然，受工艺美术运动和莫里斯的影响较深。这一流派的艺术家们认为自然物本身所具备的美是有生命力的，法国建筑师艾米尔·盖勃认为自然是设计师灵感的源泉。他们将自然界的花木作为建筑装饰的主要素材。

（2）崇尚曲线。亨利·凡·德·费尔德（Henry Van de Velde，1863-1957年）曾说过"线条就是力量"。新艺术运动又称"曲线风格"，是艺术家们从自然界藤蔓等植物中吸取灵感，创造出一种以自然纹样为母题、波动的、敏感的、缠绕的曲线来装饰他们的作品。

（3）善于使用铁构件。铁容易加工成各种流畅的曲线，建筑师们将之运用到建筑的楼梯、阳台栏杆和门窗棂等处。

5.2.2.1 布鲁塞尔塔塞尔住宅（Tassel House, Brussels, 1892-1893年）：

位于比利时首都布鲁塞尔的塔塞尔住宅是代表新艺术运动的第一件建筑作品。是建筑师维克多·霍尔塔（Victor Horta，1861-1947年）于1892年设计的。

这座住宅是布鲁塞尔市大量的城市住宅中比较普通又比较独特的一座。说它普通是因为它的平面开间小而进深大，比较窄长，立面也是窄窄的一条，与普通住宅

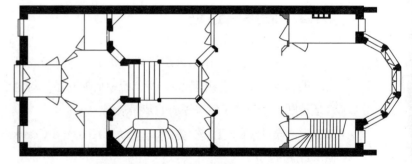

5.2.2.1-1 布鲁塞尔塔塞尔住宅首层平面

没有差别。说它独特是因为它代表了欧洲一种新的建筑风格——新艺术运动的产生。

建筑地下1层，地上4层。房间布局比较简单，立面中轴对称，入口在一层的中央。从二层开始，立面的中心向外挑出一段弧形突出体，其上的窗棂、阳台栏杆和入口大门上的门棂都被霍尔塔设计成自由、连续、弯绕的曲线和曲面，形成了独特的富于动感的风格特征。

在建筑的室内设计中，尤其是那座造型独特的楼梯则完全体现了新艺术运动的装饰主题。大量的铁构件，旋扭的、藤蔓般的、相互缠绕的螺旋线条被反复运用在楼梯的栏杆上；与之相配合，在室内壁画中、马赛克地面上、门窗棂上也随处可见这样的曲线装饰。

塔塞尔住宅所使用的、前所未有的装饰元素与设计手法完全摆脱了复古思潮的羁绊，开创了一代新的装饰风格，在欧洲建筑史上具有重要的历史地位。2000年，该建筑作为建筑师霍尔塔的主要城市建筑之一而被列入世界文化遗产名录。

5.2.2.2 巴黎地铁车站入口（Entrance to a Métro station, Paris, 1899-1905年）：

新艺术运动建筑虽然起源于布鲁塞尔，但新艺术一词（Art Nouveau）却在法国叫响。1896年，法国一名画商和出版商萨穆尔·宾（Samuel Bing，1838-1905年）请来了凡·德·费尔德在巴黎布置一个"新艺术画廊"，以一种新的设计手法——曲线风格在巴黎产生巨大影响。

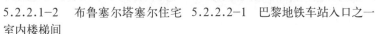

5.2.2.1-2　布鲁塞尔塔塞尔住宅　5.2.2.2-1　巴黎地铁车站入口之一　　5.2.2.2-2　巴黎地铁车站入口
室内楼梯间　　　　　　　　　　　　　　　　　　　　　　　　　　　　　之二

并以画廊的名字"新艺术"为其命名，"新艺术运动"就此叫开了，并很快在法国流行起来。

　　巴黎地铁车站出入口是法国新艺术运动的主要代表建筑师吉玛尔德（Hector Guimard，1867-1942年）于1900年左右为巴黎地铁系统设计的141座出入口的总称。现存88座，有3座是带顶棚的，其余85座是开敞的。它们已成为巴黎地铁的象征，法国新艺术运动建筑的主要代表，并被芝加哥、里斯本、墨西哥和纽约等城市的地铁站所效仿。

　　这些小品建筑均采用预制的铸铁构件和玻璃为主要材料，现场拼装而成，统一涂以绿色油漆。吉玛尔德将这些铁构件均设计成流畅、弯曲的曲线形，自然舒展，生机盎然。完全体现了新艺术运动的主要特色。

5.2.2.3　米拉公寓（Casa Mila, Barcelona, 1905-1910年）：

　　新艺术运动在20世纪初传入西班牙，由著名建筑师高迪（Antonio Gaudi，1852-1926年）设计了大量的相关作品，把新艺术运动在西班牙推向极端。

　　位于西班牙巴塞罗那的米拉公寓是高迪一座代表性的建筑作品。高迪素以造型怪异而闻名于世。米拉公寓是他设计的最大的一座住宅建筑，其最大特点在于其流线型的、波浪起伏的墙面和奇异的铁艺构件，以及从平面到立面没有使用一根直线的建筑造型。

　　米拉公寓位于街道转角处，地面以上共6层，平面近似于"L"形。为满足自然采光需要，所有房间都围绕两个天井布置，一个天井为圆形，另一个为椭圆形，环绕天井有一圈走廊。因为平面的不规则，每套公寓面积不等，每个房间大小不一，均为不规则形状。每户临街方向均设一阳台，建筑的两端和中央各有一部楼梯，连接走廊与各层空间。每层房间也都无规则地连接在一起，形状各异，没有一处是规整的矩形。

　　建筑的外部造型十分奇特，采用现浇混凝土浇筑而成。由于不规则的平面形状，加之高度各不相同的柱子和楼板，使得建筑每层都如同波浪一样起伏变化。而阳台上的铁构件就像一朵朵浪花，完全是对自然要素的模仿。屋檐和屋脊有高有低，墙体做成凹凸不平的曲面。屋顶上建有一组组造型十分怪异、涂成彩色的烟囱。建筑的每一个细部都充满了动感，都用曲线构成，看起来都像

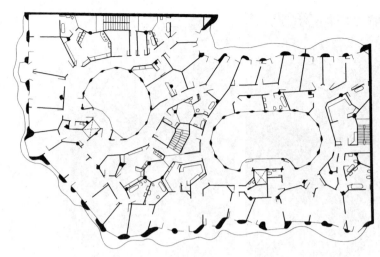

5.2.2.3-1　米拉公寓平面图

5.2.2.3-2　米拉公寓外观

5.2.2.3-3　米拉公寓室内

是经过手工般的精雕细琢而成，无不展示出建筑师丰富的想象力和超乎寻常的设计手法。

建筑外墙通体采用乳白色石材贴面。白色波浪状的建筑外墙，配上精雕细琢的铸铁阳台、扭曲的铁花格子窗，在起伏的立面上点缀出丰富的细部装饰。建筑的内部天井有艳丽的彩绘，房间内布置着各种带有曲线造型的家具，入口大门上饰有蜘蛛网状的铁构件，都为整个建筑平添了豪华与奇异的艺术效果。

米拉公寓在总体设计上体现西班牙新艺术运动的独特品位，表现出高迪浪漫主义的幻想和独特的美学精神。

5.2.2.4　圣家族教堂 (Church of the Sagrada Familia, Barcelona, 1882—今)：

巴塞罗那的圣家族教堂是高迪设计作品中一个非常独特的实例，也是巴塞罗那的标志性建筑。它的设计充分地体现了高迪那充满神奇的创造精神和独树一帜的设计理念。高迪用了大半生的时间去设计它，但是还是没有等到它落成的那一天。直到今天人们还在进行着这座举世瞩目的大教堂的建造工作。

教堂仍旧采用拉丁十字式平面形式，一道中厅，四道侧廊。中厅的宽度是侧廊的两倍，中厅与侧廊和侧廊之间的分隔都是由一排排像树干一样、下面是主干、上面分叉式的特殊柱子完成的；上面的拱顶也做成一朵朵鲜花的形式，人在其中仿佛置身于森林之中；两侧的采光窗用彩色玻璃拼贴画做装饰，使大量色彩迷离的光线进入室内。这些处理手法的综合运用为教堂创造了一个充满神奇氛围的内部空间。

教堂的立面造型最具特色，8座超过100m的尖塔矗立在教堂的东西两侧，分别代表着耶稣基督的众弟子。西面的四座尖塔建成于1976年，中间有表现耶稣受难的雕塑；东面的尖塔中间有表现耶稣诞生的雕塑。两侧立面也是尖塔林立，雕像成群；立面各部分的细部装饰凹凸变化，曲线突出，具有强烈的雕塑感。

圣家族教堂的设计被看成是高迪对工业化的一种反

5.2.2.4-1　圣家族教堂外观　　　　5.2.2.4-2　圣家族教堂入口　　　　5.2.2.4-3　圣家族教堂室内中厅　　5.2.2.4-4　圣家族教堂室内的窗

抗，但他也没有遵循任何复古思潮的设计手法。教堂整体造型充满雕塑性的设计语言和曲线形态都反映出高迪独特的建筑观和奇妙的设计构思。

5.2.2.5　格拉斯哥艺术学校 (Glasgow School of Art, Glasgow, 1897-1909年)：

英国新艺术运动建筑的发展主要限于苏格兰，而取得令人注目的设计成就的是"格拉斯哥四人组"(Glasgow Four：查尔斯·雷尼·麦金托希，charles Rennie Mackintosh，1868-1928年；赫伯特·麦内尔，Herbert Mcnair，1868-1953年；马格蕾特·麦克唐纳，Margaret Mcdonald，1865-1933年；弗朗西丝·麦克唐纳，Frances Mcdonald，1874-1921年)。这四人团体的设计包括工艺美术、建筑、家具等多个领域。在装饰形态和手法方面表现了崭新而独特的构思。19世纪90年代至20世纪初，他们的建筑、室内设计、家具、玻璃和金属器具，形成了独一无二的苏格兰新艺术运动特征，即柔软的曲线和坚挺的垂线交替运用。"格拉斯哥四人组"的作品相继在伦敦、巴黎、里昂和维也纳等城市展出；在欧洲大陆，尤其在英国产生了强烈反响。

格拉斯哥艺术学校位于苏格兰最大的城市格拉斯哥市中心，是英国为数不多的一所独立的艺术类学校。由建筑师麦金托什于1896年设计，1897年开始建造，第一期工程于1899年完工。第二期（西翼）工程于1907年开始建造，1909年完工。

学校位于一块坡地上，主立面朝向伦弗鲁大街(Renfrew Street)，长约145.2m，学校占据一个街区的用地。

建筑平面呈"E"形布局，地下1层，地上3层，局部4层。矩形楼体的中央，有一条走廊连接各个房间。沿街一侧为艺术工作室，另一侧为办公室和其他辅助用房，两翼为大教室，西侧为两层高的图书馆。入口位于平面中央，从沿街处的台阶进入。这些房间按功能要求设计得清楚明确，具有现代建筑的基本特征，体现出建筑师对新时代建筑发展方向的清晰理解。

建筑的立面十分简练。建筑师将具有不同功能的内部空间清楚地表现在建筑的外观上。底层办公室的横向矩形窗和二层工作室的竖向高窗，以及建筑细部的栏杆、遮阳板都采用竖线条，强调统一的竖向构图。这也是"格拉斯哥四人组"的常用手法，即所谓的"直线风格"。建筑上的一些细部使用了典型的新艺术运动装饰图案，轻巧而典雅，与石块拼贴的外墙面形成强烈对比。

学校图书馆的设计十分别致：两层高的房间内三面围以柱廊，形式新颖而又富有韵律感；二层走廊没有直接伸出于支撑柱子的端部，而是用横梁把方柱和墙身联系起来，用以支撑上面走廊的楼板。走廊的栏杆具有新艺术运动的曲线形态。整个室内空间强调竖线条与横线条的穿插与组合，具有抽象艺术之美。在室内的其他房间，厚实的木板门刻着小小的采光窗，彩色玻璃和曲线窗棂又一次从建筑细部来烘托建筑的整体特征。

学校西翼的立面设计较为独特。建筑师采用抽象的构图，将镶嵌着高窗的局部墙体凸出在立面之上，加强了墙面的垂直感。

从格拉斯哥艺术学校的设计中可以看出，此时的建筑师已不再反对机器产品，而是以大量直线的运用丰富了新艺术运动以曲线为主的装饰手法，从而形成了自己独特的风格特征。同时，建筑师简洁的立面处理方式使其成为新建筑运动向现代主义运动过渡的关键人物。

5.2.2.6 维也纳邮政储蓄银行 (Post Office Savings Bank, Vienna, 1903—1912 年)：

在奥地利，维也纳学派以及后来的维也纳分离派 (Vienna's Secession) 的建筑师们继续探索着革新建筑的方向。受新艺术运动和麦金托什等人的影响，这一派的建筑师们在净化建筑和简化装饰方面有着突出的贡献。代表人物瓦格纳 (Otto Wagner, 1841—1918 年) 认为：建筑艺术创作必须源于自然和生活。建筑师要使用新的材料与新的结构，适应新的建筑功能，探索新的建筑形式。而维也纳分离派的理论家路斯 (Adolf Loos, 1870—1933 年) 则发出了"装饰就是罪恶"的呐喊，主张同传统彻底决裂。

维也纳邮政储蓄银行是瓦格纳最重要的建筑作品，也是维也纳分离派的代表作品。它设计于 1903 年，分两期建设。第一期为 1904—1906 年，第二期为 1910—1912 年。

银行的主要风格特征表现在建筑一层大厅的设计上。它的平面呈梯形对称式布置，四周围绕一圈走廊，联系办公与服务房间。中间部分为 550m² 的营业大厅，是建筑中最为突出的部分，也是瓦格纳探索新建筑发展方向的一个重要实践。首先，从建筑的入口到营业大厅

5.2.2.5-1　格拉斯哥艺术学校平面图　　5.2.2.5-2　格拉斯哥艺术学校入口

5.2.2.5-3　格拉斯哥艺术学校教室窗的图案

5.2.2.5-4　格拉斯哥艺术学校室内门上的窗

5.2.2.6-1 维也纳邮政储蓄银行外观局部

5.2.2.6-2 维也纳邮政储蓄银行入口门厅

5.2.2.6-3 维也纳邮政储蓄银行室内大厅

之间有一个较大的门厅作为过渡。门厅内是由18级踏步构成的大台阶，两侧是进入地下室的楼梯。台阶的栏杆、周围的墙面和门窗都十分简洁，没有过多的装饰。营业大厅内开敞明亮，顶棚由铁构架镶嵌玻璃组成，地面由玻璃砖和大理石铺砌。两侧廊道降低空间，以突出中央大厅。整座大厅内的顶棚、柱子、墙面、廊道内都被建筑师做了净化处理，没有多余的装饰，这在当时是非常新颖的。

建筑的立面在入口上方的女儿墙上做了两座雕像、一些线脚和一道装饰栏杆，这些装饰带有新艺术运动的特色。

这座建筑在总体上以简洁为设计原则，能够看到现代主义建筑风格的初始萌芽。

5.2.2.7 维也纳分离派展览馆(Exhibition Hall of the Vienna Secession, Vienna, 1897-1898年)：

奥地利的维也纳分离派是由奥地利建筑师瓦格纳的学生奥尔布里希（Josef Maria Olbrich, 1867-1908年）、霍夫曼（Josef Hoffmann, 1870-1956年）和画家克里姆特（Cuatay Klimt, 1862-1918年）等一批30岁左右的艺术家组成的一个艺术团体，意思是要与传统的和正统的艺术分离，以探索新时期艺术的发展方向。

1897-1898年，奥尔布里希为维也纳分离派设计了这座展览馆。这座建筑展示了奥尔布里希在建筑创作中对一些新的设计手法所做的探索，也表现了维也纳分离派建筑的一些主要特征。

建筑占地1000m²，地上2层，地下1层。建筑空间由不同大小的矩形体块构成。室内展览空间宽敞，体现了以满足功能需求为主的设计思想。建筑主体部分是简洁的白墙面、方正的造型、水平线条和平屋顶，处处都体现着建筑师简约的设计理念。

建筑立面上最具特色的装饰是屋顶上方金色的球形穹顶，这个穹顶由3000片镀金的月桂树叶和700个浆果组成的。另外，在入口大门上方，有三幅蛇发女怪的浮雕，

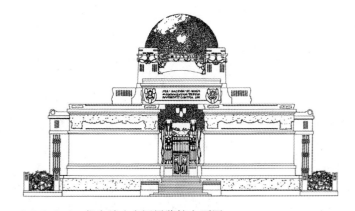

5.2.2.7-1 维也纳分离派展览馆立面图

两侧是镀金的月桂树。在正立面两侧的墙角处有用白描手法绘制的月桂树图案。在入口台阶的两侧有两座由四个海龟托起的大花盆，其上有马赛克彩色植物图案。这些丰富多样的、具有典型新艺术运动植物造型的装饰图案与单纯明确的、由几何形体构成的立面相结合，既丰富了建筑的立面构图，又渲染了建筑的风格特征。

这座外形规整的建筑初步具有了20世纪20年代现代主义建筑的一些基本特征，也表现出理性主义重视功能的设计思想和手法，其历史价值是十分重大的。

5.2.2.8　斯坦纳住宅 (Steiner House, Vienna, 1910年)：

维也纳建筑师路斯是维也纳分离派的理论家，他极力反对建筑上有任何装饰。他认为，建筑"不是依靠装饰，而是以形式自身之美为美"。他甚至反对把建筑列入艺术的范畴，主张建筑以适用为主。他的名言是"装饰就是罪恶 (Ornament is crime)"。他的代表作是1910年在维也纳设计的斯坦纳住宅。

斯坦纳住宅的平面比较方正，南北长14.35m，室内净宽12.60m。在临街立面设主入口，通过8级台阶进入一层。在临花园立面的两侧向外凸出，并在一层设有较大的平台，通过两侧的台阶进入花园。建筑共4层，地下1层，地上3层。

这座住宅的最大特点是形体简洁。光洁的墙面上不

5.2.2.7-2　维也纳分离派展览馆入口处花盆　　5.2.2.7-3　维也纳分离派展览馆入口

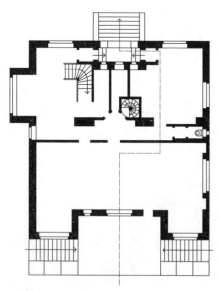

5.2.2.8-1　斯坦纳住宅平面图

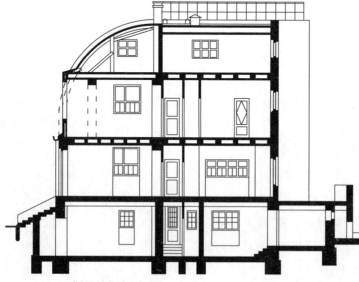

5.2.2.8-2　斯坦纳住宅剖面图

5.2.2.8-3　斯坦纳住宅入口外观

5.2.2.8-4　斯坦纳住宅正面外观

作任何多余的装饰，只是在入口立面的二、三层作圆弧状曲线，将墙体与屋面结合在一起。而在临花园的立面上，屋面为平屋顶，外墙面为高度统一的白色墙体，每层开有大小不同的方窗，最顶层有一列规整的小窗。

路斯用简洁的建筑形式来证明：建筑上外加的装饰是不经济和不实用的，装饰是不必要的。路斯的这种思想表达了他对工业化社会建筑发展的一种理性化思索。路斯也因此成为新建筑运动中一位杰出的代表人物。

5.2.3　芝加哥学派（Chicago School，1883–1993 年）：

芝加哥是美国中西部的一座重镇。1837 年，芝加哥人口还只有 4000 人。而到了 1890 年，芝加哥人口猛增至 100 万。这得益于 19 世纪后期这一地区经济的急速发展。在 1871 年 10 月 8 日的芝加哥大火事件中，城市中 1/3 的建筑被烧毁。城市重建和经济的振兴，加剧了城市建筑的急速发展。而城市用地的日益紧张促使建筑师们探索建造高层建筑的可能性。在这种形势下，芝加哥出现了一个主要从事高层商业建筑设计的建筑师和建筑工程师团体，即后来被称作"芝加哥学派"的组织。

芝加哥学派的建筑师和工程师们积极采用新材料和新结构设计建造新建筑。他们使用铁框架结构，使楼房层数超过 10 层甚至更高。他们认真研究和解决新出现的高层建筑的功能问题。芝加哥学派著名的理论家沙利文（Louis H.Sullivan，1856–1924 年）提出的高层建筑的多层次功能分区和立面形式的三段式划分为后来高层建筑的发展提供了重要的理论依据。

芝加哥学派注重建筑立面的净化和简化，反对复古思潮的设计理念。沙利文的名言"形式追随功能（Form follows function and this is the law）"代表了芝加哥学派的设计思想，并深刻地影响了 20 世纪现代主义建筑理论的形成。

芝加哥学派创造了具有新时代特色的新建筑。他们为了增加室内的光线和通风，设计了宽度大于高度的横向窗子，被称为"芝加哥窗"。他们拓展了金属结构作为高层建筑重要的技术支撑的理念。他们设计的高层建筑由于争速度、重时效，符合资本主义经济认为利润是压倒一切的宗旨。高层、铁框架、横向大窗、简洁的立面成为芝加哥学派的主要建筑特点。

芝加哥学派只存于芝加哥一地，且只发展了十余年的时间，便被美国强大的传统势力所压制，最终导致其迅速解体。但是，芝加哥学派对世界建筑发展的贡献是十分巨大的，芝加哥也正是由于芝加哥学派的贡献而被称为人类高层建筑的发源地。

5.2.3.1　第一赖特尔大厦（First Leiter Building，Chicago，1879 年）：

第一赖特尔大厦位于芝加哥市的门罗大街（Monroe Street），由芝加哥学派的创始人——工程师詹尼（William le Baron Jenney，1832–1907 年）设计，1879 年建造，1972 年被拆除。这座建筑虽算不上是真正的高层建筑，但是他的一些设计手法为后来芝加哥学派提供了重要的借鉴元素。

建筑为矩形平面，铁框架结构，共有 6×4 个柱网。长边墙面有 4 个开间，与柱网数一致；短边墙面有 3 个开间，为两个柱网一个开间。每间开三扇窗，宽度大于高度。窗的上下均有线脚相连，突出水平向分隔。

建筑高7层，底层层高较大，顶部2层稍小。由于使用铁柱承重，窗户要比普通砖石建筑宽大许多，外观看起来也更为明亮轻巧，是20世纪玻璃幕墙建筑的先声。建筑形体也十分简洁，完全摒弃了复古思潮的形式特征，以铁框架的柱与梁为主要装饰元素，使技术与形式的统一得到了很好的体现。

5.2.3.2　芝加哥家庭保险公司大厦 (Home Insurance Building, Chicago, 1885年) :

19世纪80年代，新技术革命给芝加哥的建筑带来了新的发展机遇。电梯、供热系统、水泥、照明等技术和设备的发展与改进，都为高层建筑的发展开辟了道路。芝加哥家庭保险公司大厦就是这一时期建筑的代表。

大厦由于采用了钢铁框架结构体系，而被认为是世界上最早运用钢铁框架结构的建筑之一，也是世界上第一座真正的现代高层建筑。大厦同样由詹尼设计，1885年建成。

大厦平面为矩形，正面分为10个开间，侧面7个开间。侧面中间一间的开间较大，被用作建筑的侧入口。正面中央的三个开间合并为一间，是建筑的主入口。

最初建成的大厦高42.1m，共10层，分为三段：一、二层为基座，三到九层为塔楼部分，第十层为屋顶层。大厦的外部形式较为厚重，底层与第二层连为一体。入口处大的构图很像一座凯旋门，大门的形式类似于帕拉第奥母题。塔楼部分用水平线脚划分立面的竖向层次，分为3-4层、5-7层、8-9层等三个构图段。第十层有连续的拱券窗作为结束。1890年，大厦顶部加建了两层和一个厚重的大屋檐，建筑增至55m高。但破坏了立面构图，不算成功。大厦立面上的窗两两相连，中间有比例厚重的墙柱相隔，构成每一个开间的主要特征。

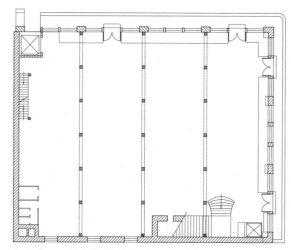

5.2.3.1-1　第一赖特尔大厦平面图

5.2.3.1-2　第一赖特尔大厦外观

5.2.3.2　芝加哥家庭保险公司大厦外观

大厦主要采用钢框架结构，减轻了自重。与同样大小的砖石建筑相比，自重轻了1/3。框架结构不但能够承受自身荷载，也使得外墙从承重体系中脱离出来，只起围护作用，从而可以得到大一些的开窗面积。大厦通体采用红砖砌筑，浅黄色水平线脚，深色窗框。立面构图基本摆脱了复古思潮建筑的装饰形式，显得更为轻盈且具有现代气息。

大厦于1931年被拆除。但是，大厦给我们带来了现代高层建筑的平面布局、结构体系和开窗形式的总体模式，影响深远。詹尼也因为设计了这座建筑而被称为"现代高层建筑之父"(Father of the Skyscraper)。

5.2.3.3 里莱斯大厦 (Reliance Building, Chicago, 1890—1894年)：

里莱斯大厦是芝加哥学派重要的代表作品之一，由建筑师伯纳姆(Daniel Hudson Burnham，1846—1912年)设计。

大厦位于芝加哥市北州 (North State) 大街32号。平面主体为矩形，电梯厅等交通空间单独布置在建筑的北面。大厦总建筑面积为7487.74m^2。采用框架结构体系，柱距由北向南依次递减。平面横向7个开间，进深3个开间。

大厦高61m，共14层。墙面开有向外凸出的大窗，长边有两排，短边一排，从底层直通顶层。窗的构图为方形大窗与狭长的矩形条窗交替布置。这样大的窗、薄薄的窗间墙和规整的窗框，都清楚地显示出框架结构体系的优越性，也使建筑立面丰富而统一。大厦的主体构图基本遵循了芝加哥学派固有的三段式构图模式，比例恰当。第14层顶部檐口处理得十分轻巧，没有沉重的屋檐装饰。

里莱斯大厦轻巧的金属结构、大面积的玻璃窗、简洁的立面处理，使整个建筑通透明亮，显示出新建筑形式与时代密切结合的设计方向。为20世纪玻璃幕墙与钢结构摩天大楼开创了先河。自建成以来，大厦获得了包括美国建筑师学会国家荣誉大奖在内的多项大奖。

5.2.3.4 马凯特大厦 (Marquette Building, Chicago, 1895年)：

马凯特大厦位于芝加哥南迪尔伯恩大街140号（140 South Dearborn Street），建成于1895年，是建筑师霍拉伯德(William Holabird 1854—1923年)和罗希(Martin Roche，1855—1927年) 的作品。他们二人都曾在詹尼的工作室工作过，1881年成立了自己的公司，其作品也深受芝加哥学派的影响。马凯特大厦也是芝加哥高层建筑的经典作品之一。

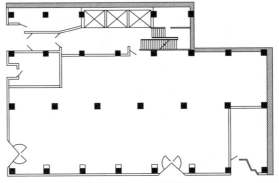

5.2.3.3-1 里莱斯大厦首层平面图

5.2.3.3-2 里莱斯大厦外观　　5.2.3.4 马凯特大厦外观

大厦平面为"E"形，采用框架结构体系，内部布置规则的柱网。沿南迪尔伯恩大街一面有8个开间，中央两个开间为主入口，门厅内有一个向内院凸进、半个八边形的电梯厅。

大厦高62m，共17层。建筑立面处理遵循着沙利文的三段式构成模式。底下两层公共空间为裙房，有一层薄薄的挑檐与上部分开。塔楼部分高12层，每层用同样大小的"芝加哥长窗（Chicago windows）"、狭窄的窗下墙和薄薄的窗间板共同表达着建筑的主体特色，简洁而富有韵律感。顶部由三层开小窗的空间与大挑檐共同完成，装饰丰富。而建筑上多层的线脚、窗间墙上的浮雕、2003年恢复的檐口下的牛腿等细部处理又为建筑点染出一丝古典的端庄与典雅。

大厦的入口门厅与西面的爱迪生大厦（Edison Building）相连，有穿越室内的步行通道。门厅呈圆形，围绕中庭有一圈六边形的栏杆围合，栏杆的中楣上装饰有马赛克壁画，描绘的是法国传教士雅克·马凯特（Jacques Marquette）的生平事迹，建筑也是以传教士的名字命名的。

由于这栋建筑的特殊历史价值，1978年被列为美国的"国家历史名胜"（National Historic Landmark）。

5.2.3.5 C.P.S.百货公司大厦 (Carson Pirie Scott Department Store, Chicago, 1899—1904年)：

芝加哥C.P.S.百货公司大厦是建筑师路易斯·沙利文的代表作品，也是早期现代建筑最重要的作品之一。它体现了沙利文所创造的高层办公建筑的典型特征。

大厦位于街角处，高62.9m，共12层。建筑平面为矩形，在街角处做圆弧处理，消除了角柱，入口空间也更为开敞。建筑采用框架结构，横向8个开间，纵向7个开间。楼梯和电梯间都布置在靠近里面墙体的一侧，为平面中央留出了充足的空间。

大厦的功能分区完全体现了沙利文按照不同楼层的功能进行分段布置的设计理念；即底层的裙房为商业空

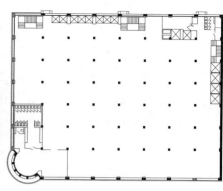

5.2.3.5-1 C.P.S.百货公司大厦外观　　5.2.3.5-2 C.P.S.百货公司大厦平面图

间，中层塔楼为标准的办公空间，顶层为设备用房的布局模式。建筑的外观也遵循这样的三段式构图，使建筑形体比例十分得体。在中层的办公用房，由于强调了横向线脚，使得几乎占据整个开间的窗户向内收进，外观上留下深深的阴影而区别于其他楼层。

大厦上窗的设计采用宽度大于高度的横向长窗，通常分三段，中间窗扇固定，两侧窗扇可上下推拉。这种窗被称作"芝加哥长窗"。在建筑的底部两层，也使用了一些铸铁装饰，特别是在裙房和入口处，还采用了类似新艺术运动的装饰图案。而其他楼层的外立面均处理得十分简洁，使整个建筑显得十分平稳舒展。

沙利文在这座建筑的设计上，主要强调以功能为设计的出发点，体现他"形式随从功能"的设计思想，在当时所具有的革命性意义是十分重大的。

5.2.4 德意志制造联盟 (Deutscher Werkbund)：

于1907年成立的德意志制造联盟是一个积极推进工业设计的团体，由一群热心设计教育与宣传的艺术家、建筑师、设计师、企业家和政治家组成。其目的是："通过艺术、工业与手工艺的合作，用教育、宣传及对有关问题采取联合行动的方式来提高工业劳动的地位"，提高工业产品的质量，以表明对工业文明的肯定和支持态度。

在联盟的设计师中，最著名的是贝伦斯（Peter Behrens，1869–1940 年）。1907 年贝伦斯受聘担任德国通用电器公司（AEG）的艺术顾问，开始了他作为工业设计师的职业生涯。贝伦斯还是一位杰出的建筑教育家，他的学生包括格罗皮乌斯（Walter Gropius，1883–1969年）、密斯·凡·德·罗（Mies van der Rohe，Ludwg，1886–1969 年）和勒·柯布西耶（Le Corbusier，1887–1965 年）三人，他们后来都成了 20 世纪最伟大的建筑师。1909 年，贝伦斯设计了 AEG 的透平机车间；该建筑被称为世界上第一座真正的现代建筑，他也因此被称为现代工业设计的先驱。

德意志制造联盟促进了工业设计的发展，对欧洲其他国家也产生了积极影响。德意志制造联盟于 1934 年解散，后又于 1947 年重新建立。

5.2.4.1　通用电气公司透平机车间（The AEG Turbine Factory, Berlin-Moabit, 1908–1909年）：

透平机车间位于柏林莫阿比特的汉特恩街（Hutten Street）的街角处，由德国建筑师彼得·贝伦斯设计，由于其表现了现代工业建筑的全新设计模式而在建筑史上具有里程碑意义。

建筑平面为长方形，纵向长约 110m，1939 年加长到 200m。建筑外观体现了工业建筑的性格特征。建筑采用大型三铰拱（three-hinged arches）钢架结构，拱顶高达 25m。拱架的侧柱断面自上而下逐渐收缩，既符合受力特点，又节省了钢材。屋顶为六边折线形，中间一段开有三角形天窗，使车间具有良好的采光和通风。

在车间端部的山墙处，贝伦斯做了特别的处理。山墙的中间开有大面积的玻璃窗，两边是带有水平分缝的角墩。这一外观厚实的角墩在结构上是没有必要的，其内部构造也只是在铁网格上覆盖了一层薄薄的混凝土。贝伦斯设计的初衷是想加强建筑构图的稳定感，但这样的处理也体现出贝伦斯在新建筑形式的探索上还有保守的一面。

在侧立面上，钢柱与铰接点坦然暴露出来，表达着

5.2.4.1　通用电气公司透平机车间外观

工业建筑的结构理性。柱间开有大面积的玻璃窗，划分成简单的方格，与山墙形成鲜明的虚实对比。整个立面处理得十分简洁，看不到烦琐的装饰；每一个细部也都如实反映了建筑的内部功能与结构特征。

贝伦斯设计的透平机车间创造了现代工业建筑的新模式，尽管他的立面造型处理被指出过多地保留了传统建筑特征，但与古典建筑的柱廊、三角形山花和装饰相比，还是十分新颖的。他对建筑形式所作的突破性探索对后来的现代主义建筑产生了重要影响。

5.2.4.2　法古斯鞋楦厂（Fagus Works, Alfeld an der Leine, 1911–1913年）：

1911 年设计建造的德国法古斯工厂，是现代建筑的第一代建筑大师格罗皮乌斯及其助手阿道夫·迈耶（Adolf Meyer）合作设计的一座体现新时代精神的现代建筑。该建筑以其简洁、毫无装饰以及经济实用的建筑特色，成为引领 20 世纪早期现代建筑发展的代表性作品。

工厂为 3 层，采用钢框架结构。建筑外部造型新颖，体现了全新的美学观念与先进的建筑技术的完美结合。框架结构使外墙与承重体系完全脱开，并做成连续的与结

构体系分离的玻璃幕墙，使得室内通透明亮。上下层的窗间墙面用深色铜板与玻璃幕墙衔接，并以此来界定立面楼层。结构的框架柱对建筑立面做竖向划分，在外表用黄色砖墙包裹，形成10个独立的墙柱，与玻璃幕墙一起构成建筑外观的纵向序列。

此外，为了表达对新技术的运用，格罗皮乌斯在建筑室内转角处的楼梯间内不设角柱，并形成一个转角玻璃幕墙，以此来体现钢筋混凝土楼板的悬挑性能。

法古斯工厂是格罗皮乌斯早期的代表作品。他将建筑的艺术性与工厂功能有机地融为一体，并以其轻盈的外部造型诠释了机器美学的内在本质，体现了建筑师讲究功能、技术和经济效益的设计思想和努力将设计与工艺、艺术与技术相结合的设计理念。

5.2.4.3 科隆展览会办公楼 (Office Building at the Cologne Werkbund Exhibition, Cologne, 1914年)：

1914年，为了推广新时代的工业产品，德意志制造联盟在科隆举办了一次展览会，其中由格罗皮乌斯和迈耶合作设计的办公楼，成为此次展览会中最为引人注目的一座建筑。该建筑通过全新的设计手法将建筑师的设计思想清晰地表达出来，从而体现了格罗皮乌斯对新时代建筑形式的探索精神。

这座办公楼的平面为长方形，两层高，平面布局均衡对称，形式规整。建筑的入口设在中轴线上，前后立面相对布置主要入口与次要入口，楼梯间设在两端。建筑外墙面以大面积的玻璃幕墙为主，通透明亮。在主入口两侧，格罗皮乌斯采用了砖砌的实体墙面，以同玻璃墙面形成对比，从而起到了突出主入口的作用。此外，由于采用大玻璃墙面，使得建筑的结构构件全部袒露在外。这种处理手法新奇、大胆，刻意表现了工业化社会建筑作为机械化产品的主体特征。

该建筑两端圆柱状的玻璃楼梯间是格罗皮乌斯的首创，它削弱了建筑内部空间与外部空间的界限，从而加强了内外空间的融合。而圆形的旋转楼梯不但满足了功能

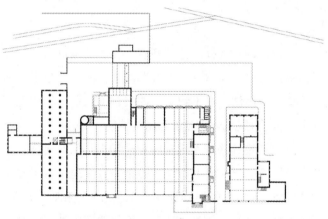

5.2.4.2-1　法古斯鞋楦厂平面图

5.2.4.2-2　法古斯鞋楦厂外观

5.2.4.2-3　法古斯鞋楦厂室内

5.2.4.3　科隆展览会办公楼外观

要求，还起到了装饰立面、丰富造型的作用。同时，它们也成为建筑史上最早的景观楼梯，对现代建筑的影响十分深远。此外，格罗皮乌斯在建筑的屋顶上还作了大胆的尝试，他不但采用平屋顶，而且还利用一些先进技术对屋顶作了特殊处理，成为最早的可上人屋面，这在当时也是一项十分大胆的创新。

格罗皮乌斯设计的科隆展览会办公楼体现了在工业化社会中现代建筑设计的一些新特点。他讲究使用新材料、新结构来创造新的建筑形式；他注重建筑的经济性、功能性和技术性；此外，他也强调建筑功能对形式的决定作用。科隆展览会的办公楼设计是成功的，它以其标新立异的美学观念与全新的创作思维，推动了现代主义建筑的发展进程。

5.2.5 草原住宅 (Prairie House)：

"草原住宅"是美国本土建筑师赖特（Frank Lloyd Wright，1867–1959 年）在 19 世纪末至 20 世纪初的十几年里所设计的别墅式住宅的统称。所谓草原，有赖特所设计的住宅与美国中西部草原环境景观相结合的含义。"草原住宅"显示出赖特革新建筑的胆识和卓越的才能。这类住宅的平面采用非对称布局，多为十字形平面。在底层，赖特将壁炉视为"树干"，被布置在平面的中心；将读书、就餐、会客等空间作为"树枝"围绕其布置；卧室集中布置在二层。建筑的外部造型突出水平起伏，以缓坡顶、深出檐来与草原环境相呼应。住宅的窗户比较宽大，以保持与自然界的密切联系，具有阳光充足、空气流通、与室外景观水乳交融的特点。建筑材料尽量选取当地的石材与木材。建筑的室内色彩明亮，以本色木装修为主。

"草原住宅"比当时美国流行的住宅更加适用、合理和经济，受到美国中产阶级的普遍欢迎。在 1901–1909 年，赖特共设计了五十多栋这类住宅。"草原住宅"对赖特一生的设计思想影响深远，他后来提倡的"有机建筑"的许多理念就是在"草原住宅"的基础上发展起来的。

5.2.5.1 摩尔住宅 (Moore—Dugal House, Oak Park, Illinois, 1895年)：

摩尔住宅位于伊利诺伊州的橡树园（Oak Park），这里是赖特的"草原住宅"比较集中的地区，包括他自己的家。摩尔住宅是摩尔委托赖特设计建造的一栋豪宅，建于 1895 年，是赖特离开沙利文工作室后第一个独立完成的作品，也是赖特早期"草原住宅"的代表作之一。

摩尔住宅是主体为三层，局部为四层的阁楼。平面

5.2.5.1-1　摩尔住宅外观

5.2.5.1-2　摩尔住宅入口

在长方形的基础上略加变化，平面中穿插两个较小的开间，正中为住宅的主入口。建筑墙体为红色清水砖墙，屋顶用灰色石瓦，整个建筑色彩搭配协调，充满了乡土气息。高高的坡顶纵横穿插，与成排的壁炉烟囱共同构成建筑独特的轮廓线。建筑坡顶的山墙面用白色涂料粉刷，中间衬以深褐色窗框、封檐板和强调屋顶轮廓的举架。这些手法的综合运用使建筑外观古朴大方，同时还具有英国乡间别墅的特征。

1922 年住宅遭受火灾，第三、四层毁坏比较严重。1923 年，赖特重新设计并修复了这所住宅。新的住宅基本保持原有的平面布局，但建筑外观有了较大的变化。如加大了横向坡屋顶的分量，壁炉的烟囱也增加了。在高耸的坡屋顶上增加了老虎窗和几个带有哥特式建筑元素的装饰。

这栋住宅在平面布局与外部形体的处理上已经初步具备了赖特"草原住宅"的风格特征。

5.2.5.2　罗比住宅 (Robie House, Chicago, 1909—1910 年)：

罗比住宅位于芝加哥市南部芝加哥大学校园内，建于 1909 年，是赖特在"草原住宅"设计理念的基础上设计的城市住宅的代表。

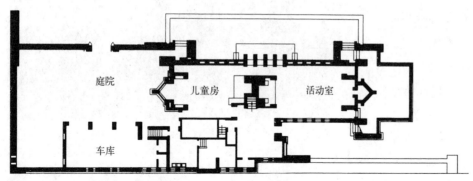

5.2.5.2-1　罗比住宅一层平面图

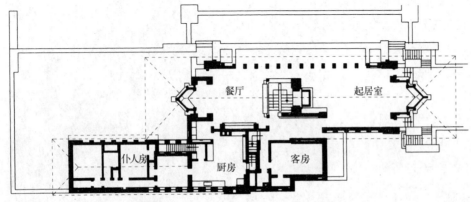

5.2.5.2-2　罗比住宅二层平面图

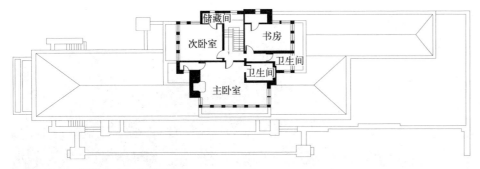

5.2.5.2-3 罗比住宅三层平面图

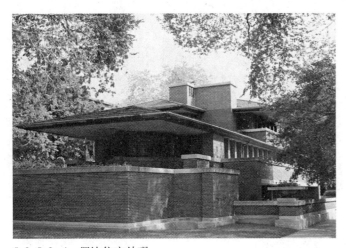

5.2.5.2-4 罗比住宅外观

5.2.5.2-5 罗比住宅起居室

罗比住宅的布局与造型极力摆脱传统的住宅设计模式，强调建筑与地形和气候特点的融合，并按照人的使用功能灵活布置，传达出赖特对人居环境观念的关注。

罗比住宅共3层，平面是由两个大小不等的矩形交错并置在一起，并以右侧的一个院落作为连接，从而呈现一种不对称的布局形式。面积较大的矩形位于临街的一面，是该住宅的主体。它的一层是活动室和儿童房，二层是起居室和餐厅。各个房间不做固定的分隔，而是围绕楼梯和壁炉灵活布置，使室内空间更加丰富。面积较小的矩形位于住宅的后部，在一层布

置有车库和住宅入口，仆人用房、厨房和客房布置在二层。住宅的第三层对位于两个矩形相互并置的区域，沿街一侧为主卧室，另一侧布置有次卧室及书房。

作为新型住宅的代表，罗比住宅的形式体现了一系列与传统住宅大异其趣的特征：住宅的水平层次明显，外墙高低错落，加之坡度平缓的屋面，深远的挑檐，使得立面的整体造型横向舒展，层次丰富，给人以舒适、安定之感。在细部处理上，赖特在建筑的一层安装了174扇艺术玻璃窗和门。这些门窗都用线条优美的铁窗棂拼成构图独特的图案，其上镶嵌着不同颜色的玻璃，特征十分突出。改善了出檐深远所导致的室内光线暗淡的问题，将室内

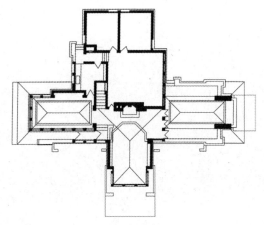

5.2.5:3-1 罗伯茨住宅平面图

5.2.5:3-2 罗伯茨住宅外观

外景观很好地融合在一起。为了不破坏建筑的水平层次，赖特将住宅入口设于右侧院落内，使得沿街立面保持了水平的连续性。

罗比住宅还是第一个使用钢结构的别墅建筑，这是为了能支撑悬挑出墙面 6m 的屋顶而特别设计的。

罗比住宅体现了赖特对建筑与自然融合的渴盼与追求，表达了他不拘泥于传统样式、勇于追求自己独立风格和建筑语言的强烈愿望，从而改变了美国 20 世纪住宅设计的风貌。

5.2.5.3 罗伯茨住宅 (Isabel Roberts House, River Forest, Illinois, 1907年)：

1907 年设计建造的罗伯茨住宅，是赖特所设计的"草原住宅"中最具代表性的作品。它坐落于伊利诺伊州的河谷森林区(River Forest, Illinois)，四周环境优美，景色宜人。

建筑采用十字形平面，舒展开阔。根据房间使用要求的不同，赖特将十字形平面横向的两翼设为一层高，竖向两翼设为两层高。主入口位于十字的右翼，并在其外侧连接一个上有屋顶、下有矮墙围合的室外平台。在平面功能分区中，壁炉再一次成为构图的中心，一层各主要房间均围绕它来布置。楼梯间位于壁炉的左侧，壁炉的前方是净高为两层的起居室，后面连有书房、厨房等附属用房。住宅的卧室被赖特布置在二层，从而保证了功能分区的合理性。

罗伯茨住宅是一幢砖木结构的建筑，赖特将建筑材料本身的色彩和质感完全暴露在外，从而体现出建筑最本质的美。

住宅独特的平面形式创造了它与众不同的外部造型。建筑立面横向舒展，墙体高低错落，坡顶挑檐深远，坡度平缓，从而强化了建筑的水平向划分。此外，赖特还利用壁炉的烟囱形成竖向构图元素，以此打破水平线条的单调感，从而形成特征鲜明、对比强烈的建筑构图。

罗伯茨住宅是建筑大师赖特"草原住宅"系列的倾心之作，它以其新颖的建筑风格，开辟了 20 世纪美国小住宅建筑设计的先河。

5.3　一战后的三股建筑思潮

新建筑运动的蓬勃发展为 20 世纪的建筑提供了广阔的前景。但是，突然而至的第一次世界大战（1914-1918年）使得这股探索工业化社会建筑发展之路的运动戛然而止。四年的战争使得欧洲各国在政治、社会、经济、文化等方方面面都发生了巨大的变化。尤其是俄国的十月革命为世界展示了一个全新的社会形态。这些变化使得欧洲一些国家在文化艺术领域出现了许多新思想、新流派与新的艺术手法。其中，对建筑发展影响较大的有表现主义（Expressionism）、风格派（De Stijl）和构成主义（Constructivism）三股思潮。

5.3.1　爱因斯坦天文台（Einstein Tower, Potsdam, 1917-1921 年）：

德国建筑师门德尔松（Erich Mendelsohn, 1887-1953 年）于 1917 年设计、1921 年建成的爱因斯坦天文台是 20 世纪初风行的表现主义建筑作品中最主要的代表。天文台被用于研究验证爱因斯坦的相对论，并与这个深奥而又神秘的科学理论联系在一起。建筑师投入了丰富的想象力，想使它变得更加具有表现力。

天文台位于德国波茨坦大学校园内，风景宜人的校园景观给这个地标式的建筑提供了良好的环境。

天文台平面呈长方形，两端有圆形的半地下室突出于地面，如同建筑的基座。其上是三层高的塔楼和顶部的半球形天文台。塔楼中央有一组电梯，楼梯间环绕电梯布置。二层和三层的塔楼角部还各开了两排窗，外面看起来似乎是四层的高度。最顶上是半球形的天文台，供科学家进行研究工作之用。

建筑的外形充满了抽象意味，白色的建筑形体下，包含着建筑师对爱因斯坦极高智慧与理论的推崇。它那流线型的墙身，弧形的门洞和开窗，打破了以往建筑棱角分明的刚硬感觉。曲面和弧线成了建筑的主要表现形式，从视觉上传达了表现主义的设计理念。屋顶的半球形天

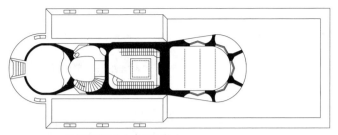

5.3.1-1　爱因斯坦天文台平面图

5.3.1-2　爱因斯坦天文台外观

文台似乎象征着无穷的宇宙。与外墙分离的柱子和弧形的窗洞，如同快速运动而形成的形体上的变形，使得建筑整体充满了无尽的想象元素。

为了塑造流线型的建筑形体，天文台的施工本应采用具有可塑性的混凝土材料。但是，战后的德国物资紧缺，门德尔松不得不以砖石材料为主，只使用混凝土来装饰外墙表面，以取得不规则的流线造型。

建筑建成后受到爱因斯坦的好评，称它是 20 世纪最伟大的建筑和艺术造型史上的纪念碑。

5.3.2　第三国际纪念碑（Monument to the Third International, Russia, 1919-1920 年）：

十月革命取得胜利后的俄国，广大群众对新生活的热切向往激励着无产阶级艺术家们的想象力，他们试图通

过创作饱含激情的艺术作品来表达对苏维埃政权的忠诚。以讲究运用抽象的几何形体作为表现手段的构成主义成为这一时期一个著名的流派。其代表作品是构成主义的核心人物塔特林（Vladimir Yevgrafovich Tatlin, 1885—1953年）设计的"第三国际纪念碑"。

塔特林在1919年受俄国文化部的委托，创作"第三国际纪念碑"。1920年，塔特林和他的助手推敲了设计的每个细部，完成了一个6m高的木制模型。模型于1920年11月8日至12月1日在圣彼得堡展出，12月底运往莫斯科。

原设计是一座400m高的纪念"塔"，一个用钢铁制造的、开敞的空间结构。设计师力图把建筑、雕塑、绘画几种艺术形式有机地融汇在一起，以体现一种新的时代精神。该塔的承重结构由两个空间螺旋钢架组成，螺旋钢架的每一圈都与斜交的悬挑杆件相连，并通过构造上的格栅把这个空间结构的所有杆件连成了一个整体。螺

5.3.2　第三国际纪念碑

旋钢架内部，自下而上依次悬挂着三个玻璃几何体，立方体代表共产国际的立法机关，圆柱体代表执行机关，圆锥体代表信息情报通讯中心。按照作者的设计，钢架内部每一个几何体都可以绕自身的轴转动，而且周期不同：立方体每周为一年，圆柱体每周为一个月，圆锥体每周为一天。另外，塔特林还计划采用真空玻璃外墙，以保证三个玻璃几何体内维持一定的温度。塔特林就是通过这些最新的技术语言来体现该设计的整体功能和象征内涵。

塔特林独特的表现手法与倾斜构图的巨大动感，使得这座纪念碑仿佛要冲破地心引力的束缚，拔地而起，满怀激情地飞向宇宙空间。

第三国际纪念碑方案使塔特林充分展示了他的形式构成原则，并且为构成主义的最终确立发挥了举足轻重的作用，也正是这个设计确立了塔特林作为构成主义奠基人的地位。

5.3.3　施罗德住宅（Schroder House, Utrecht, 1924—1925年）：

由荷兰建筑师里特维德（Gerrit Rietveld, 1888—1964年）设计的施罗德住宅是荷兰风格派建筑的代表作品，其形式具有明显的抽象式几何构图特征。

住宅共两层。底层为厨房、餐厅、起居室、书房、一个工作室和一些服务用房和储藏室，旋转楼梯布置在平面的中心位置；二层主要为休息空间，设有卧室、餐厅和浴室。有趣的是，所有的卧室都由可折叠的隔断分开，这样的设计可以在白天给儿童让出足够多的活动空间，在晚间关闭起来则形成具有良好私密性的休息空间。每个卧室都有独立的出挑阳台，具有面向室外敞开的良好视野。

住宅的造型遵循风格派的构图原则，用简洁纯净的矩形板材做墙身的基本构图元素，立面不分前后左右，都用白色粉刷。在局部用红、黄、蓝三色的线型构件做点缀。墙板和窗的尺寸接近黄金分割。直接落地的墙板、出挑的阳台、薄薄的屋面板相互穿插，使建筑形成横竖相间、错落有致的外观。

施罗德住宅的造型深受蒙德里安（Mondrian）绘画的影响，整个建筑如同线与面的立体构成。这些基本的几何构图要素经过建筑师的巧妙设计，被精妙地安排在一起，让这个方盒子造型的建筑显得活泼新颖而又不失和谐。

施罗德住宅与这一时期出现的许多风格派作品一样，在造型和构图的视觉效果方面进行了许多丰富而有益的探索。其成果对现代建筑及日用工业品的造型设计具有一定的启发意义。

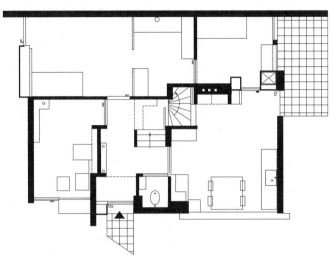

5.3.3-1 施罗德住宅一层平面图

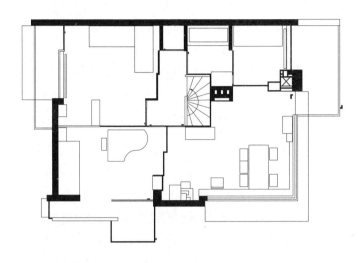

5.3.3-2 施罗德住宅二层平面图

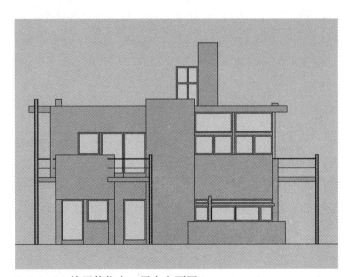

5.3.3-3 施罗德住宅二层主立面图

5.3.3-4 施罗德住宅外观

6　现代主义建筑之干

经过工业革命的催生，在新建筑运动的浇灌下，真正以体现工业化社会机械化大生产为时代特色的现代主义建筑终于在 20 世纪 20 年代产生了。它体现在如下方面。

·以格罗皮乌斯、勒·柯布西耶、密斯·凡·德·罗等人为代表的年轻一代建筑师设计和建造了一批体现新时代特色的建筑。其中最具代表性的有德国斯图加特市魏森霍夫住宅区、包豪斯校舍、萨伏伊别墅、巴黎瑞士留学生宿舍、巴塞罗那博览会德国馆等建筑，成为现代主义的经典作品。

·1928 年，来自 12 个国家的 42 名革新派建筑师代表在瑞士集会，成立国际现代建筑协会（The International Congresses of Modern Architecture），"现代主义建筑（Modern Architecture）"一词也随之四处传播。

·1919 年，格罗皮乌斯在德国的魏玛创办了公立包豪斯（Bauhaus）学校，在他的主持下，包豪斯在 20 世纪 20 年代成为欧洲革新建筑的教育基地，在人才的培养上为推动建筑的革新运动提供了后备力量。

·1923 年，勒·柯布西耶出版了《走向新建筑》（《Vers Une Architecture》or《Toward a New Architecture》）一书，对革新建筑提出了一套完整的思想和主张。他推崇受制于数学计算和经济法则的工程师的美学；强调建筑师要向先进的科学技术和现代工业产品——轮船、飞机与汽车——看齐，由此而提出"房屋是居住的机器"的论断；在新建筑的设计方法上主张"由内到外"的观点等，全面体现了他"要创造反映时代精神的新建筑"的理想。

从格罗皮乌斯、勒·柯布西耶和密斯等人为代表的建筑师们的言论和实际作品中，可以看出现代主义建筑的主要观念是：

（1）重视建筑的时代性，强调建筑要随时代而发展，要同工业化社会相适应。

（2）重视建筑的功能与经济性，强调建筑师要注重建筑的实用功能和经济问题。

（3）重视新建筑技术的应用，主张建筑师要熟悉新材料、新结构，在建筑设计中发挥新材料、新结构的特性。

（4）与传统建筑样式分离，主张摒弃传统建筑样式，发展新样式。

（5）创新建筑美学，主张发展新的建筑美学，其原则是：表现手法和建造手段的统一，建筑形式和内容的统一，灵活均衡的非对称构图，简洁的处理手法和纯净的体形，吸取其他视觉艺术的新成果。

他们作品的共性特征是：平屋顶，非对称式布局，光洁的白墙面，简单的檐部处理，带形玻璃窗，很少用或完全不用装饰线脚等。

现代主义建筑思想在 20 世纪 30 年代从西欧向世界其他地区迅速传播。在包豪斯被迫关闭后，格罗皮乌斯和密斯等包豪斯的教师先后移居美国和欧洲其他国家。包豪斯的教学内容和设计思想对世界各国的建筑教育产生了深刻的影响。

到了 20 世纪中叶，现代主义思潮在世界建筑潮流中已经占据了主导地位。现代主义建筑这棵枝叶繁茂的大树挺立起来了。

6.1 魏森霍夫住宅展览会（The Weissenhofsiedlung，Stuttgart，1927年）

1927年，在德国斯图加特（Stuttgart）市的魏森霍夫区（Weissenhof）举办了一场由现代主义建筑大师密斯·凡·德·罗策划主持的住宅建筑展览会。此次展览会的目的是设计一系列低造价的住宅建筑，以适应当时德国民众对住宅的特殊需求。

由于战争的破坏，一战后的德国面临着严峻的居住问题。因此，密斯邀请了来自德国、法国、荷兰、比利时和奥地利5个国家的16名建筑师，设计建造了21栋住宅。这些建筑作品风格基本一致，均体现了现代主义建筑的基本特征。而密斯、格罗皮乌斯、勒·柯布西耶以及汉斯·夏隆（Hans Scharoun，1893–1972年）等人设计的住宅，更堪称这次展览会中的建筑精品。

6.1.1 第1-4号公寓（Apartment House 1–4）：

这栋公寓式住宅是由密斯亲自设计的，采用钢框架结构承重体系，矩形平面，高4层，由4个带有单独出入口的居住单元拼接而成。各单元采用一梯两户的布局形式，共32户。层与层、户与户之间的户型各不相同，从而增加了居民选择的自由度。此外，钢结构的承重体系使得建筑的内部空间十分开敞自由，因而密斯采用了一系列活动式隔断将空间随意地分隔，以满足使用者的不同需要。这种新型的结构形式也解决了建筑外部形式与内部功能之间的矛盾。规整的几何形体、平屋顶、白墙面、横向长窗，这

一系列具有现代主义风格的建筑元素均体现了钢结构的无限魅力，从而使得建筑散发出一种由内到外的清新明快、简洁大方的气息。充分反映出密斯"少就是多"的设计理念，成为密斯早期建筑作品中的代表。

6.1.2 第16-17号住宅（House 16–17）：

由格罗皮乌斯设计的这两栋独立式住宅都是采用钢框架结构承重体系，矩形平面，高2层的标准设计。平面由8×9的方格网来控制，各房间均是整数倍的方格面积，并且采用了工厂预制，现场装配的施工建造方式。建筑底层横向分为三个不同的功能区，分别是右侧通开间的起居室和餐厅；中间下端的入口、门厅和楼梯，上端的厨房；以及左侧与厨房相连的餐室和其下方的储藏室等内容。而建筑的二层则仅布置了4间卧室、1个过厅和1间浴室，私密性很强。此外，平屋顶、白墙面、大玻璃窗等建筑符号使得这栋小住宅充满了现代气息，雕塑感十足。

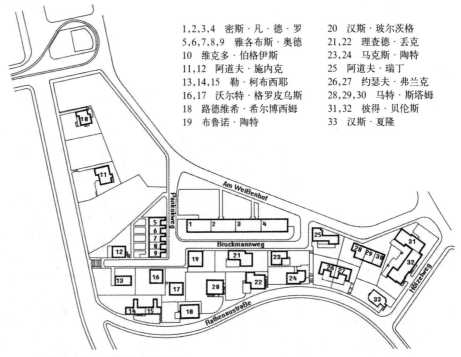

1,2,3,4 密斯·凡·德·罗	20 汉斯·玻尔茨格
5,6,7,8,9 雅各布斯·奥德	21,22 理查德·丢克
10 维克多·伯格伊斯	23,24 马克斯·陶特
11,12 阿道夫·施内克	25 阿道夫·瑞丁
13,14,15 勒·柯布西耶	26,27 约瑟夫·弗兰克
16,17 沃尔特·格罗皮乌斯	28,29,30 马特·斯塔姆
18 路德维希·希尔博西姆	31,32 彼得·贝伦斯
19 布鲁诺·陶特	33 汉斯·夏隆

6.1 魏森霍夫住宅展览会总平面图

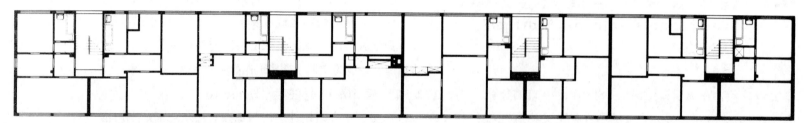

6.1.1-1　第1-4号公寓平面图

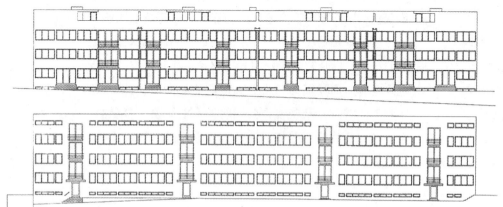

6.1.1-2　第1-4号公寓立面图

6.1.1-3　第1-4号公寓外观

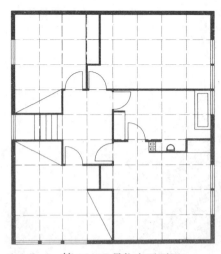

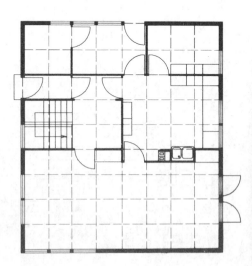

6.1.2-1　第16-17号住宅平面图

6.1.2-2　第16号住宅外观

6.1.3 第 13-15 号住宅（House 13-15）：

勒·柯布西耶设计的住宅是这次展览会中唯一采用钢筋混凝土梁柱体系的建筑。其中称为"Single House"的 13 号住宅，平面为长方形，共 4 层。底层在平面的一侧设有一部直跑楼梯，其他三面均为独立的支柱支撑二层以上的墙体。起居室、餐厅和厨房布置在建筑的二层。起居室局部通高 2 层，内部没有任何分隔，仅在中央设置了一个直通屋顶的壁炉，内部空间非常丰富。建筑的顶层局部辟为屋顶花园，并与卧室融会贯通。而另外一座称之为"Double House"的 14-15 号住宅则由两个相同的单元连接而成。每个单元都是由一个横向的矩形空间和一个与之垂直的矩形楼梯间相交组成的"T"形平面。住宅共 3 层，底层除楼梯间和一排独立的支柱外，没有任何房间；二层设有起居室、卧室、厨房、餐厅等用房；而在建筑的顶层，除了卧室外依然设置了一个屋顶花园。此外，横向长窗和自由舒展的立面使得两座建筑的外部造型简洁、明快。

柯布西耶设计的这两座建筑完全体现了他于 1926 年提出的"新建筑五点（Five Points Toward a New Architecture）"的设计模式。

6.1.3-5　第 14-15 号住宅外观

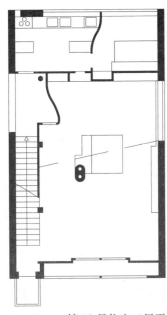

6.1.3-1　第 13 号住宅二层平面图

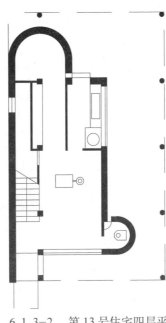

6.1.3-2　第 13 号住宅四层平面图

6.1.3-3　第 13 号住宅外观

6.1.3-4　第 14号住宅各层平面

6.1.4 第33号住宅（House 33）：

汉斯·夏隆设计的住宅是这次展览会中形式最为复杂的一座建筑。该建筑建于高台之上，共两层。底层是住宅的公共空间，长方形平面的一个对角为圆角，一边为楼梯间，一边为起居室内的学习空间；内部采用透明玻璃作为分隔。为了弱化室内与室外庭院的界限，夏隆将起居室的外墙设计成大片落地窗，并设有多个出入口与外界联系。建筑的二层是一个开敞的大空间，内部仅设有几道独立的墙对空间稍加分隔。该建筑的最大特点是它的建筑形态，错落有致的外部造型、辗转迂回的曲线墙面，鲜明地反映了夏隆对于表现主义建筑的青睐，以及早期现代主义建筑的多样性特征。

魏森霍夫住宅展览会的举办对于20世纪的建筑发展产生了巨大而深远的影响。它不但向人们展示了这些先锋派建筑师的主张和设计理念，还通过理性的平面布置、工业化的施工方式，以及对新材料和新技术的运用，来表达建筑师的时代使命。同时，还由于这些住宅建筑所表现出的一些共性特征及其深远的影响，魏森霍夫也被称作国际式风格的诞生地（the birthplace of the International Style）。

6.1.4-3　第33号住宅外观

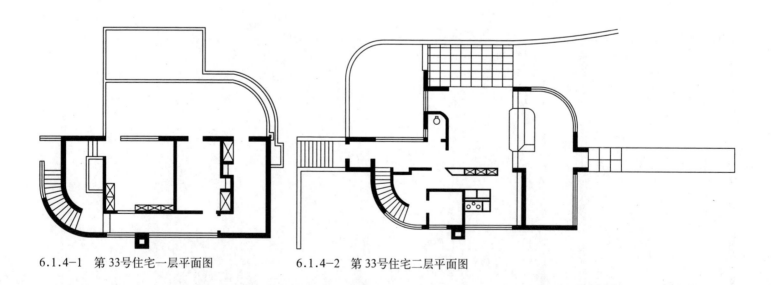

6.1.4-1　第33号住宅一层平面图　　　6.1.4-2　第33号住宅二层平面图

6.2 格罗皮乌斯（Walter Gropius，1883–1969 年）

沃尔特·格罗皮乌斯是现代主义建筑的奠基人，现代建筑教育的先驱。他的建筑设计思想、他所设计的建筑作品和他的教育理念影响了 20 世纪几代建筑师。他对现代建筑的贡献标榜青史，不可磨灭。

格罗皮乌斯 1883 年 5 月 18 日出生于德国柏林的一个建筑师之家。1903–1907 年，他就读于慕尼黑工学院和柏林夏洛滕堡工学院。1907–1910 年在柏林彼得·贝伦斯建筑事务所工作。贝伦斯先进的设计思想和新颖大胆的设计风格对格罗皮乌斯影响巨大。用他自己的话说："是贝伦斯第一个引导我合乎逻辑地、综合地处理建筑问题"。

1910–1914 年，格罗皮乌斯自己开业，同阿道夫·迈耶合作设计了他的两个成名作：法古斯工厂和 1914 年科隆展览会办公楼。一时间，格罗皮乌斯成为欧洲建筑界的先锋派建筑师。1919 年他成为德国魏玛国立建筑设计学

6.2　格罗皮乌斯

院，即"包豪斯"的校长。他团结艺术家、建筑师和工程师一起创造新的实用而美观的各种日常生活用品、工业制品和房屋，培养新型设计人才。1928 年，他与勒·柯布西耶等人组建国际现代建筑协会，1929–1959 年任协会副会长。1934 年，他离开德国，赴英国开业。1937 年，他定居美国，任哈佛大学建筑系教授和系主任。他在美国广泛传播包豪斯的教育观点、教学方法和现代主义建筑理论，极大地促进了美国现代建筑的发展。1945 年他同人合作创办协和建筑师事务所，从事建筑创作活动。二战后，他的建筑理论和实践为各国建筑界所推崇，获得英国、德国、美国、巴西、澳大利亚等国家的建筑师组织、学术团体和大学授予的荣誉奖、荣誉会员称号和荣誉学位。1969 年 7 月 5 日，格罗皮乌斯在美国波士顿市逝世，享年 86 岁。

6.2.1　包豪斯校舍（Bauhaus Building，Dessau，1925–1926 年）：

包豪斯（Bauhaus）校舍是格罗皮乌斯于 1925 年在德国的德绍为公立包豪斯学校设计的新校舍，于 1926 年建成。这座建筑由于全面体现了现代主义建筑的理论原则，被建筑史学家们称为现代主义建筑的经典作品，在世界建筑史上具有里程碑式的意义。

该校舍是一所综合性的校园建筑，占地面积约为 2630m²，建筑面积约为 1 万 m² 左右，总造价为 90 万马克。格罗皮乌斯按照校舍各个部分的使用功能，将建筑划分为几个不同的部分，分别是实习工厂、生活区（包括学生宿舍和食堂兼礼堂）、技术学校以及一个起连接作用的 2 层的过街楼。各部分自成体系又连接密切，成为一个和谐的整体。

实习工厂面临主要街道，平面为矩形，高 4 层，包含各科的工艺车间。建筑采用预应力钢筋混凝土框架结构，外墙为轻质幕墙，平屋顶。

高 6 层的学生宿舍楼在工厂的后面，采用砖混结构。两者之间用单层的食堂兼礼堂连接，形成 L 形建筑布局。

教学楼高 4 层，采用钢筋混凝土框架结构，布置了

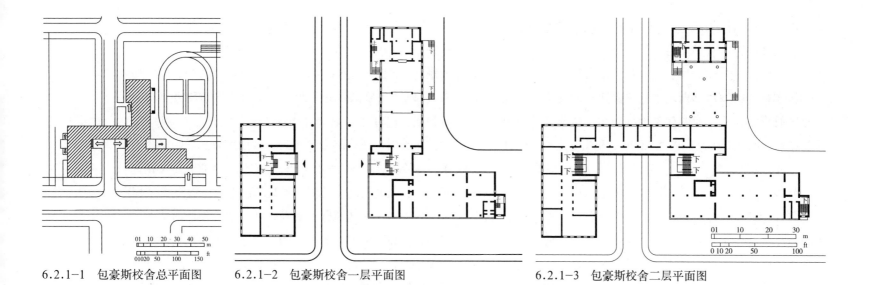

6.2.1-1　包豪斯校舍总平面图　　　　6.2.1-2　包豪斯校舍一层平面图　　　　6.2.1-3　包豪斯校舍二层平面图

图 6.2.1-4　包豪斯校舍外观

20 余间教室。教学楼与实习工厂相距二十多米，两者在二、三层相连，形成一个 2 层高的过街楼。过街楼的下层是学校的管理用房，上层是格罗皮乌斯和迈耶的办公室。

　　建筑各个部分按照不同的功能性质选择不同的结构形式，创造出不同的建筑形象，体现了格罗皮乌斯重视功能关系，讲求经济效益，力图将艺术和技术相结合的设计理念。大空间的实习工厂为框架结构，外墙采用高 3 层的玻璃幕墙，开敞明亮，上下贯通，一气呵成。同为框

架结构的教学楼，柱距尺度与教室面积相符合。建筑外部在白色墙面上开着带有深色窗框的水平带形长窗，简洁明快，对比强烈。砖混结构的学生宿舍，按照房间均匀开窗，并设有阳台，墙面积大于窗面积，营造出一种安静的居住氛围。平屋顶的食堂，屋面作特殊处理，人可在上面通行。

　　格罗皮乌斯正是凭着对各主体部分功能、结构和形式的整体把握，将一系列立方体进行自由组合，形成了一组大小不一、高低错落的建筑组群和非对称式的建筑构图；并用灵活多变的对比手法，为建筑营造出既和谐统一又富于变化的总体格调；形成强烈的视觉冲击力和全新的美学效果。

　　包豪斯校舍是格罗皮乌斯最著名的建筑作品，它以其独特新颖的建筑形式彰显着现代主义建筑的无限魅力。

6.2.2　格罗皮乌斯住宅（Gropius House, Lincoln, Massachusetts, 1937 年）：

　　格罗皮乌斯住宅是格罗皮乌斯和他的学生布劳耶（Marcel Breuer, 1902-1981 年）合作设计的。该住宅外形简洁、功能合理、风格统一，完全是包豪斯精神的全面体现。

住宅位于马萨诸塞州林肯城近郊处的一片树林之中，距哈佛大学只有半个小时的车程。它被选址在一个小山坡的顶部，周围是大片的苹果园和橡树林，安静而幽深，在房间里便能将这一切自然美景尽收眼底。

建筑平面的主体为矩形，体量不大，共两层。平面横向分为4个开间；各开间功能明确，分隔清晰。

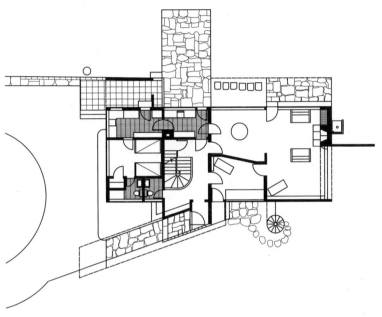

6.2.2-1　格罗皮乌斯住宅一层平面图

6.2.2-2　格罗皮乌斯住宅外观

一层平面的左侧是住宅的主入口门厅、厨房和一间小卧室。主入口处设一斜向雨篷，门厅内设一部楼梯以连接上下层空间。右侧有餐厅、格罗皮乌斯的工作室和起居室。二层右侧为室外露台，有一个向外挑出的钢制螺旋楼梯，直通到地面。其余部分为卧室。

住宅主体为木框架结构，整体采用了白色墙面和带有深色窗框的带形长窗等现代主义建筑符号。此外，格罗皮乌斯还特意选用了砖和毛石等地方材料，以达到建筑与周围环境相结合的目的。从而克服了现代主义建筑不顾基地环境和排斥地方传统的弱点。

格罗皮乌斯在建筑形体的处理也上别具匠心，构思巧妙。住宅入口处的雨篷，与建筑略成角度，并由两根钢柱与一片玻璃墙体支撑着。它不但与建筑整体形成强烈的对比，更起到了强调入口的标识作用。并与从二层平台上盘旋而下的楼梯相配合，起到了活泼构图的重要作用。与格罗皮乌斯所设计的其他建筑相比，入口雨篷与钢楼梯这两个构件的增加具有十分重要的意义，它为这栋形体简洁的方盒子似的建筑渲染了灵活多变、生机勃勃的特性，也告诉人们，方盒子并不是现代主义建筑的唯一特征。

格罗皮乌斯住宅是波士顿近郊的第一幢现代住宅。它不但与周边环境相融合，更以其独特而丰富的姿态展示着它的简朴、自信与优雅，昭示了格罗皮乌斯对现代主义建筑的卓越贡献。

6.2.3　哈佛大学研究生中心（Harvard Graduate Center，Harvard University，1950年）：

哈佛大学研究生中心是格罗皮乌斯于1950年主持设计的一组建筑群。该组群显示了二战后现代主义建筑发展的一些新的设计倾向和主要变化，即更加注重建筑与环境的结合和建筑形体的变化。

研究生中心坐落在一个略似直角梯形的基地之中，由一座公共活动中心、7幢宿舍楼组成。建筑师根据基地地势的起伏与功能流线的要求精心布置，并利用一系列纵横交错的连廊连接各个单体，从而形成了一组组或开敞、或封闭的院落空间。

公共活动中心位于基地的最后面，其平面为弧形，朝向中心庭院，共两层。建筑的底层三面架空，各边由白色的支柱架起，内设门厅、休息室、会议室以及楼梯和坡道；建筑的二层是一个大空间，它是研究生们的食堂，可供1200人同时用餐。建筑师利用建筑内的楼梯和坡道将这一大空间分为4个部分，以满足不同的功能要求，并可削弱偌大空间所带来的空旷和单调，从而丰富了内部空间的层次性。

7幢宿舍楼的平面均为长方形，并分布在建筑基地的四周。由于地势的起伏，各幢宿舍的建筑层数也不尽相同。其中，所处地势高的宿舍为3层，而地势低的宿舍则为5层，它们底层均局部架空，并由室外连廊相连。此外，格罗皮乌斯还采用了台阶、平台等设计元素，以调节各宿舍之间的高差，从而达到建筑与地形的完美结合。

公共活动中心与宿舍楼的外部造型均体现了现代主义建筑的时代特征。公共活动中心为框架结构，平屋顶，外墙为石板贴面，开窗面积较大。而7幢宿舍楼，为砖混结构，平屋顶，外墙饰有淡黄色面砖，窗口处理新颖，立面造型强调不对称性。

哈佛大学研究生中心显示了二战后第一代现代主义建筑大师的努力目标——现代主义建筑同时代的发展密切结合。

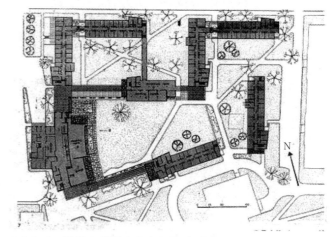

6.2.3-1 哈佛大学研究生中心总平面图

6.2.3-2 哈佛大学研究生中心公共活动中心外观

6.2.3-3 哈佛大学研究生中心公共活动中心室内

6.2.3-4 哈佛大学研究生中心宿舍

6.3 密斯·凡·德·罗（Ludwig Mies Van der Rohe，1886—1969年）

密斯·凡·德·罗是现代主义建筑的奠基人之一，20世纪世界上最著名的现代建筑大师之一，包豪斯学校的第三任校长，美国伊利诺伊工学院建筑系主任。他的设计思想为工业化社会建筑的发展指明了方向，他的建筑作品改变了世界建筑的面貌，他对现代主义建筑的贡献十分巨大。

1886年3月27日，密斯出生在德国的亚琛。自幼未受过正规的建筑训练，从其父学石工，对材料的性质和施工技艺有所认识。15岁开始在亚琛为几位建筑师做描图工作。1905年到柏林的布鲁诺·保罗（Bruno Paul，1874—1968年）事务所当学徒。1908—1912年在彼得·贝伦斯事务所任职。与此同时，格罗皮乌斯、勒·柯布西耶也先后在同一事务所工作。三位年轻人在贝伦斯的指导下学习到了许多重要的设计技巧，并逐步确立了自己

6.3 密斯·凡·德·罗

的设计思想，对于他们之后成为享誉世界的建筑大师奠定了坚实的基础。1919年，密斯开始在柏林从事建筑设计，1926年任德意志制造联盟第一副主任，1930年任包豪斯学校校长。1937年，密斯移居美国，1938年任芝加哥阿莫尔学院（后改名为伊利诺工学院）建筑系主任。

密斯的建筑理论主要表现在两个方面。其一，他于1928年针对当时盛行的折中主义建筑上烦琐的装饰而提出"少就是多"（Less is more）的建筑处理原则。所谓"少"就是强调在建筑形体的处理上遵循简约原则，净化掉任何多余的、不具有结构与功能依据的装饰；在结构上，提倡使用简洁的钢框架体系；在实体上，提倡使用玻璃幕墙。所谓"多"就是强调要在工业化社会条件下，使用新技术来表现建筑形体简洁精确而又丰富多彩的艺术效果。其二，他对现代技术极为崇拜，继而产生了他的技术美学观。现代主义建筑是工业化社会的产物，而工业化社会最重要的因素就是技术的作用力。密斯深刻地体会到了这一点，在他的建筑创作中努力践行。他作品中那整洁的钢骨架、简洁露明的玻璃实体、制作精致的细部都是他技术美学观的集中表现。

密斯在建筑表现手法方面的创造性也是十分突出的。他早年创造了灵活多变的流动空间（free-flowing spaces），并在后来发展成为全面空间（universal spaces）。早在1921年，密斯就提出了玻璃摩天楼（Glass Skyscraper）的概念，并在二战后得以实施。从此，玻璃摩天楼风靡世界，它改变了占世界三分之一的大城市的天际线。

密斯是一位自学成才的建筑师，他的成长得益于彼得·贝伦斯的影响，更得益于他自己一生兢兢业业、锲而不舍的努力，而终于成为一代享誉世界的建筑大师。密斯的贡献在于通过对钢框架结构和玻璃在建筑中的应用的探索，把建筑技术和艺术统一起来，奠定了现代主义建筑的主要美学特征。为此，他于1959年获英国皇家建筑师学会金质奖章。1960年获美国建筑师学会金质奖章。

他所设计的芝加哥湖滨公寓于 1976 年获美国建筑师学会 25 周年奖。

20 世纪六七十年代产生的后现代主义思潮将密斯列为主要批判对象，称他把全世界的城市变成了单调、刻板又无个性的钢铁与玻璃森林。但是，后现代主义的理论家们忽略了这样一个事实，密斯等人所开创的现代主义建筑是工业化社会的必然产物，是机械化大生产的时代特征在建筑领域的集中体现。密斯所代表的是他那个时代，用信息化社会的理念来批判密斯是毫无意义的，也是脱离时代背景的。

6.3.1 巴塞罗那博览会德国馆（German Pavilion, Barcelona, 1929 年）：

建于 1929 年的巴塞罗那博览会德国馆是密斯早期最重要的设计作品，是集中体现他设计思想的第一个里程碑式的建筑，是现代主义建筑的主要代表作品。

德国馆平面为长方形，长 53.6m，宽 17m，占地面积约为 900m^2。馆内功能单纯，空间开敞。由位于中心的展览主厅、左上角的两间附属用房以及两片水池共同组成。展厅内部空间流畅，房间不做固定分割，仅设几道不到顶的隔断来划分空间。此外，建筑内部展品数量有限，除少量座椅外，再无其他摆设或多余装饰。在这里，密斯使用了极少量的建筑元素，却创造了极为丰富的空间，以此来实践他"少就是多"的建筑思想。

德国馆在结构技术和空间布局的处理上同样体现了密斯新颖的设计理念。整个建筑立于一个基台之上，主馆由 8 根十字形断面的镀镍钢柱支承，并由一片长约 25m，宽约 14m 的钢筋混凝土薄板覆盖其上，形成一个硕大的平屋顶。墙体和室内隔断是一些互不牵制、可以独立布置的构件，一片片自由布置，对空间进行灵活划分。于是便形成一个既封闭又开敞，或半封闭半开敞、相互贯通的内部空间，密斯将之称为"流动空间"。

此外，密斯采用了钢铁、玻璃等新兴建筑材料创造了一种技术上的精致之美，以及建筑材料本身的质感之美。建筑墙体部分采用了不同色彩、不同质感的石灰石、缟玛瑙石等石材，从而营造出坚固、稳重的建筑形体，而部分墙体又采用了大片轻巧通透的玻璃，简洁明快。两种建筑材料不但诠释了建筑独特的性格，而且还创造了一种实虚相生、明暗互补的空间效果。

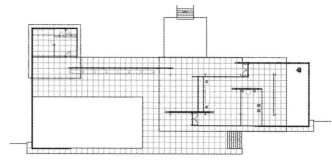

6.3.1-1　巴塞罗那博览会德国馆平面图

6.3.1-2　巴塞罗那博览会德国馆外观

6.3.1-3　巴塞罗那博览会德国馆室内（一）

6.3.1-4　巴塞罗那博览会德国馆室内（二）

巴塞罗那博览会德国馆完美地演绎了密斯的设计思想，呈现了一种全新的建筑艺术品质。虽然这座展馆在博览会结束后随即拆除，但它却作为一个里程碑，标志着现代主义建筑的诞生，推动了现代主义建筑的发展，启发了现代建筑师的设计灵感。

6.3.2　图根哈特住宅（Tugendhat Villa，Brno，Czech Republic，1928-1930 年）：

图根哈特住宅是密斯 20 世纪 20 年代所设计的最具有现代主义建筑风格的典型实例之一。它以其井然的空间逻辑秩序与全新的美学概念再一次向人们展示了"流动空间"的独特魅力，被公认为欧洲最著名的现代住宅之一。

6.3.2-1　图根哈特住宅半地下室平面图

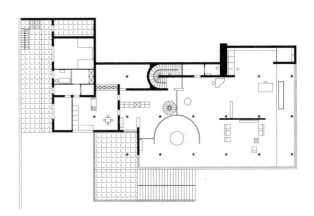

6.3.2-2　图根哈特住宅一层平面图

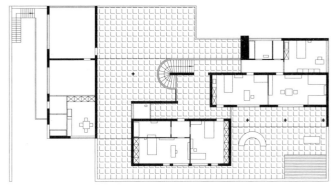

6.3.2-3　图根哈特住宅二层平面图

6.3.2-4　图根哈特住宅外观

6.3.2-5　图根哈特住宅室内

该住宅坐落在捷克共和国布尔诺市一个南向的坡地上，是当地一个银行家的私人住宅，建于1928年，于1930年建成。

建筑平面主体为矩形，均衡而非对称式布局。建筑总长约40m，宽约24m，总使用面积约2000m²。建筑共3层，并根据坡地所引起的高差，将底层辟为半地下室。建筑的一层平面除去厨房与食品准备间，主体使用面积约为360m²。矩形的长边沿东西向横向布置，均分为7个开间。除西侧第一个开间是由砖墙承重外，其他6个开间均由十字形断面的钢柱承重。东西向柱间距约为5.5m，南北向柱间距约为6.4m。一层的东侧是一个开敞的大空间，为起居活动部分，由门厅、起居室、餐厅与书房共同组成。其中，起居室与书房用玛瑙石板墙分隔。餐厅用一片半圆弧形乌檀木墙围合，同时也与厨房和起居室分开。住宅的卧室均布置在二层，相互独立，以屋顶露台作为连接，从而营造了一种室内向室外延伸、室外向室内渗透的空间氛围。

建筑立面造型精简，结构清晰，用材考究，体现了密斯所倡导的简约精神和净化装饰的思想。白色光滑的外墙面没有任何装饰，平铺直叙地展示了建筑的空间构成。起居室东、南两侧落地的大片玻璃通透明亮，不但与白粉墙形成强烈的虚实对比，同时还实现了与周围环境的密切融合。

图根哈特住宅作为密斯"流动空间"设计理念的代表作品，它以其无与伦比的艺术魅力展现在世人面前，并于2001年被列入世界文化遗产名录。

6.3.3 范斯沃斯住宅（Farnsworth House，Plano，Illinois，1945-1950年）：

范斯沃斯住宅是密斯在美国设计的一件代表作品，也是最能诠释他所提出的"少就是多"建筑理念的典型实例。

范斯沃斯住宅坐落在美国伊利诺伊州帕拉诺南部的福克斯河（Fox River）右岸，是密斯为美国单身女医生范斯沃斯设计的。建筑设计于1945年，建成于1950年。该住宅深藏于树林深处，密斯将它的墙体设计为大片的玻璃，使之成为一座看得见风景的"玻璃盒子"。

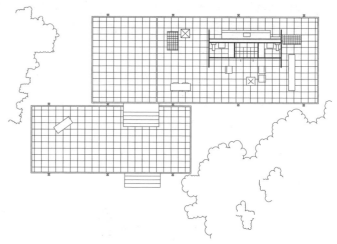

6.3.3-1 范斯沃斯住宅平面图

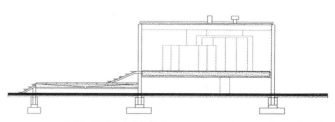

6.3.3-2 范斯沃斯住宅剖面图

6.3.3-3 范斯沃斯住宅外观

这个建筑体量不大，面积约200m²，平面为长方形，长23.47m，宽8.53m，长边沿东西向布置，共有3个开间。右侧两间是建筑的主要空间，左侧一间作为开敞的门厅，与其前方的矩形平台相连接。在房屋右侧的开敞的空间中，起居室面南，餐厅、厨房在北面。中央长约7.5m、宽约3.7m的封闭空间是住宅的服务中心。它的中间是管道井，旁边有一壁炉，两边各有一个卫生间。在住宅的最右端是卧室，作为空间的划分，在卧室的南侧设置了一个1.83m高的橱柜；除此之外，再无空间的固定划分。

住宅的结构也十分简单，由8根"H"形截面的钢柱夹持一片地板和一片屋面板而成。钢柱柱高6.7m，室内净高为2.9m。地板离地1.52m，是建筑师考虑到防洪问题而特殊设计的。此外，地板与屋面板均向外悬挑出1.83m，使得建筑犹如一个悬浮在空气中的水晶体，晶莹剔透。

矗立在水边的范斯沃斯住宅与周围的树木、草坪相映成趣，一气呵成。单纯的平面形式与精简的立面造型迎合了建筑师"少就是多"的设计理念，营造了一种高雅别致的空间感受。但是建筑的简洁开敞却给使用者带来了极大的不便，这也表明密斯有重形式的设计倾向。

范斯沃斯住宅伫立于空旷的大自然中，并与之相映生辉。它是密斯最后的一个住宅作品，并作为密斯"少就是多""流动空间"等设计理念的集大成之作，而成为现代建筑史上的经典名作。

6.3.4 伊利诺伊工学院建筑馆（Crown Hall, Illinois Institute of Technology，1950–1956年）：

密斯继任美国伊利诺伊工学院建筑系主任后，就接受了新校园规划与设计的任务，而他在1950–1956年设计建造的建筑馆，又名克朗楼，则是校园内最为著名的建筑，也是最能诠释密斯"全面空间"设计手法的典型代表。

在密斯看来，建筑的用途是经常变化的。他试图设计一个偌大的、没有障碍的、可供自由划分的、实用而

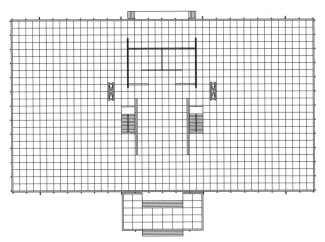

6.3.4-1　伊利诺伊工学院建筑馆平面图

6.3.4-2　伊利诺伊工学院建筑馆外观

6.3.4-3　伊利诺伊工学院建筑馆室内

又经济的空间，通过一些隔断进行不同的划分，来适应不同的功能要求。这就是他"全面空间"的基本概念。

建筑馆为矩形平面，东西长 67m，南北宽 36.6m，共分为两层。底层为半地下室，包括图书馆、密斯的办公室、机电设备间、贮藏室和卫生间等用房。空间采用隔墙作为划分，以形成一个个封闭的房间，各房间均开有高侧窗采光。建筑馆的一层是一个巨大的单一空间，层高为 6m，包括有绘图室、展览空间和办公室等用房，可供 400 人同时使用。主入口位于建筑的南面，前方设有一个悬挑的平台板和两组踏步，以供人进入室内。室内各部分之间采用几片不到顶的活动式隔断作为分隔，以满足不同的使用要求，体现了密斯"全面空间"的设计理念。

建筑馆是采用钢结构、玻璃幕墙的方式来建造的。在 4 榀巨大的门式钢架下悬挂着一个 73m 长、40m 宽的平屋顶。除此之外再没有任何支撑构件，从而保证了内部空间的完整性。

建筑馆也是一座名副其实的由钢和玻璃共同组成的方盒子。在 4 榀钢架下，建筑的立面从上到下依次采用了 2.5m 高的透明玻璃和 6m 高的半透明玻璃。没有任何多余装饰，建筑形体被净化到了极致。

伊利诺伊工学院建筑馆继承了密斯作品的一贯风格，简洁明快，典雅大方。尤其是他对"全面空间"的诠释，更加表达了他勇于开创自己独特的设计风格的思想品格。

6.3.5 芝加哥湖滨公寓（Lake Shore Drive Apartments，Chicago，1948-1951 年）：

湖滨公寓位于美国芝加哥市湖滨大道 860-880 号，是密斯设计的第一座真正意义上的高层建筑。它以几乎完全外露的建筑结构与精简的玻璃幕墙，体现了钢结构与玻璃的独特魅力，创造了一种高贵、典雅的建筑品质。

公寓是一对 26 层高的姊妹楼，位于密西根湖畔（Lake Michigan's shores）的一个梯形地段内，靠近城市中心区，地理位置优越。根据地形特点，密斯将两幢大楼成直角布置，前方辟为一片公共绿地，将城市公共空间归还给城市本身。此外，大楼底层之间用一个 2 层高的外廊作为连接，通透开敞。

两幢公寓建筑的平面大小一致，均为长方形，长边为 32m，短边为 19.2m。平面长边均分为 5 个开间，短边分为 3 个开间，柱距为 6.4m。公寓的标准层平面由 8 套标准公寓、一条公共走廊以及中心交通核共同组成。各

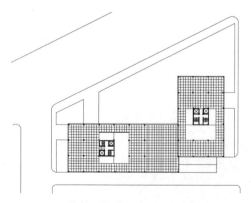
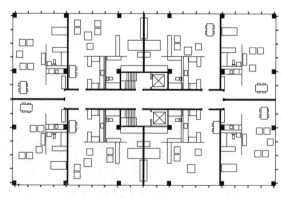

6.3.5-1 芝加哥湖滨公寓总平面图和平面图

6.3.5-2 芝加哥湖滨公寓立面细部

6.3.5-3　芝加哥湖滨公寓立面外观

个公寓内部不做固定分隔，分别有入口、服务区（厨房、卫生间等）、起居和休息等空间，用家具和隔断来划分。

公寓的立面造型简洁，是两个钢框架组成的玻璃盒子，结构外露，通透轻盈。密斯将建筑四面的黑色钢构架袒露在外，成为建筑立面上的竖向分割要素。此外，建筑除了底层是开敞的回廊外，3-26 层的外墙均采用大片玻璃幕墙，并配以工字形的垂直窗棂将每个开间划分为 4 个小的窗扇。作为建筑微观上的竖向分割，这些垂直的窗棂做工极其精细，施工也极其精准，体现了密斯对建筑技术美的热切追求。

芝加哥湖滨公寓的建成将密斯的钢铁玻璃摩天楼的梦想变为现实。那笔直的钢框架和大面积玻璃幕墙为全世界大都市的建筑树立了效仿的样板，玻璃摩天楼从此风靡世界。

6.3.6　西格拉姆大厦（Seagram Building，New York，1954-1958 年）：

位于纽约曼哈顿区花园大道 375 号的西格拉姆大厦是一座豪华的高层办公大楼，是密斯重视建筑技术，讲求技术精美理念的典型实例。该建筑完美地诠释了密斯"少就是多"的建筑设计理念以及他的技术美学观，是当年世界各国建筑师所崇拜和效仿的对象。

在总体布局上，密斯将大厦退离红线，在街道与建筑之间设计一个宽敞的大广场。大厦的平面由前后两个大小不一、相互平行的矩形空间与中心交通核连接而成。主楼位于交通核前方，面向广场，宽 5 个开间，深 3 个开间，柱距为 8.4m。建筑总高度为 156.9m，共 38 层。底层平面除中央的交通设备用房外，其余均作为开放性的大空间。其临街的三个方向均由 8.5m 高的柱廊围合而成，有勒·柯布西耶"新建筑五点"中"底层独立支柱"的痕迹。而位于交通核后面的矩形空间，左右两翼均为 6 层，中央空间为 11 层，它们共同组成了建筑的附属用房。建筑各个空间灵活布置，不做固定分隔。

建筑立面造型简洁明确，风格典雅。主体为竖直的长方体，除底层和顶层外，其余的外墙面均采用金属裙板和染色隔热玻璃组成的轻质幕墙，并配以镶包紫铜、工字形断面的金属窗格作为分隔，幕墙直上直下，一气呵成，制作十分精美。体现了密斯对建筑形式的完美苛求和对建筑细部做精致处理的原则。

纽约西格拉姆大厦完美地展现了密斯对于钢框架结构和玻璃在建筑中应用的探索精神，表达了他讲求技术精美的审美意趣和追求建筑形式完美的艺术品位。

6.3.7　德国柏林新国家美术馆（National Gallery Berlin，Germany，1962-1968 年）：

密斯设计的德国柏林新国家美术馆，是他职业生涯的最后一件作品，也是他技术主义美学的代表作品之一，还是他"全面空间"设计手法的又一例证。

美术馆位于柏林市中心一个东西向的直角梯形地段

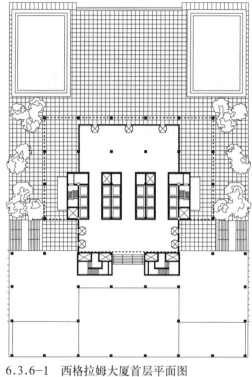

6.3.6-1　西格拉姆大厦首层平面图

6.3.6-3　西格拉姆大厦外观

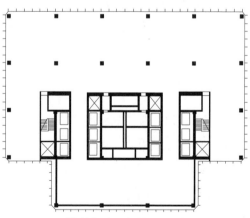

6.3.6-2　西格拉姆大厦标准层平面图

6.3.6-4　西格拉姆大厦入口

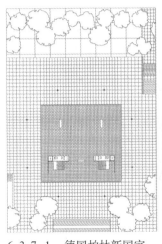

6.3.7-1　德国柏林新国家
美术馆一层平面图

6.3.7-2　德国柏林新国家美术馆外观

6.3.7-3　德国柏林新国家美术馆室内

内，正面朝东。它的一侧是由汉斯·夏隆设计的柏林爱乐音乐厅（Philharmonie Building）。由于地形起坡的原因，密斯将美术馆置于一个 105m×110m 大平台上，面积为 11550m²。平台东侧正中以及两侧对角的位置设有踏步，供人进入室内。平台的后面有一长方形的下沉式庭院，作为室外展示空间，并与建筑地下层平面相连。

美术馆共两层。底层置于地下，用于收藏永久性的艺术品。一层为短期收藏和展览美术作品所用，它的平面是一个没有经过任何分隔的正方形，边长为 50m，室内净高为 8.4m，四周以大片玻璃幕墙加以围合，形成一个通透明亮的玻璃盒子。建筑内部没有任何承重构件，只设有楼梯、电梯、管理室等交通设备用房和 4 片可自由摆放的活动隔断。建筑的功能则根据不同的布展要求而灵活划分，以体现"全面空间"的功效。

建筑立面造型简洁。尤其是硕大、扁平的黑色大屋顶更加深了建筑形象的鲜明特征。这个边长为 64.8m、高为 1.8m，重达 1250t 的钢结构大屋顶，是由一系列横纵交错的钢梁网格编织而成。为了支撑起这个硕大的钢架屋顶，密斯在建筑四周采用了 8 根断面为十字形的钢柱作为支撑，每边 2 根，不设角柱，于是在屋檐下便形成了宽度为 7.4m 开敞的回廊。

德国柏林新国家美术馆完美地诠释了密斯将建筑技术升华为艺术的技术美学观，是 20 世纪世界建筑精品之一。

6.4　勒·柯布西耶（Le·Corbusier，1887–1965 年）

勒·柯布西耶（原名 Charles-Edouard Jeanneret-Gris）是现代主义建筑、现代城市规划以及现代设计的重要奠基人；是现代主义机器美学思想的重要创建者；也是一位十分难得的理论与实践并重的建筑师。他以其激进的设计理念和不断变化的建筑形态承接着"现代建筑运动旗手"的称号。

6.4　勒·柯布西耶

1887 年 10 月 6 日，勒·柯布西耶出生于瑞士小镇拉绍德封（La Chaux de Fonds）。父母从事钟表制造，他儿时也曾学习钟表制作技术。后来他到拉绍德封市装饰艺术学校学习绘画。1907 年，20 岁的勒·柯布西耶开始自学建筑学。他先到巴黎著名建筑师奥古斯特·佩雷（Auguste Perret，1874–1954 年）事务所学习，后来又到德国建筑师彼得·贝伦斯事务所工作。这二人的建筑思想与建筑处理手法对他都有深刻影响。在贝伦斯事务所，他遇到了同时在那里工作的格罗皮乌斯和密斯·凡·德·罗。后来，他们一起开创了现代主义建筑。

勒·柯布西耶于 1917 年定居巴黎，从事绘画和雕刻事业。1920 年，他结识了一些新派立体主义画家和诗人等艺术家，一同出版了《新精神》（《L'Esprit Nouveau》）杂志，探索现代艺术、文学与哲学思想。他以勒·柯布西耶为笔名发表了一系列探索新时期建筑发展之路的文章。并把这些文章整理成集，出版了他的第一本论文集《走向新建筑》（《Vers Une Architecture》），1923 年译成英文《Towards a New Architecture》。在这本小册子中，勒·柯布西耶全面阐释了他的机器美学观念、革新建筑的方向和建筑设计方法。他的"房屋是居住的机器（A House is a machine for living in）""建筑设计应是由内而外，是自平面而立面的——平面是设计的发动机"等名言就是出自此书。《走向新建筑》成为 20 世纪现代主义建筑的宣言书。

1926 年，勒·柯布西耶提出了著名的"新建筑五点"（"Les 5 points D'une Architecture Nouvelle" or "Five Points of a New Architecture" "Five Points Towards a New Architecture"），它们是：

（1）底层独立支柱；

（2）屋顶花园；

（3）自由平面；

（4）横向的长窗；

（5）自由立面。

勒·柯布西耶从 1922 年开创自己的建筑事务所，到 1940 年由于二战而停业。这期间是他建筑创作生涯的第一阶段，他的作品带有浓郁的理性主义（或功能主义）思想，萨伏伊别墅成为这一时期的代表作。1944 年，勒·柯布西耶重开自己的建筑事务所，一直到 1965 年 8 月 27 日他突然去世（在南法地中海沿岸的马丁岬游泳时溺水身亡）是他建筑创作生涯的第二个阶段。他的创作思想发生了明显的变化，他所设计的马赛公寓开创了二战后粗野主义的设计风格；他所设计的朗香教堂以其奇异的造型令世界建筑界所瞠目。因此，他在二战后的多元建筑流派中仍然处于领先地位。

勒·柯布西耶思想活跃，设计手法灵活。他用那令人匪夷所思的作品告诉人们："他是一个在设计上善于创新与不断变化着的人"。他的设计理念对世界各国的建筑师都有很大的启发作用。勒·柯布西耶的言论与作品也经常引起人们的争论，有人赞成，有人反对。但是，他的设计思想和观念在一段时间内又常常影响着建筑创作的方向。他也常常为不被别人理解而苦恼，称自己是一个孤独的和不被理解的叛逆者。但是，勒·柯布西耶有众多的追随者，甚至有人认为他对 20 世纪建筑创作的影响可能是自米开朗琪罗以来至今尚未有人超越的。

6.4.1 萨伏伊别墅（Villa Savoye，Poissy，1928–1929 年）：

萨伏伊别墅位于巴黎近郊的普瓦西，由勒·柯布西耶于 1928 年设计，1929 年建成，是勒·柯布西耶理性主义思想的代表作，也是他"纯净建筑"的重要实例。勒·柯布西耶还用这座别墅为代表来诠释他的"新建筑五点"。由于全面体现了现代主义建筑的理论、设计手法和机器美学观念，这座建筑被誉为是现代主义建筑的里程碑。

萨伏伊别墅坐落在一片占地 12 英亩的绿草如茵的花园内。基地平面为矩形，长约 22.5m，宽约 20m，共 2 层。底层的南、北、西三面透空，各边由白色支柱架起。在平面的东侧有墙围合，内有门厅、车库、楼梯和坡道，以及仆人用房。顶层有起居室、卧室、厨房、餐室、屋顶花园和一个半开敞的休息空间。屋顶为花园与晒台。别墅内部空间采用开放式设计，并使用螺旋形楼梯和坡道来组织空间，体现了动态的、非传统的空间组织形式。

萨伏伊别墅采用钢筋混凝土框架结构，为空间布局提供了很大的灵活性。底层白色立柱托起的方形建筑本体、开敞的屋顶花园、独特的空间组织均体现了该结构的优越性，实现了技术、功能与形式的完美结合。

别墅外观简洁，体形明快，体现了现代主义建筑所提倡的新的建筑美学原则。横向舒展的水平长窗、光洁鲜亮的白粉墙、各部分没有任何附加装饰的形体，像一辆汽车、一架飞机、一艘轮船那样，完全是内部功能合

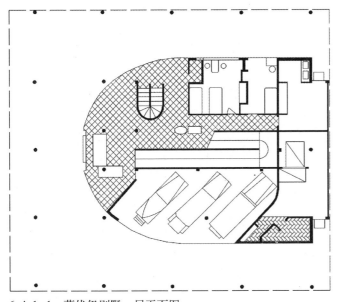

6.4.1-1 萨伏伊别墅一层平面图

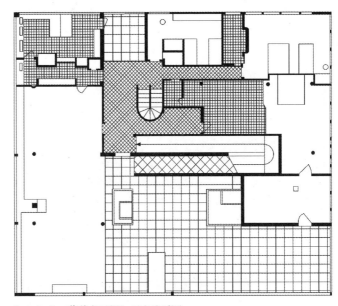

6.4.1-2 萨伏伊别墅二层平面图

6.4.1-3 萨伏伊别墅南侧外观

6.4.1-4 萨伏伊别墅屋顶花园

6.4.1-5 萨伏伊别墅起居室

乎逻辑的反映，体现了勒·柯布西耶"房屋是居住的机器"的名言。

6.4.2 马赛公寓（Unité d'Habitation, Marseille, 1946-1952年）：

1952年一座备受争议的公寓式住宅——马赛公寓大楼，正式落户于法国的马赛城内。它是二战后欧美粗野主义（Brutalism）倾向的开山之作，是勒·柯布西耶现代"居住单位"设想的一次大胆尝试，也是在当时特殊的社会背景下，他对集约式住宅所面临的建筑与城市双重尺度问题探索的结晶。

二战后欧洲房屋紧缺。因此，勒·柯布西耶设计了一组新型的密集型住宅，并就此提出了"居住单位"的全新理念。他认为，一栋建筑就是一个城市的基本单位，而这个单位几乎可以包含一个居住小区所有的功能以及各种生活福利设施，从而保证人们在"居住单位"中能够正常的生活。于是，他为了实现自己的设想，在1946年设计了这座18层的"居住单位"式公寓大楼。

公寓采用矩形平面，165m长，56m高，24m宽，共18层。底层除入口门厅、电梯厅及一些附属用房外，其余部分全部做架空处理。一排排巨大的立柱支撑着上面17层沉重的体量。

在被架起的17层之中，1-6层和9-17层是居住层，共有23种不同的居住单元，可供从单身到有8个子女的337户，约1600名居民灵活选择居住。各住户均为跃层式布局，每3层为一组，在中间层设走廊。15层的居住层中只有5条走廊，从而节省了大量的交通面积。每户室内有自用的楼梯，将两层空间连为一体，层高为2.4m。此外，柯布西耶在第七和第八层布置了各式商店、银行、邮局、旅馆等公共设施，以满足居民的各种生活需求。在屋顶上，沿女儿墙设有一条300m的环形跑道、花坛、水池、托儿所和幼儿园。整座公寓功能复杂，内容丰富，应有尽有。

马赛公寓主体采用现浇钢筋混凝土框架结构，外墙

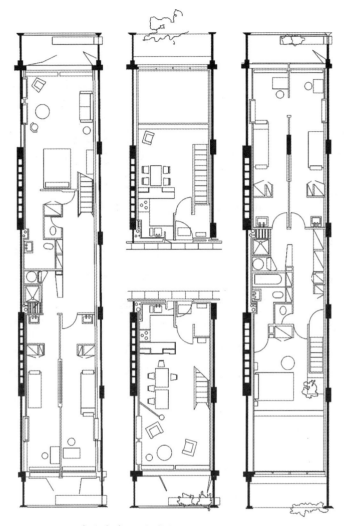

6.4.2-1　马赛公寓户型平面图

6.4.2-3　马赛公寓外观

6.4.2-4　马赛公寓屋面

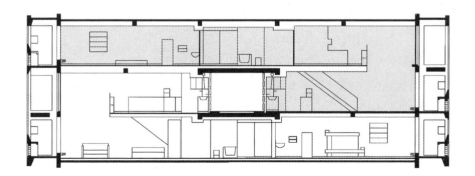

6.4.2-2　马赛公寓户型剖面图

板使用预制混凝土构件装配组合。为了创造一种粗犷、原始、朴实和敦厚的艺术效果，勒·柯布西耶将带有模板痕迹的混凝土暴露在外，而构件之间又不做过渡处理，从而以其表面毛糙、体态沉重、构造粗鲁为特色，开创了粗野主义建筑风格。

马赛公寓建成后在建筑界引起强烈的反响。它那小城镇似的丰富内容、大规模跃层式布局以及粗糙沉重的形体，都与他二战前的设计理念大相径庭，完全体现了一种新的美学观念；并成为勒·柯布西耶二战后的主要风格，在欧洲、美国、日本均有很大影响。

6.4.3　朗香教堂（Chapel of Notre Dame du Haut, Ronchamp，1950–1955 年）：

勒·柯布西耶设计的朗香教堂是 20 世纪最为著名的一座天主教堂。它以其怪诞复杂、神秘多义的建筑形象和充满象征主义的设计手法给世人以强烈的震撼，受到建筑界的广泛关注。

教堂设计建造于 1950–1955 年，位于法国孚日（Vosges）山脉最末端山梁的支脉上。该教堂规模不大，仅能容纳百余人。因此，勒·柯布西耶在教堂的东面留有一个可以容纳上万人的场地，以供宗教节日时来此朝拜的教徒们使用。

朗香教堂的平面呈极不规则的弧线形，但内部功能却极为清晰。主入口位于建筑南向的左侧，人们通过彩釉钢板制成的大门进入室内。教堂内部由中殿、祭坛、3 个小祈祷室以及若干个附属用房共同组成。中殿形状略似矩形，其东西向长约为 25m，南北向宽约 13m。祭坛位于中殿的中轴线上，并根据传统做法，将其置于东侧。在中殿轴线的南侧布置了 8 排长椅，供教徒所用。3 个小祈祷室与中殿完全分开，并分别由 15m 和 22m 高的采光塔来采光，3 个采光塔的塔顶均为半穹隆状，分别朝向 3 个不同的方向。教堂的墙体厚度在南墙处变化最大，由基础的 3.7m 向上过渡到顶部的 0.5m，其余墙体厚为 0.16m。教堂卷曲的大屋顶与墙体并不直接相连，而是通过若干个短柱衔接。从而留出一道 10cm 的采光缝隙，使教堂的屋顶漂浮于墙体之上。

教堂的外部造型奇特，各个方向的立面均不相同，令人目不暇接。外挑上翻的大屋顶为东面覆盖一个开敞的平台空间，并在弯曲的外墙上设一个外挑的祭台，以供在室外做弥撒时使用。南侧倾斜的外墙上不规则地布置一些大小不一、形状各异的彩色玻璃窗洞，当光线通过这些窗洞射入室内时，形成了一种游移不定、扑朔迷离的光影效果，使得教堂内部气氛变得更为神秘迷惘。建筑的屋顶东南高西北低，有收集雨水的功能。在建筑西侧的外墙上，有一个排雨水口，地面上对应布置一个集水池。建筑北侧两个 15m 高的采光塔很像一对窃窃私语的僧侣，其左侧有一步室外楼梯通向圣器室。

朗香教堂是由混凝土浇筑而成。勒·柯布西耶将建筑材料本身的质地完全裸露出来，体现了建筑的本质特色；由两片间距为 2.26m 的混凝土薄板所构成的棕色大屋顶，保持了拆模时的状态；内外墙面均采用水泥拉毛饰面，白灰粉刷。这些处理手段使教堂体现出粗野主义的风格特征，更加渲染了这座教堂的艺术感染力。

教堂的外形十分怪诞，具有很强的多义性。教士的帽子、大船的船底、水上游泳的鸭子、一双合起来的手

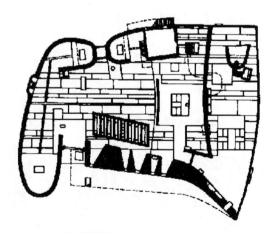

6.4.3–1　朗香教堂平面图

6.4.3-2　朗香教堂东南侧外观

6.4.3-3　朗香教堂北侧外观

6.4.3-4　朗香教堂西侧外观

6.4.3-5　朗香教堂室内

等等。这些解读虽然很形象，但也无法涵盖勒·柯布西耶那天才的设计构思。

　　勒·柯布西耶设计的朗香教堂，摒弃了天主教堂传统的空间及造型模式，创造了一座由混凝土浇筑而成的艺术品。该教堂不但体现了建筑师对建筑艺术独特而又深刻的理解，更加表达了他那充满浪漫主义情怀的艺术想象力和非凡卓越的创造力。

6.4.4　拉图雷特修道院（Convent Sainte Marie de la Tourette，near Lyon，1957—1960 年）：

　　拉图雷特修道院是勒·柯布西埃在创作朗香教堂的

同时设计的另一座宗教建筑。它同样具有粗野主义的建筑特征。

　　修道院位于法国里昂市近郊一处通往林区的斜坡之上，可俯瞰美丽的阿尔布莱斯勒（Arbresle）河畔景观。建筑总体布局为院落式，主入口位于建筑东侧。建筑师将修道院按照使用功能要求分为三大部分。北侧为长方体的教堂部分；庭院内为圣器收藏室、钟塔、廊道部分；三面围合布置的是宿舍、教室、图书馆等综合楼部分。

　　这三部分平面围绕中心庭院布置，并在庭院中加入十字相交的廊道，将建筑的各个部分连接起来。教堂平面为长方形，位于基地北侧，独立布置。综合楼部分则根据东北高西南低的地势特点，采用局部架空的设计手法，以解决建筑与地形的矛盾。它的首层平面由东侧的餐厅、教士集会厅组成。二、三平面布置着东侧的公共大厅，南侧的图书馆以及西侧的4间教室。四、五层平面主要是宿舍用房，共100间。

建筑由钢筋混凝土浇筑而成，外墙面不加粉饰。建筑立面纵向分为三个部分，分别为底层架空层、带有大片落地玻璃的中间层以及带有凹阳台遮阳的顶层。其中，

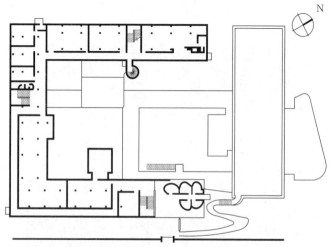

6.4.4-1 拉图雷特修道院平面图

6.4.4-2 拉图雷特修道院外观

架空层将混凝土的结构骨架直接裸露在外，形成粗犷敦实的柱廊。中间层的墙面则由细长的、由地面直抵顶部的、布置极不规律的混凝土构件组成；在院内一侧的采光窗上，窗格的设计明显带有构成主义的风格特征，并具有极强的节奏感和韵律感。而顶层的凹阳台不但起到遮阳的作用，而且还增加了建筑立面的层次感，形成了丰富的光影变化。

修道院室内的光线处理更加别具匠心。为了营造一种神秘的空间氛围，勒·柯布西耶在神殿区的屋顶上设置了3个不同方向的采光井，随着太阳高度的不断变化，3个天井为室内带来扑朔迷离的光与影。

拉图雷特修道院以比朗香教堂更加粗野的建筑体态体现着勒·柯布西耶二战后建筑创作的方向。它那雄浑而又变幻莫测的建筑形体、幽暗而又深远的空间氛围、粗糙而又硬朗的混凝土表皮，打破了传统宗教建筑的设计模式，传达着新时期建筑艺术的处理原则。

6.4.5 印度昌迪加尔法院（Law Court，Chandigarh，1956年）：

昌迪加尔高等法院是印度旁遮普邦新首府昌迪加尔市最著名的建筑，是勒·柯布西耶在法国以外地区设计的最大项目——昌迪加尔城市规划实施工程的一座重点建筑。

20世纪50年代，印度政府在昌迪加尔一片干旱的平原上建立了印度最重要的一个省——旁遮普邦。受印度总理尼赫鲁的邀请，勒·柯布西耶来做这个新省会的规划。他以自己高度理性的城市规划思想，把整个城市按功能理性地划分为几个规整的街区，包括政治中心、商业中心、工业区、文化区和居住区5个部分。各个分区功能分布十分明确，形成了一个"棋盘式"的道路交通系统。在政治中心区若干座建筑中，昌迪加尔法院是最早落成的一座，也是影响最为深远的一座。

印度昌迪加尔地处一片干旱炎热的平原之上，如何解决建筑与气候之间的协调关系是建筑师要解决的首要

问题。勒·柯布西耶采用了他惯用的钢筋混凝土结构和墙体，将建筑与炎热的气候环境相隔离。在建筑的前面设置了一大片水池，与建筑交相呼应，上下映衬，增加了建筑的灵动性，削弱了混凝土建筑的沉闷感。此外，夏季主导风向确定了这座建筑的朝向，为大部分房间获得了穿堂风，气流畅通。此外，勒·柯布西耶还设计了一个巨大的、有一百多米长的、钢筋混凝土浇筑的"外罩"，把建筑罩了起来，用于遮阳、隔热和排除雨水。其前后出挑的造型使建筑体形方正规整，却又不失轻巧活泼。

建筑平面设计得十分简洁，共有4层。一层包括一间大审判室和8间小审判室。楼上分别是一些小审判室和办公等空间。同时，还有开放给公众的图书馆和餐厅。法院的入口没有设置大门，只有3根表面涂着绿、黄和橘红3种颜色的粗壮柱墩，以突出建筑的入口。这些柱墩4层高，直达顶部，气势磅礴，标志性极强。入口内为大门厅，厅内正中横向布置了一个大坡道，供人们顺着坡道登上各楼层。

勒·柯布西耶在建筑的立面造型上也作了一些特殊处理。类似中国博古架式的遮阳板横七竖八地拼接在建筑的外墙之上，并且向上逐渐伸出，力图与顶部挑出的"外罩"有所呼应。建筑表面不加粉饰，并保留着混凝土浇筑时模板的印痕，粗犷冰冷。此外，柱墩及遮阳板的尺度硕大，建筑表面设置了一些奇怪的、色彩艳丽的孔洞凹龛，为建筑营造了一种诡秘的气氛。

印度昌迪加尔高等法院带给人们的不仅仅是硕大的建筑构件、色彩艳丽的色块对比、未加粉饰的粗糙混凝土饰面、怪诞粗野的建筑格调等美学层面上的冲击，它更是一个时代精神的体现，表达了勒·柯布西耶在二战后对混凝土这种建筑材料的独特情感和艺术造诣，以及他对建筑技术与艺术相结合的不懈追求。

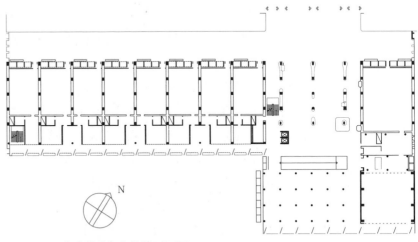

6.4.5-1　印度昌迪加尔法院平面图

6.4.5-2　印度昌迪加尔法院外观

6.5 弗兰克·劳埃德·赖特（Frank Lloyd Wright，1867—1959年）

弗兰克·劳埃德·赖特是美国著名的建筑大师，现代建筑的先驱与奠基人。1867年6月8日，赖特在威斯康星州的里奇兰森特（Richland Center）出生，1959年4月9日，在亚利桑那州的菲尼克斯（Phoenix，又称凤凰城）去世，享年92岁。

早年，赖特曾在威斯康星州立大学学习土木工程。1888年，他在著名建筑师沙利文的事务所赢得一份画图的工作，并一直工作了6年。沙利文对赖特设计思想的形成有很大影响。1893年，赖特离开了沙利文的事务所，在芝加哥的橡树园（Oak Park）建立了自己的建筑工作室，开始独立从事建筑创作。在最初的草原住宅设计中，赖特认为建筑应该在人类和他所处的环境之间建立联系，并声称他设计的建筑是有机建筑（Organic Architecture），能够反映人的需要、场地的自然特色以及自然材料的使用——一种全新的、本土化的美国式建筑。从此，赖特

6.5 弗兰克·劳埃德·赖特

开始在公众场合做演讲、撰写文章和出版专著来表达他对建筑的看法，阐释他的有机建筑思想，并为此而奋斗一生。

在文学艺术领域，"有机"这个词主要是指形式的创造不是抄袭的、拼凑的、矫揉造作的和表面的，而应该是内在的、自然的、本质的和发展演变的，是一种动态的过程。

1901年，赖特在题为《机器的艺术和工艺》的报告，以及1908年和1914年两次题为《为了建筑》的报告中，提出了有机建筑的概念。1939年，他在《有机建筑》一书中说："现代建筑——让我们称之为有机建筑——是一种自然的建筑，是属于自然的建筑，也是为自然而创作的建筑"。1953年他对"有机"一词解释为"有机的，指的是统一体，也许用完整的或本质的更好些"。他认为"土生土长是所有真正艺术和文化的必要的领域""像民间传说和民歌那样产生出来的房屋比不自然的学院派更有研究价值"。其理论可归结为以下几点：

（1）建筑与自然环境的有机：赖特一贯强调建筑应该是那个地点和那个时间的产物，是"自然的建筑""是属于自然的建筑"，是"为自然而创作的建筑"；是"地面上一个基本的、和谐的要素，从属于自然环境，从地里长出来，迎着太阳""除了它所在的地点之外，不能设想放在任何别的地方。它是那个环境的一个优美的部分，它给环境增加光彩，而不是损坏它"。这是赖特有机建筑的核心思想。

（2）整体性准则：赖特强调要把建筑的所有部分整合成一个整体。赖特的女儿在赖特逝世后为他写的传记《我的父亲弗兰克·劳埃德·赖特》中写到"最重要的是建筑必须忠于一个准则，这个准则是统一性。这是存在于所有艺术大作中美的基因，这种局部与整体的连续性，平面与立面的连续性，主要结构与细部的连续性，便是赖特的信念，并在而后发展为有机建筑"。

（3）功能与形式的有机：赖特在建筑创作中一贯强调空间（功能）的重要性，并认为空间决定着建筑的形式（实体）。他认为建筑之所以为建筑，其实质在于它的

内部空间，屋顶、墙和门窗等实体都处于从属地位。"一个建筑的内部空间便是那个建筑的灵魂，这是一个最重要的概念。外部空间则应由室内空间的原状中生长出来，如同一棵树的结构，系由树根到树干再到树叶，从而形成一种延续的连贯性。所以新的房屋和新的建筑概念是保持一个由中央核心扩展到每一个外部终端的概念"。他的这一观念可以看作是对沙利文"形式随从功能"理论的扩充，从而打破了传统建筑着眼于屋顶、墙和门窗等实体进行设计的理念，为建筑学开辟了新的境界。

（4）在对待建筑材料上：赖特在建筑创作中非常尊重材料的天然属性。他主张既要从工程角度，又要从艺术角度理解材料的不同天性，发挥每种材料的长处，避开它的短处。在赖特的建筑中，木材、石材都保持了它们的自然属性。甚至有些石材就是在这座建筑基地之中开采的，并直接用到建筑上。这种方式不但保持了材料的天性，也使建筑与基地保持了有机的联系。

（5）在对待装饰上：纵观赖特所创作的建筑，装饰是不可或缺的元素。但他认为：装饰不应该作为外加于建筑的东西，而应该是建筑上生长出来的，要像花从树上生长出来一样自然。

赖特的这些观点在他所设计的流水别墅、西塔里埃森营地等建筑上得以充分体现。

赖特在 70 年的创作生涯中设计了近千件作品，尤其是在他晚年竟达到了他建筑创作的高峰时期。他以自己独特的建筑理念和设计手法对现代建筑做出了卓越的贡献。但是，赖特也是一位充满了矛盾的建筑师。他在建筑创作方法与对待建筑材料上具有现代主义建筑思潮的全部特征。而在服务对象上，却与现代主义建筑大师们有着明显的差异。他有着令人惊讶的创新欲望，他创造了真正的美国式建筑。通过他的作品、他的著作和他培养的上百位学生，他的思想被传播到世界各地。

6.5.1 流水别墅（Kaufmann House on the Waterfall, Pittsburgh, Pennsylvania, 1936—1939 年）：

流水别墅（Fallingwater）是赖特的经典作品，它完美地表达了赖特"有机建筑"的哲学思想，并以一种抽象的建筑语言诠释了他对建筑与自然相协调的理解。

流水别墅位于美国宾夕法尼亚州匹茨堡市附近的一片风景优美的山林之中，建于 1936 年，1939 年建成。它是匹兹堡百货公司老板德国移民考夫曼（J.Kaufmann）的产业，故又称考夫曼别墅。

在这片优美的环境中，赖特选择了一个地形复杂、溪水（Bear Run）跌落，最宽处不足 12m 的地方精心设计了这座依山傍水的小别墅。别墅主体共有 3 层，建筑面积约 380m²。一层以起居室为中心，三面均由大玻璃窗围

6.5.1-1 流水别墅一层平面图　　　　6.5.1-2 流水别墅二层平面图　　　　6.5.1-3 流水别墅三层平面图

6.5.1-4　流水别墅外观　　　　6.5.1-5　流水别墅起居室

合，视野开阔，并在它的左右两侧各布置一个露台。此外，在起居室右侧设置一部楼梯，可直达建筑下面的天然水池，建筑与自然环境融为一体。别墅的主入口设在二层，同时布置着主、次卧室，各卧室均连有露台。主卧室的露台向前挑出，与一层露台形成横纵交错的形体关系。三层为书房，其前方是一个水平向的屋顶平台，与下面的两层露台构成一定的韵律感。

建筑的内部空间时而封闭，时而开敞。各空间自由延伸，相互穿插，并沿着各自的轨迹，以一种特有的空间秩序表达着建筑的个性。

流水别墅的外部造型新颖而独特。赖特将几片高耸的石墙交错地穿插在水平向的露台之间，以强化建筑纵横交错的构图模式。此外，水平伸展的露台采用钢筋混凝土悬挑结构，外表光洁明亮。各层露台犹如一个个巨大的托盘，向前伸展出来，与粗犷幽暗、稳定敦实的竖向石墙形成强烈的反差。

流水别墅打破了传统住宅的构图模式，创造了全新的建筑理念。建筑师创造性地将建筑立于流水之上，溪水在挑台下奔泻而出，从建筑下面蜿蜒流过，人们在房间里可听到潺潺的流水声，怡然自得。一切显得那么优美自然，建筑像是由地下生长出来似的，与溪水、山石、树木自然地结合在一起。

在这片郁郁葱葱的山水之中，流水别墅既轻巧地伫

立于山川谷溪之上，超凡脱俗；又与大自然相互渗透，水乳交融。建筑、自然与人实现了悠然共存，为有机建筑理论做出了最恰当的诠释，表达了赖特一生对建筑与环境和谐共生的最真挚的追求。

6.5.2　西塔里埃森（Taliesin West, Scottsdale, Arizona, 1937 年）：

1937 年，赖特在亚利桑那州斯科茨代尔附近的沙漠中设计了一个特殊的建筑群，它是赖特塔里埃森工作室的冬季营地和西部住所，故称为西塔里埃森。

西塔里埃森地处一片荒芜的沙漠之中，远离喧嚣的城市。因此，建筑师在这里可以尽情发挥，完美地诠释他独特的建筑理念。

建筑基地共有600英亩。赖特将建筑沿山脉侧面布置，并平行于西北走向的山峰。建筑平面顺应地形，尽情地铺展开来，整体朝西北、西、西南和南向，呈折线形布置，并在北面围合出一个开敞的院落，构成一组分合有致的建筑群。这样的分散式布局既不破坏周边环境，又使建筑保持良好的隔热和通风功能。作为具有学习、工作与生活多种功能的建筑群，赖特将工作室、作坊、住宅、起居室、文娱室等各部分内容相对独立布置，又相互拼接成一个整体，形成一系列或离散或紧凑的建筑空间，野趣十足。

建筑群因地制宜，就地取材。建筑的墙体采用当地的石材和水泥砌筑而成，厚重而坚实。内外墙均不做抹灰处理，以保持材料的原初状态。建筑屋顶用一排漆成土红色的红杉木斜梁搭建，韵律感极强。采光窗的面积尽可能地缩小，以减少热辐射。赖特在建筑形体处理上，将石材、木材与水泥这三种材料运用到了极致。它们之间既形成强烈对比，又与基地保持良好的协调关系。而建筑的各形体之间，有穿插，有扭转，有高低错落，有曲折迂回。让人为大师的天才而感叹、折服。

建筑内部空间发达，构思巧妙。赖特试图通过对建筑结构以及建筑材料的精心选择，从而营造出一种梦幻般的内部空间组合。内部空间时而开敞明亮，与周边群山、

沙漠连通一气，并将一切美景尽收眼底；时而局促昏暗，展示某种质朴的原始氛围，神圣而静谧。在这里惊喜无处不在，每走一步，仿佛都会发现建筑师的非凡匠心。但是，赖特并不满足于此，他利用了大量的"媒介空间"来突破围合空间对建筑形式的限定。那些介于建筑与建筑、建筑与环境之间的藤架走廊、巨石平台不但使各建筑空间相互衔接，更将整个建筑与周边的山脉、峡谷联系在一起，空间转换富有节奏感，形成了一种全新的空间体验。

西塔里埃森建筑群以那纯自然的建筑形式与当地的风土人情结合得浑然一体，相得益彰。它犹如沙漠里生长的植物，质朴而又充满生命力，展现了别具一格的沙漠风情。

6.5.3 约翰逊制蜡公司总部（Johnson Wax Building，Racine，Wisconsin，1936–1939 年和 1944 年）：

约翰逊制蜡公司总部是赖特早期主持设计的为数不多的公共建筑之一。它新颖的构筑方法和建筑材料，独特的内部空间和外部形体，再一次表达了赖特对大自然的热爱以及他努力将自然因素融入建筑之中的热切追求。

约翰逊制蜡公司总部共由两部分组成，分别是建造于 1936 年，并于 1939 年竣工的公司管理大楼，以及在

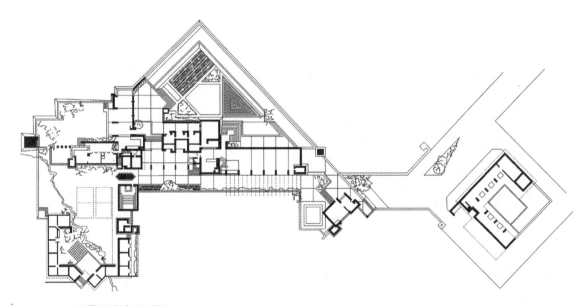

6.5.2-1　西塔里埃森平面图

6.5.2-2　西塔里埃森外观一

6.5.2-3　西塔里埃森外观二

6.5.2-4　西塔里埃森室内

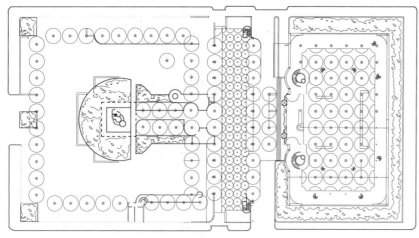

6.5.3-1　约翰逊制蜡公司总部平面图

6.5.3-3　约翰逊制蜡公司总部外观

6.5.3-2　约翰逊制蜡公司总部大厅室内

1944年建造的研究大楼。两座建筑采用相同的设计手法和建筑材料，保持了风格上的一致性与协调性。

　　管理大楼共分为3层，由各层办公空间、一个剧场、一对圆形楼梯和电梯以及一道筒形拱玻璃桥组成。根据交通流线的需要，赖特将该幢建筑的主入口设置在大楼的背面，靠近停车场。根据功能要求，赖特在建筑的底层设计了一个长约63m、宽约39m的开敞式大工作间，以供二百余名普通职员使用。该工作间层高为6m，内部

结构形式采用钢筋混凝土无梁楼盖，由一系列上粗下细、形如蘑菇状的钢筋混凝土柱子与叶片组成，各叶片边缘相互连接，在空隙间覆以玻璃顶板，形成天窗采光。建筑的二层平面是供中层管理人员使用的办公空间，而高层管理人员则安置在建筑的顶层。

　　1944年建造的研究大楼，共14层。建筑平面为方形，在四角做抹圆处理，平面中央设有一个钢筋混凝土核心筒，作为垂直交通核。各层楼板均由核心筒挑出，一层为方，一层为圆，形成了方圆交替的内部空间形式。

　　两幢建筑的外部造型都在建筑的转角处做圆弧处理。为了做出这种所需要的弧线和角度，赖特特别定做了200种不同形状、不同尺寸的内、外墙砖。此外，赖特还采用了半透明的玻璃管构成的玻璃幕墙，与每层之间的金属裙板一起构成通透轻巧的建筑外墙面。

　　赖特设计的这座约翰逊制蜡公司总部，不但满足了建筑的使用功能，还为使用者提供了一个愉悦、自然的工作环境。该建筑突破了传统的建筑形式，尤其是造型独特的蘑菇柱赋予了约翰逊制蜡公司全新的企业形象；是赖特设计的高层建筑中最具代表性的一座，影响深远。

6.5.4 普赖斯大厦（Price Tower, Bartlesville, Oklahoma，1952–1956 年）：

1952 年设计建造的普赖斯大厦，是赖特设计的另一座高层建筑，它也是获得美国建筑师学会特别认定的、赖特对美国文化做出贡献的 17 座代表建筑之一。该建筑以其独特的建筑形式成为赖特所独创的"草原式摩天楼"（Prairie Skyscraper）的典型实例。

普赖斯大厦是一座 19 层的综合大楼，高约 67m，建筑面积约 5295.48m²。建筑的下面两层是裙房部分，上部 17 层是塔楼部分。塔楼的 19 层是建筑的所有者哈罗德·C·普赖斯（H.C.Price）的办公室和屋顶花园，其余为公寓和办公空间。

塔楼每层分为 4 个单元，各单元环绕着带有 30°、60° 角的交通空间布置，从而构成复杂而又生动的内部空间。在每层的 4 个单元中，3 个单元是层高为一层的办公室；另外一个单元则是两层的复合式公寓，底层是起居室，楼上是卧室。此外，赖特还设计了一系列带有角度的座椅、沙发、书架等家具，与建筑的内部空间相协调。

建筑奇特的平面形式使建筑的形体棱角分明，凹凸变化。建筑的核心部分笔直挺拔，像一棵大树的树干。而向外出挑的各个楼层犹如树枝伸向不同的方向，有飘浮不定、轻巧活泼之感。此外，建筑外墙还采用金属百叶、绿色的铜板和金色玻璃等色彩丰富的建筑材料作为装饰，强化了普赖斯大厦的性格特征。

普赖斯大厦是赖特的倾心之作，它虽然是一座高层建筑，却有着赖特早期作品中所特有的"草原式"风格的建筑特征，从而表达了建筑师对大自然的情有独钟。

6.5.5 纽约古根海姆博物馆（Guggenheim Museum, New York，1956–1959 年）：

所罗门·R·古根海姆（Solomon R.Guggenheim）是美国战后的一个富豪，也是艺术品收藏家。是他在 1947 年委托了当时在美国名望极高的赖特设计一座博物馆来陈列他的美术收藏品。

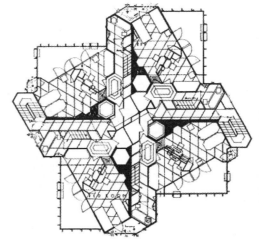

6.5.4-1　普赖斯大厦平面图

6.5.4-2　普赖斯大厦外观

博物馆位于纽约曼哈顿的第五大道，中央公园的对面，大都会博物馆附近，地理位置十分显要。博物馆的基地面积约为 50m×70m，由两部分组成。主楼是一个体量巨大的白色钢筋混凝土螺旋体，高 6 层，上粗下细；另一部分是行政办公部分，圆筒形，高 4 层。螺旋体主楼内有一个高约 30m 的圆筒形中庭，它的底部直径约为 28m，直径向上逐渐增大，四周是盘旋而上的螺旋形坡道，并以 3% 的坡度缓慢上升，参观路线总长为 430m。坡道宽度在一层约为 5m，而到顶层增至 10m 左右。展品就陈列在这条螺旋形坡道的倾斜侧墙上，供参观者欣赏。坡道将交通空间和画廊空间有机地结合在一起，形成了一个连续而有变化的一体化室内空间。从而打破了博物馆建筑的固有模式，使参观者不自觉地从一层走向另一层，空间连续流畅，收放自如。

博物馆的办公部分及附属用房也都采用圆形或弧线形平面，在整体上呈现一种逻辑序列。博物馆室内的采光主要依靠顶部巨大的花瓣形玻璃圆顶和坡道外墙上的带形高窗，采光良好，满足了观赏展品的采光需求。

博物馆的外部造型完全反映了内部功能。巨大的螺

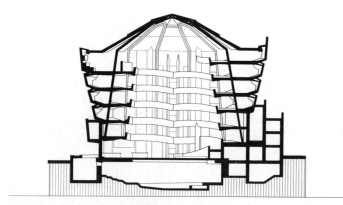

6.5.5-2 纽约古根海姆博物馆剖面图

6.5.5-3 纽约古根海姆博物馆外观

6.5.5-4 纽约古根海姆博物馆室内

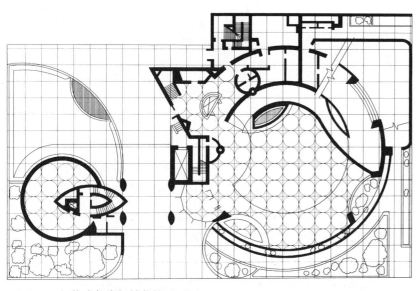

6.5.5-1 纽约古根海姆博物馆平面图

旋体展厅与圆形的办公空间被一条宽大的雨篷连接在一起，构成建筑的主体造型。

毫无疑问，古根海姆博物馆是一座优秀的建筑作品。但是，这座博物馆也引来了巨大的非议。它那硕大的体量、夸张的外形、沉重封闭的外形等都显得与周围建筑格格不入；室内的斜向坡道和斜向外墙，使得展品的摆放十分牵强，参观者驻足观赏也尤为不便。

但是，古根海姆博物馆是建筑史上的一座纪念碑，它打破了博物馆建筑的传统布局模式，向世人呈现出一个三向度的螺旋形建筑空间，展现出赖特卓绝的建筑技艺与非凡的想象力。为此，该馆于1986年获得了美国建筑师学会"25周年奖"。

1996年，在古根海姆博物馆的后面加建了一座10层高的方盒子建筑，建筑界对其褒贬不一。

6.6 阿尔瓦·阿尔托 (Alvar Aalto，1898—1976 年)

阿尔瓦·阿尔托于 1898 年 2 月 3 日出生在芬兰一个叫库塔尼（kuortane）的小城。1921 年毕业于赫尔辛基工业专科学校建筑学专业。1923 年起，先后在芬兰的于韦斯屈莱市和土尔库市开设建筑事务所，1928 年参加国际现代建筑师协会。阿尔托的设计作品涉及学校、图书馆、教堂、医院等建筑领域，也做过大学校园规划、城市规划以及玻璃器皿和胶合板家具设计等。

阿尔瓦·阿尔托是现代建筑的重要奠基人之一。是他把现代主义建筑引入芬兰，推动了芬兰现代建筑的发展。同时，他又对现代主义建筑理论进行了扩充：

（1）他在强调建筑的工业化的同时，注重建筑与环境的协调关系。

（2）在坚持理性主义设计理念的同时，注重建筑形式与人的心理感受的结合。

（3）在追求建筑时代性的同时，注重对建筑本土性与地域性特色的探索。

（4）在积极推广新技术、新材料在新建筑中应用的同时，注重使用木材、砖、石材、铜等地方材料与之相配合。

（5）在努力践行净化建筑的同时，注重在建筑上点缀精致完美的细部装饰。

他认为建筑不应该脱离自然和人类本身，而是应该遵从于人类的发展，这样会使自然与人类更加接近。他通过对自然环境的尊重、自然材料的使用以及对自然景观的利用等方面的探索，在建筑设计上获得了巨大的成功。大自然中的阳光、树木以及空气等元素都能够在他的建筑上充分反映出来。他的建筑在创造自然与人类和谐方面起到了相当重要的作用。

阿尔瓦·阿尔托有着与格罗皮乌斯、密斯、勒·柯布西耶等现代主义建筑大师一样的国际知名度。也因为他的设计作品突出了对环境的尊重，对地方性的关注，以及深切的人文关怀，而使他成为有机建筑和探索地域性与人情化倾向的代表人物。

简洁、实用、构思奇巧是他设计的精髓。他所设计的建筑平面灵活，使用方便，结构构件巧妙地化为精致的装饰，建筑造型娴雅，空间处理自由活泼。

为此，阿尔瓦·阿尔托获得了较高的声望和赞誉。他于 1940 年任美国麻省理工学院建筑系客座教授。1947 年获美国普林斯顿大学名誉博士学位。1955 年当选芬兰科学院院士。1957 年获英国皇家建筑师学会金质奖章。1963 年获美国建筑师学会金质奖章。1976 年 5 月 11 日，阿尔瓦·阿尔托于赫尔辛基逝世。

阿尔托是芬兰著名的建筑设计大师，同时也是一位享誉世界的建筑师。他从 1921 年开始涉足建筑设计直至 1976 年，设计生涯历经 55 年，共设计二百余座建筑。他为芬兰，也为全世界留下了众多宝贵的建筑遗产。

6.6 阿尔瓦·阿尔托

6.6.1　帕米欧肺结核疗养院（Paimio Tuberculosis Sanatorium，Paimio，1929–1933 年）：

帕米欧肺结核疗养院是奠定北欧现代建筑基础的典型作品，也是阿尔瓦·阿尔托的成名作。

疗养院地处一片茂密的树林之中，景色宜人。整个建筑顺着起伏的地势自由舒展地布置，以达到与环境的紧密结合，体现了阿尔瓦·阿尔托有机建筑的理念。疗养院共由 4 个部分组成，依次是位于东南侧的 7 层病房大楼、位于中央的垂直交通核、4 层治疗中心和最北侧的附属用房。各个部分功能分区明确，相对独立，又相互联系。

7 层病房大楼是疗养院的主体部分，其平面呈"一"字形，面朝东南横向展开。建筑师细致地考虑了疗养人员的需要，设置了单向走廊，病房面向一望无垠的原野

和树林。使每个房间都有良好的光线、通风、视野和安静的休养环境，人文关怀体现得淋漓尽致。在病房大楼的东端设置了与主楼呈一定角度的敞廊，以供病人接受日光和进行体能训练之用。在这里，建筑师将病房大楼理解为治疗的一部分，赋予它临床意义上的功能。而良好的环境对患者在精神上战胜疾病的确可以起到很重要的作用。

疗养院的交通枢纽位于建筑群的中央位置，它将疗养院的各个独立部分恰当地联系起来。建筑的主要入口也位于交通核内，前面是一个透视感很强的梯形大庭院。它不但是外来车辆的停泊处，也有强调建筑入口的作用。疗养院的另一特征是各功能部分均呈不同角度布置，以最大限度地接纳阳光。

建筑技术与形式的密切结合体现了阿尔瓦·阿尔托

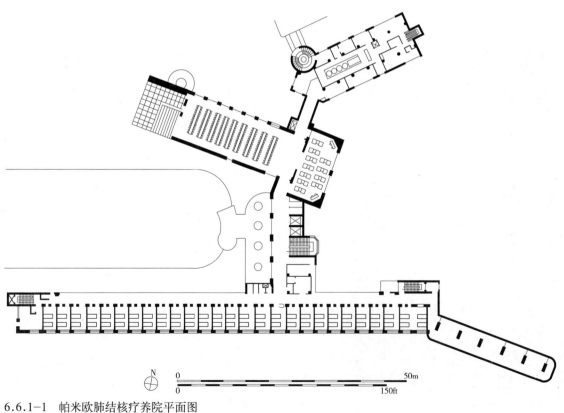

6.6.1-1　帕米欧肺结核疗养院平面图

6.6.1-2　帕米欧肺结核疗养院外观

6.6.1-3　帕米欧肺结核疗养院大厅

作为现代主义建筑大师的设计理念。7层病房楼采用钢筋混凝土框架结构，并将结构体系暴露在外，以强调建筑技术对建筑形式的主导作用。而平屋顶、白墙面以及屋顶花园，更具备了早期现代主义建筑的主要特色。

帕米欧肺结核疗养院全面展示了阿尔瓦·阿尔托的设计思想：建筑与自然和谐共生、对患者的人文关怀，以及功能主义的设计原则。

6.6.2　维堡市立图书馆（Municipal Library，Viipuri，1933-1935 年）：

维堡市立图书馆是阿尔瓦·阿尔托设计的另外一座功能主义建筑。该建筑设计于 1933 年，1935 年建成。它坐落在维堡市中心公园的东北角，并与一座建于 19 世纪末的哥特式教堂相毗邻，两者共同组成了该城的文化活动中心。

建筑平面是由两个大小不一的矩形体块沿长边平行衔接而成。平面由阅览室、讲堂与办公、借书处与门厅三部分共同组成。建筑共 3 层，分别为一层半高的地下室空间和 2 层地上空间。阿尔托将空间按照不同的使用功能布置在若干个不同的标高上，从而营造出一种灵活多变的建筑内部空间。底层北侧是供储藏书籍使用的半地下书库，其后面设有儿童阅览室、阅报室等空间。儿

童阅览室入口位于建筑南向，与公园游乐场临近。东侧设一个次要入口，直通阅报室。主入口位于地上一层北侧，入口大厅直通图书馆主体空间，右侧是一大型讲堂，左侧连有楼梯，楼梯外墙由玻璃幕墙围合而成。阅览室置于地上二层，朝南，光线充足。北向为办公室、研究室等空间。建筑平面布局紧凑、功能合理。

阿尔托在设计中应用了一系列功能主义的设计手法，以体现现代主义建筑的时代气息。建筑采用钢筋混凝土框架结构，以保证阅览室空间的完整性。主体部分的外部以白色墙面衬托大片的玻璃窗，造型简洁，雕塑感强。在建筑光学与声学的处理上更加体现了建筑师的独特匠心。阿尔托在主体建筑的平屋顶上设计了 57 个预制的漏斗形天窗，上大下小，以保证光线的均匀漫射。考虑到建筑室内的声学质量，在讲堂内设置了波浪形的天花，既保证了良好的声学效果，又加强了建筑空间的流动感和浪漫气息，从而避免了单调、沉闷的空间感受。

维堡市立图书馆是阿尔瓦·阿尔托设计生涯早期的名作。他对建筑光线的处理，代表着他对光与建筑空间关系的深刻理解；也表明他对建筑技术、建筑功能与建筑艺术三者的关系有着极强的把握能力，以及对人的热切关注。

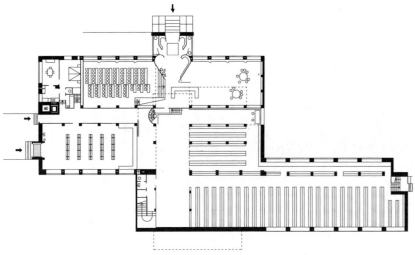

6.6.2-1 维堡市立图书馆地下一层平面图

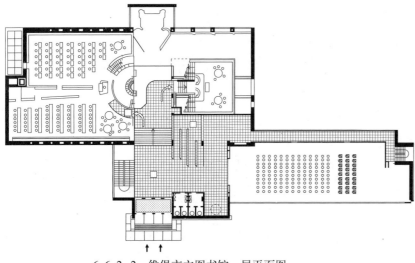

6.6.2-2 维堡市立图书馆一层平面图

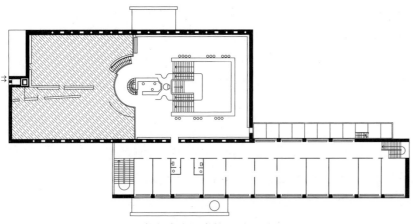

6.6.2-3 维堡市立图书馆二层平面图

6.6.2-4 维堡市立图书馆外观

6.6.2-5 维堡市立图书馆室内

6.6.3 玛丽亚别墅（Villa Mairea, Noormarkku, Finland，1937—1939 年）：

玛丽亚别墅是阿尔瓦·阿尔托为朋友古利克森夫妇（Harry and Maire Gullichsen）设计的一座私人别墅。该建筑不但完美地诠释了阿尔托强调建筑的地方性和人情化的设计理念，而且还成功地将理性主义融入具有浪漫气息的地方性建筑之中。因此，玛丽亚别墅是他设计的最为著名的一座住宅建筑。

别墅设计于 1937 年，并于 1939 年竣工。它坐落在一座长满松树的小山顶上，可远眺河岸上的树林以及远处的景色，以达到与周围环境的整合、共生。别墅由一个"L"形的建筑主体和一个半开敞的庭院组成。庭院内设一间桑拿浴室和一个曲线形游泳池，并由一道"L"形毛石围墙与主体建筑联系在一起。

"L"形的建筑主体共有两层。底层包括一个开敞的正方形大厅和一个封闭的矩形服务性用房。大厅内由面向庭院的起居室、书房和花房组成，三者之间不做固定的分隔，以便形成一个开敞明亮的大空间。与这个开敞大厅相邻的是别墅的主入口、门厅和餐厅，它们的另一侧是矩形的服务用房。建筑二层由两部分组成，一侧是面向庭院的画室和主人卧室，另一侧有游戏区和与之相连的4个小卧室。这样的功能分区和空间布局自由顺畅，是芬兰新式住宅的典型代表和范例。

建筑在造型上讲究反映功能、注重新技术和地方性建筑材料的综合运用，从而创造了自由活泼的形体组合。建筑为钢筋混凝土梁柱体系，墙体得到彻底解放。从而形成了一个内部空间流畅、外部形象丰富、别具北欧风情的乡间别墅。建筑主体外墙为白色砂浆抹灰，局部挑台和餐厅的外墙则采用带有纹理的原色木材饰面，两者在质地和色彩上形成了强烈的反差。画室的外墙采用深褐色木条，与餐厅和挑台的外墙形成了一组细微的变化，加强了建筑的层次感。建筑的底部衬有宝石蓝色的釉面砖，增加了建筑整体构图的稳定感。此外，该建筑还采用了由片石搭建的室外楼梯、弧线形的雨篷、木制的门把手、藤条缠绕的混凝土立柱、木制墙板与顶棚等的细部处理，达到了建筑与自然之间的融合和对人的关怀。

玛丽亚别墅是阿尔瓦·阿尔托最为倾心的一个住宅作品。它以其灵活的平面形式与自由的外部造型，呈现出传统与现代、理性与浪漫、自然与人文和谐共生的建筑理念。

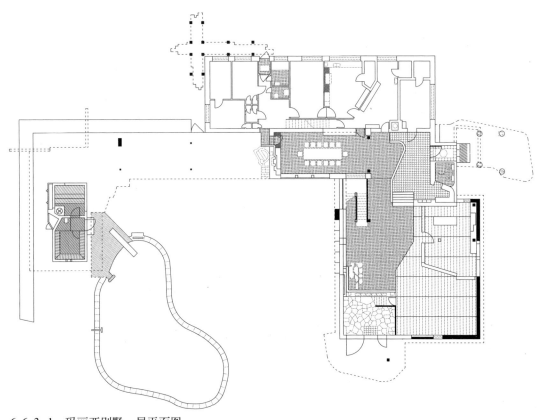

6.6.3-1 玛丽亚别墅一层平面图

6.6.3-2　玛丽亚别墅外观　　　　　　　　　　　　6.6.3-3　玛丽亚别墅内院

6.6.4　珊纳特赛罗城镇中心（Town Hall of Saynatsalo，1942-1952 年）：

　　珊纳特塞罗城镇中心是阿尔瓦·阿尔托在二战后设计的一件重要作品，他延续了自己在战前形成的现代建筑与地方特色密切结合的设计思想，也是他把现代功能与传统美学的结合发挥到极致和最引以为傲的作品。

　　珊纳特塞罗是芬兰中部地区一个小型的工业社区，是帕杰尼（Pajanne）湖中的一个约有三千户居民的岛屿。阿尔托于 1942-1949 年主持了该城镇的总体规划，之后又设计了该项目的一些主要建筑，其中包括市政厅、商店、宿舍，以及附近的剧场和体育场。在设计中阿尔托巧妙利用地形，并根据缓坡地势的特点，沿着缓慢攀升的路径，设计了一系列由低至高呈阶梯状分布的建筑。随着人朝向高处的市政厅行进的视线移动，创造了一组次第浮现的建筑组群以及一条动人的交通动线。建筑单体采用了红砖、木材、黄铜等当地盛产的建筑材料，以取得与周围自然环境的融合。

　　市政厅是整个建筑组群最主要的组成部分，因此建筑师将其设置在坡地的最高处，以显示该建筑的重要性。市政厅采用内院式布局，建筑共两层，平面为方形。按功能要求分为办公区、议会厅、图书馆、商店及职工宿舍等部分，各部分环绕着方形内院布置，布局合理，环境优美。

　　主入口位于建筑的东南角，规整的大理石台阶上方覆盖着花架，并将其引向门厅，通向各个房间。在建筑的西南角阿尔托又布置了一个长满青草的自由式大台阶，通过它进入充满绿化的庭院，体现了市政厅的质朴、自然、亲切与理性。议会厅是议员们议事之处，是建筑的重要组成部分。阿尔托将它布置在建筑南翼升起之处，是整个建筑的制高点，以控制建筑的整体构图，并在它的造型上采用与众不同的式样，目的是使人从心理上感受到它的重要性，体现了建筑师对人性心理的把握。

　　在建筑材料上，阿尔托大量使用红砖和木材这两种地方材料，使建筑与地方传统相结合。建筑室内外均采用不加粉饰的红色砖墙，大胆地摒弃了传统的贴面装饰，从而表现出材料本身的质感。建筑师将粗糙的砖墙置于一片郁郁葱葱的绿色之中，使建筑与周边环境既形成强烈对比又密切相融。此外，建筑室内大量使用木装修。尤其是议会厅顶棚那既是结构构件又是装饰物的木构架，更加体现了阿尔托对建筑材料的灵活运用，以及对乡土文化的迷恋。建筑大门上的金属把手都被缠上了藤条，强调了对人的关爱。

珊纳特塞罗城镇中心以其纯净的几何形体组合、纯朴而又自由的风格，造就了鲜明的建筑形象，表达了阿尔瓦·阿尔托善于将现代主义的设计理念与地域文化相结合的设计思想，从而避免了战后国际式建筑千篇一律的弊端。

6.6.5 沃尔夫斯堡文化中心（Wolf-sburg Cultural Center，Wolfsburg，1958－1963 年）：

沃尔夫斯堡文化中心是阿尔瓦·阿尔托晚年设计的一件代表作品，该建筑创造了一种超乎文化中心基本职能的设计理念，再一次体现了他对现代主义建筑发展所作的杰出贡献。

1958 年，阿尔托在该项目设计竞赛中获得头奖。1959 年该工程开始施工，1963 年建成。文化中心坐落在

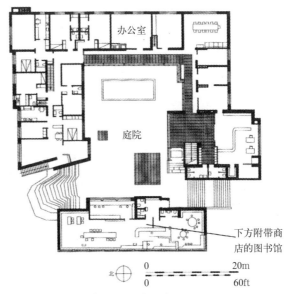

下方附带商店的图书馆

6.6.4-2　珊纳特赛罗城镇中心市政厅平面图

6.6.4-3　珊纳特赛罗城镇中心市政厅院落入口

6.6.4-4　珊纳特赛罗城镇中心市政厅院落内景

6.6.4-1　珊纳特赛罗城镇中心总平面图

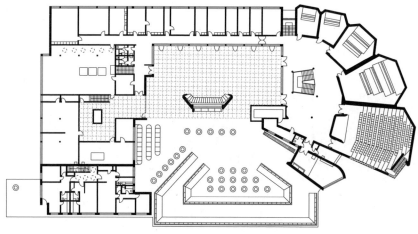

6.6.5-1 沃尔夫斯堡文化中心平面图

6.6.5-2 沃尔夫斯堡文化中心外观

沃尔夫斯堡市中心位置优越的地段内，它南临城市公园，东接市政厅广场，三者共同组成了城市的文化娱乐中心。

文化中心是一座集多种功能为一体的综合性建筑。建筑共两层，由市图书馆、成人教育机构和休闲活动中心三个主要部分组成。各个部分围绕二层的中心庭院布置，形成了一个内聚型的和谐整体。

主入口位于建筑一层的东侧，朝向市政厅广场。入口门厅内设一部双跑楼梯直通二层休息室。中心庭院下的一层为多功能厅，其北侧有临街商铺，南侧为市图书馆及其附属用房，西侧为青年活动中心。二层东侧是一系列的讲堂，平面形式为连续布置、渐次缩小的扇形，并设有天窗采光。建筑北向为办公室、会议室等办公空间；西向为一组活动中心；南向图书馆的屋顶做成可上人屋面，使之成为中心庭院的延伸。平面各功能空间相对独立，均设独立的对外出口及交通空间，以避免人流的相互交叉与干扰。

建筑造型以功能为出发点，构图轻松活泼。面朝广场一侧是建筑的主立面，底层外围采用柱廊，柱子由铜皮饰面。二层的系列讲堂是建筑造型最具特色的部分，它们扇形体量依次升高，墙面则使用了以竖向深色线条作为分格的白色大理石板，使建筑上下两层产生强烈的虚实对比。建筑的图书馆部分采用实墙面、高侧窗来与内部功能相呼应，其余部分以简洁的白粉墙与矩形窗为主。

沃尔夫斯堡文化中心是阿尔瓦·阿尔托对新型城市公共空间设计的一种探索。他在平面布局与建筑形态上都打破了当时欧美各国所流行的国际式建筑的固有模式，利用建筑各部分的有机形态、材料的亲切感、功能分区的交错布置，开创了一种新的设计理念与模式，为世界各国的建筑发展树立了典范。

7 现代主义建筑之果

　　二战前几位建筑大师所开创的现代主义建筑其影响之深远，至今仍然可以感受到它的力量。第二次世界大战虽然阻断了欧洲的现代建筑活动，但恰恰是由于战争的关系，使大批欧洲的现代主义建筑师和建筑教育家流亡美国。促进了美国现代主义建筑的迅速发展，并在二战后成为世界建筑发展的中心。

　　这一时期的美国工业高度发达，经济实力十分雄厚。人们的思想也从战前比较保守的观念中解放出来。以折中主义为代表的复古思潮在美国彻底绝迹。如果说二战前欧洲的现代主义建筑还是以小型民用建筑为主要设计对象的话，那么在二战后，现代主义建筑在美国则全面登上历史舞台。小到一座私人别墅，大到几十万平方米的超高层办公楼，出现了现代主义建筑一统天下的局面。到 20 世纪 70 年代为止，现代主义建筑在欧美各国得以全面开花、结果。

7.1 超高层与大跨度建筑

超高层与大跨度建筑是二战后崛起的重要建筑形制，也是现代主义建筑发展的重要领域。它们的产生源自于工业革命以来金属材料被广泛应用到建筑中的结果，从而引起了建筑领域的巨大变化。1889 年建造的埃菲尔铁塔和机械馆创造了人类社会的伟大奇迹，为现代超高层和大跨度建筑开创了先河。

高层建筑的故乡是美国的芝加哥，而纽约却后来居上成为超高层建筑的聚集地。从 20 世纪 20 年代末开始，美国的超高层建筑大量出现。从形式上看，这一时期的超高层建筑多以当时在美国流行的装饰艺术（Art Deco）风格为主，如纽约的克莱斯勒大厦、帝国州大厦和洛克菲勒中心等。正是由于这些超高层建筑的出现，美国人开始接受现代主义建筑，复古思潮在美国逐步消失。自 20 世纪 50 年代开始，超高层建筑的形体发生了明显的变化，板式和塔楼式以及双塔式超高层建筑相继出现。在外墙材料上，玻璃幕墙以及镜面玻璃幕墙的兴起改变了以往沉重封闭的外貌，而变截面塔楼的出现更是将超高层建筑带进了一个全新的发展时代。

随着新技术与新材料的出现，大跨度建筑也大量出现在欧美各大城市中。从早期博览会的展览馆建筑，到后来的体育场馆、航空港，大跨度建筑，取得了突飞猛进的发展。由于采用不同的结构形式，大跨度建筑出现了众多优美的建筑外形。

总之，超高层与大跨度建筑在二战后的快速发展充分反映了现代主义建筑正在全面走向高度繁荣阶段。它继承和发展了几位第一代建筑大师所开创的建筑理念，并在众多第二代建筑师的努力下得以发扬光大。

7.1.1 纽约克莱斯勒大楼（Chrysler Building，New York，1928-1930 年）：

克莱斯勒大厦是纽约摩天楼群中的标志性建筑，也是美国早期超高层建筑的代表。大厦位于美国纽约曼哈顿岛的莱星顿大道（Lexington Avenue）与 42 街、43 街所围合的街区内。由美国建筑师爱伦（William Van Allen，1883-1954 年）设计，建成于 1930 年，是美国克莱斯勒汽车公司的办公大楼。

克莱斯勒大厦共 77 层，高约 319m。大厦刚建成时为世界第一高楼，随后即被帝国州大厦超越。大厦由 73 层的塔楼部分和 4 层的裙房部分组成。裙房的平面为直

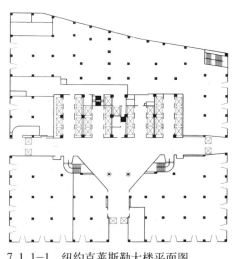

7.1.1-1　纽约克莱斯勒大楼平面图

7.1.1-2　纽约克莱斯勒大楼外观

7.1.1-3　纽约克莱斯勒大楼尖塔

7.1.1-4　纽约克莱斯勒大楼门厅装饰细部

角梯形，中间是"T"形的交通走廊，把平面划分为三个片区。三面各有一个出口，中心是休息大厅。在"T"形的交叉部分布置矩形的交通核，在里面设置30多部电梯及楼梯。"T"形的两侧是可出租的商业区。大楼平面的形状与面积随着层数的增加而递减。从6-10层的平面为"H"形，中间为交通核，四周布置着独立分隔的办公室和大空间的会议室。从51-55层的平面为矩形，面积约为首层的1/8。为了增加高度，在顶部还修建了一个55m高的瞭望塔。

克莱斯勒大厦的外形十分简洁，是美国20世纪30年代兴起的装饰艺术风格的代表建筑。它的立面上开满了规则的矩形窗，竖向排列，中间三组上下贯通，并在顶层汇聚为半圆形拱顶，两侧的开窗或是典型的方格窗，或是均匀排列的横向带形窗，整体感十分强烈。塔楼的顶部设计得很有特点，是四组拱形的立面构图，每个立面又都顺次向上层层退进，最后集束于塔顶。塔顶还设计了一个瞭望塔，其造型是模仿当年一款克莱斯勒新车的轮胎而设计的，全部由不锈钢材料饰面。这也是世界上首次使用不锈钢材料作立面装饰的例子。在阳光下塔顶闪烁着灿烂的光芒。

克莱斯勒大楼耸立在纽约繁华的街区中，它的造型美观，装饰精美，充分显示出装饰艺术的风格特征。大厦也因此跻身于世界著名超高层建筑的行列。

7.1.2 纽约帝国州大厦（Empire State Building, New York，1932 年）：

帝国州大厦位于美国纽约曼哈顿岛第五大街350号，大厦得名于纽约州的别称——帝国之州（The Empire State）。它建造于1931年，用了一年零45天就建造完成。大厦由史莱夫、兰布和哈蒙（Shreve, lamb & Harmon）建筑事务所设计，是装饰艺术运动的杰出作品。帝国州大厦在纽约世界贸易中心双塔兴建之前，一直是纽约，也是全世界最高的建筑。它也是纽约，乃至美国建造史上的一座里程碑。

帝国州大厦是一座现代风格的超高层办公楼，共102层，主体建筑高度为381m。1950年加建电视塔后，高度增加到443m。它的占地面积长130m，宽60m，是个规整的长方形。大厦85层以下的商业与办公建筑面积约为20万 m^2。86层以上的部分为了追求形式上的变化，设计了一个直径为10m，高61m的尖塔，塔身部分相当于17层。因此，帝国州大厦的总层数是102层，总建筑面积为25.4万 m^2。大厦内部原有64部电梯，如今包括服务电梯在内已增至73部，游人乘电梯在不到一分钟内就可登至第86层观光层。大厦从一层到102层共有台阶1860步。大厦的85层以下提供租赁，供办公使用。标准层的层高为3.5m。上面的17层塔楼还有电梯通往102层的

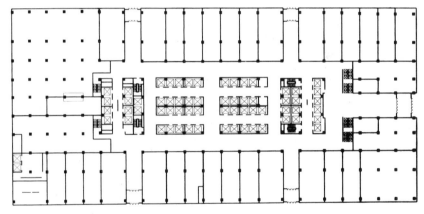

7.1.2-1　纽约帝国州大厦平面图

7.1.2-2　纽约帝国州大厦外观　　7.1.2-3　纽约帝国州大厦入口　　7.1.2-4　纽约帝国州大厦门厅

观光平台，供游人俯瞰纽约市壮阔的景色。

帝国州大厦的外形高耸挺拔，比例匀称，这使它一度成为摩天楼的象征。大厦底部的裙房部分高 5 层，一层为大面积的玻璃窗。二－五层立面的细部处理采用石灰石和花岗石贴面，在窗间墙和入口两侧做竖向带棱角的装饰条纹，为典型的装饰艺术风格。入口门厅的外墙面使用了通高的大玻璃窗，以起标识作用。

帝国州大厦自第六层开始塔身平面收缩至 70m×50m。到 85 层时，塔身又几经收缩，平面为 40m×24m。这种略呈阶梯状的体形，更加突出了帝国州大厦高大挺拔的气势，丰富了大厦的轮廓线，强化了这栋大楼的视觉冲击力，深得纽约市民的欢迎，而成为纽约著名的地标建筑之一。

帝国州大厦为钢框架结构，耗用钢材约 5.2 万 t，每平方米用钢 206kg。大厦的建造速度在当时的条件下是相当惊人的，平均每星期建设 4 层半。结果整座大厦比预计的时间提前了 5 个月完成。建造成本也比预算节省了大约 10%，约 4094.89 万美元。

在当今高楼林立的纽约，帝国州大厦仍以自己伟岸的身躯在向人们展示着它半个多世纪以来的辉煌与荣耀，它的建设开创了人类高层建筑史的先河。

7.1.3 纽约洛克菲勒中心（Rockefeller Center，New York，1931－1940 年）：

洛克菲勒中心位于纽约曼哈顿岛的中部，兴建于 1931-1940 年，主要设计师是 R·胡德（Raymond Hood，1881-1934 年）和 W·K·哈里森（Wallace K Harrison，1895-1981 年）等人。

洛克菲勒中心是由其同名的财团投资兴建的大型公共建筑群。用地范围为寸土寸金的纽约第五大道至第七大道与 47 街至 52 街所围合的街区内，占地面积约 8.9hm²，由 19 座建筑组成。洛克菲勒中心的功能包括餐饮零售业、办公服务业、服装业、市民广场、银行、邮局以及学校等。如此完整的商业办公与休闲环境使它成为继华尔街之后纽约的第二个城市中心区，并成为众多文化传播集团的阵地。建筑师们在设计这样一个大型建筑群时，积极地利用公共空间吸引人群，而且通过地下商业街把各栋大厦连在一起，形成了集购物、娱乐、休闲于一体的综合商业环境，并取得了极大的成功。

在建筑群中心主楼前有一个下沉式的小广场，广场的正面是一座镀金人物雕像，中心有喷水池。到了每年的冬季，这里还可以用做溜冰场。在广场的南面有个带状的花园式步行街，其名取英吉利海峡之意，称为"海

峡花园"，可以通向第五大道。步行街上种满了各种花卉，并且布置了各种建筑小品与座椅，供人们休息与观赏。

洛克菲勒中心最令人瞩目的是 70 层高的"洛克菲勒广场"摩天大厦，高约 260m，是美国无线电公司（RCA）的所在地。大厦采用薄板式形体，是集办公、休闲、服务等多种功能于一体的大型综合体建筑。它的平面形状自下而上渐次收缩，整体外观也突出了垂直的线条。大厦外部装饰是典型的装饰艺术风格，尤其在入口大门上的装饰图案、室内门厅和顶棚上的壁画及室内的各种装饰图案，都十分地道地反映了装饰艺

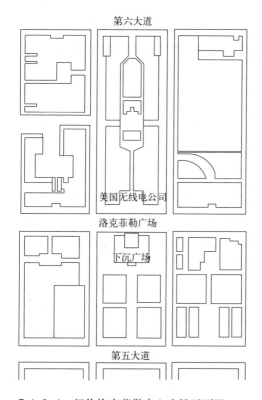

7.1.3-1 纽约洛克菲勒中心广场平面图

7.1.3-2 纽约洛克菲勒中心广场鸟瞰图

7.1.3-3 纽约洛克菲勒中心主楼入口

7.1.3-4 纽约洛克菲勒中心海峡公园

术的形式特征。

RCA 大楼堪称是板式高层的雏形，它可与帝国州大厦、世贸中心和克莱斯勒大厦等摩天楼相媲美。此外，洛克菲勒中心还包括 36 层的时代与生活大厦，41 层的国际大厦和 6 层的车库等建筑，而且各建筑之间通过地下通道相连。

洛克菲勒中心的建筑群布局紧凑有序，但因为过度拥挤而影响了艺术效果的发挥并影响了采光。但洛克菲勒中心对于综合商业环境的设计以及公共空间的利用也开启了城市设计的新篇章。

7.1.4 纽约联合国总部 (United Nations Headquarter, New York, 1947—1950 年)：

联合国总部建筑群位于纽约曼哈顿岛的东河（East River）岸边，占地面积约为 7.2 万 m²，总耗资 6500 万美元。设计方案是由 11 位国际著名建筑师（包括中国的梁思成教授）组成的设计委员会联合完成的，总负责人为美国建筑师 W·K·哈里森。

联合国总部建筑群由 4 栋建筑组成，包括秘书处大厦（Secretariat Building）、联大会议厅（General Assembly Building）、理事会会议厅（Conference Building）和 1961 建成的图书馆（Dag Hammarskjold Library）。秘书处大厦布置在基地的南端，紧邻主要交通枢纽的 42 街；联大会议厅在北端。理事会会议厅沿着东河布置；图书馆位于基地西南角，与秘书处大厦相连。

联合国总部建筑群中最突出的建筑是秘书处大厦。这是一座 39 层的板式

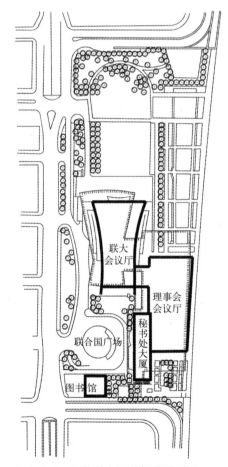

7.1.4-1 纽约联合国总部总平面图

7.1.4-2　纽约联合国总部秘书处大楼外观

高层建筑，是二战后现代主义在美国最早出现的高层建筑。它长 88m，宽 22m，高 166m。大厦里面汇集了秘书处的大部分办公机构，最上面的第 38 层是秘书长办公室。大厦的布局是东西走向。主立面朝向东河，为办公人员提供良好的视觉景观，也避免了给整个区域投下太多阴影。大厦的主立面选用了向外挑出 90 多厘米的暗绿色玻璃幕墙，并使用铝合金窗框做分格。南北立面是山墙部分，使用白色大理石贴面。秘书处大厦形体简洁，色彩明快，质感对比强烈，是早期板式高层建筑的代表，也是最早采用玻璃幕墙的高层建筑。

联合国总部建筑群表明现代主义建筑全面进入美国，

它们均以功能合理、造型简洁、技术先进、联系紧密为特征，是一座庞大壮观的现代办公建筑群。

7.1.5　纽约利华大厦（Lever House，New York，1951−1952 年）：

利华大厦位于纽约曼哈顿岛的花园大道 390 号，与 53 街和 54 街交汇。1951 年开始修建，1952 年竣工。由著名的 SOM（Skidmore, Owings & Merrill）建筑师事务所设计。它是世界上第一座全玻璃幕墙的高层建筑，也是二战后纽约最早的国际式（International Style）建筑之一，是美国建筑师学会"25 周年奖"获得者。

利华大厦是一座板式高层办公楼，共 24 层。它由塔楼和裙房两部分组成。裙房位于临近街道的一侧，中间是敞开的天井，四周底层架空，二层为环廊。天井内布置了一些雕塑和绿化，并向城市大众开放，形成积极的公共空间。塔楼部分的平面为矩形。它的位置从南北两个方向分别后退 30m 和 16m，远离了城市干道。这样的布局既有利于取得一个安静的办公环境，也有利于城市采光。这在当时是很人性化的创造，因此深受市民喜爱。

利华大厦的外观采用全玻璃幕墙形式，从外面可以看见内部的景象。白天，利华大厦的玻璃和钢架在日光下闪闪发光。而到了夜间，室内的照明为大厦提供了一个辉煌的形象，是城市美丽的夜景之一。

利华大厦利用了铝、平板玻璃等新建筑材料和空调等新技术，并且首次采用了全玻璃幕墙的形式，这在当时都是建筑创作上的一种大胆的尝试。利华大厦落成初期每天来参观的人络绎不绝，也成为众多建筑师争相模仿的对象。更成为当时建筑界的热门话题。

7.1.6　巴西议会大厦（National Congress，Brasilia，1958 年）：

巴西议会大厦位于巴西的新首都巴西利亚。由巴西著名的本土建筑师奥斯卡·尼迈耶（Oscar Niemeyer，1907−2012 年）设计。大厦充分体现出了他所遵循的现代

7.1.5　纽约利华大厦　　7.1.6　巴西议会大厦

主义建筑的理性原则，以及所使用的象征主义手法。

议会大厦位于巴西利亚著名的三权广场上，即议会、法院和总统府的所在地，这也是巴西利亚的核心地区。

大厦由两座并排而立的27层板式塔楼组成，高100m。标准层平面是两个矩形，在11-13层有一条连廊把两个塔楼连接在一起，形成"H"形的平面和立面。塔楼的功能主要是行政办公。在塔楼的前方是众参两院议会大厅，以及餐厅、商店、车库等附属建筑。办公楼与两院议会大厅之间通过一个连廊连接。塔楼的主立面不开窗，采用混凝土材质的实墙。两侧立面为大面积的带形长窗。塔楼前面有个宽大而低矮的平台，平台的两侧有两只巨碗形的屋顶，右边的是众议院大楼的屋顶，碗口朝上；左边的是参议院大楼的屋顶，碗口朝下，造型十分的独特。

大厦的另一个主要特征是建筑师采用了象征主义手法。尼迈耶将大厦的标准层平面和主体立面均设计成"H"形。"H"是葡萄牙文"人"的第一个字母，象征"一切为了人"的立法宗旨。碗口朝上的众议院象征"广纳民意"，碗口朝下的参议院象征"集中民意"。

尼迈耶设计的巴西议会大厦外形十分简洁，体现了现代主义建筑的设计原则。而大厦的横与直、高与低、方与圆、正与反之间的强烈对比，和极富雕塑感的建筑造型给人留下了极为深刻的印象。1987年，联合国教科文组织将巴西利亚这座建都不到30年的城市列入世界文化遗产名录。作为巴西利亚最重要的公共建筑，巴西议会大厦也随之名扬天下。被誉为"建筑界的毕加索"的奥斯卡·尼迈耶也成为1988年普利茨克建筑奖得主。

7.1.7 加拿大多伦多市政厅（Toronto City Hall, Canada, 1956-1965年）：

1956年，多伦多市政府举行国际竞赛，征集新市政厅方案。芬兰建筑师瑞威尔（Viljo Revell, 1910-1964年）带有现代主义建筑色彩的参赛方案从520位建筑师中脱颖而出，获得头奖。新市政厅于1958年开始建造，1965年建成。

市政厅位于多伦多市皇后大街北部一块矩形的基地上。主体建筑从街道红线向后退进，形成一个宽阔的前庭广场，并有一座高架平台和一条弧形大坡道将建筑与

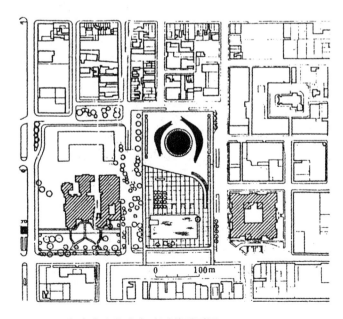

7.1.7-1 加拿大多伦多市政厅总平面图

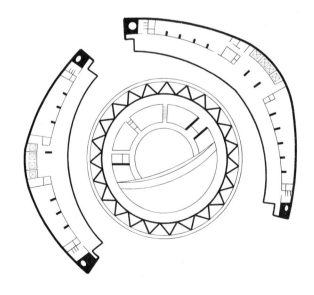

7.1.7-2 加拿大多伦多市政厅平面图

广场相连接。在基地的东侧是折中主义风格的老市政厅。

市政厅的平面布局由两片中间厚两边薄的圆弧形办公楼，中间环抱着一个倒扣的碟子状的议会大厅及其下部的裙房组成。办公楼圆弧的外侧为开敞式的办公区，内侧为交通走廊，中部设置电梯、楼梯。西塔楼为21层，高约79.4m；东塔楼为27层，高约99.5m。塔楼下部裙房为4层。议会大厅平面为圆形，屋顶像一只倒扣的碟子，覆盖着下面的大厅和一些附属房间。通过裙房采光中庭的平台将议会大厅与两侧的办公楼连在一起，形成统一的整体。市政厅主入口前的纳森·菲利浦广场（Nathan

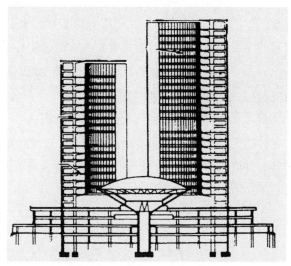

7.1.7-3　加拿大多伦多市政厅剖面图

7.1.7-4　加拿大多伦多市政厅外观

Phillips Square）也是瑞威尔设计的，这里是深受市民喜爱的公共场所，经常举行露天音乐会。广场中的水池在夏季可以纳凉，冬季还可以作为溜冰场，每年的新年狂欢也在广场上举行。

市政厅在形式上开创了高层办公建筑的新模式，两片弧形的办公楼环抱着中间圆形的议会大厅，造型新颖又美观大方。办公楼的外侧是混凝土实墙，立面不开窗，并作了比较精细的竖向与横向分格，形象朴实简洁。办公楼的内侧是淡蓝色的玻璃幕墙，在立面的上、中、下部分有三条明显的分隔带，避免了立面的单调感。议会大厅有着白色的弧形屋顶，覆盖着下面漏斗形的空间，并在底部集束成为一根粗壮的柱筒，直插到地下。柱筒的四周是环形的开敞空间，四周有环形走廊，中间有楼梯通向下层。建筑的平台底层局部架空，顶部又通过一条弧形的坡道与地面相连，使人们能够随意地穿梭于建筑与广场之间，便捷了交通。

从空中俯瞰，市政厅像一只巨大的眼睛，故有"政府之眼（The Eye of Government）"的绰号。

7.1.8　芝加哥马利纳城大厦（Marina City, Chicago, 1959-1964年）：

马利纳城大厦位于美国芝加哥市中心的芝加哥河（Chicago River）南岸，由著名建筑师B·戈德伯格（Bertrand Goldberg, 1913-1997年）负责设计。当年曾名列世界十大超高层建筑之一，也是一座集商住、娱乐于一体的大型综合性建筑。

马利纳城大厦是一对姊妹塔，占地面积约为12141m²。它的平面是一个多瓣的圆形，直径为32m，每层建筑面积约804m²。地上部分共60层，其中下面20层和裙房设有一个1750座的电影院、700座的音乐厅、商店、保龄球馆、体育馆、游泳馆、滑冰馆、银行，以及停车约为九百辆的车库，并配建有螺旋形车道；上面的40层能提供约九百套公寓及办公房间。住户可以不用走出大厦，就能把衣、食、住、行等问题全部解决，是一座名副其

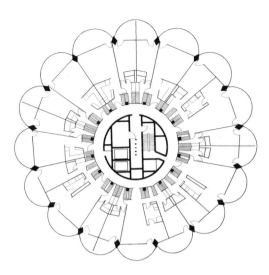

7.1.8-1　芝加哥马利纳城大厦平面图　　　7.1.8-2　芝加哥马利纳城大厦外观　　　7.1.8-3　芝加哥马利纳城大厦裙房外观

实的城中之城。

大厦的外观形象由于圆形平面带有圆弧形阳台而十分独特，被比喻为两个并列的"玉米棒子"。塔高60层，约177m。公寓部分在每个圆弧形阳台的交接处设置结构柱。下面停车层的平面呈圆形，结构柱直接贯通下来。21-22层的平面形状为多边形，在立面上形成了建筑的"束腰"，从而丰富了建筑的立面造型。裙房部分是低矮的矩形方盒子，下面架空，濒临河畔。整个大厦的结构构件不加任何装饰，完全暴露在外，充满了现代主义的气息。

大厦采用了直径约为10.67m的圆柱形钢筋混凝土核心筒结构，以加强建筑水平向的刚度。大厦外围细高的结构柱与核心筒配合，构成了内筒外框架的结构体系。确保了大厦圆形主体与花瓣形阳台的总体造型，将建筑技术与艺术有机地融合为一体，加强了建筑的个性化和艺术表现力。

马利纳城大厦是戈德伯格30年建筑生涯中的巅峰之作。造价只有3600万美元，十分节省，体现了现代主义建筑注重经济性的思想。如今，大厦已经成为芝加哥著名的地标，并在芝加哥的天际线上留下了美丽的身影。

7.1.9　芝加哥约翰·汉考克大厦（John Hancock Center，Chicago，1965-1970年）：

约翰·汉考克大厦位于芝加哥市北密西根大街875号（875 N.Michigan Ave）。它由SOM建筑师事务所设计，建成于1970年。大厦是世界上最宏伟的国际式建筑之一，也是世界十大超高层建筑之一。

汉考克大厦共100层，高约344m，总建筑面积为26万m²。在设计之初，曾计划分开建一栋45层的公寓楼和一栋70层的办公楼。由于考虑到占地面积过大及采光等原因，建筑师将其设计成一栋超高层的综合体建筑，节约出来的土地被用做大厦前的露天广场。

汉考克大厦的平面为矩形，由下至上逐渐收缩。底层面积为3716m²，到了顶层面积收缩至1672m²。底部主要用途为商业用房，上部为办公及居住用房。大厦内有49层共711套公寓，83329m²的办公面积，以及餐厅、健身俱乐部、游泳池和一处滑冰场等内容。从6层到12层建有车库，可停放汽车1200辆；94层有一个1614m²的观景平台；95层和96层有空中餐厅。顶部有3187m²的面积是芝加哥市几个主要电视台的发射塔。大厦内部

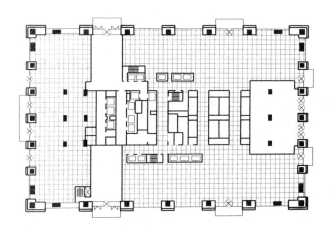

7.1.9-1 芝加哥约翰·汉考克大厦平面图

7.1.9-2 芝加哥约翰·汉考克大厦外观

7.1.9-3 芝加哥约翰·汉考克大厦局部

设有 50 部电梯和 5 部自动扶梯，每天可以上下旅客 1.2 万人次。

汉考克大厦的外观是一个由下而上逐渐收缩的锥形台体。它的设计既是出于满足使用功能的需要，又是出于对高层建筑结构稳定性要求的考虑。大厦立面上的钢结构框架以及"X"形斜撑完全暴露在玻璃幕墙之外，将结构构件作为重要的立面装饰元素，使原生态技术得以升华为艺术技术。这是二战后现代主义建筑师崇拜技术倾向的一个重要表现。建筑立面也因此而显示出与众不同的艺术特色，简洁而现代。

1999 年，约翰·汉考克大厦获得美国建筑师学会第 30 个"25 周年奖"。

7.1.10 皮瑞里大厦（Pirelli Tower，Milan，1955—1959 年）：

皮瑞里大厦是一家橡胶联合企业的总部大楼，位于意大利米兰市，建于 1955—1959 年，由结构大师 P·L·奈尔维（Pier Luigi Nervi，1891—1979 年）和建筑师吉奥·庞蒂（Gio Ponti，1891—1979 年）等人联合设计。

皮瑞里大厦共 32 层，高 127m。它的平面形状像一艘两端开口的"小船"，中间是交通空间，两侧是办公空间。

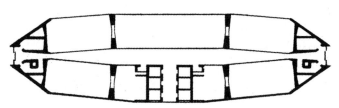

7.1.10-1 皮瑞里大厦平面图

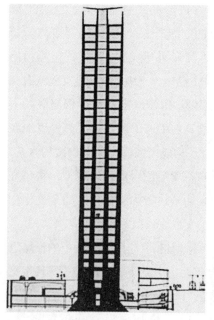

7.1.10-2 皮瑞里大厦剖面图

7.1.10-3 皮瑞里大厦外观

大厦的主立面处理为折线形,简洁大方。立面上布置了充满韵律感的条形窗,在窗的中间是两棵上下通高的钢筋混凝土结构柱,不加装饰,自然外露。大厦两侧立面为钢筋混凝土实墙,与主立面外墙形成虚实对比。

奈尔维为了配合庞蒂的设计,采用了极为特殊的钢筋混凝土结构体系。与当时钢筋混凝土结构的普遍做法不同的是,他在大厦两端设计了4个三角形的钢筋混凝土井筒,又在主立面中部设计了4棵超大跨度的巨柱,与混凝土井筒共同承受荷载。巨柱突出于立面,柱径自下向上逐渐收缩,符合结构的原理。

皮瑞里大厦是有着"钢筋混凝土的诗人"之称的奈尔维与意大利"现代设计之父"吉奥·庞蒂精心合作的结晶。它既是一座典型的国际式风格的高层建筑,也是世界上第一座采用大跨度支撑结构体系的高层建筑。设计者把建筑设计与结构构思极其巧妙地融合在一起,是20世纪最优雅的高层建筑之一。

7.1.11 纽约世界贸易中心(World Trade Center, New York,1966-1973年):

世界贸易中心位于纽约市曼哈顿岛的西南端,由著名的日裔美籍建筑师雅马萨奇(Minoru Yamasaki, 1912-1986年)设计。世贸中心于1966年开工,历时7年,于1973年竣工。世贸中心是国际式与典雅主义风格的结合体,为纽约市的标志性建筑之一。

世贸中心占地面积为76200m²,由一个庞大的建筑群组成。包括一对双子塔,四座办公楼和一座旅馆楼。这6幢主要建筑物围合出一个中心广场。

世贸中心主楼是110层的双塔,地面以上的高度为412m,建成时为世界最高的建筑。塔楼的平面为边长63.5m的正方形,每层建筑面积为4032m²。两座塔楼的总办公面积约为84万m²,可容纳5万人同时办公。每座塔楼内设电梯108部,为了防止电梯占用太多的使用空间,雅马萨奇在高度上将大厦分成三个区段,第44和78层设为电梯换乘层。大厦内部设有银行、邮局、公共和餐厅等

服务设施。世贸中心的地下共有7层,1层的综合商场,2层的地铁车站,另外4层作为地下车库,可停放汽车2000辆。塔楼的第107和110层是瞭望层。在110层的观光平台上眺望,可以欣赏到方圆72.4km²美丽的城市风光。

世贸中心主楼采用钢框架双层套筒结构体系,共用钢材7.8万t。外筒结构是由直径1.98m的钢柱组成,能抵抗顶部所有可能的风荷载。9层以下结构柱间距约

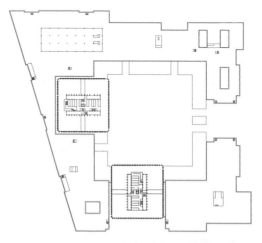

7.1.11-1 纽约世界贸易中心总平面图

7.1.11-2 纽约世界贸易中心鸟瞰图

为 3m，9 层以上间距只有 1m 左右，十分密集。内筒结构由 47 根巨型钢柱组成，起到承载整个建筑自重的作用。筒内设置电梯、楼梯、设备管道和服务等设施和房间。钢结构的楼板厚度为 0.84m，长度和宽度都为 36.6m。楼板的作用是将内筒与外筒紧密相连，以形成结实稳定的结构体系。外墙面由铝板和玻璃窗构成轻质幕墙，消耗铝板共计 20.4 万 m²。柱子间的窗宽约 0.56m，高度为 2.34m，又窄又长的窗子密集地排列着，产生了很强的韵律感。

由于世贸中心的高度过高，所以使用起来不太方便。同时，由于受到结构的限制，导致建筑的造型比较单调。然而作为当代物质技术的巨大成果，世贸中心仍不失为建筑史上的里程碑。遗憾的是世贸中心双塔，在 2001 年的"9·11"恐怖袭击事件中，遭到两架被恐怖分子劫持的民航客机的撞击，相继坍塌，并导致其周围多栋建筑物严重损毁。既为人们的生命财产带来了巨大损失，也使纽约失去了一座优秀的建筑，由此导致了曼哈顿岛的天际线大为逊色。

由丹尼尔·李伯斯金(Daniel Libeskind)设计的新世界贸易中心，即"自由塔(Freedom Tower)"，坐落于原世贸中心旧址上。高度 541.3m、1776ft（为独立宣言的发布年份）。地上 82 层（不含天线），地下 4 层。占地面积 241540m²。该建筑于 2006 年开工建设，2013 年竣工，2014 年 11 月 3 日正式重新开放。

7.1.12 芝加哥西尔斯大厦（Sears Tower, Chicago, 1970—1974 年）：

西尔斯大厦位于芝加哥市中心区的南崴克路 233 号（233 South Wacker Drive），由著名的 SOM 建筑师事务所设计。大厦建成于 1974 年，总建筑面积约 41.8 万 m²，高 442m，比纽约世贸大厦高约 30m。当年曾是世界第一高的塔式摩天大楼。

西尔斯大厦的底层平面为 68.7m 见方的正方形，由 9 个边长为 22.9m 的小正方形组成。这 9 个正方形就是 9 个井筒，每个筒内都不设柱，使用者可根据使用需要灵活分隔。整个大厦平面是逐渐向上收缩的，50 层以下是 9 个正方形。在 51 层以上切去两个对角的正方形，在 67 层以上再切去另外两个对角的正方形，平面变成了"十"字形。91 层以上再切去外圈的 3 个正方形，剩下两个正方形一直到顶。大厦的地上部分为 110 层，地下 3 层，是全球最大的私人综合办公大厦，每天约有 1.65 万名员工到这里工作。大厦共安装电梯 102 部，一组提供分区段停靠服务，而另一组则提供每层都可停靠的服务。在顶层有一个可以让市民俯瞰全市的空中观景平台，距地面约为 412m；在天气晴朗的时候能够看到周围 4 个州的风景。

西尔斯大厦是一座玻璃幕墙式超高层办公建筑，外表呈银灰色。大厦各

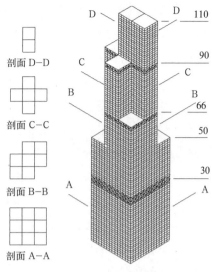

7.1.12-1 芝加哥西尔斯大厦外观图解

7.1.12-2 芝加哥西尔斯大厦外观

个立面的造型都不相同，突破了传统高层建筑呆板对称的形象，并在空中形成了高低错落的优美体态。

西尔斯大厦的结构工程师 F·卡恩采用了多井筒结构体系，各井筒之间使用钢框架焊接，以增加整体结构强度。这个结构体系与一般筒体结构相比，具有更大的侧向刚度和水平荷载承载力，更利于解决高空风压问题。新颖的结构有效地节省了材料，西尔斯大厦用钢量仅为 7.6 万 t，平均每平方米的用钢量比框剪体系的帝国州大厦降低约 20%。大厦还采用了当时最先进的消防系统，在各种房间和管井内全部装设烟感报警器，楼内的自动喷淋装置可覆盖任何地点。

西尔斯大厦外形简洁利落，高峻挺拔，结构技术更具创造性，是建筑形式与技术完美结合的范例。

7.1.13 波士顿约翰·汉考克大厦 (John Hancock Tower, Boston, 1972—1977 年)：

波士顿市的约翰·汉考克大厦是由世界著名华裔建筑师贝聿铭 (I.M.Pei, 1917—2019 年) 先生设计的，至今仍是波士顿市最高的建筑。

汉考克大厦坐落在波士顿市中心拥有很多重要历史建筑的卡普莱广场 (Copley Square) 的一角。广场的东西两侧是两座有百年历史老建筑——三一教堂 (Trinity Church) 和公共图书馆 (Boston Public Library)，而另一侧还有建于 1947 年的老汉考克大楼，所以它的设计引起了广泛的关注。

大厦为一板式的高层，共 60 层，高 240.7m。大厦的平面较为独特，建筑师将一个狭长矩形的两端斜向切掉，形成一个特殊的菱形平面。大厦主要用作办公。在第 59 层设有高级办公室、会议室、接待室和休息室。第 60 层是向公众开放的瞭望台。在建筑的西侧配建着 6 层高的裙房，平面为直角梯形，集餐厅、休息、服务设施等功能于一体。大厦的地下有通道与周围相邻的建筑连通。

汉考克大厦的外立面采用全玻璃幕墙，简洁的立面与对面 19 世纪古典复兴样式的三一教堂形成强烈对比。

该玻璃幕墙是由镜面玻璃与透明玻璃组合而成的隔热玻璃材料，具有良好的抗风性能及导热性能。大约使用了一万块玻璃，每块面积是 1.4m×3.5m。大厦的造型由于平面形式的关系而极具特色，从不同的方向看去具有不同的视觉效果；有时像矩形，有时像菱形，实为大师的神来之笔。两侧立面纵向的三角形凹槽更为大厦增加了艺术表现力，丰富了板式高层建筑的造型。

汉考克大厦是贝聿铭先生完全按照现代主义建筑原

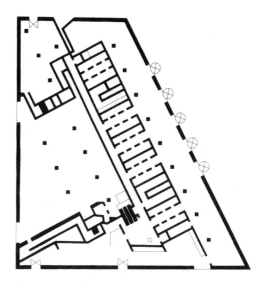

7.1.13-1　波士顿约翰·汉考克大厦平面图　　7.1.13-2　波士顿约翰·汉考克大厦外观

7.1.13-3　波士顿约翰·汉考克大厦裙房外观　　7.1.13-4　波士顿约翰·汉考克大厦室内门厅

则创作的一件优秀作品。大厦的造型也体现了建筑师一贯追求对各种几何形体进行雕琢组合的设计手法。同时，也正是由于贝聿铭先生创造性地使用了镜面玻璃幕墙面，使得这座体量巨大的建筑能够很好地融入周围环境之中。幕墙良好的反射特性恰好反射出三一教堂的整体形象，尊重了历史建筑，同时又展现了自身造型的简约与精美。所以，汉考克大厦一直以来都是波士顿的标志性建筑。

7.1.14　东京中银舱体大楼（Nakajin Capsule Tower，Tokyo，1970–1972年）：

东京中银舱体大楼是一幢装配式的公寓楼，位于日本东京市的银座（Ginza）区，建成于1972年，是由新陈代谢派（Me-tabolism）的核心人物黑川纪章（Kisho Kurokawa，1934–2007年）设计的。新陈代谢派兴起于20世纪60年代的日本，认为建筑像生物的新陈代谢那样，是个动态的过程，追求建筑随时间变化的可能性。

中银舱体大楼地面上有13层，可以作为公寓空间或办公空间使用。地下有1层附属用房。建筑的基底面积为429.51m²，总建筑面积为3091.23m²。大楼的核心是交通空间，布置电梯及管井，四周密集布置着一个个舱体

7.1.14-1　东京中银舱体大楼外观

7.1.14-2　东京中银舱体大楼细部

式的居住单元，每个单元约为2.3m×3.8m×2.1m，总共设置了140个单元。每个单元都是在工厂预制的标准构件，其内部所有的家具和设备也都是在工厂预先做好。这些居住单元可以随意组合及排列，如果有需要，也可以把几个单元组合在一起，供一个大家庭使用。并且即使在建成后，各个单元也可以随时拆分及替换。这一点充分体现出了建筑师的新陈代谢思想。

从立面上看，中银舱体大楼是由众多白色的长方体居住单元围绕核心筒叠合而成，每个居住单元都像一个密封舱，在舱体的端头部有一个圆形的小窗采光。这些舱体是交叉排列的，朝向不同的方向。所以从外形上看，显得错落有致，生动活泼。并在美学上体现出新技术的无限魅力。

中银舱体大楼采用钢筋混凝土结构，由一个起交通作用的核心筒和众多向外发散式布置的居住单元组成。核心筒由电梯间和楼梯间组成，构成垂直的交通体系。整栋大楼都以核心筒为轴，向四周悬挑出钢筋混凝土的密封舱体式的居住单元。

中银舱体大楼是世界上第一座用于居住功能的舱体式建筑，建筑师与集装箱生产厂家合作，采用在工厂预制建筑部件并在现场进行组合的施工方法来完成建造过程，在预制及装配化生产建筑方面有所创新。

7.1.15　大阪新梅田大厦（Umeda Sky Building，Osaka，1989–1993年）：

新梅田大厦位于大阪的新梅田城（Shin Umeda City），建成于1993年，由日本著名建筑师原广司（Hiroshi Hara，1936年–）设计。

新梅田城是以都市和自然的和谐共生为主题开发的一座新城。在建设时注重对自然生态森林的模仿，力争达到人与自然的和谐共生。新梅田城作为大阪市民们的休憩场所，给人们带来了欢乐和温馨。而城中最著名的建筑就是新梅田大厦。

新梅田大厦占地4.2万m²，它的标准层平面由两个相分离的矩形组成，在空中有一座天桥做横向交通连廊，

在屋顶有空中平台将两座大楼连为一体。外观像一座巍然而立的大门，极其宏伟壮观。基地内还有一座宾馆大楼、一些附属建筑和一座下沉式广场。

大厦共40层，高达173m，集办公和商业等功能于一体。主要设施有电影院、商品展厅、诊所以及一般性办公空间。每天大约有六千名工作人员在大厦内工作。大厦的39层设有一中餐馆，名为"灿宫"；地下一层布置有一条再现当

7.1.15-1　大阪新梅田大厦外观

7.1.15-2　大阪新梅田大厦空中平台

年日本昭和初期城市风貌的"泷见小路美食街"；大厦的40层是连接着两栋塔楼的环形空中观景平台，拥有360°视野。这是日本第一座可以在高空接触到室外空气的露天观景平台，人们在上面能够俯瞰整个大阪的秀丽风光，每天都有众多游人云集于此。

新梅田大厦立面为半透明的镜面玻璃和铝合金组成的轻质幕墙，能将周围的景致全部映衬于建筑的表面，整体形象显得缥缈通透，使大厦与环境融为一体。从远处看去，观景平台就好像是悬浮在半空中一般，使人们惊叹于建筑师丰富的想象力。大厦观景平台的两侧立面造型高低起伏、变化剧烈。平台下面的空间里有横向的钢架廊道和竖向电梯井。这些钢架显示着技术的巨大力量，并与玻璃幕墙形成对比。

新梅田大厦的公共空间充分考虑到了人性化的使用原则，室内与室外，空中与地面有机地结合，壮观而又不失细腻。其富于变化的形体与欧美各国的国际式玻璃摩天楼有着明显的差异。

7.1.16　法兰克福DG银行总部大楼（DG Bank Headquarters, Frankfurt, 1986-1993年）：

DG银行总部大楼位于德国法兰克福市的韦斯滕大街1号（Westend-Strasse1），设计于1986年，建成于1993年。大楼由美国著名的KPF建筑师事务所（Kohn Pedersen Fox Associates）设计，是法兰克福市的地标性建筑。

银行大楼的平面由主楼与附属用房两部分组成。主楼位于基地西南面，其平面是一个正方形与一个1/4圆弧的组合。共53层，高208m，总建筑面积7.7万㎡。平面的中心为交通核，布置电梯及楼梯；围绕交通核四周布置办公室及会议室；附属用房是北面呈"L"形的公寓楼。连接这两部分的是中心花园，也是办公和居住之间的过渡空间。

大楼在形体的处理上极富个性。方形体量部分为42层，在高度上比1/4圆弧部分减少了11层。这一高差为建筑带来了造型上的变化。在墙面的处理上，方形部分朝向北面的居住区，采用石材贴面，开成对布置的小方窗，风格上较为厚重。圆弧部分朝向南面的商业区，开大一些的带形窗，风格上比较开敞。两个体量的外部立面既有高低的对比，又有虚实的对比。在细部装饰上，圆弧状的塔楼在塔顶部位用放射状的肋架做成了一个巨大的弧形悬挑檐口，特征鲜明。方形部分在屋顶也都做了一道类似的挑檐，

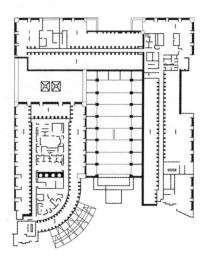

7.1.16-1　法兰克福 DG 银行总部大楼平面图　　7.1.16-2　法兰克福 DG 银行总部大楼外观　　7.1.16-3　法兰克福 DG 银行总部大楼入口

以取得二者的协调。

　　DG 银行总部大楼的创意源于对周围环境的解读与整合。基地南面对着繁华的商业区，北面临着充满生活气息的居住区。于是建筑师相对应地提出了三区段组合的构思方案——高层的办公楼加上低层的公寓楼，中间以玻璃中庭作为串联空间，以对周围环境做出回应，激发了高层建筑设计的全新组合方式。

　　DG 银行总部大楼已经成为近年来欧洲最重要、最有影响力的银行建筑之一。它打破了国际式高层建筑在造型与平面布局上的局限，尤其是它的 1/4 圆弧状的主塔及其顶部悬挑的檐部处理已成为大楼的显著标志，极大地丰富与开拓了现代主义建筑的设计手法。

7.1.17　马来西亚国家石油双子塔（Petronas Towers, Kuala Lumpur, 1993-1997 年）：

　　国家石油双子塔位于马来西亚首都吉隆坡，由著名的阿根廷裔美籍建筑师西萨·佩里（Cesar Pelli, 1926-2019 年）设计。1993 年 12 月 27 日开工修建，1997 年建成。曾是世界第二高度的摩天大楼。

　　双子塔坐落于吉隆坡市中心一块环境优美的公园旁，占地面积约为 40hm²，共 88 层，总高度约为 451.9m。它打破了美国芝加哥西尔斯大厦保持了 22 年的最高纪录。

　　双子塔由一对姊妹塔和一组裙房组成。裙房是规则的几何形，高 4 层，有豪华的商业大厅等商务用房。塔楼的平面比较复杂，即两个正方形上下呈 45° 角叠合，以二者的交点为圆心画小圆所构成的外部轮廓线，就是塔楼的基本平面。其图案带有 8 个呈 90° 的外角和 8 个圆弧。这种形状源自传统的伊斯兰教建筑中常见的八角形图案的变异。两座塔楼的建筑面积约为 34.2 万 m²。作为马来西亚国家石油公司的综合办公大楼，包括了一个 850 座的国际会议中心、电影院与音乐厅、一个原油勘探信息中心、一座图书馆、艺术展廊和一些祈祷室。在距地面 170m 的 41 层和 42 层之间有一座长约 58.4m 的空中之桥（Sky Bridge），连接了两座独立的塔楼。在双子塔楼顶部还有供游人游览的观景台，可以把整个吉隆坡的秀丽风光尽收眼底。

　　双子塔的外观逐层向上收缩，像两座巨大的古代密檐式佛塔。由于有空中之桥相连，又像一座城市的大门。大楼的立面材质是西萨·佩里惯用的钢材与玻璃，银白色的钢架与横向的绿色带形玻璃窗相结合，晶莹剔透，开敞明亮。

双子塔还大量使用了抗风、抗热等高科技建筑材料，并且设有太阳能发电装置，一旦吉隆坡发生大规模停电，双子塔所储备的电量可为自己及周边建筑提供约两周的电力供应。

国家石油双子塔的建成，标志着马来西亚的经济繁荣，也代表了 20 世纪 90 年代建筑的发展潮流，成为新一代摩天大楼的标志。

7.1.18　意大利都灵展览馆（Exhibition Building, Turin，1948-1949 年）：

都灵展览馆位于意大利的都灵市，建于 1948-1949 年，它是意大利著名的结构大师奈尔维的作品。整座建筑在短短的 8 个月内完工，被誉为伦敦水晶宫之后欧洲最重要的大跨建筑之一。

都灵展览馆占地长 95.1m，宽 80.5m。主馆的平面由一个宽约 73m 的矩形和一个直径约 40m 的半圆形平面组合而成。矩形平面部分是主展厅，由 12 榀巨型拱架组成的屋面覆盖。拱架距地高约 18.4m，跨度约 71.1m。半圆形平面部分与主展厅相接，外侧有一个高为 3 层的半圆形空间作为门厅，立面开落地窗，屋顶是 1/2 球面体。

展览馆还是个早期的仿生建筑，它巨型的拱架就是

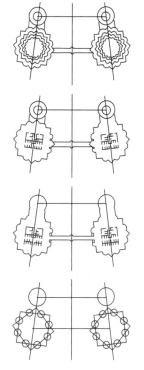

7.1.17-1　马来西亚国家石油双子塔各层平面示意图

7.1.17-2　马来西亚国家石油双子塔外观

仿照植物叶脉的肌理而设计的，由混凝土骨架和玻璃格窗组成，剖面呈现规则的波浪形。

展览馆的结构采用薄壳式大跨技术，自重轻，材料省，

7.1.18-1　意大利都灵展览馆鸟瞰图

7.1.18-2　意大利都灵展览馆室内

而且造型新颖美观。屋顶的壳体用钢丝网水泥制成，是由奈尔维自己发明的。展览馆的屋顶采用预制的"V"形构件，在现场进行拼装。构件利用横隔板增强刚度，并在腹壁处开洞，以减轻自重并用于采光。

都灵展览馆结构设计合理，建筑造型美观，体现了奈尔维一贯的设计风格。也是奈尔维最成功的作品之一。以此馆为标志，奈尔维的创作进入了成熟时期。

7.1.19　罗马小体育宫（Palazzetto dello Sport, Rome, 1956-1957 年）：

罗马小体育宫是为 1960 年意大利罗马第 17 届奥运会而修建的比赛场馆，可以举行篮球和拳击比赛，建于 1956-1957 年。这座结构新颖的体育馆是奈尔维又一座优秀的作品，以其精巧的圆顶结构和独特的支撑柱闻名于世，在现代建筑史中占有重要的地位。

小体育宫的平面原已初定，只是请结构工程师奈尔维给加个屋面，并且要求这个屋面与体育馆内的场地、观众看台及其他附属用房之间能够相互独立。于是奈尔维就设计了这个奇特的、像一个反扣过来的荷叶式的屋面。

小体育宫的平面为直径约 60m 的圆形。中间是比赛场地，赛场外圈是观众看台，可容纳八千多名观众。看台外是附属用房，地上一层，地下一层。小体育宫的主要出入口位于主席台下方。

小体育宫屋面的外观是一个圆弧形的穹顶，由 1620 块钢筋混凝土制成的菱形构件拼接而成。这些构件的设计极其精致，最薄之处只有 25 英寸厚。穹顶在结构上与下面的看台部分脱开，顶部中央开了一个圆形的采光洞，上有圆盖覆盖，下方布置照明设备。穹顶的外部下缘被 36 个支点等分，每两个支点间的圆弧向上拱起。沿着 36 个支点的侧推力方向奈尔维设计了 36 个"Y"形支撑柱，把穹顶的重量合理地传递到地上环形的混凝土基础上。这些"Y"形支撑柱简洁大方，造型新颖，既是结构的朴素外露，也是建筑造型的主要元素，有极强的韵律感。

小体育宫的另一大特点是它室内那美丽的顶棚。菱形的槽板和交叉的弧形肋构成了一幅精致美丽的图案，形似一朵凹凸相间的向日葵花，生动活泼。由于构件内交替组合着吸声材料，加强了顶棚的声音吸收与扩散性能，为室内空间创造了良好的音质效果。

罗马小体育宫的外形比例优美，尺度相宜，视觉效果丰富。充分体现出了简约、和谐的设计理念以及新技术美学倾向，是二战后欧洲大跨度建筑中的杰出代表。

7.1.20　圣路易斯机场航站楼（Saint Louis Airport Terminal, Saint Louis, 1951-1956 年）：

圣路易斯机场候机楼位于美国密苏里州的圣路易斯市，是由雅马萨奇于 1951 年设计的。这是他成立自己的

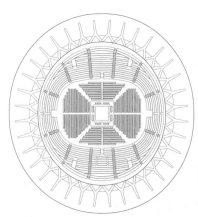

7.1.19-1　罗马小体育宫平面图　　　7.1.19-2　罗马小体育宫外观　　　7.1.19-3　罗马小体育宫室内顶棚

建筑师事务所后完成的第一座大型公共建筑。候机楼于1956年落成使用，是二战后美国兴起的典雅主义倾向的早期代表作品。

雅马萨奇在接到这个设计任务后，对华盛顿、费城等处原有的机场建筑进行了充分的调研，然后才着手设计这座航站楼。由于这个设计十分完美，使雅马萨奇在美国建筑界获得了很高的知名度。

候机楼的平面是由3个相邻的正方形组成（现今为4个），共3层，总建筑面积约13749m²。在相邻的两个正方形之间有入口通道。一层是办公室、餐厅、接机大厅及售票处等服务性空间，建筑面积约为3900m²。二、三层的主要功能是为乘客办理乘机手续等服务，在三层通过登机通道登机。

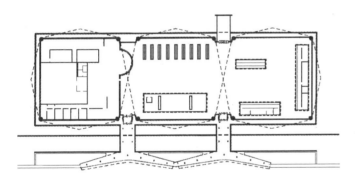

7.1.20-1　圣路易斯机场航站楼平面图

7.1.20-2　圣路易斯机场航站楼外观

候机楼的主要特色是它的屋顶设计。建筑师设计了三个相连的十字交叉拱壳组合作为航站楼的屋面，每个交叉拱的跨度是36m。并在相邻的两个拱壳之间的楔形缝隙内布置采光天窗，为候机大厅内提供充足的光线。候机楼的立面是通高的弧形大玻璃窗，简洁而具有很强时代感，与拱壳结构配合得十分密切。

候机楼的十字交叉拱壳采用钢筋混凝土材料制造，壳片极薄，表层覆以铜皮。这三个拱壳的结构基本一样，依次连接，形成秩序，同时也为将来的扩建预留了发展空间。

圣路易斯机场候机楼是美国战后兴建的著名航空港建筑之一。它功能合理，空间完美，形体简洁，造型新颖；既体现了现代建筑的设计理念，又有所突破；尤其是对十字交叉拱壳结构的运用更是令其获得了建筑界的一致好评。

7.1.21　杜勒斯国际机场候机楼（Dulles International Airport，Chantilly，Virginia，1957-1962年）：

杜勒斯国际机场候机楼位于美国首都华盛顿以西32km处的弗吉尼亚州的查提利。是由著名的芬兰裔美籍建筑师埃罗·沙里宁（Eero Saarinen，1910-1961年）于1957年设计的，1958年开工建造，1962年落成使用。

候机楼的平面为矩形，长182.5m，宽45.6m，分为上下两层。一层是到港大厅，旅客在此提取行李离港。而进港旅客通过自动扶梯到达二层候机大厅，在此办理登机手续及候机。

候机楼采用单索式悬索结构，钢索的直径为2.5cm。拉结钢索的是矩形平面长边两侧的32根钢筋混凝土柱墩，柱墩间距约3m。登机坪一侧的柱墩略低于停车场一侧。两排柱墩都向外侧倾斜，形成张力。屋面整体下凹，曲线优美，象征着飞翔的动势，十分潇洒迷人。

候机楼的外墙面是柱墩与通高大玻璃窗的组合，加之展翅欲飞、动感极强的屋面，沙里宁将建筑形式与结构技术结合得极其完美，创造出了一座形式十分新颖的现代建筑。

杜勒斯国际机场候机楼是沙里宁的代表作。这位真正追求将功能、技术与艺术相结合的建筑师，以他独特的艺术想象力和雕塑感极强的作品，对现代主义建筑的发展

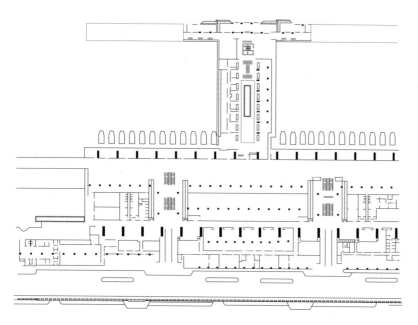

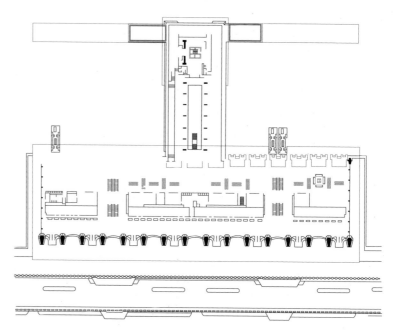

7.1.21-1 杜勒斯国际机场候机楼平面图

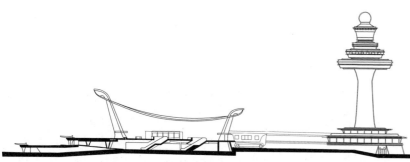

7.1.21-2 杜勒斯国际机场候机楼剖面图

7.1.21-3 杜勒斯国际机场候机楼外观

与提高做出了卓越的贡献。

7.1.22 代代木国立综合体育馆（Yoyogi Sports Center, Tokyo, 1961−1964 年）：

代代木国立综合体育馆位于日本东京代代木公园（Yoyogi Park）内，是为1964年第18届东京奥运会而修建的。它建成于1964年，由日本著名建筑师丹下健三（KenzoTange，1913−2005 年）设计。由于建筑师采用了新型的结构技术，在风格上又独具日本传统建筑特色，所以受到建筑界的广泛赞誉。

代代木公园占地约91hm²，主体建筑是一座游泳馆和一座球类馆，二者的总建筑面积达 2 万多平方米。游泳馆的平面为椭圆形，长边240m，短边 120m。平面的中央布置游泳赛道，两侧对称地布置着1.5万个观众席。在游泳馆的西南侧是规模略小一些的球类馆，它的平面为圆形，直径70m。比赛场地略偏于圆心，围绕着场地的观众席共有4000个座位。大小两个馆之间通过平台连接起来，平台下面布置附属用房，包括设备间、餐厅和训练室，人们可以通过平台进入大、小体育馆。

两座体育馆都选用了悬索结构，造型新颖，美观大方。游泳馆的屋面是由两个高40.4m，相距126m的钢筋混凝土柱墩拉结着主索，形成两条曲线形屋脊。再由次索向两侧辐射并与周边的混凝土受力环衔接。从而形成曲面形、中间向上升起的屋顶，与日本传统建筑的大屋顶有着一定的传承关系。两条屋脊之间有带形的采光窗，自然光沿着顶棚的曲面渐渐地向下散开，使馆内笼罩在淡淡的光线中。球类馆是螺旋形的悬索结构，位于入口通道处的一根钢筋混凝土柱拉结着一根主索围绕其扭曲成螺旋形，主索和外墙上的受力环之间悬拉着放射状的次索，主索和次索共同支撑着屋面。混凝土柱的顶部设置采光窗，自然光由此漫射而入，光线柔和缥缈，加强了螺旋形顶棚所创造的向上的动势。

体育馆由于采用了悬索结构，屋顶是下凹的，这种结构能把比赛时的声音均匀地扩散到馆内各个区域，产生了良好的声学效果。

代代木国立综合体育馆独特的结构技术与大胆新颖的设计理念为建筑带了全新的形态，成为丹下健三设计生涯的巅峰之作。他卓越的想象力，以及将建筑技术、功能、艺术乃至对历史文化的继承高度统一起来的设计思想，为日本现代建筑进入世界建筑发展的前沿立下了不可磨灭的功勋。丹下健三也因此成为1987年普利茨克建筑奖的获得者。

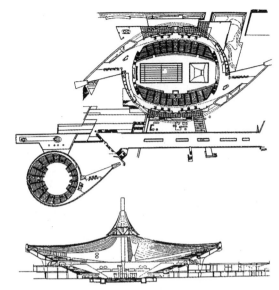

7.1.22-1 代代木国立综合体育馆平面与剖面图

7.1.22-2 代代木国立综合体育馆鸟瞰

7.1.22-3 代代木国立综合体育馆游泳馆外观

7.2 二战后多元化的建筑思潮

二战后，欧美建筑发展的一个主要特征就是建筑思潮的多元化。这些思潮是新形势下建筑师在不同的方向上努力实践现代主义建筑理论的结果。对于以格罗皮乌斯、密斯和勒·柯布西耶等人为代表的第一代建筑大师来说，他们的设计理念在二战后得以全面地、淋漓尽致地发挥与彰显。而对于二战期间出现的第二代建筑师来说，这一时期的建筑舞台正是他们崭露头角的天地。他们来自不同的文化背景，受到相同的建筑教育。他们的共同特点是热衷于现代主义建筑，又都有各自的诠释。他们中有的人表现出对建筑技术的强烈崇拜，有的人则热衷于对建筑形态的表现，也有的人致力于对传统文化的挖掘，还有的人倾心于对地域性的探索。通过这两代人的共同努力，现代主义建筑的各种分支流派于20世纪50-70年代在全世界确立了，形成了名副其实的国际主义风格。

鉴于第一代建筑师的作品在前一节中已经集中介绍过，本节只对第二代建筑师的部分作品进行介绍。

7.2.1 通用汽车技术中心（General Motors Technical Center，Detroit，1946-1956年）：

通用汽车技术中心位于美国密歇根州底特律市以北12km处，它是一个规模很大、设备齐全的综合建筑群。设计者是芬兰著名建筑师埃罗·沙里宁。该中心设计于1946年，1949年开工建造，1956年投入使用。

通用汽车技术中心总用地面积为2.592km²。包括冶金研究楼、行政管理楼、设计中心、工程馆、自助餐厅、制造中心、化学研究室、电子研究室、各种试验工场、会堂等25栋主要建筑物和一片人工湖。其中5栋主要建筑物围绕一片590m×190m的人工湖自由又有条理地布置，而其他20栋建筑则位于树林中。建筑平面形式大多是长方形，但建筑形式各自不同，层数都不超过三层。人工湖的总面积约11.2万m²，湖内有水塔和喷泉。

建筑的外部造型都十分简洁大方，体现了现代主义建筑抽象纯净的设计理念。研究室主立面为宽敞的玻璃窗，金属窗框采用铝和涂有黑瓷釉的钢条制造。同位素试验室、空气动力试验室、发动机试验室和试验车间等建筑，

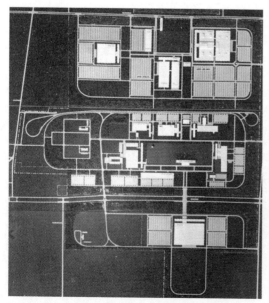

7.2.1-1 通用汽车技术中心总平面图

7.2.1-2 通用汽车技术中心鸟瞰图

由于功能的原因均设计得比较封闭，开窗较少。会堂是一座展示汽车的大厅，采用了一个不锈钢材料的大穹顶覆盖屋面。人工湖上的水塔顶端为一塔球，也采用不锈钢材料制造。

小沙里宁是密斯的追随者，在该中心的设计手法上不难看出有密斯规划的伊利诺伊工学院的影子。在采用规整的建筑形体、理性化处理建筑功能与形式的关系、突出新技术的应用和净化建筑装饰等方面，着意践行现代主义的设计理念。同时，他又通过使用釉面砖的明快色彩，引入人工湖，采用水塔、圆穹顶和圆形楼梯等特殊形体的方式，来活跃建筑组群布局，创造宜人的环境。这就是他对现代主义建筑发展的重要贡献。

7.2.2 菲利浦·约翰逊住宅（Philip Johnson House, New Canaan，1949 年）：

美国著名建筑师菲利浦·约翰逊（Philip Johnson, 1906-2005 年）是现代主义建筑的重要代表人物。他与密斯合作设计了西格拉姆大厦。他是"国际式（International Style）"一词的发明者。1949 年他仿照密斯设计的范斯沃斯住宅，在美国康涅狄格州的新迦南镇为自己设计了这座玻璃住宅（Glass House）。玻璃住宅被认为是现代主义建筑的典型代表。因其出色的设计，该建筑于 1975 年获得了美国建筑师学会的"25 周年奖"。

住宅位于一座总占地面积为 16 万 m^2 的大型庄园内。包括玻璃住宅、客人住宅、游泳池和水榭、地下画室和雕塑陈列室、工作室和图书馆 6 个部分。

玻璃住宅的设计受到密斯范斯沃思住宅的影响，但在平面的对称性、结构、色彩、造型等方面又有着一些差异。玻璃住宅平面为长方形，长 17.1m，宽 9.75m，共一层，高 3.2m。主入口位于矩形长边的中央，除了位于入口右侧的圆形浴室和位于入口左侧的厨房被围合起来之外，室内其他部分为一个完全流畅的大空间。地面铺以红砖，中央布置为客厅，左侧为卧室和书房，右侧为客厅和餐厅。

住宅采用黑色钢框架结构，四周为全通透玻璃墙体，壁炉的烟囱和浴室为一红砖的圆筒实体，且伸出屋顶，虚实对比强烈，打破了密斯纯粹的玻璃盒子造型。1986 年，约翰逊将这个庄园捐给了美国国家历史保存信托局，让大众分享他超过半个世纪所经营的建筑和环境。

20 世纪 50 年代末，约翰逊开始转变自己的设计理念，并宣称脱离现代主义。1979 年，为了表彰他对 20 世纪现代建筑的贡献，新创立的普利茨克建筑奖的评委们将第一届普利茨克建筑奖授予了他。

7.2.2-1 菲利浦·约翰逊住宅平面图

7.2.2-2 菲利浦·约翰逊住宅外观

7.2.3 哈佛大学本科生科学中心（Undergraduate Science Center，Harvard University，1970-1973 年）：

哈佛大学本科生科学中心位于哈佛大学校园内的核心位置。设计者为美籍西班牙裔著名建筑师，哈佛大学设计学院院长约瑟·卢斯·塞尔特（Josep Lluís Sert 1901-1983 年）。建筑设计于 1970 年，1973 年建成。该建筑的设计以关注人与建筑的关系为宗旨，体现了对现代主义建筑理念的充实与发展。

科学中心平面的主体形式为"T"形，最高的教室部分为 9 层，为预制钢筋混凝土框架结构，采用跌落式布局，以取得新老校园之间的协调与过渡。该中心的总建筑面积为 2.7 万 m²，包括化学、生物学、地质学、物理、数学、统计学、天文学等学科的实验室以及图书馆、教室、大讲堂、咖啡厅、行政办公和研究室等功能。这些内容都以这个"T"形体量为核心来安排布置。主入口位于"T"形竖道的端部，其上是呈阶梯状跌落的教室。"T"形横道长 122m，宽 18.3m，一层走廊的屋面有一条通长的采光带，两侧布置物理、化学等实验室。"T"形的竖道部分为教室，供数学系之用。一层"T"形的右侧是教师办公和研究室，它连接了实验楼及三层的图书馆。"T"形左侧则为扇形的大讲堂。

建筑外部造型的主体形式为台阶形，从顶部的九层跌落到底部的三层。这种造型突破了现代主义建筑形式的一贯模式，给人以轻快活泼的感觉。建筑的外墙面全部为混凝土构件，外饰面选取老校园主色调的紫色涂料粉刷，铝制玻璃窗。大片的玻璃窗被横向和竖向的构件以及做工精细的遮阳板分割，突出了建筑立面的变化。

哈佛大学本科生中心的设计无论是在功能分区、空间划分、结构选型上，还是在外部形体和细部装饰上，都反映出 20 世纪 70 年代以后现代主义建筑发展的一个新趋势——建筑开始走向复杂。

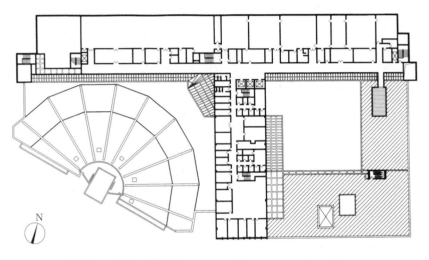

7.2.3-2 哈佛大学本科生科学中心三层平面图

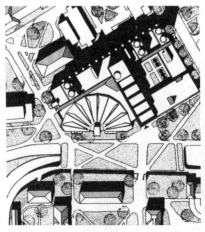

7.2.3-1 哈佛大学本科生科学中心总平面图

7.2.3-3 哈佛大学本科生科学中心外观

7.2.3-4 哈佛大学本科生科学中心一层走廊

7.2.4 耶鲁大学艺术与建筑系馆（Art and Architecture Building, Yale University，1959–1963 年）：

耶鲁大学艺术与建筑系馆，位于美国康涅狄格州纽黑文市耶鲁大学校园内，设计者是曾任耶鲁大学建筑系主任的美国著名建筑师保罗·鲁道夫（Paul Rudolph，1918–1997 年）。该系馆建成于 1963 年，是二战后由勒·柯布西耶所开创的粗野主义的代表作品之一。

系馆共有 9 层平面，其中，地上 7 层，地下 2 层。布置有教室、办公室、工作室、图书馆以及为建筑、城市规划、绘画、雕塑、平面造型设计等专业用的教学大讲堂等内容。这座建筑的平面布局是由 4 个长方形母题围绕着 4 根宽大的钢筋混凝土柱子以及中央的共享空间来组织的。地下层包括大讲堂、雕塑和平面造型设计工作室等内容。大讲堂居中，工作室位于四周。首层主要是图书馆；二、三层是一个 2 层高的展厅，周围布置着行政办公和一部分教学用房；四、五层为建筑设计教室；六、七层则为画室。这几层的教室都被布置在类似几个巨大的箱梁内，相互之间留有空隙，并设置了两片斜置的玻璃天窗，阳光可以由此进入，形成的内部空间光照充足，环境宜人。建筑的内部空间处理也十分复杂，中央的共享空间以及剖面上的 37 个不同的水平标高的处理，都反映了鲁道夫对复杂空间的掌控能力，也表现出他对现代主义建筑理念的突破与发展。

系馆的主入口位于建筑东北部，除了入口处的大台阶以外，没有其他的标识元素，在外面看来不太醒目。

系馆造型强调体量组合、竖向划分，外表保留了浅黄色混凝土的本有质感，十分粗糙，粗野感十足。

在这座建筑中，由于基地紧张，鲁道夫用叠架、错层、开缝等手法，既解决了大小不同，要求各异空间的组合问题，也在一定程度上解决了内部空间的采光问题，扩大了空间深度。但因建筑的某些功能性缺陷，鲁道夫也曾受到外界的批评。比如，把最重要的功能空间放在地下，使绘画者受到南向光线的干扰等。但是，这座建筑还是以其独具特色的设计风格，代表了鲁道夫的建筑创作个性，是他所设计的一座里程碑式的建筑。

1969 年，该馆遭遇大火，损毁严重。后来又进行了改建，建筑内外作了许多变动。

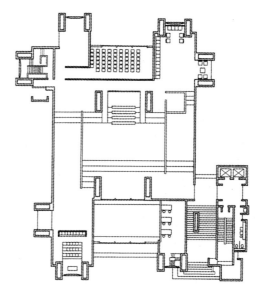

7.2.4-1　耶鲁大学艺术与建筑系馆平面图

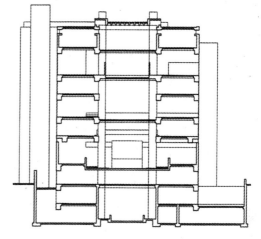

7.2.4-2　耶鲁大学艺术与建筑系馆剖面图

7.2.4-3　耶鲁大学艺术与建筑系馆外观

7.2.5 莱斯特大学工程馆 (Engineering Building, Leicester University, 1959—1963 年):

莱斯特大学工程馆位于英国莱斯特市莱斯特大学校园内，由英国著名建筑师詹姆斯·斯特林 (James Stirling, 1926—1992 年) 设计。馆内包括教学、行政办公、科研和实验工厂等内容。设计始于 1959 年，建成于 1963 年。

斯特林是出道较早的第三代建筑师，20 世纪 50 年代初从大学毕业，是现代主义建筑的忠实追随者。但是，他又不拘泥于现代主义的基本条框，勇于探索属于自己的建筑创作之路，尤其是在建筑的形体组合上更是独具特色，而终于成为一位享誉世界的建筑名师，并成为 1981 年的普利茨克建筑奖得主。

工程馆由教学主楼和大型厂房两部分组成。教学主楼的平面由大小不一的矩形构成，共 11 层。室内布置有行政办公、实验室、阶梯教室和竖向交通核等功能空间。两座阶梯教室位于塔楼的二、三层，一纵一横呈 90°布置。建筑主入口位于大阶梯教室地面的斜坡下部。厂房平面为矩形，在教学主楼的右侧，占据了地段的大部分面积，屋面是大面积的玻璃天窗。

工程馆的外部体量组合极具变化，建构出复杂的建筑外貌。阶梯教室的顶部像"牛腿"一样直接伸出于两个立面的墙外，不作任何掩饰处理，表现出功能与形式的高度统一。教学楼的教学部分做成玻璃盒子状，高高地伸向空中，顶部用红砖墙收住。试验室部分则做得相对比较封闭，开着凸出于墙外的三角形高窗。电梯厅像一根红砖柱与玻璃盒子相伴随。厂房则水平向展开，屋顶设计成一系列 45°水平斜置的柱形玻璃天窗，十分醒目。教学楼采用蓝色玻璃和红色面砖两种建筑材料，色彩对比鲜明。

莱斯特大学工程馆是斯特林早期的重要作品。这一设计遵循着讲究功能、技术与艺术相统一的基本原则，又有十分突出的建筑形体和丰富的室内空间组合。室内

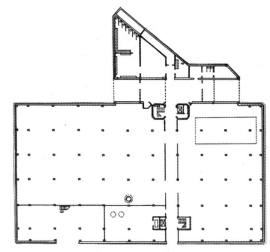

7.2.5-1 莱斯特大学工程馆首层平面图

7.2.5-2 莱斯特大学工程馆外观

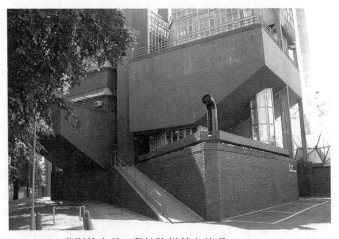

7.2.5-3 莱斯特大学工程馆阶梯教室外观

外采用相同的红色墙砖饰面，突出了建筑的地域性特色，使建筑与老校园的主体环境相协调。

7.2.6　剑桥大学历史系馆（Cambridge University History Faculty，1964–1968 年）：

剑桥大学历史系馆坐落在英国著名的剑桥大学新校区之中，是詹姆斯·斯特林的又一力作。该工程 1964 年设计，历时 4 年，于 1968 年竣工。

系馆共 7 层，地上 6 层，地下 1 层。平面主要由外侧近似于"L"形的部分和内角为 90°的扇形平面两部分组成。办公和一部分教学研究用房布置在"L"形平面内。这部分的一层面积最大，向上面积逐层递减，顶层最小。其中，一层为学生和教职工的公共用房，二、三层为小会议室，最上面三层为小开间办公室。"L"形内侧的扇形部分布置阅览室，建筑面积为 1170.54m²，约占系馆总面积的一半，内部设有 300 个座位。阅览室的外沿是书库，分两层布置书架。在书库的外部，沿外墙设置单人阅览室，避免了书架受日光的直接照射。巨大的阅览室与各层走廊在视线与空间上互通，是斯特林在室内空间处理上的一个新尝试。尤其是整个空间都被覆盖在一个斜坡形的巨大玻璃顶下，空间感十分宜人。建筑的主入口位于"L"形拐角的外侧，有一个方形的入口大厅。楼梯和电梯位于入口左侧。而图书馆的目录厅和工作人员柜台设在接近主入口的位置，流程合理，视野开阔，方便了读者的使用，也方便了管理。

系馆建筑的外部形态特色鲜明。主要由"L"形体量所主导。它所拥抱的阅览室采用阶梯形的玻璃幕墙。它的端部、阅览室的书库以及底层外墙的大部分墙面都采用红色面砖饰面，同莱斯特大学工程馆一样，是斯特林惯用的手法。

系馆的结构选型以功能为出发点，"L"形部分为框架结构。扇形部分则为钢桁架结构，桁架上有上、下两层玻璃面层，上层玻璃设有百叶窗，下层采用半透明玻璃。这样可以得到自然漫射光，满足了阅览室的光线需要。

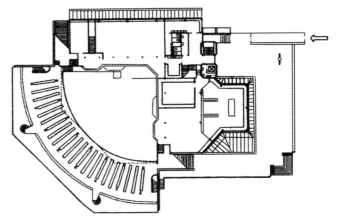

7.2.6-1　剑桥大学历史系馆首层平面图

7.2.6-2　剑桥大学历史系馆外观

7.2.6-3　剑桥大学历史系馆室内大厅

剑桥大学历史系馆是莱斯特大学工程馆的姐妹作。斯特林在这幢建筑中所开创的通透大空间及其大玻璃顶的运用，是在现代主义建筑发展方向上的巨大跨越。由于其出色的设计，该建筑于 1970 年获得英国皇家建筑师学会金奖。

7.2.7　日本香川县厅舍（Kagawa Prefectural Government Office，1955–1958 年）：

香川县厅舍位于日本香川县面向濑户内海的高松市。县、市厅舍是战后日本建筑中出现的一种新类型，内容一般包括办公、市民活动和议会厅三部分。香川县厅舍为此类建筑中的代表之一。由日本现代建筑大师丹下健三设计，于 1958 年建成。

香川县厅舍建设用地为 18182m²，总建筑面积为 12066m²，高 43m。总平面为合院式布局，建筑的各主要功能内容分区明确，流线清晰。

建筑平面由一座 8 层的办公楼和一座 3 层的县议会厅两部分组成。办公楼的平面呈正方形，每面均为三个开间。顶部可以对外开放，上面设有会议厅及休息室、茶室、瞭望台等内容。县议会厅部分沿街布置，是建筑的主要入口，上用做会议室。此外，建筑的底部都做架空处理，作为门厅和展厅来使用。两座楼之间围合出一南向庭院，面积约为 1300m²。庭院为日本传统的"枯山水"风格，有细沙、石桌、庭石、小丘、小拱桥、石灯笼等特有要素，并向公众开放，成为市民十分喜爱的休息场所。

香川县厅舍采用框架内筒结构体系，楼梯、电梯、管道间和卫生间等各种设施集中布置在平面中央的核心筒内，经济且管理方便。

厅舍的外观造型特色鲜明，高层部分层层带有由水平向混凝土栏板和挑梁组成的外廊，有模仿日本传统木构建筑的痕迹。同时，混凝土部分不做抹灰处理，直接暴露混凝土粗糙的表面，有粗野主义之风。

香川县厅舍体现了丹下健三将日本传统文化与现代建筑技术巧妙结合的探索精神，整座建筑光影效果强烈，粗糙的表面体现了强烈的现代色彩。

7.2.8　山梨县文化会馆（Yamanashi Press and Broadcasting Center，Kôfu，1961–1967 年）：

山梨县文化会馆位于日本山梨县甲府市，是一幢包括报社、广播电台、印刷厂在内的综合大楼。1961 年由丹下健三设计，1967 年完工。

山梨县文化会馆的用地面积为 4036m²，总建筑面积为 18085m²。建筑的地下有 2 层，地上有 8 层。主体平面由 4 列共 16 个混凝土圆筒构成，圆筒直径 5m，南北方向的间距约 25m。圆筒既是结构承重体系的要素，又

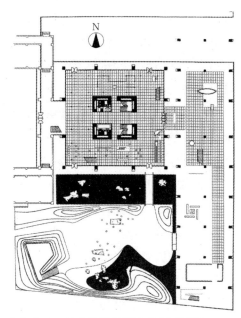

7.2.7–1　日本香川县厅舍首层平面图

7.2.7–2　日本香川县厅舍外观

7.2.7–3　日本香川县厅舍外廊局部

是服务和设备空间，内藏楼梯、电梯、货梯、卫生间和空调机房等设备用房。各种办公室、播音间和印刷车间都设置在这些圆筒之间的空间里。门厅位于底层的南侧。在各层之间还设有一些开敞的外部空间，作为屋顶花园，也可作为以后的扩建空间。

山梨县文化会馆造型独特，其巨大的混凝土圆筒群尤为突出，使得该会馆呈现出超乎寻常的建筑尺度和独特的建筑形体。丹下健三对会馆内的混凝土圆筒和混凝土砌块墙体都不做饰面，保持混凝土材料的原真效果。在建筑的结构体系中，横向的楼板和竖向的圆筒自然交接，并可按固定的模数生长与变化。

山梨县文化会馆的设计，体现了丹下健三注重建筑功能应与结构相对应，不同的结构满足不同的功能这一主导思想。同时也体现出在现代主义建筑中，建筑师善于通过对建筑技术的熟练掌握，创造出不同的建筑形式。丹下健三在这方面对现代主义建筑做出了重要贡献。

7.2.9　科罗拉多州空军士官学院教堂（Cadet Chapel，Air Force Academy，Colorado，1954-1963 年）：

教堂位于美国科罗拉多州空军士官学院校园内。设计者是美国著名的 SOM 事务所。该教堂 1954 年开始设计，1956 年建造，1963 年建造完工。设计者利用当时最新的技术成果创造出了最新颖的教堂建筑形象，表现了二战后技术美学发展的一个新走向。

教堂平面为长方形，长 85.34m，宽 25.6m。建筑共 3 层，高 45.72m。地上 2 层，地下 1 层，总建筑面积为 5100.21m^2。在功能布局上，建筑师首创了将三个不同类型的宗教空间布置在一座建筑内的模式。首层为犹太教堂和天主教堂两个空间。它们相对布置，有各自独立的对外出入口。其中犹太教堂的面积较小，可容纳 100 人；天主教堂的面积较大，能容纳 500 人。二层为一个基督教新教教堂，它的面积最大，有 1300 个座位，表明基督教在美国的势力要强于天主教。地下室为一些服务性空间。

教堂的结构由 100 个四面体单元组合而成。每个单元体都是由钢管组成构架，外贴玻璃或铝皮构成。由三个单元体组成一个大的构架，两两相对构成教堂的墙面与屋面。单元体之间以彩色玻璃连接，为室内带来独特的光线，以形成一定的宗教气氛。

建筑的外部造型以结构单元体为表现对象，简洁新颖，实现了技术与艺术的高度统一。在建筑的顶端，有 17 个刺向云天、形似"利剑"的

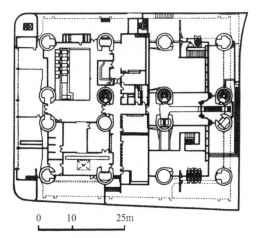

0　　　10　　　25m

7.2.8-1　山梨县文化会馆平面图

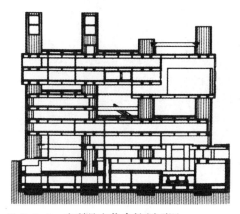

7.2.8-2　山梨县文化会馆剖面图

7.2.8-3　山梨县文化会馆外观

257

7.2.9-1 科罗拉多州空军士官学院教堂外观

7.2.9-2 科罗拉多州空军士官学院教堂室内

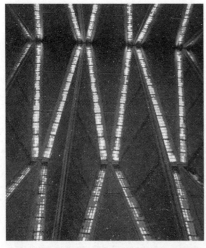

7.2.9-3 科罗拉多州空军士官学院教堂室内顶棚

小尖塔，在视觉上给人以向上升腾之感，与中世纪哥特式教堂的构图有一定的传承关系。

总之，教堂采用科技手段创造了一种新的结构形式，赋予建筑强烈的时代感，创造了一个全新的建筑艺术形象，体现了设计者对技术的强烈崇拜之情。因其成功的设计，该建筑于1996年获得美国建筑师学会"25周年奖"。

7.2.10 美国驻印度大使馆（U.S. Embassy, New Delhi, 1955-1959年）：

新德里美国驻印度大使馆是二战后多元化建筑思潮中，讲究与西方传统文化有一定传承关系的典雅主义（Formalism）倾向的代表作品。这种倾向采用了继承西方"软传统"的模式，即在构图法则上表现传统，而在建筑材料与结构技术上则表现出很强的时代性，集现代美与古典美于一体。这一倾向对现代主义建筑的发展做出了重要贡献。美国著名建筑师爱德华·斯东（Edward Stone, 1902-1978年）为典雅主义的代表人物。他于1955年设计了这座大使馆，于1959年建成。

大使馆由办公楼、大使官邸、随员公寓等部分组成，其中使馆办公楼的设计是最著名的。办公楼建在一座矩形的平台之上，平面设计的突出特征是采用

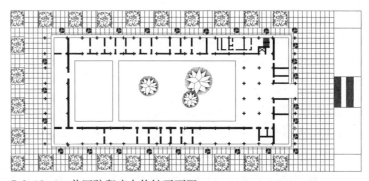

7.2.10-1 美国驻印度大使馆平面图

7.2.10-2 美国驻印度大使馆外观

258

庭院式布局。中间有水池和喷泉，在水池中心设计了一个种满了植物的绿岛；在水池的上方还悬挂着铝制的遮阳板；水池边也种植了郁郁葱葱的树木，既调节了微环境，同时又形成了良好的生态景观。这种平面布局适应了当地干燥炎热的气候特点。

办公楼采用了古希腊神庙的布局模式，短边设主入口，门厅开敞。进深共有7个开间，比较狭长。建筑外部设有一圈有结构作用的金属柱廊。建筑高2层，各办公室都比较封闭。

一圈细长的镀了金色的钢柱支撑一个宽大轻薄的挑檐，构成了办公楼外部的主体特征。柱廊内的墙体十分封闭，外层是由预制陶块砌筑、带有印度传统风格的白色花格墙，比较厚实，用以隔热。内层是玻璃，用以采光。花格墙与金属柱在材料、色彩和质感上都形成强烈的对比。而柱廊又酷似希腊神庙的外廊，端庄典雅。

可以看出，斯东设计的大使馆表现了鲜明的典雅主义精神。除了可以感受到古希腊以及古印度的传统外，斯东还考察过印度的泰姬陵。大使馆沉静的格调、白色的花格墙和水池，都含有泰姬陵的影子。大使馆的设计在印度乃至全世界都引起了广泛的好评，被认为是二战后现代主义建筑中最杰出的作品之一。

7.2.11 麦克格雷戈会议中心（McGregor Memorial Conference Center，Wayne State University，Detroit，1955−1958年）：

麦克格雷戈会议中心位于美国底特律市韦恩州立大学校园内。建筑师雅马萨奇是典雅主义设计倾向的又一位代表人物。该建筑建造于1955−1958年。

会议中心的基地面积约4410m²，中心设在基地的西北角，东南面为庭院。院中有一个呈曲尺形的水池，池中有三块平台，由板桥相通。水中和台上点缀着花木、雕刻和石头，构成一小型水景园。中心平面的西、北两面直接邻路，东、南两面与学校的其他建筑相邻。

会议中心采用对称式布局，有一条南北轴线，两个入口设在轴线的两端。中心的平面近似于方形，东西长约32m，南北宽约27.5m。建筑共3层，地下一层为车库，地上两层布置主要房间。一层以中央贯通两层的廊式休息中庭为核心，在两侧布置办公室、会议室、休息室等房间。其布局模式类似于现在的共享大厅，上有玻璃顶，两侧有柱廊，具有良好的空间感。

会议中心立在一座高出庭院2m的台基上。外观上严格对称，南

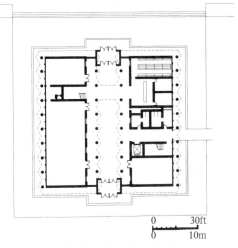

7.2.11−1 麦克格雷戈会议中心平面图

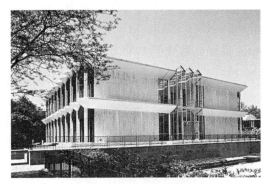

7.2.11−2 麦克格雷戈会议中心外观

7.2.11−3 麦克格雷戈会议中心室内中庭

北两立面完全相同，正中都是玻璃和金属框架构成的入口，两边是大片石墙面，和出挑的屋檐相接。在东西立面设有两层的柱廊，柱与柱之间有锯齿形折板相组合，形成尖拱式外表，与哥特式教堂的尖拱窗有一定的传承关系，被称为新古典主义风格。

会议中心的设计体现了典雅主义善于提取西方传统建筑符号、注重古典建筑的比例关系，并将其同现代技术相结合等设计手法；也显示了雅马萨奇重视建筑装饰，不拘泥于现代主义净化建筑的设计思想。

7.2.12　谢尔登艺术纪念馆（Sheldon Memorial Art Gallery，Nebraska University，1958-1966 年）：

谢尔登艺术纪念馆位于美国内布拉斯加州的内布拉斯加大学校园内，由美国著名的建筑大师菲利普·约翰逊设计，建成于 1966 年，是典雅主义的重要代表作之一。

纪念馆为对称式布局，平面呈简洁的长方形，共 3 层，地上两层，地下一层。首层平面中央是高约 9.1m 的大门厅，两部横向布置的楼梯打破了大厅的单调感，增加了空间层次，大厅的右侧为内部工作人员的用房，左侧为演讲大厅。二层平面左右两侧均为展厅，中间有一"T"形平台，以联系左右两部分空间。

建筑的外立面设计十分方正简洁，但又不是简单的方盒子。外部墙面上的钢筋混凝土三角形壁柱全部外露，

柱与柱之间形成一个个圆弧拱券，起着装饰建筑立面的作用。圆弧拱券内是实墙面，没有开窗。入口处略向里收进，同样的圆拱券形成漂亮的门廊。门廊里面是大面积的落地玻璃窗；既突出了入口，又使得立面虚实有致，增加了立面层次。建筑为统一的白色，很有古希腊白色大理石神庙的神韵。立面的顶端以简洁的矩形长带作为檐口，更增添了一丝古典韵味。

约翰逊将纪念馆设计得清新典雅，使现代建筑技术与古典美学完美地结合在一起，是一个非常成功的建筑作品。

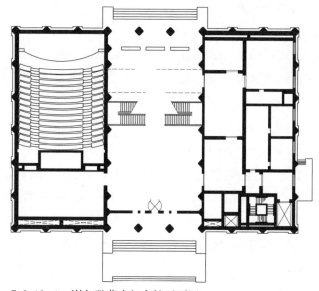

7.2.12-1　谢尔登艺术纪念馆平面图

7.2.12-2　谢尔登艺术纪念馆外观

7.2.12-3　谢尔登艺术纪念馆入口

7.2.12-4　谢尔登艺术纪念馆门厅

7.2.13　纽约林肯文化中心（Lincoln Cultural Center, New York，1957–1966 年）:

林肯文化中心位于美国纽约市，设计者是三位美国著名建筑师菲利普·约翰逊、华莱士·哈里森（Wallace Harrison，1895–1981 年）和马克斯·阿布拉莫维兹（Max Abramovitz，1908–2004 年）。该中心设计建造于1957–1966 年。文化中心在布局方式和建筑形式的处理上都表现出典雅主义的基本理念。

文化中心是一组建筑群，包括纽约州立剧院、大都会歌剧院、爱乐音乐厅、表演艺术博物馆、图书馆，以及中央广场等建筑。中央广场面向城市的主要街道，入口处设有台阶，保持了广场的完整性。纽约州立剧院、大都会歌剧院、爱乐音乐厅为中心的主要建筑物，它们围绕中央广场呈"品"字形布置。位于正中的是大都会歌剧院，由哈里森设计，1966 年建成；位于左侧的是纽约州立剧院，菲利普·约翰逊设计，1964 年建成；位于右侧的是爱乐音乐厅，由阿布拉莫维兹设计，1962 年建成。三座建筑的平面形式都为简单的方形，观众厅、舞台和休息厅都是常规布置模式。州立剧院可容纳观众 2729 人，大都会歌剧院为 3800 人，爱乐音乐厅为 2738 人。

三座建筑的形体都处理得十分方正简洁，其主要风格元素是面向中央广场立面的柱廊。柱廊在竖向上分成了两层，底层与建筑的入口门廊结合。二层直达檐口，十分高大，是独立的柱廊。柱廊具体的形式稍有差别：大都会歌剧院采用圆拱券式柱廊，古典的意味比较浓厚；纽约州立剧院的柱廊采用古典式双柱；爱乐音乐厅的柱廊最为简洁，但柱子的剖面呈十字形，截面由下至上逐渐收缩，形式比较独特。这些设计手法使整个文化中心的建筑既达到整体协调，又表现出一定变化。建筑的外墙面同样为白色，端庄大方。

纽约林肯文化中心是二战后美国一个非常重要的建筑组群，其简洁的建筑体量、精美的比例关系、优雅的气质都鲜明地表达了典雅主义建筑的美学取向。

7.2.14　甘地纪念馆（Gandi Smarak Sangrahalaya, Ahmedabad，India，1958–1963 年）:

圣雄甘地纪念馆，位于印度西部城市艾哈迈达巴德的萨巴马提·阿什拉姆地区。设计者是印度本土建筑师查尔斯·柯里亚（Charles Mark Correa，1930 年 –）。甘地纪念馆被认为是印度民族文化与现代建筑手法相结合的最成功的范例。

柯里亚是世界著名的建筑大师。他在 40 多年的建筑创作生涯中成功地将现代主义建筑理念与印度传统文化融会贯通，创造了众多具有鲜明地域特色的现代建筑。

甘地纪念馆的建筑形式借鉴了当地民居的建筑式样。

7.2.13-1　纽约林肯文化中心纽约州立剧院外观

7.2.13-2　纽约林肯文化中心爱乐音乐厅

7.2.13-3　纽约林肯文化中心大都会歌剧院

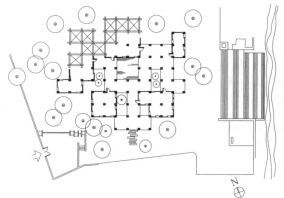

7.2.14-1　甘地纪念馆总平面图　　　　　　　7.2.14-2　甘地纪念馆外观局部　　　　　　7.2.14-3　甘地纪念馆室内

平面由 51 个带有金字塔形屋顶的 6m×6m 的模数单元组成，并围绕着庭院和水池自由而有机地布置。它们和庭院一起形成三种不同的空间类型：围合空间、半开敞空间和开敞空间。其中，围合空间是一间间的展室，分别是藏书室、照片和绘画室、书信室、会议室、办公室等房间，房间的墙体上都不设玻璃窗，采光和通风都通过手动的木制百叶窗控制；半开敞空间作为展厅和参观者休息之用，只有砖柱和屋顶，没有墙体；而开放空间有的设计成下沉水池，有的种植树木，有的安置小品等。

建筑采用了当地建筑的构筑形式：坡屋顶、瓦屋面、红砖柱。改良之处是在砖柱之上采用了预制混凝土梁，并悬挑出屋面之外，还将截面转换成凹槽状，作排水之用。

纪念馆的外观呈现出由一座座小巧精致的单层瓦屋顶建筑构成的一组优美的聚落群。红砖柱、白墙面、木制门、百叶窗和红屋顶，表现出极强的地域性特征。同时，纪念馆朴实无华的外形也与甘地坚韧宽忍的精神相呼应，体现了柯里亚注重地域性深层内涵的设计理念。

7.2.15　干城章嘉公寓（Kanchanjunga Apartments, Bombay, India, 1970–1983 年）：

干城章嘉公寓位于印度南部的重要城市孟买市，是一座高层复式住宅，公寓楼的名字来源于喜马拉雅山脉的第二高峰，是查尔斯·柯里亚的又一代表作品。该公寓设计建造于 1970–1983 年。

公寓的平面为正方形，边长 21m，共 28 层，高 85m。公寓的一、二层为公共空间，设有游泳池、俱乐部、儿童游乐场等娱乐设施和车库、商店等服务设施。二层以上是 32 套不同户型的豪华单元住宅，均采用跃层式布局。每户有 3–6 间卧室不等，以 3–4 间卧室为主。在主要起居室外，设有两层高的花园阳台，为住户提供了一个绿化兼户外活动空间。

公寓外部造型是在一个立方体上做减法的处理方式。一个个切出来的凹阳台在墙面上形成凹凸变化，使得一座造型简洁的公寓建筑避免了方盒子所带来的枯燥与呆板，并呈现十足的雕塑感，成功地塑造了独特的高层建筑形式。

这种特殊的造型形式，是与当地的气候条件分不开的。孟买常年气候湿热，为了解决这一问题，建筑师采用小面积开窗、错层式布局、设置花园阳台等措施，以保证建筑的隔热和获取穿堂风。而花园阳台也成了最具有视觉冲击力的建筑造型元素。

在干城章嘉公寓的设计中，柯里亚沿用了对气候的调节、空间分区等他多年思考的一些设计原则。而其大面积跃层式空间布局和丰富的公共与商业设施的设置，都有勒·柯布西耶马赛公寓的影子。因此，干城章嘉公寓带给我们的是现代主义建筑思想与地域特色的完美结合。

A 型单元户型：
剖面、上层平面、基准层面

B 型单元户型：
剖面、上层平面、基准层面

C 型单元户型：
剖面、上层平面、基准层面

D 型单元户型：
剖面、上层平面、基准层面

7.2.15-1 干城章嘉公寓平面户型 A、B

7.2.15-2 干城章嘉公寓平面户型 C、D

7.2.16 美国国家美术馆东馆（The East Building of the National Gallery of Art，Washington，D.C.，1974-1978 年）：

1978 年建成并对外开放的美国国家美术馆东馆，是原国家美术馆(西馆）的扩建工程，位于美国首都华盛顿中心区轴线的北侧。设计者是著名的美籍华裔建筑师贝聿铭。这个设计得到了当时的美国总统吉米·卡特的高度评价，称它是公众生活和艺术间日益增加的联系的象征。

东馆位于一块梯形地段上，基地面积 3.56hm²。建筑的东面是美国国会大厦，南面是大草坪，北面为宾州大道，西面正对西馆东翼。面对这样一个极具挑战性的环境，贝聿铭先生创造性采用了三角形的平面布局和极其简洁的形体组合，以功能、形式和环境三个方面的完美结合，成功地创造了一座被国际建筑界异口同声赞誉为当代最杰出公共建筑的优秀作品。

东馆的总建筑面积约 5.6 万 m²，主要有陈列馆和艺术研究中心两部分。平面布局根据功能不同也分为两部分：一个等腰三角形和一个直角三角形。陈列馆平面为等腰三角形，底边边长是 82m，两个斜边

7.2.15-3 干城章嘉公寓外观

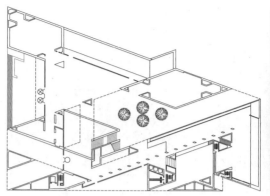

7.2.16-1　美国国家美术馆东馆首层平面图

7.2.16-2　美国国家美术馆东馆外观

7.2.16-3　美国国家美术馆东馆室内中庭

是 123.4m，共 4 层，其底边朝向西馆。一个巨大的三角形中庭、各种展室以及一些附属用房构成了陈列馆的主要内容。中庭顶部为三角形的钢网架天窗，采光面积约 1500m²。中庭中有随时更换的展品和由艺术家设计的固定艺术品。展室围绕中庭布置，其中主要展厅面积为 10230m²，临时展厅面积为 1488m²。有楼梯、自动扶梯、平台和天桥连接各个展室。展室内的布展方式具有极大的灵活性，可以根据不同的展品灵活选择不同的陈列方式。

直角三角形部分的两个直角边边长分别为 41m 和 116.1m，斜边为 123.4m。功能为艺术研究中心，共 8 层，包括图书馆、资料室、研究室、办公室等内容。平面的中央是一个不规则形状的大厅，办公室、图书室、阅览室、研究室等都围绕大厅布置，顶层设有休息大厅、屋顶花园和休息平台等空间。

陈列馆和艺术研究中心的入口都安排在西面。陈列馆的入口是建筑的主入口，它的中轴线在西馆东西轴线的延长线上，十分醒目。而艺术研究中心的入口为次要入口，位于主入口的右侧，并凹入两个三角形之间的缝隙中。

东馆的主立面为"H"形，形体简洁，雕塑感极强。在处理与西馆的关系上，贝聿铭以东馆的简洁面对西馆的丰富，并在墙面上贴淡淡的泛红色的大理石，与西馆在色

彩上保持一致。同时，他还在东西两馆之间设计了一座广场，中央布置喷泉、水幕，还有 5 个大小不一、布局灵活的晶体状采光体，为广场的地下餐厅采光。它们都被组织在一个中心位于中轴线上的圆形区域内，既活跃了广场的气氛，也加强了东西两馆的共同轴线。广场下面是面积约为 14291m² 的连通东西两馆的公共大厅，布置有餐厅、咖啡厅、商店、厨房、机房、车间以及一条廊道。这些处理手法为东西两馆之间取得了良好的协调关系。

贝聿铭一贯坚持走现代主义建筑之路，又几十年如一日地坚持自己的设计原则。美国国家美术馆东馆是他设计生涯的巅峰之作，他娴熟地解决了建筑的功能问题，也投入了极大的精力来处理建筑空间和形式之间的关系问题，更完美地解决了建筑与周边环境的协调关系。他鲜明的设计思想和杰出的建筑作品为他确立了在第二代建筑师中的崇高地位，并实至名归地成为 1983 年普利茨克建筑奖获得者。

7.2.17　达拉斯音乐厅（The Morton H. Meyerson Symphony Center，Dallas，1978-1989 年）：

达拉斯音乐厅位于美国达拉斯市中心区东北部，它是贝聿铭设计生涯中唯一的一座音乐厅建筑，于 1989 年建成。

音乐厅的基地面积为 11519.6m²，总建筑面积为

45056.5m²。建筑地上 4 层，面积为 24154m²，地下 2 层，面积为 20902.5m²。音乐厅的平面是由矩形和圆形两个基本几何元素叠合而成，包括观演厅、入口大厅及休息厅和花园式庭院等功能空间。其中，观演厅被组织在矩形平面中，并相对旋转一定角度，它是音乐厅的主体，可容纳观众 2062 人，座席分布在池座、挑台和包厢中；与矩形相连的是圆形的入口大厅、廊道、楼梯等公共空间；长方形平面内为行政与服务等附属用房；车库位于地下，可停放 140 辆汽车。

音乐厅的外部造型是根据贝聿铭先生惯用的将不同的几何形体进行组合的方式来设计的。观演厅与入口门厅是方与圆的相切与组合，上层的方形体量外贴坚实厚重的石材，表现出了建筑的厚重感；下层的圆形体量则由二百多片大小不同的玻璃构成，透明的玻璃与坚实的石材形成了鲜明的对比。为了突出主要入口，建筑师运用了二度空间的处理手法，在主要入口立面前，竖起一个巨大的框架来标识建筑的入口，也在构图上使建筑达到了更好的均衡，增加了建筑的层次感。

达拉斯音乐厅的设计体现了贝聿铭强烈的现代主义设计理念和对复杂多变的几何形体进行组合的非凡能力。

7.2.18　卢浮宫扩建工程（Pyramide du Louvre，Paris，1985–1988 年）：

卢浮宫扩建工程是巴黎现代建筑史上的一项重大事件，它引起了世界的广泛关注。它的落成是新旧建筑关系协调的成功典范，也为古老的卢浮宫注入了新的活力。

20 世纪的卢浮宫是一座世界第一流的美术馆，有丰富的收藏，但是作为传统的宫廷建筑，它已不能满足现代美术馆的功能要求。所以，当时的法国总统密特朗决定对卢浮宫进行扩建，并委托贝聿铭为这项设计的总建筑师。该工程设计于 1985 年，1989 年建设完成。

扩建工程的主体部分在卢浮宫西端拿破仑广场的地下，共有 2 层，总面积为 60385m²。包括入口大厅、影剧院、图书馆、商店、餐厅、快餐部以及后勤服务部等内容。主要入口设在拿破仑广场的中心点，通过螺旋楼梯到达地下二层的公共大厅。大厅平面呈正方形，高 2 层，面积为 24982m²，四周布置了一个餐厅和两个自助餐厅。大厅的 4 个方向各有一条通道，分别通往车库和地下一层的展室。通往展室的通道上各有一个小的采光金字塔。这些通道将全馆连成了一片，成功地

7.2.17-1　达拉斯音乐厅外观

7.2.17-2　达拉斯音乐厅入口门厅

7.2.17-3　达拉斯音乐厅观众席

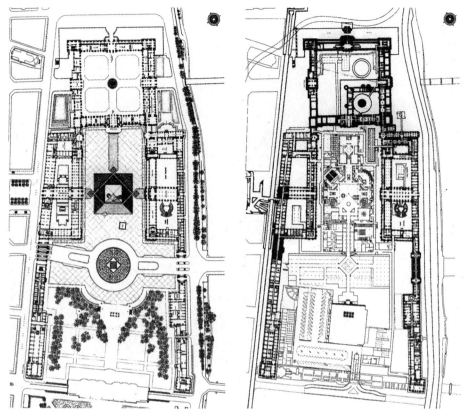

7.2.18-1　卢浮宫扩建工程平面图

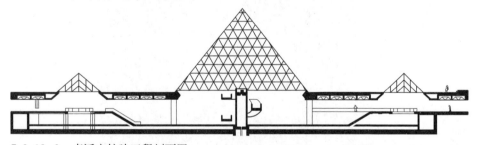

7.2.18-2　卢浮宫扩建工程剖面图

7.2.18-3　卢浮宫扩建后的拿破仑广场

7.2.18-4　卢浮宫扩建工程玻璃金字塔内景

解决了卢浮宫交通混乱等问题，从而使各部分之间有了较为方便的联系。

扩建工程的地上部分只有1大3小4座玻璃金字塔。它们被用做扩建部分的大门和采光天窗。其中最大的金字塔高21.64m，约为卢浮宫主要立面高度的2/3。塔底边为方形，每边长为35.052m。整个塔由603块菱形玻璃和70块三角形玻璃组成。这些金字塔全部采用钢结构和玻璃覆盖。它们轻盈通透，尺度适中，体形简洁纯净。

贝聿铭在巴黎卢浮宫扩建工程中巧妙地使新老建筑在对比之中达到和谐共生，成功地解决了它们之间的协调问题。金字塔是古代文化的象征，作为一个形象上的符号，它最能与卢浮宫的形象相配合。同时，它又是用最为现代的钢网架与玻璃组成，与卢浮宫形成了过去与今天的完美对话，表达了历史的延续性。使整个建筑极具现代感又不乏古代文化的神韵，使传统建筑与现代建筑达到了完美的统一。卢浮宫扩建工程被认为是20世纪下半叶最重要的建筑之一。

7.2.19　理查德医学研究楼（Richards Medical Research Building，University of Pennsylvania，1957—1964年）：

理查德医学研究楼位于美国费城宾夕法尼亚大学校园内，包括医学研究实验室和植物微生物实验室两部分。设计者是美国著名建筑师路易斯·康（Louis I. Kahn，1901—1974年）。大楼建造于1957—1960年，后来又扩建了植物微生物实验室部分，扩建部分设计于1961年，建成于1964年。

路易斯·康是现代主义建筑中最重要的第二代建筑大师之一，是对现代主义具有最执着立场的建筑家。同时，他又不满足于走密斯所开创的国际式风格之路。他在建筑形体和空间处理上，在建筑光影的利用上都开创出了属于自己的创作风格。他被评论界公认为是对20世纪现代建筑体系做出重大贡献的建筑师之一。

研究楼的平面功能布置模式来自于路易斯·康思想

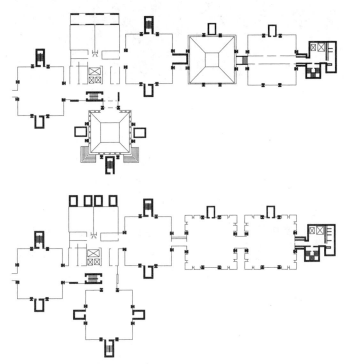

7.2.19-1 理查德医学研究楼平面图

7.2.19-2 理查德医学研究楼外观

中关于建筑应具有"被服务空间（served spaces）"与"服务空间（servant spaces）"的理念。在设计时，他把作为被服务空间的实验室与由管道、楼梯、电梯所组成的服务空间分开，并将服务空间围绕着被服务空间布置。又根据各个实验室的不同特点，把这些实验室分为形式相同而功能各异的5个单元，分别是3个工作塔楼和2个生物实验室塔楼。它们不对称地布置在中央空间的两侧。每个工作室塔楼都有楼梯间、废气排放室等空间。

塔楼采用钢筋混凝土框架与井字梁楼盖承重体系。方形塔楼的每边设有两根柱子，由井字梁把这些柱子连接在一起，形成有序的结构体系。

研究楼外部造型由成组的塔楼组成，刚劲挺拔、简洁朴素。每座塔楼有为研究空间开设的窗面和设备空间的管道井，二者一虚一实，高低错落。实墙部分的表面为红色清水砖墙，以外露的梁头作装饰。这些处理方式是为了与相邻的医学院、动物学实验楼等校园内的建筑取得良好的协调关系。

理查德医学院研究楼是路易斯·康最著名的作品之一。他的依据功能划分空间的理论、标准功能单元的确立、简洁的清水砖墙和丰富的形体组合，这些因素的统一，构成了他个人独特的设计风格。

7.2.20 萨尔克生物研究所（Salk Institute for Biological Studies，La Jolla，1959-1966年）：

萨尔克生物研究所位于美国加利福尼亚州拉霍亚附近海域的一片崖岸上。是路易斯·康于1959年设计的，历经7年，于1966年建成。

研究所位于一块梯形基地上，总用地面积为10.5万 m^2。基地的西侧为太平洋，东侧临主要干道，研究所基地的主入口即位于东侧。

研究所由两座平行布置的实验楼组成，两楼之间是一个开敞的花园广场。实验楼以花园广场为中心，呈对称式布局。实验室部分共3层，地上2层，地下1层。有实验室、研究室、办公室、图书馆等功能空间。实验楼

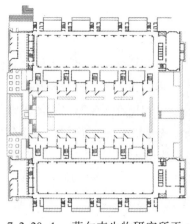

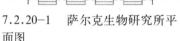

7.2.20-1　萨尔克生物研究所平面图　　7.2.20-2　萨尔克生物研究所外观　　7.2.20-3　萨尔克生物研究所内廊

的典型平面以东西长 74.7m、南北宽 19.8m 的长方形实验大厅为主体，周围有一圈围廊环绕。环廊的东侧是机械设备用房，西侧是办公用房和图书馆，南北两侧各有 4 组由光井（light well）、垂直交通体系和小研究室（portico of studies）组成的单元体。

　　研究所的外部造型反映了内部使用功能。面向花园一侧为韵律感极强的五组塔楼。面向太平洋的一侧开窗，以提供良好的观赏视角。建筑的外墙均采用混凝土材料，而且保留了施工时的模印和接点，有粗野主义的形式特征。

　　研究所的布局再一次运用了路易斯·康自己所创造的"服务与被服务空间"的设计理念。重复设置的单元不但为平面功能带来便利，更为建筑造型带来出色的韵律构图。1992 年，萨尔克生物研究所获得美国建筑师学会"25 周年奖"。

7.2.21　埃克塞特学院图书馆（Philips Exeter Library，1967-1972 年）：

　　埃克塞特学院图书馆位于美国新罕布什尔州的菲利普·埃克塞特学院校园内，它是路易斯·康职业生涯中所设计的造型最简洁的建筑之一。

　　图书馆坐落在一片由二、三层高的、传统的砖构建筑组成的建筑群中。平面形式为削去四角的八边形，共 9 层，地上 8 层，地下 1 层。首层平面的外侧为环绕着主体的敞廊。主入口位于东北侧，以期刊目录厅为中心，四周布置过期期刊和阅览室。从第二层起直到第七层，以一个阳光中庭为中心，四周围绕着书库和层高为两层的阅览室。而楼梯和电梯、卫生间、影印室等服务空间则集中布置在四角的井筒内。顶层为演讲厅和研讨室。地下室为机械服务设备用房。

　　中庭的室内立面很有特色，四个立面均以巨大的圆形为母题，圆形洞口高 4 层，透过洞口四周的阅览空间可以相互对视。在空间上，圆形洞口的设置加强了馆内空间的流通。

　　图书馆的外侧为砖墙承重，内侧为钢筋混凝土承重。墙体由下至上截面逐渐变小，表明建筑自重的变化，窗的大小也随之变化。

　　图书馆的内部空间为 9 层，而外立面则表现为 5 层。这样的设计是为了和校园里其他老建筑乔治王时代的建筑风格取得协调。外墙面采用当地产的红砖，不做饰面处理，简洁而朴实。立面上的窗洞由下至上逐渐变大，窗间墙渐次变窄，极具韵律感。建筑转角的处理也很独特，墙与洞口交替布置，既是对主立面构图的呼应，又打破了原有的设计手法，使建筑立面更富有特色。一层四周的

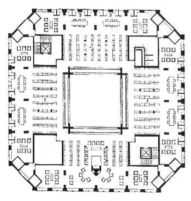
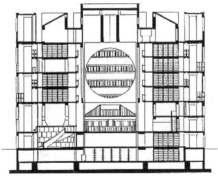

7.2.21-1　埃克塞特学院图书馆平面图　　7.2.21-2　埃克塞特学院图书馆剖面图

7.2.21-3　埃克塞特学院图书馆外观　　7.2.21-4　埃克塞特学院图书馆中庭

环廊在一个个墙柱的围合下，构成强烈的光与影的变化。对于环廊，康的描述是："建筑在各个方向都是入口，如果你冒雨前来图书馆，可以从任何一边先进入环廊，然后再去找寻入口。这是连续的、校园化的入口"。

7.2.22　柏林爱乐音乐厅（Berlin Philharmonie Hall，Berlin，1956-1963 年）：

爱乐音乐厅位于德国柏林市蒂尔加藤（Tiergarten）区，由德国著名建筑师汉斯·夏隆（Hans Scharoun，1893-1972 年）设计，是 20 世纪中期极具影响力的一座音乐厅。

汉斯·夏隆是现代主义建筑大师。1927 年，他与密斯等人合作设计了德国斯图加特市魏森霍夫住宅建筑展项目，故这里被称为国际主义风格的诞生地。夏隆介乎于第一代与第二代建筑师之间，他的作品很注重建筑的有机性，而被称为有机功能主义（Organic Functionalism）。而爱乐音乐厅也被认为是一件现代主义与表现主义完美结合的作品。

爱乐音乐厅的平面布局打破了剧院设计的常规模式，将观众厅围绕着演奏区布置，使演奏区与观众席的关系发生了巨大变化，也使演员与观众拉近了距离，更容易交流，更容易引发共鸣。观众厅的形状为对称式的不规则形态，可容纳 2200 名观众。它的一大特色就是将观众席化整为零，分为许多小块的区域，它们之间用矮墙进行分割，并且一层层高低错落地排列着，都朝向位于中间的演奏区。这样的设计能使每一位听众都可以清楚地看见中心的演奏者，就仿佛是演奏者坐在观众中间一样。夏隆的概念就是"使听众与音乐家之间能够更容易沟通，为音乐家与听众之间营造一种新的关系，使他们能更直接地分享音乐作品"，就像是"昔日乡村音乐家在山谷中演出，农民坐在四周山坡上聆听一样"。

由于没有舞台，观众厅和演奏区的顶棚上垂吊下一串串的灯具和一块块的反射板，令人眼花缭乱，目不暇接，成功地解决了音乐厅内的声学和光学问题，使得观众厅的听觉和视觉效果都十分完美。

建筑的主入口布置在西侧，门厅布置在观众厅下面，由于观众厅的底面形状极不规则，所以导致门厅的空间形状也极其复杂没有规律。

爱乐音乐厅的外观像一件乐器的音箱，完全由内部自由的空间形状所决定。墙体曲折多变，材质的选用也非常丰富，使得整个建筑物的内外形体都极富于变化，同时又表现出了特殊的艺术效果，令人赏心悦目。

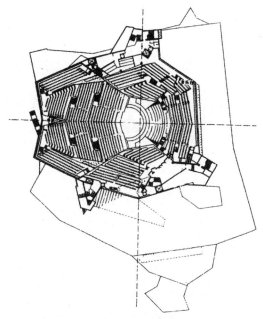

7.2.22-1 柏林爱乐音乐厅平面图

7.2.22-2 柏林爱乐音乐厅外观

7.2.22-3 柏林爱乐音乐厅室内

爱乐音乐厅是汉斯·夏隆晚年的一件作品，也是他设计生涯最成功的作品，曾被评为与维也纳金色大厅、美国波士顿音乐厅和荷兰阿姆斯特丹音乐厅并列的世界四大音乐厅之一。

7.2.23 美国环球航空公司候机楼（Trans World Airlines Terminal，New York，1956-1962 年）：

美国环球航空公司候机楼位于美国纽约肯尼迪国际机场。由著名的美籍芬兰裔建筑师埃罗·沙里宁于 1956 年主持设计，1962 年竣工。这座候机楼堪称 20 世纪中期现代主义建筑的典范。

纽约肯尼迪机场是大型的国际航空港，占地面积约两千公顷。美国环球航空公司所属的候机楼现为第五候机楼。它的平面分为上下两层，一层平面类似新月形，主要功能是为旅客办理登机手续及提供候机场所，然后通过曲线造型的楼梯上到二层进行安检和候机，再通过登机通道进入停机坪登机。候机楼的平面与空间完全处于非几何形态内，并被罩在一个由四片钢筋混凝土壳体组成的屋面之下。

这座由四片菱形花瓣状的钢筋混凝土壳体拼合而成的屋顶，其形态像一只展翅欲飞的大鸟，显得十分轻盈又富于动态，极具雕塑感和现代气息。屋顶下的玻璃幕墙也采用了曲面形式，并向外成一定的倾斜角度。

由各种曲面围合下的候机楼内部空间也极具变化。大面积的曲面落地玻璃幕墙，可以为候机者提供良好的观景视野。候机座椅并不是集中布置，而是沿着窗户随意设置，使候机的乘客可以舒服地欣赏到外面的景色。整个候机楼内的空间设计简洁大方，自然流畅，尺度

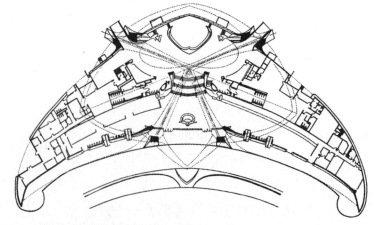

7.2.23-1 美国环球航空公司候机楼平面图

7.2.23-2　美国环球航空公司候机楼外观　　　7.2.23-3　美国环球航空公司候机楼室内大厅　　　7.2.24　耶鲁大学冰球馆外观

宜人。而屋顶壳体连接处布置的采光带为室内空间补充进柔和的自然光，为候机楼内创造出一种舒适安宁的候机氛围。

在候机楼的结构设计中，四片屋顶壳体是由其下部的"Y"形支柱支撑。整个建筑受力合理，力的传递清晰明确。而潇洒流畅的造型，使它真正做到了技术与形式的完美统一。

美国环球航空公司候机楼是沙里宁最令人惊奇的作品，它的形象充满动感，室内外空间都富于变化，完全是一个凭借现代技术把建筑同雕塑有机结合的最好实例。候机楼不仅解决了自由曲线造型的难点，并能把结构与形式有机地融合到一起。在突破了国际式条框的同时，候机楼又保持了现代主义建筑的功能化、新技术应用和非装饰化的特征。

7.2.24　耶鲁大学冰球馆（Yale Hockey Rink，Yale University，1956-1958 年）：

冰球馆位于美国康涅狄格州纽黑文市的耶鲁大学校园内，由埃罗·沙里宁于 1956 年设计。这是他大胆的尝试应用新的建筑技术推动建筑形式取得突破性成果的又一优秀范例。

冰球馆的平面为椭圆形，面积约为 5000m²。它的中心是比赛场地，四周布置观众座席。比赛时场馆内可容纳 2800 名观众，而当作其他功能使用时，最多可容纳 5000 人。冰球馆的主要出入口朝南，在两侧还有 6 个次要出入口。

冰球馆采用了当时比较新颖的悬索结构。沿着椭圆形的长轴方向设置了一道跨度长达 85m 的钢筋混凝土曲线拱梁，从拱梁分别向两侧垂下钢索，并连接到两边曲线形的承重墙上。悬索上覆盖橡胶膜材质的屋顶。整个悬索结构朴素地外露，完全不加任何修饰，显得简洁大方。室内空间横向跨度达 57m，最大净高为 23m，达到了能够承接多种体育比赛和演出的多功能要求。冰球馆的外墙是由混凝土浇筑的，沿着椭圆的长轴方向呈曲线状延伸，拉住上部的钢索。主入口位于南向，通高的大玻璃窗展示着现代主义建筑的简洁与开敞。

冰球馆的设计手法新颖独特，曲线的外部形体简洁而大方，创造了一个全新的体育馆建筑形象，被戏称为"耶鲁的鲸鱼（Yale whale）"。作为埃罗·沙里宁的代表作，它充分体现了沙里宁对现代材料和技术的熟练运用，以及对现代主义建筑发展的卓越贡献。

7.2.25　国土扩展纪念碑（Jefferson National Expansion Memorial，St. Louis，1963-1965 年）：

圣路易市杰斐逊国家纪念碑，又称圣路易斯大拱门，它位于美国中部密西西比河畔的圣路易斯市的中心区内。在 1947-1948 年举行的全国性设计竞赛中，埃罗·沙里宁设计的不锈钢拱门被选中，并于 1963 年开始施工，1965 年建造完成。这座抛物线形拱门，造型雄伟，线条流畅，如今已成为美国最重要的文化景观之一。

纪念碑包括大拱门和西部开发纪念馆两部分。拱门

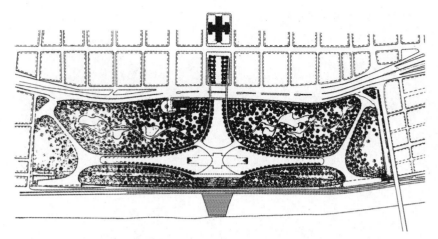

7.2.25-1　国土扩展纪念碑总平面图

7.2.25-2　国土扩展纪念碑全景

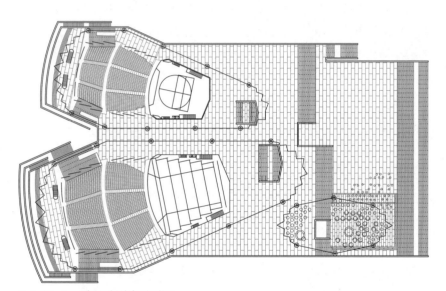

7.2.26-1　悉尼歌剧院平面图

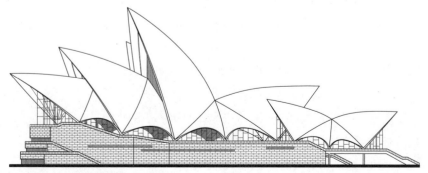

7.2.26-2　悉尼歌剧院立面图

底部最宽处约 192m，高度亦为 192m。拱内设有电梯可以沿弧形路线上下，游人可以登至拱顶观光。另外还有两部疏散楼梯间，每个楼梯有踏步 1076 级。拱门的结构形式为空心的钢筒结构，从底部一直到 91m 处，其材料为不锈钢外皮和碳素钢内皮中间夹着混凝土芯。从 91m 处开始一直到顶端为螺纹钢和碳素钢。拱的断面形式为等边三角形，底部宽约 16.5m，往上逐渐变窄，顶端为 5.2m。博物馆在拱券的地下部分，下沉约 18.3m，建筑面积为 4180.5m²，陈列了美国先民当时开发西部时留下的历史实物、图片等。宽大的地下博物馆与地上拱券的雄伟造型构成了一个完美的组合。

纪念碑视线开阔，成为城市中一个极好的视觉中心。而且由于其挺拔的造型，闪亮的质感，强烈地吸引了人们的注意力，使其具有一种现代意义上的纪念性内涵——庄重、典雅、活泼并展现出胜利开发西部的壮志豪情。

7.2.26　悉尼歌剧院（Sydney Opera House，1957–1973 年）：

悉尼歌剧院位于澳大利亚新南威尔士州首府悉尼市贝尼朗岬角上，设计者是丹麦建筑师约恩·伍重（Joern Utzon，1918 年－）。剧院于 1957 年设计，1959 动工，历时 14 年，1973 年建成并对外开放。它是世界上最著名的歌剧院之一。因其建筑造型新颖独特，为建筑界所瞩目，如今歌剧院已成为澳大利亚的象征。

7.2.26-3 悉尼歌剧院鸟瞰

7.2.26-4 悉尼歌剧院外观

悉尼歌剧院占地 1.84hm²，总建筑面积 88258m²。建筑总长 185m，宽 120m，高 67m，规模庞大。其中共有歌剧厅、音乐厅、大型陈列厅和接待厅、5 个排练厅、65 个化妆室、图书馆、展览馆、演员食堂、咖啡馆、酒吧间等大小厅室九百多间，功能复杂，内容繁多。

歌剧院建在一座混凝土台基上，三个单体分别是歌剧院、音乐厅和贝尼朗餐厅，其余的功能部分全部布置在地下。歌剧院、音乐厅并排立在台基的北侧，二者的平面布局基本相同，都是由入口大厅和休息厅区、观众厅和舞台三部分组成。只是在规模上歌剧院有 1547 个座席，要小于音乐厅的 2690 个座席。歌剧院的观众厅布置是楼座与池座相结合的惯用模式；音乐厅采用观众席围绕着中心乐池的布置模式，与柏林爱乐音乐厅相同。二者观众厅的装饰都十分华丽、考究，顶棚上的反射板保证了演出时可以获得圆润的音响效果。贝尼朗餐厅是整个歌剧院建筑组群中最小的一部分，布置在台基的南侧。整个建筑群的入口在南端，有 97m 宽的大台阶，台阶下为停车场和车辆出入口。观众也可以由地面层两侧的入口直接进入观众厅。

悉尼歌剧院的外观是在一个现浇钢筋混凝土结构的台基上耸立着三组独立的壳体。音乐厅和歌剧院各由 4 块大壳体组成。它们依次排列，前三个一个盖着一个，面向海湾，互相依抱，最后一个则背向海湾侍立。壳体屋顶由 2194 块弯曲形混凝土预制件用钢缆拉紧拼接而成，外表覆盖着奶白色的瓷砖。远远望去，二者就像两艘巨型白色帆船漂浮在海面上。贝尼朗餐厅的规模最小，由两对壳片组成。这些壳体不但成功地覆盖了三座规模不同的建筑，而屋顶所形成的建筑的第五立面成为建筑史上的非凡之作。

悉尼歌剧院因其设备完善，使用效果优良，而成为一座著名的音乐、戏剧演出建筑。那些濒临水面的巨大的白色壳体，像是海上的船帆，在蓝天、碧海、绿树的衬映下，婀娜多姿，轻盈皎洁。同时，歌剧院作为二战后一座体形独特、个性鲜明的现代建筑，得到的好评与非议都是空前的。2003 年，在悉尼歌剧院建成 20 周年之际，约恩·伍重因为设计了悉尼歌剧院而成为这一年的普利茨克建筑奖得主。这座建筑也已被视为世界经典建筑而载入史册。

下篇
信息社会建筑——作为高科技产品的建筑

　　1956 年，担任技术、管理和事务性工作的白领工人人数在美国历史上第一次超过了蓝领工人，这被看作是美国社会由工业社会进入后工业社会的一个重要标志。从此，西方社会开始了由工业文明向后工业文明转型的过程。这一转型给西方社会方方面面所带来的震撼力是十分巨大的。因为在社会转型的过程中，包括建筑在内的文化艺术领域都在随之发生剧烈的变化，即要形成与后工业社会相适应的文化艺术。

　　后工业社会的建立标志着信息化时代的到来。其主要特征是高科技（Science and High-Tech）主导了社会发展的一切领域。它不但给人类带来了众多像计算机、电视、手机、数码相机这样高端的物质产品，还改变了人的思想意识和审美观念。在建筑领域，一批先锋派建筑师结合社会变革和时代变化，积极地探索新时期建筑的发展方向，并设计了一大批特色鲜明的建筑作品。这些作品像手机、计算机、数码相机一样，在设计思想和设计手法等方面受制于高科技的主导，体现着信息化时代的全新理念。因此，在信息社会，建筑是高科技产品。这些作品看起来十分"另类"，它们真的是用"意识形态"书写的。其特征是建筑又一次走向"复杂""多重含义""丰富过度""多种建筑要素的混杂"和"双重译码"。

同时，这些作品体现出的超前的设计理念、新颖的建筑手法、全新的建筑美学，表达了这些建筑师们在时代冲突与抉择面前所进行的全面创新，为当代西方建筑的发展提供了强大的生命力。

看着这些建筑所表现出的奇异形态和散发出来的复杂信息，我们充分地体会到了当代西方社会在意识形态方面的巨大变化。1979 年创立的普利茨克建筑奖（Pritzker Architecture Prize）的评委们把这些先锋派建筑逐一列入获奖者名单，给予褒奖。

今天，我们更加清楚地认识到当代西方建筑作为综合性的艺术，与当代西方哲学、社会学和高科技、文化艺术等相关领域表现出愈来愈密切的、更为本质化的联系。它的表现如下。

（1）科学技术的支撑

首先，科学技术所带来的巨大的物质效能为当代西方建筑的发展提供了坚实基础。例如，计算机软件科学的发展，使建筑师的设计方法得以发生巨大的革新。著名建筑师弗兰克·盖里（Frank Gehry，1929 年 -)、扎哈·哈迪德（Zaha Hadid，1950—2016 年）等人所设计的十分怪异的建筑作品无不是在计算机的辅助下得以完成。而材料科学的长足进步更使建筑师各种标新立异的理念成为现实。

其次，科学技术的精神价值为建筑领域各种新观念的产生提供了重要的理论支撑。因为科学技术的发展给人类提供了一种崭新的思想意识，引起了人类价值观念的变化。例如，在爱因斯坦相对论的支持下，时间作为第四维量度进入建筑师的创作之中；而混沌学的发展告诉人类，这个世界充满了"复杂性"与"矛盾性"；简约的设计理念在当代西方的建筑创作中逐渐衰落。

最后，科学技术的文化意义为当代西方建筑师大胆地挑战固有秩序与规律提供了重要的思想武器。因为科学技术的发展使人类对于我们这个世界的认识变得愈发清晰起来，固有的秩序与规律受到质疑。这必然帮助当代西方建筑师们去反思、去创造、去建立新的规则。

（2）哲学潮流的介入

当代西方建筑理论的一个突出特征就是一些新的哲学思想的介入。引进某种高深莫测的哲学思想或用某种哲学来解释自己的设计理论和作品，成为当代西方建筑师的一种时尚。例如，结构主义哲学与建筑类型学，存在主义哲学与建筑现象学，解构主义哲学与解构主义建筑等；这些哲学思想的介入具有重大的理论意义，它能够使一些建筑现象上升为理论，去指导建筑师的建筑创作，并催生出众多带有时代特色的建筑作品。

（3）否定性审美价值的推崇

当代西方建筑在美学上的变化是十分巨大的。传统的以统一、和谐与完整为美的美学思想受到了挑战，而以不统一、不和谐、不完整为美的美学思想受到推崇。这一变化体现了信息社会人们审美意识的变异。建筑师们在建筑创作中不再拘泥于传统的设计手法，而是对建筑形态进行着任意地堆砌、重叠、残损、旋转、拼贴、碎裂与解构式处理。这些建筑表现了新时期非理性的形式构图原则，具有否定性的审美价值。它们的出现丰富了建筑艺术的创作途径，扩大了建筑美学的范畴。

从当代西方建筑的发展来看，大概有三条主要脉络值得重点关注。其一是在 20 世纪 60 ～ 70 年代产生与发展起来的后现代主义建筑；其二是进入 20 世纪 80 年代后，解构主义建筑登上历史舞台；其三是探索多元化建筑发展之路的各种建筑思潮。

8　后现代主义建筑——舆论的宠儿

后现代主义建筑（Post-Modernism Architecture）是一种特定的建筑思潮。它有明确的形式特征、流行时间、理论体系、建筑师和代表作品。一般认为这一思潮的流行时间是从 20 世纪 60 年代到 90 年代，随后便逐渐衰退。

1966 年美国建筑师与理论家罗伯特·文丘里（Robert Venturi，1925–2018 年）出版了《建筑的复杂性与矛盾性》（《Complexity and Contradiction in Architecture》）一书。同年，这本书在美国纽约现代艺术博物馆的书展上展出。西方建筑界较为普遍地认为这本书的出版标志着后现代主义建筑作为一种建筑思潮正式登上建筑舞台。同时，这本书也被认为是可以与 43 年前勒·柯布西耶的《走向新建筑》相提并论的一本重要的理论著作，是后现代主义建筑的宣言书。1972 年，文丘里与人合作的另一本重要著作《向拉斯韦加斯学习》（《Learning From Las Vegas》）问世。这两本书比较完整地表达了文丘里作为后现代主义建筑理论家与旗手的主要思想，对后现代主义建筑的发展起到了重要的促进作用。

文丘里的思想与一些其他后现代主义建筑师与理论家的观点集中反映出后现代主义建筑的如下基本特征。

（1）提倡建筑要具有反映历史传统的文脉主义（Contextualism），包含有符号象征的隐喻主义（Allusionism）和广泛使用装饰的装饰主义（Ornamentalism）的基本思想。

（2）试图创立以非理性的不和谐、不完整、不统一为美的后现代主义建筑美学。

（3）强调建筑师要学习美国的市井文化，以戏谑、轻松的手法来表现建筑的娱乐性和交流性。

（4）鼓吹建筑形式与功能相脱离的设计手法，以体现建筑立面上"功能构件"与"非功能构件"之间的差异。

（5）强调建筑艺术应具有既能与大众沟通又能与建筑师对话的"双重译码"（double coding）的标识特征。

总之，后现代主义建筑作为当代西方建筑师探索信息社会建筑发展方向的一种潮流，它既有一定的积极意义，又有一定的局限性。它的出现活跃了当代西方建筑师的思想，丰富了建筑理论体系，产生了一些新颖的设计手法，打破了现代主义建筑一统天下的格局。但是，它作为建筑形式上的一场变革，虽然有商业上的炒作和媒体的推波助澜，还是无法全面解决信息社会建筑的发展问题。后现代主义理论家们反对现代主义建筑的思想理念，但是却无法全面地超越它。因此，后现代主义建筑思潮被认为是在形式上对现代主义建筑一次比较系统的充实与发展。

8.1 历史主义倾向

后现代主义建筑师注重在建筑创作中汲取西方传统建筑文化来丰富他们的作品，使其具有一定的审美性。但是，他们对传统建筑的继承方式却是极其随意的。他们先是对传统建筑进行肢解，从中选取他们认为有意味的一些建筑构件作为建筑语言符号。然后对这些传统的建筑构件进行夸张的、"戏弄之"的、非传统的方式来组合，以取得一种意想不到的效果。

8.1.1 文丘里母亲住宅（Vanna Venturi House，Chestnut Hill，Philadelphia，1962 年）：

1962 年建于美国费城栗树山的文丘里母亲住宅，是被称为美国后现代主义建筑理论家与旗手的罗伯特·文丘里早期作品中最著名的一座建筑。该建筑清晰、全面地阐释了文丘里所推崇的"建筑的复杂性与矛盾性"的设计哲学，被认为是具有完整后现代主义建筑特征的经典作品。

文丘里母亲住宅位于美国费城近郊一处静谧的环境之中，建筑远离郊区干道，四周均是绿草如茵的草坪，仅在其前方设有一条细长的小路与郊区干道连接。

建筑两层高，坡屋顶，平面呈规整的长方形，内部空间复杂扭曲。根据朝向和功能的要求，文丘里将建筑的底层平面横向分为三个主要区域：包括东侧的卧室、中间的起居室和西侧的厨房。其中，文丘里母亲的卧室是建筑的主卧室，布置在建筑的东南向，东北方是客卧（文丘里的卧室）。与主卧室相连的起居室，同样布置在建筑的南向，其西侧连有一个开敞的餐台，北侧设有一个形状不规则的壁炉和楼梯。在楼梯的北侧设有一个门洞，人从室外进入门洞后，即见大门位于门洞右侧拐角处，极为隐蔽，呈现了与传统门厅大异其趣的设计手法。由于建筑入口的限制，位于建筑西北侧的厨房平面被裁切得极不规则。建筑的顶层是文丘里的私人办公室，其南侧设有一个室外阳台，以供休息、赏景之用。该建筑在规模不大的体量内创

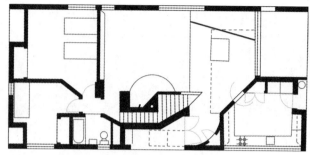

8.1.1-1 文丘里母亲住宅一层平面图

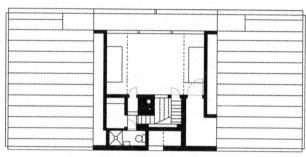

8.1.1-2 文丘里母亲住宅二层平面图

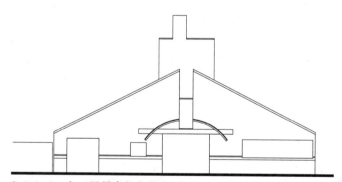

8.1.1-3 文丘里母亲住宅北立面图

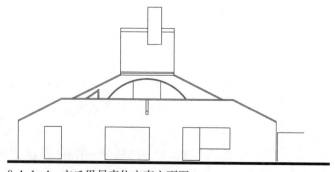

8.1.1-4 文丘里母亲住宅南立面图

8.1.1-5　文丘里母亲住宅外观

造了内容丰富又复杂多变的空间布局。

　　在建筑的形式上，文丘里采用非传统的设计手法创造了一个全新的建筑形象。首先，整座建筑体量似乎左右对称，但是各端窗口处理又不尽相同。高耸的烟囱是建筑构图的控制点，而它又向右偏离了建筑中心。这样的处理使建筑立面构图处于对称与非对称之间的矛盾之中。其次，建筑立面简洁，除了洞口、门窗之外，仅有几组抽象的线条作为装饰。形状各异的洞口创造了丰富的光影变化，从而又使建筑的立面形态处于简洁与复杂之间。第三，建筑立面整体采用一个古典的三角形山花来控制构图，但在山花的中央又开出一道凹槽，使立面处于完整与破碎之间。在建筑入口的上方，一道圆形弧线用来表达一种象征，象征着它与古罗马圆拱券的一种渊源关系。这也是文丘里所强调的、典型的采用非传统方式来组合传统构件的手法。这种建筑立面处理，是真正的"复杂性"与"矛盾性"的产物，充分展示了文丘里全新的设计理念。

　　文丘里母亲住宅是罗伯特·文丘里的成名之作。在这座建筑里，我们清楚地看到一系列脱离现代主义建筑设计原则的设计手法。1989 年，文丘里的母亲住宅获得了美国建筑师学会"25 周年奖"。

8.1.2　费城老年人公寓（Guild House，Philadelphia，1963-1966 年）：

　　美国费城老年人公寓是罗伯特·文丘里所设计的又一座影响较为深远的作品。该公寓是由费城一个教友会资助建造的，建于 1963 年，1966 年竣工。因为它成功地诠释了后现代主义建筑的风格特征，而成为 20 世纪最著名的建筑之一。

　　公寓高 6 层，主入口朝南向，位于建筑中央，其前方正中设置一颗花岗石圆形石柱，以加强建筑入口的标识性。各层平面沿一条南北向的中轴线向后对称式缩进，从而尽可能地争取正南、东南和西南这些好的建筑朝向，以满足老年人的生理、心理要求。公寓内部功能单纯，除顶层正中的活动空间外，其他均为不同规格的公寓房间，共计 91 间。除了建筑正中门厅的电梯外，

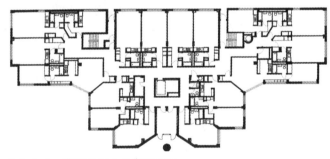

8.1.2-1　费城老年人公寓平面图

8.1.2-2　费城老年人公寓外观

文丘里又在建筑左右两侧各设一部楼梯，以满足建筑的疏散要求。

文丘里在建筑正立面的处理上采用了严谨的对称式布局，并根据平面层层后退的模式将立面竖向清晰地划分为三段。这些手法的使用暗喻了与传统建筑设计手法的关联。建筑入口基座为白色瓷砖贴面，墙身和顶部均采用深褐色面砖，两者之间配以一条白色的束带加以分别。为了与两侧开有铝合金窗的墙面区分开来，文丘里在建筑入口上方的二至五层立面的阳台位置设计了带有孔洞的金属阳台栏板，并在建筑的顶层设置一个圆弧状落地玻璃窗。此种做法，使建筑呈现出几分"宫殿"式的威严，并暴露出建筑的内部功能与外部表征之间的矛盾性，从而体现了建筑师将"使用功能与形式相脱离"的设计理念。在建筑立面顶部的两侧，各开有一条小细缝，以此来打破建筑的完整性。此外，由于建筑屋顶的电视天线是与老年人日常生活最为密切的装置，因此该建筑刻意突出这一主题，意图隐喻老人的生活方式，从而引起人们对老人生活的关注。

美国费城老年人公寓是体现罗伯特·文丘里使用一些新的设计手法来"隐喻"传统建筑元素、强调立面装饰等设计思想的最初成果之一。该建筑以其标新立异的设计哲学、大胆新颖的设计手法成为20世纪最具影响力的建筑作品之一，为后来的建筑师所效仿。

8.1.3 奥柏林学院爱伦艺术馆的扩建工程（Allen Art Museum Addition, Oberlin, Ohio, 1973–1976 年）：

位于美国俄亥俄州奥柏林学院的爱伦艺术馆扩建工程是罗伯特·文丘里又一力作。在这个设计作品中，他提取了老建筑中的一些建筑元素，用现代手法将其融入新建部分的设计中，表达了一种全新的处理传统构件的手法。

奥柏林学院爱伦艺术馆始建于1917年，建筑的主要入口处带有一个由爱奥尼柱式和连续的圆拱券组成的门廊。由文丘里主持设计的扩建工程则始建于1973年，

1976年竣工。新建部分位于奥柏林学院校园内一个斜坡基地上，紧贴在老馆的右侧。文丘里根据缓坡地势的特点，将该组建筑逐一后退，在建筑前面留出一块室外绿地，并在入口处沿坡设有一组小路，直通校园内部的主要道路。

扩建部分高3层，主入口位于建筑的二层，建筑的整体高度与原有部分较为相近。建筑内部空间明亮、开敞，内容涵盖展示、教学、工作等多种功能的领域空间。根据不同的使用要求，各空间时而彼此相互贯通，时而又具有很强的封闭性，从而营造出一种多层次、多元化的建筑内部空间新模式。建筑的次要入口位于建筑的背街一侧，在二层围廊处围以木制栏杆。在这里，文丘里以老馆入口

8.1.3-1 奥柏林学院爱伦艺术馆的扩建部分外观

8.1.3-2 奥柏林学院爱伦艺术馆的扩建部分爱奥尼柱细部

处的爱奥尼柱廊为借鉴元素，采用"戏弄之"的手法将一棵夸大了涡卷尺度的爱奥尼柱式片段立在了檐下。这种处理传统建筑构件的方式是后现代主义建筑师们对待传统建筑的一种常见模式，即强调戏谑性、折中性和装饰性。这一柱式片段也被人们形象地称为"米老鼠爱奥尼柱式"。

此外，文丘里还积极地吸收老馆中的一些装饰要素融入扩建部分的设计中，形成新老建筑的对话。例如，新建部分临街立面延续了老馆外墙的色彩模式，将外墙设计成红白相间的方网格。在建筑窗的设计上，文丘里采用了成排的高侧长窗，以满足展馆内部的光线要求。他还将建筑的外观处理得十分简洁，以反衬老馆的复杂与精美。

俄亥俄州奥柏林学院爱伦艺术馆的扩建工程体现了文丘里所提倡的一些新的设计理念，他对传统建筑构件富有装饰性和戏谑性的处理手法对后现代主义建筑的发展具有一定的指导意义和较为深远的影响。

8.1.4　伦敦国家美术馆扩建工程（Sainsbury Wing, The National Gallery, London, 1991 年）:

1991 年建成的伦敦国家美术馆扩建工程是罗伯特·文丘里在众多名家参与的设计竞赛中的获奖作品，也是他在 20 世纪 90 年代这一新时期一个很有代表性的作品。在这项工程中，文丘里没有沿用他早期作品中所擅长的戏谑性地组合传统构件于新建筑上的方式，而是以比较严谨的态度来处理新老建筑之间的过渡与协调问题。

建于 1824 年的伦敦国家美术馆（The National Gallery）位于伦敦著名的特拉法尔加广场（Trafalgar Square）的北侧，是世界上最著名的欧洲美术作品的收藏地之一。它的扩建部分位于它的左侧，两者之间以一个

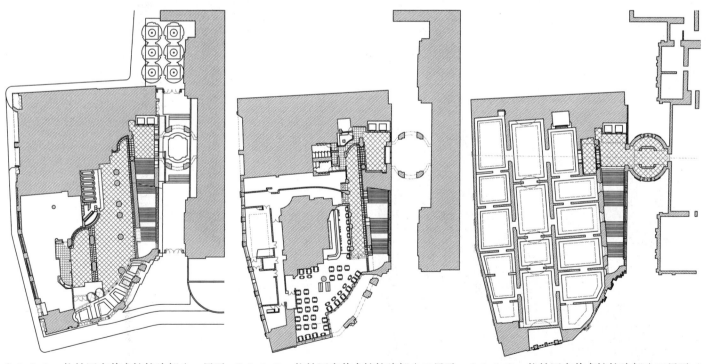

8.1.4-1　伦敦国家美术馆扩建部分一层平面图　　8.1.4-2　伦敦国家美术馆扩建部分二层平面图　　8.1.4-3　伦敦国家美术馆扩建部分三层平面图

圆形回廊作为连接，回廊的圆心位于老馆的横向轴线上，从而保证了新老建筑空间交通流线的畅通。主入口面向特拉法尔加广场，前方有一组柱廊加以围合，大门缩进廊内，立面上形成强烈的光影。建筑高3层，建筑面积约为1.1万m²。入口右侧有一个贯穿建筑南北的单跑大楼梯，尽端有两部电梯作为竖向交通。建筑内部还包括一系列展厅、若干会议室、一个能容纳350人的阶梯教室、一个信息中心、一家餐馆、一个商店以及办公室、管理室、储藏室等若干附属用房。建筑内部空间划分工整，各展厅之间相互开敞、贯通。顶层屋面采用天窗采光，使得展示空间通透、明亮，给人以轻松、豁达之感。

建筑的立面处理也是别具匠心。文丘里采用了传统与现代相结合的设计手法，不但将老馆立面上的装饰线脚、柱式、檐口等设计元素严谨地引入新建筑的造型之中，还令扩建部分墙面的颜色、材料、质地与老馆保持一致。此外，在建筑外墙上还局部采用了大面积玻璃幕墙，来体现建筑的时代气息。

伦敦国家美术馆扩建工程反映了文丘里在设计理念上的一些变化。这缘于进入20世纪90年代后，后现代主义建筑早期的一些设计思想与手法逐渐淡化，文丘里也在适应时代的发展，并调整自己的设计理念。

8.1.4-4 伦敦国家美术馆扩建部分与老馆外观

8.1.5 美国电话电报公司大楼（AT&T Building, New York 1978−1984 年）：

纽约电话电报公司大楼位于美国纽约市曼哈顿中心区内，由美国著名建筑师菲利普·约翰逊（Philip Johnson，1906−2005 年）设计，于1984年建成。这座建筑被认为是第一座后现代主义的摩天大楼，对后现代主义建筑的发展产生了深远的影响。

大楼位于一处狭窄地段，南临麦迪逊大街，东西两侧与56、55号大街相邻，基地总面积为3422.4m²。建筑共34层，高201.2m，总建筑面积79500m²。建筑平面为矩形，入口在麦迪逊大街一侧，进厅中间设置了一个"通信之灵"雕像，雕像后面是一排区间电梯，人们可以由此到达60m处的空中门厅，职员和客人再换电梯到各层去。在建筑前面沿麦迪逊大街布置了步行道，上面覆盖拱券和柱廊，高18.3m，面积达1337.3m²。建筑后部有一条走廊和3层高的附属建筑。玻璃顶采光的走廊与麦迪逊大街平行，里面是零售商店，从55号大街穿过它可以到达56号大街。

大楼的外观采用三角形山花、拱券和石材贴面等历史建筑符号，并有基座、墙身和山花这样的三段式构图，入口处设置的柱廊也有仿文艺复兴时期佛罗伦萨巴齐礼拜堂正立面的痕迹。从而，在整体形态上反映着建筑师对待西方传统建筑的继承方式和文脉主义精神。大楼的基座高达36.6m，中间拱券高30.5m。入口大门在中部，高约9.1m。建筑中段的墙身设计一反现代主义建筑玻璃幕墙的通用模式，而采用众多小矩形窗，窗间墙与窗的尺度和比例都比较协调。顶部有一排柱廊横跨整个立面，柱廊上方是一个高9.1m的三角形山花，中央部分开了一个圆形凹口，这一处理手法也反映出后现代主义建筑师采用非传统方式组合传统构件的惯用模式。大楼采用现代的钢结构体系，外立面的石头贴面做工十分精致。为了防止脱落，花岗石贴面板都单独固定在钢架上。这座大楼由于采用了传统的石材饰面和带有古典主义意象的

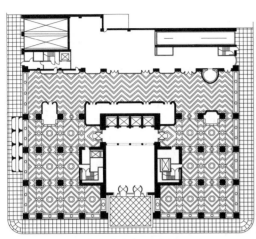

8.1.5-1　美国电话电报公司大楼平面图　　　　8.1.5-2　美国电话电报公司大楼外观　　　　8.1.5-3　美国电话电报公司大楼入口

构图元素，它在形式上与曼哈顿中心区众多采用玻璃和钢材建造起来的玻璃盒子式大楼形成了鲜明的对比。

纽约电话电报公司大楼是后现代主义建筑的里程碑，它的问世，震动了当时的建筑界。它以其新颖的外观和独特的设计手法为当代西方建筑的发展树立了形式标签，具有十分重要的意义。

8.1.6　美国新奥尔良市意大利喷泉广场（St. Joseph's Fountain in the Piazza d'Italia，New Orleans，1978 年）：

意大利喷泉广场位于美国路易斯安纳州新奥尔良市老城区意大利裔居民集中的地段，是由美国建筑师查尔斯·摩尔（Charles Moore，1925-1993 年）和佩雷斯事务所（Peres Associates）合作完成的，是后现代主义建筑的一个经典作品。

广场呈圆形，中心部分开敞，有 1/3 部分是水池，2/3 部分是环形花纹的铺装。在水池中央有一幅用石块拼成的古罗马地图，长约 24m。广场中心为地图中的西

西里岛。水池的周围是用现代手法设计、呈弧形分布的 5 片柱廊和拱门。广场的设计采用了众多后现代主义建筑的设计手法：

体现了后现代主义建筑师对古典建筑构件进行"戏弄之"处理的理念。广场采用了古罗马 5 种柱式做柱廊和拱门。但却采用不锈钢的柱头做喷泉，用现代化的霓虹灯做装饰并涂抹鲜艳色彩的非传统方式来处理。

体现了后现代主义建筑的隐喻主义精神。建筑师用 5 种柱式来隐喻古罗马，用古罗马地图隐喻意大利半岛和西西里岛，用古罗马地图上的三股水流隐喻意大利的阿尔诺河、波河和台伯河，用地图两侧的两片水池来隐喻古罗马所毗邻的第勒尼安海和亚得里亚海等。

查尔斯·摩尔以其对后现代主义空间的独特处理而著称。广场的设计体现了后现代主义建筑空间的处理手法及其所具有的含糊性和非限定性等特征。建筑师对同心圆柱廊采用不同高度、不连续、不对称的方式布置在开敞的空间里，以达到多空间的同时存在。而空间在柱

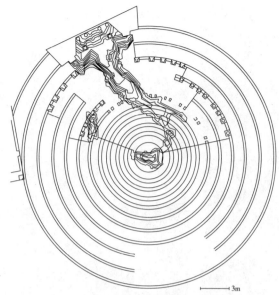

8.1.6-1　美国新奥尔良市意大利喷泉广场平面图

8.1.6-2　美国新奥尔良市意大利喷泉广场外观

8.1.6-3　美国新奥尔良市意大利喷泉广场细部

廊片段的围合下，表达出界限模糊和流通开敞的空间特征。

广场的这些处理手法和艺术效果获得了对建筑史学家、意大利人、现代派建筑师等多层次观赏者的吸引力，表现了后现代主义建筑具有多重译码的特征。

意大利喷泉广场并非是纯粹的艺术作品，而是一个把古典传统和当代美国的市民生活融合在一起的混合建筑。广场的设计传统而前卫，既俗又雅，有强烈的象征性、叙事性与浪漫性，是 20 世纪最有影响的后现代主义建筑之一。

8.1.7　斯图加特美术馆新馆（Neue Staatsgalerie, Stuttgart，1977-1984 年）：

斯图加特美术馆新馆位于德国斯图加特市，是设计竞赛的获奖方案，设计者为英国著名建筑师詹姆斯·斯特林（James Stirling，1926-1992 年）。该美术馆设计于 1977 年，历时 5 年，1983 年竣工，1984 年对外开放。这座建筑的设计立足于对历史和环境的尊重，是后现代主义建筑的重要代表作品之一。

新馆位于一块东南高、西北低的坡地上,南侧与老馆毗邻,西侧与交通干道——康拉德·阿德诺尔大街相临。按业主提出的要求,希望保留一条能够连接前后道路的人行道。斯特林在设计时汲取了许多古典和现代的建筑元素,巧妙地引入平台、庭院、坡道等元素,塑造了一个错落有致、生动活泼的城市景观。

建筑采用轴线布局方式,平面为 U 字形,共两层,中间布置一个圆形庭院作为露天展示空间。一条斜坡式公共步行道围绕着庭院盘旋穿过,以连接建筑前后两条主要大街。主入口设在"U"形缺口一侧。底层布置有门厅、临时展厅、报告厅、咖啡厅和书店;上层布置有 15 间面积为 60—230m² 不等的常设展厅,以及剧场、图书档案室和雕塑平台。

建筑造型以厚重的墙体为主,外墙材料为金色砂岩,顶部以小檐口作为结束,使建筑颇有古典意味。而建筑局部使用绿色玻璃钢框架,再加上粉、紫两种颜色的栏杆,给建筑增添了许多活跃的因素。同时,新馆在造型上采用众多典型的后现代主义建筑的设计手法来表达建筑师的设计理念,其设计手法如下:

(1)借鉴多种原型。斯特林在设计中,中央的圆形庭院借鉴了辛克尔设计的柏林老美术馆的圆形大厅;展厅部分的屋檐借鉴了古埃及神庙的檐部;办公管理部分的外形借鉴了勒·柯布西耶设计的萨伏伊别墅;音乐教学部分借鉴了阿尔托设计的沃尔夫斯堡文化中心的系列讲堂以及构成主义的雨篷等。这些借鉴来的建筑要素为建筑形式带来了多种信息含量。

(2)体现隐喻主义精神。在新馆建筑中,圆形庭院隐喻着古罗马的圆形剧场;巨大的排气管道隐喻着蓬皮杜文化艺术中心等。

(3)为协调新馆与老馆。斯特林在新馆的设计上,采用与老馆相同的石材饰面,并做相同的分格,保持相同的高度,使新馆与老馆保持一定的统一关系。

(4)运用非和谐的因素。新馆的设计在一些构件之间少有过渡元素来起协调作用,而是直接碰撞到一起,以表达非和谐形式美的设计原则。例如,建筑入口处雨篷的钢管与埃及风格的檐口、厚重的石栏杆与 0.3m 直径的红色钢管扶手等。

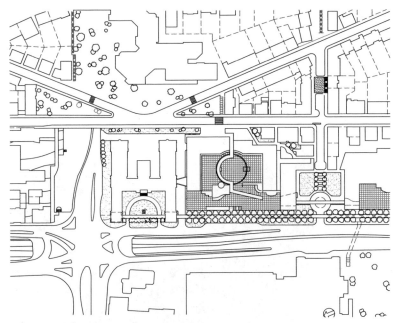

8.1.7-1　斯图加特美术馆新馆总平面图

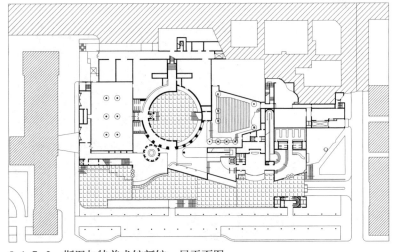

8.1.7-2　斯图加特美术馆新馆一层平面图

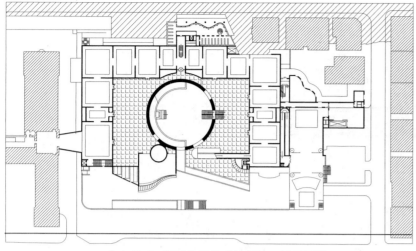

8.1.7-3　斯图加特美术馆新馆二层平面图

8.1.7-4　斯图加特美术馆新馆入口外观

8.1.7-5　斯图加特美术馆新馆门厅

斯图加特美术馆新馆使用了众多历史与现代建筑的符号，汇聚了丰富而又混杂的各类信息，使观赏者一时很难理清头绪。但是，斯特林在探索延续历史文脉、协调新老建筑和创造开放的城市公共空间等方面确实做出了卓越的贡献。

8.1.8　波特兰大厦（Portland Building，Portland，Oregon，1980-1982 年）：

由建筑师迈克尔·格雷夫斯（Michael Graves，1934-2015 年）设计的波特兰大厦是一座集办公、服务和展览于一体的综合性办公大楼。该建筑以其独特的建筑立面造型、丰富的文化内涵，以及深邃的象征寓意，成为后现代主义建筑中最引人注目的一座时代精品。

大厦位于美国波特兰市中心一个边长约 61m 的正方形地段内，主入口面向五马路，左侧为缅因路，右侧为麦迪逊路，后面临四马路。大厦设计于 1980 年，1982 年建成。

大厦平面为正方形，15 层高，总建筑面积约 33630.9m²。各层平面均由位于平面正中的交通枢纽空间以及各类使用房间组成。其中，建筑的一、二层对外开放，底层是建筑的服务空间，它由两层通高的门厅、外沿环绕的商场、咖啡厅以及内部的办公室、接待室等服务性房间组成；建筑的二层是展览空间，它由交通空间前方的视觉艺术展廊、后方的讲演厅以及左右两侧的附属房间等空间组成。除此之外，建筑的其他各层均是各类办公空间。

建筑外部造型敦实、厚重，具有清晰的立面划分以及丰富的色彩与装饰。立面在四、五马路两侧造型相同，而在缅因路与麦迪逊路两侧亦相同。由于建筑平面尺寸较大，层数不高，在外墙上又开有一排排尺度过小的正方形小窗，于是凸显了建筑粗壮而又笨拙的巨大体量。为了削弱建筑尺度上的突兀感，格雷夫斯特意采用了传统的三段式构图手法，即将建筑的立面竖向分为台座、墙身、顶部三个部分。其中，台座 3 层高，外覆墨绿色面砖，厚实平稳；墙身为大面积乳白色涂料，色泽光亮，上开深

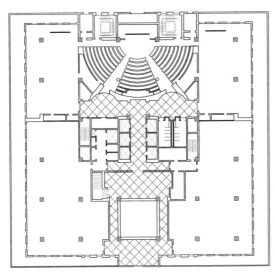

8.1.8-1 波特兰大厦平面图

8.1.8-2 波特兰大厦外观

蓝色方形小窗。入口立面中央四至十层镶有一片巨大的蓝色镜面玻璃幕墙，上面覆有两组由6条混凝土组成的竖向装饰带，并由一个外凸的方形装饰结束。两者相组合，呈现出一对古希腊"多立克柱式"的影像。"柱式"上面的4层是一个棕红色、楔形的、类似于古罗马券拱上的"拱心石"样的实墙面，压住下面的"古典柱式"；建筑的顶层采用淡蓝色涂料粉刷，开稍大一些的方窗，并与台基和墙身形成了鲜明的色彩对比。建筑的交通核部分出屋面后周边做成柱廊的样子，形成一座抽象化的"希腊神庙"作为建筑的结束。在缅因路与麦迪逊路两侧的立面上，开一样的窗，刷一样的色彩。不同的是反射玻璃更宽一些，并有四组竖向装饰带，其上是一条横向的花环饰带。

大厦立面上的这些装饰反映了建筑师如下两方面独特的设计理念：

（1）讲究历史文脉的延续。格雷夫斯采用超常尺度的古希腊"多立克柱式"、古罗马"拱心石"和抽象化的"希腊神庙"等古典元素，表达了后现代主义建筑师重视历史传统的设计思想。而将古典柱式与拱心石相组合，既表达一种"偶然"式的拼贴，也展示了后现代主义所追求的非理性形式美的建筑原则。体现了这一派建筑师对待传统建筑构件的非传统组合方式，或曰"怎么干都行"的设计理念。

（2）讲究建筑的象征寓意。格雷夫斯将建筑立面做三段式划分，是对人体"头""身""脚"拟人化的表达；立面上6层高的壁柱对应的是政府办公用房，4层高的拱心石对应着商业出租部分；入口处的外廊体现的是古代作为欢迎的符号；而绿色台基、乳白色墙面和淡蓝色屋顶则分别象征着树叶常青、广阔的大地以及蔚蓝的天空。

同时，建筑上小尺度的开窗，也表达了建筑师对现代主义建筑惯用的玻璃幕墙式的大面积开窗的一种反叛。

美国波特兰大厦是建筑师格雷夫斯的成名作，它是建筑师对新型建筑风格的一次大胆尝试，并因为它体现出众多新的设计理念而成为后现代主义建筑思潮中的一座里程碑式的代表建筑。

8.1.9 日本筑波中心（Tsukuba Center, Japan, 1983年）：

日本筑波中心位于筑波科学城（Tsukuba Science City）内的中轴线上，建成于1983年，由日本著名的建筑师矶崎新（Arata Isozaki, 1931年 -）主持设计，是日本后现代主义建筑的杰出代表。

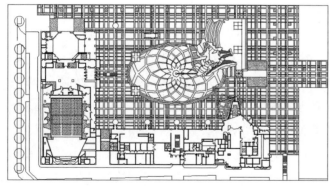

8.1.9-1　日本筑波中心平面图

8.1.9-2　日本筑波中心广场细部

筑波科学城位于日本东京东北大约60km处，由众多的科研机构所组成，它是日本战后兴建的一座高科技新城。筑波中心位于这个科学城的中心区，它是由一组建筑群和中心围合的广场组成，功能包括酒店、银行、音乐厅、信息中心、商业街和中心广场。

筑波中心大厦（Tsukuba Center Building）是这组建筑群中的主体，它位于东南侧，平面呈反"L"形，占地面积10642m²，总建筑面积32902m²，是一座集饭店、音乐厅、多功能商服等内容于一体的大型综合体建筑。建筑地下2层，地上12层，还有2层高的塔楼。筑波中心大厦和周围的其他附属建筑共同围合出了平面为椭圆形的筑波中心大厦广场（Tsukuba Center Building

Plaza）。该广场为下沉式，长轴与筑波城南北轴线完全重合。

中心广场的设计非常有特色，下沉式椭圆形的广场，是对文艺复兴时期建造的罗马坎比多利奥广场（Piazza Del Campidoglio）原型的借用。同时，建筑师又融进了日本传统的造园手法。广场中央有花纹铺装，在广场的西北角还设计了宽大的台阶、嶙峋的怪石和潺潺的流水等景观元素。

同时，建筑师将"借用"来的西方传统与现代的多种建筑元素加以变形或反转，并以隐喻、象征等手法赋予建筑多重语意。

虽然矶崎新参照了罗马坎比多利奥广场，但不同的是他将"借来"的广场作反向处理，设计成下沉式，在铺装的花纹上也完全相反。广场的怪石、台阶和流水又有意打破广场的完整性。在整体布局和细部处理上充分体现了以非理性的不和谐、不统一、不完整为美的美学特征。

8.1.9-3　日本筑波中心广场鸟瞰

筑波中心大厦与广场的设计充分反映了矶崎新对于现代主义建筑的反叛。在设计思想上，矶崎新处处与罗马的坎比多利奥广场形成对比；同时，在设计手法上又体现出了日本景观所蕴含的禅宗思想。该设计带给日本建筑界以极大的视觉冲击与震撼，推动了日本建筑文化的多元化发展趋势。

8.1.10 威尼斯艺术节水上剧院 (Il Teatro del Mondo，Venice，1979 年)：

威尼斯艺术节水上剧院位于意大利威尼斯市，是为 1979 年威尼斯艺术双年展而建的临时性建筑。设计者是意大利当代著名建筑大师阿尔多·罗西 (Aldo Rossi，1931–1997 年)。该剧院设计建造于 1979 年。

剧院为一水上浮动的建筑物，坐落于一条大船上，平面为一边长 9.5m 的方形，室内分 3 层，共设有 250 个座位，方形平面的两端设楼梯间。建筑的总高度为 25m。整个剧院为钢结构，由钢架和木板搭建而成，它在附近的造船厂建造，然后被拖运至河面上。

建筑外形由三个体块组成：方形剧场主体和两个矩形楼梯间。剧场主体高 11m，上部由方形缩为八角形，高度为 6m，上面有八角锥顶。建筑的外墙面为黄色木板，上面开天蓝色窗框的小窗。顶部墙体以及锥顶均为天蓝色。

剧院的设计采用简洁的几何形体组合的同时，借鉴了中世纪哥特式教堂的尖塔为原型，也与附近的圣玛丽亚教堂取得简与繁、高与低的对比式协调关系。既尊重了历史，又体现了时代，展示了一个完整的历史链条。

阿尔多·罗西在他的设计生涯中设计了众多有影响力的建筑作品，他注重用现代语言演绎历史建筑构件，并取得了突出的成就。1990 年，阿尔多·罗西获得普利茨克建筑奖。

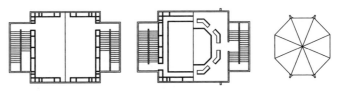

8.1.10-1　威尼斯艺术节水上剧院平面图

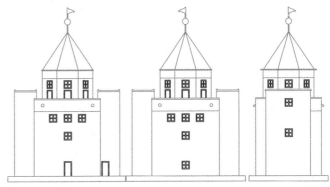

8.1.10-2　威尼斯艺术节水上剧院立面图

8.1.10-3　威尼斯艺术节水上剧院外观

8.2 功能与形式的分离

后现代主义建筑师在建筑创作中十分喜爱在建筑立面上附加各种装饰，所谓的装饰主义正是后现代主义建筑的重要特征之一。但是，这派建筑师在意的并不是装饰本身与建筑功能的结合，而是装饰的构图效果。他们将建筑立面上的各类构件分为"功能构件"与"非功能构件"。如门窗等功能构件是立面所必须布置的，而一些构架等外加装饰是专门做立面构图所用，是与建筑功能分离的。正是这些非功能构件的使用，极大地丰富了当代西方建筑的形式语言，表达了后现代主义建筑师对现代主义建筑强调净化装饰的一种反叛，也是当代西方建筑走向复杂的一个标志。

8.2.1 哈斯商厦 (Haas Haus, Vienna, 1987–1990 年)：

哈斯商厦位于奥地利维也纳市中心区，是一座集购物、餐饮、办公于一身的综合商业建筑。设计者是 1985 年普利茨克建筑奖获得者汉斯·霍莱因 (Hans Hollein, 1934 年 –)。该建筑设计建造于 1987 年，1990 年建成，是后现代主义建筑的代表作品。

大楼建在市中心的历史街区内，基地的对面为维也纳著名的圣史蒂芬大教堂。为了与老教堂取得视觉上的协调关系，大楼的平面采用弧形，这样的平面形式既是对历史的呼应，又是其在道路交叉口重要位置的最好选择。建筑共 8 层，地下 1 层，地上 7 层。其中，地下层设有机房、储藏室、餐厅等房间；地上有 3 层为办公室，顶层为餐厅，其余空间为精品店等商业用房。

建筑师在建筑的外部形体

设计中采用了多种手法，既与周边环境取得协调关系，又体现后现代主义建筑的设计理念。

霍莱因将立面在纵向分为三段。底层在橱窗之间设有凹槽，其内布置成对的圆柱，凹槽之间的间距模仿古代神庙的比例关系。在建筑的主立面部分，建筑师采用呈阶梯状排列的石材墙面与镜面玻璃相对比的处理手法以突出它的主体地位。而在石材与玻璃的面积分配上，则采用了难分主次的"二元并立"的设计手法以表达后现代主义的设计理念。石材的分格方式和上面的小窗都是为了与相邻的大教堂取得协调关系而精心设计的。主体右侧的圆弧玻璃体简洁而突出，大教堂精美的细部都映在其表面上。建筑的屋面以上部分尤为复杂，深远的大挑檐、抽象的希腊神庙、玻璃圆柱体这些非功能性构件装点着建筑的第五立面。

汉斯·霍莱因在哈斯商厦的设计中出色地解决了新建筑与老城区的矛盾，取得了国际建筑界的赞誉。哈斯商厦也成为 20 世纪末奥地利最杰出的建筑作品之一。

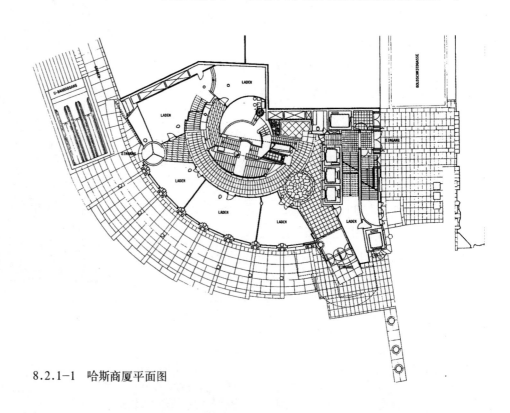

8.2.1–1　哈斯商厦平面图

8.2.1-2 哈斯商厦外观

8.2.2 法兰克福装饰艺术博物馆（Museum of Decorative Arts，Frankfurt，1981-1984 年）：

由美国建筑师理查德·迈耶（Richard Meier，1934 年 -）主持设计的德国法兰克福市装饰艺术博物馆，是德国最大的一座具有教学与实用功能的博物馆。该建筑以其纯净的建筑色彩、丰富的立面层次、活泼的体量组合以及变化莫测的空间穿插，体现了理查德·迈耶对新时代建筑发展的不懈探求。

该设计是一幢小型美术馆的扩建工程，设计建造于1981 年，1984 年竣工。其中，老馆建于 1803 年，是由一幢别墅改建而成的。新建博物馆与老馆相互连接，一并坐落在法兰克福著名的美茵河南岸。

博物馆的平面是依照两组互成角度的网格来布置的，这两组网格分别与原有建筑和新建部分相平行，象征着历史与现代的对话。其中，原有建筑位于基地东北角，平面略呈正方形，高 3 层，坡屋顶。而新建部分高 4 层，地下 1 层，地上 3 层。建筑平面略呈 L 形，并与原有建筑围合成一个半封闭的庭院空间。博物馆的主入口位于西北面，面向老馆。建筑的东南，西南两部分在二、三层以连廊的形式作为连接，底层透空，并且在两者之间

形成一个室外广场，从而保证了建筑在南北向的整体视觉连续性。

该组建筑体现了理查德·迈耶一贯的设计思想。新建筑沿用了老建筑墙体的白色调，典雅而纯净。同时，新建筑的立面也参考了老建筑的立面构图而设计，体现了新老建筑的视觉连续性。而新建筑高低叠落的建筑体量，又表现了新建筑的时代特征。此外，建筑师还采用了大量的构架布置在建筑的立面上，这些"非功能构件"为建筑立面带来丰富的层次，表达了后现代主义建筑师所惯用的功能与形式相脱离的设计理念。

在建筑的室内空间布局上，理查德·迈耶采用了虚界定的手法相互穿插地布置着各个展室，使空间延绵不断，有渗透，有过渡，体现了后现代主义建筑空间含糊性与非限定性的丰富内涵。

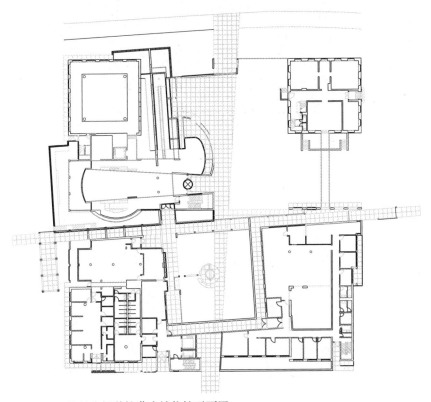

8.2.2-1 法兰克福装饰艺术博物馆平面图

8.2.2-2　法兰克福装饰艺术博物馆外观

8.2.2-3　法兰克福装饰艺术博物馆外观细部

8.2.2-4　法兰克福装饰艺术博物馆室内展厅

法兰克福装饰艺术博物馆是建筑师理查德·迈耶职业生涯中一座重要的建筑作品，其独创的白色格调成为他的代表风格，并在以后的设计中多次重复运用。他也因此被人们归为所谓"白色派"的代表人物，并于1984年获普利茨克建筑奖。

8.2.3　亚特兰大海尔艺术博物馆（High Museum of Art, Atlanta, Georgia, 1980-1983年）：

位于美国亚特兰大市的海尔艺术博物馆是理查德·迈耶在20世纪80年代初设计的另一座博物馆建筑，其纯净的建筑色彩和复杂多变的建筑形体组合完美地体现了建筑师一贯的设计风格，创造出一种超乎传统意义的博物馆建筑模式。

博物馆地处一个直角梯形的地段内，主入口临街，并以一条斜向伸出的坡道与之加强联系。坡道的两侧是一片开阔的城市绿地，绿树成荫，景色优美。

建筑高4层，地下1层，地上3层，分别由入口门厅、礼堂、中庭和展示空间等4个部分组成。其中，通过入口坡道方可进入的主入口门厅，与中庭合二为一，平面为1/4圆。建筑师设计了一组弧线形的坡道作为两个空间之间的过渡元素；中庭通高3层，上方覆以玻璃屋顶，为中厅带来明亮通透的采光。中厅内侧有开敞的廊道与展室相连，廊道的外侧设置一组白色的栏板，以强调建筑空间功能上的不同；展室部分呈"L"形围绕着中厅布局，分别由内有9棵柱子的方形展示空间和一些附属空间构成。各展室之间没有硬性的分隔，而是相互穿插、渗透与过渡，构成一组组丰富的展示空间。为了避免人流的交叉，迈耶将一个能够容纳200人的礼堂从博物馆的主体建筑中分离出来，布置在建筑入口的左侧，与建筑主体呈60°角，也有加强建筑入口标识的作用。

建筑的造型体现了迈耶在设计风格上的日趋成熟。建筑立面复杂多变，雕塑感十足，各部分形体组合推敲考究，而建筑局部大片的玻璃配以厚实的白墙面不但形成了强烈的虚实对比，而且还更加衬托出建筑的层次感。同时，迈耶也没有忘记在形体上和入口坡道中设计一些装饰构架，以体现形式与功能相脱离的后现代主义建筑手法。

亚特兰大海尔艺术博物馆是建筑师理查德·迈耶的代表作

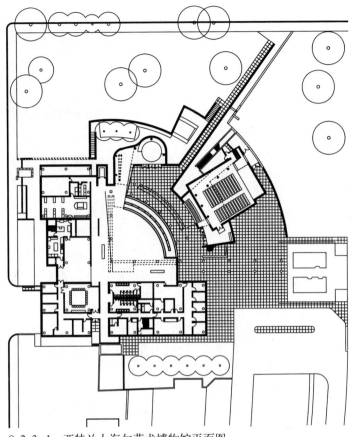

8.2.3-1 亚特兰大海尔艺术博物馆平面图

品，在这座建筑作品中，迈耶呈现给我们的不仅仅是一座艺术博物馆，还有他的设计理念和思想。同时，他还为这座城市树立了一个文化艺术的标志，使博物馆成为亚特兰大城市中最具标志性的现代建筑之一。

8.2.4 盖蒂中心（Getty Center, Los Angeles, 1985-1997 年）：

坐落于美国洛杉矶西侧圣莫尼卡山脉（Santa Monical）的盖蒂中心，是美国建筑师理查德·迈耶众多建筑作品中规模最大、影响最为深远的一组建筑精品。

整个组群建于一座占地 44.5hm² 的山丘之上，建筑基地面积为 9.71hm²，总建筑面积约为 8.8 万 m²。根据周围环境和地势起伏的特点，迈耶将建筑组群分为功能上相互分离，形式上彼此相互穿插、连接的若干区域。其中包括东南向的美术馆、西南向的艺术研究中心、北侧的信息研究所组群和一个室外花园。于是，盖蒂中心呈现给我们的就是一组轴线关系明确、涵盖内容丰富、外部形体多变的建筑组群。

8.2.3-2 亚特兰大海尔艺术博物馆外观

8.2.3-3 亚特兰大海尔艺术博物馆入口大厅

8.2.3-4 亚特兰大海尔艺术博物馆展厅

沿着地段的东南向水平布置的美术馆，是整个建筑组群的主体建筑，它由一个3层高、直径22.86m的圆形门厅和6幢独立的展厅以及一系列附属建筑相互围合而成。其中，圆形大厅是美术馆的主入口，它建于一组开阔的广场台阶之上，高耸挺拔；6幢展厅则依着地势分为两组不对称的楼群，彼此之间用天桥、楼梯和过廊相互连接，从而使得建筑内部空间转换自然流畅，外部庭院空间生动活泼。而展厅内部的采光处理更堪称整组建筑的点睛之笔。此外，附属建筑则由一间餐厅、两间咖啡厅组成。

　　位于基地西南侧的艺术研究中心是一座4层高的圆形综合楼。它由内藏75万册图书的图书馆、阅览室以及若干研究室和办公室共同组成。其中，图书馆和阅览室被分隔成一系列小的建筑空间，并与办公室、研究室一起按照同心圆放射状的设计手法布置排列。

　　位于基地北部、并沿着其前方电车的轨道布置的建筑群，是由一个可供450人使用的圆形礼堂、盖蒂信托办公室和盖蒂信息研究所组成。

8.2.4-2　盖蒂中心鸟瞰

8.2.4-3　盖蒂中心美术馆庭院

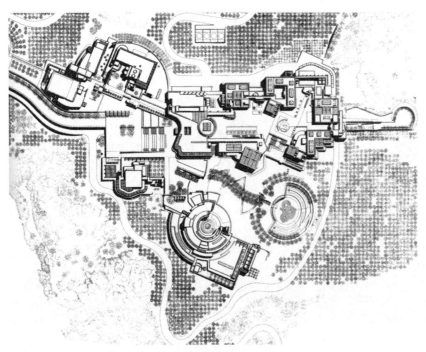

8.2.4-1　盖蒂中心平面图

8.2.4-4　盖蒂中心美术馆外观

8.2.4-5 盖蒂中心艺术研究中心外观

8.2.4-6 盖蒂中心信息研究所外观

8.2.4-7 盖蒂中心室外花园

　　室外的圆形花园被设计成层层跌落的下沉式，很像一个山坳，与周围的山体结合得非常自然。其内布置有坡道、瀑布、水池、花坛和修剪成几何形的植物，体现了浓郁的理性色彩。

　　虽然整个建筑组群被分割成不同的区域，但是在建筑的设计手法和材质色彩上仍然能够体现出建筑整体的统一性。首先，整组建筑均强调建筑与环境景观的协调。建筑师大量地营造建筑的虚空间，积极采用对景、借景等设计手法，从而使建筑与周围环境产生对话。其次，整组建筑在体量搭配上也配合得天衣无缝。各主体建筑之间均配以大量的介质空间作为连接，两者一虚一实，相互扭转、拼接，从而形成一组高低错落的建筑轮廓线，韵律感十足。此外，各建筑的外墙采用浅褐色的石灰岩石板、银白色的金属铝板和光滑的玻璃等材料，并交替使用。迈耶特意将石灰石板的表面作凹凸起伏状，使得建筑颇具古风。而白色的金属铝板和透明的大片玻璃则不但与粗糙的石灰石板形成材质上的对比，还使建筑体现出强烈的时代气息。

　　建筑的整体设计体现了高度的理性化色彩，墙面简洁无装饰，有现代主义建筑的遗风。而建筑丰富的形体组合与穿插，众多非功能构件的使用又使建筑表现出强烈的后现代主义建筑的格调。

　　总之，盖蒂中心以其完美的环境组织、多变的形体组合以及内容丰富的空间布局，成为美国洛杉矶市最具代表性的文化建筑之一，被人们称之为"当代的雅典卫城"。而理查德·迈耶也于1997年获得美国建筑学会金质奖章。

8.2.5 罗马千禧教堂（Jubilee Church，Rome，1996-2003年）：

　　罗马千禧教堂位于意大利罗马城外6英里的一个中低收入的居民区内。它秉承了理查德·迈耶一贯的设计风格，以其纯净的建筑色彩和雕塑感十足的外部造型成为新时代教堂建筑设计的典范。

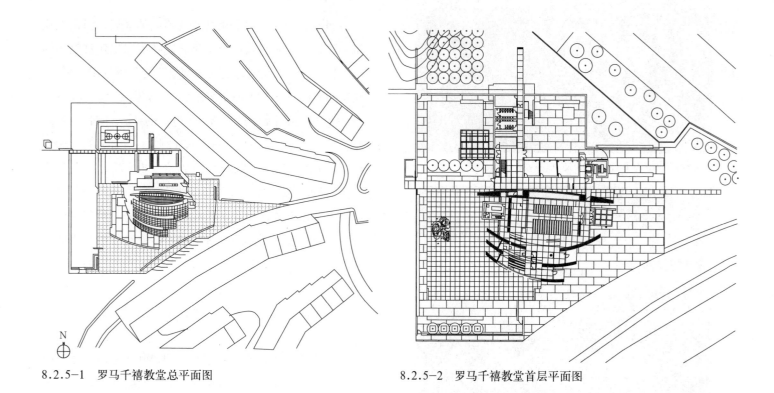

8.2.5-1　罗马千禧教堂总平面图

8.2.5-2　罗马千禧教堂首层平面图

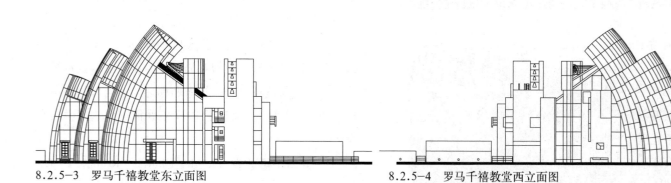

8.2.5-3　罗马千禧教堂东立面图

8.2.5-4　罗马千禧教堂西立面图

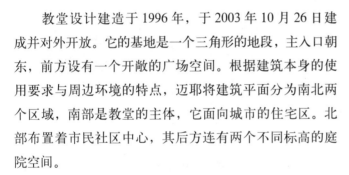

8.2.5-5 罗马千禧教堂外观

8.2.5-6 罗马千禧教堂室内中厅

教堂设计建造于 1996 年，于 2003 年 10 月 26 日建成并对外开放。它的基地是一个三角形的地段，主入口朝东，前方设有一个开敞的广场空间。根据建筑本身的使用要求与周边环境的特点，迈耶将建筑平面分为南北两个区域，南部是教堂的主体，它面向城市的住宅区。北部布置着市民社区中心，其后方连有两个不同标高的庭院空间。

教堂的建筑面积约为 1 万 m²，高 1 层，它由正中的礼拜堂和左侧的附属空间构成。礼拜堂内有多排座椅、圣坛和圣像，形成了强烈的轴线对应关系。左侧的附属空间内设有小礼拜堂和忏悔室，以满足教堂的功能要求。北侧的社区中心高 4 层，底层置于地下，平面为 L 形，并将社区中心的东北角辟为下沉广场，以满足建筑的采光要求。而建筑的二至四层平面则呈长方形，内部均布置为办公室、会议室等用房。此外，迈耶还特意

在建筑入口的右侧设有一个钟楼，以加强建筑的竖向构图。

建筑的立面造型新颖独特，层次丰富。三个半径为 38m 的混凝土壳体墙面以及顶部的斜向天窗既为教堂构筑了特色鲜明的外部形体，又为教堂内部空间提供了明亮的采光，体现出新式教堂建筑的显著变化。三个壳体墙面的高度从 17m 逐渐增加到 26.8m，分别象征着天主教神圣的圣父、圣子和圣灵，而且三者之间相互依托，构建出了一个开敞、流畅而又富于变化的内部空间，并为建筑的外部造型赋予了很强的韵律感与节奏感。

罗马千禧教堂可以说是新时代、新技术、新理念的产物，它不但具有美轮美奂的外部造型，还具有清晰合理的结构逻辑关系。在设计中理查德·迈耶将结构技术与建筑造型完美地结合在一起，体现了他娴熟的设计技能与深厚的文化底蕴。

8.3　通俗化的装饰倾向

后现代主义建筑讲究装饰。文丘里在他1972年发表的《向拉斯韦加斯学习》中，将赌城建筑上的霓虹灯、广告牌等通俗的视觉元素视为信息社会的重要标志。他认为：在我们这个世界上，交流是最重要的事，交流创造了社区。建筑设计也应以信息的传播为目标，最终成为交流的手段；建筑的表现不是来自对结构等元素的表达，而是来自对装饰符号的表达，以传达必要的信息。他呼吁：为建筑表现粗俗的活力而欢呼！为以信息传播为目标的建筑而奋斗！他将"建筑作为一种交流手段而实现图式化和电子化，它应当是一种日常生活的集成"视为自己建筑创作的理念。

此后，在当代西方建筑中，出现了一批以表现通俗化装饰为特征的建筑作品。各种"不登大雅之堂"、形象直观的视觉元素被作为一种交流的手段、可识别性标识拼贴到建筑的显要部位，以反叛现代主义建筑的简洁与纯净。

8.3.1　沃尔特·迪士尼总部大楼（Team Disney - The Michael D. Eisner Building，Burbank，California，1990年）：

沃尔特·迪士尼（Walt Disney，1901—1966年）总部大楼（也称小矮人大楼）位于美国加利福尼亚州南部伯班克市的迪士尼片场（Disney Studios）园区内，建成于1990年，设计者是美国著名建筑师迈克尔·格雷夫斯。在设计中，建筑师试图以一种通俗的建筑语言来阐释建筑本身的性格特质，从而体现出建筑师对装饰主义、隐喻主义等后现代主义建筑手法的推崇。

大楼坐落于迪士尼园区入口左侧的尽端，两面临街。主入口面向园区内的主要街道，其前方设有一个1998年落成的迪士尼传奇广场（Legends Square），并与电视动画大楼以及档案馆隔街相望。

由于位于街角的一侧，因此建筑的平面形态略成L形，高6层。在建筑平面水平向的右侧设有一个圆形的

扭转点，从而使得建筑的主立面可以正向面对园区内部的主要街道（Minnie Avenue）和主要建筑（Frank G. Wells Building）。建筑内部设有各个业务部门的高层领导办公室，包括迪士尼公司执行总裁办公室、影音娱乐部门总监办公室、主题乐园及度假区负责人办公室等高层管理人员的办公室；同时也包括总公司董事会的会议室、中层管理人员的办公室、休息室、管理室等附属用房。

为了体现迪士尼世界的场所精神，格雷夫斯在建筑的立面处理上出人意料地将卡通片白雪公主中七个小矮人的形象突出地放在建筑主立面的显要位置上，表现出了一种前所未有的立面效果。建筑师将该立面竖向分成3个部分，底部3层高，采用砖墙饰面，并配以大片带有明显分格的玻璃幕墙。中间层颜色较为柔和，窗间墙前方布置着6个高约5.8m的小矮人，支撑着上层出挑的檐口。而剩余的一个小矮人则被安置在三角形双坡屋顶的正下方。这种做法，不但与迪士尼所倡导的主题紧密相连，而且还体现了建筑本身顽皮、活泼、通俗的性格特征。

沃尔特·迪士尼总部大楼的设计首次将卡通人物作为建筑立面的构图要素来传达信息，不但具有新颖的建筑形象，而且还向世人展示了一种新的建筑语言符号，体现了建筑师独特的设计理念。

8.3.1　沃尔特·迪士尼总部大楼外观

8.3.2 迪士尼世界海豚和天鹅饭店（Dolphin and Swan Hotel, Floride, 1987-1990 年）:

1990 年建成的迪士尼世界海豚和天鹅饭店，是美国著名建筑师格雷夫斯的代表作品之一。该组设计采用了大量的具象性元素作为建筑主要的装饰题材，从而勾勒出一幅带有梦幻色彩的童话世界，反映出建筑师对于表现信息社会设计理念的探求以及他对建筑装饰趋于通俗化的尝试。

迪士尼世界海豚和天鹅饭店是一个规模庞大、功能齐全的综合性建筑组群。它包括 2 座大型饭店、1 个会议中心等主题内容，以及 17 家餐厅、5 个游泳池、2 个健身中心和 5 个高尔夫球场等若干个附属设施。建筑围绕地段内一个面积约 1.2 万 m^2、形如月牙状的湖面来布置。

位于湖畔一侧的海豚饭店，由旅馆、餐厅以及会议办公三个主要功能区域组成。其中，面向湖畔的饭店主体部分采用三角形体量，共 26 层。底层设有餐厅、商店以及健身设施等用房。客房部分则由一个面向湖畔水平铺展的长方形体量、四个伸向湖面的 9 层高的短翼以及主体建筑的上层空间共同组成，共计 1500 套客房。与建筑主体扭转一定角度的行政办公部分则远离中心湖面，高 2 层，内设一通高的中心展厅，四周围以小型会议室。而位于湖畔另一侧的天鹅饭店，也是由旅馆、餐厅以及会议办公三个功能区域组成。其中，一个面向湖畔水平布置的长方形体量以及两组伸向湖面的 7 层高短翼共同形成了建筑的客房部分，共有客房 758 间。餐厅部分面向湖畔，位于客房部分的左侧，其下方则是一斜置的会议中心。此外，为了加强两座建筑间的对话，格雷夫斯特意在湖面上架起一座小桥，并在桥的两端各设一个广场，作为建筑门前的景观节点。

两组建筑不但平面复杂，立面造型也别具特色。除了三角形的巨型体量外，格雷夫斯在海豚饭店拱形屋顶的两端各设一个高 17.06m 的海豚雕塑，在四个短翼端部

8.3.2-1　迪士尼世界海豚和天鹅饭店鸟瞰图

8.3.2-2　迪士尼世界海豚饭店外观

8.3.2-3　迪士尼世界天鹅饭店外观

的圆柱体上各设一个荷花状的喷泉，并在建筑外墙面涂以棕榈树形的图案符号，从而创造出一种活泼生动的建筑形态。此外，在与海豚饭店隔湖相望的天鹅饭店也采取了同样的设计手法，在弧形屋顶的两端各设一个14.32m高的巨型天鹅雕塑，在两个短翼端部的屋顶上各设一个形如蛤贝壳的喷泉，并在建筑的外墙涂以抽象的水波状的图案符号。在这两组建筑中，格雷夫斯试图利用这一系列具象的设计元素与丰富的建筑色彩，营造出一组充满童趣的建筑乐园，从而体现出迪士尼娱乐世界的场所精神与其深邃的文化内涵。

迪士尼世界海豚和天鹅饭店完美地诠释了建筑师格雷夫斯所倡导的设计哲学，它以一种通俗的建筑语言展示着建筑本身所特有的无限魅力。

8.3.3 契阿特—戴广告公司办公楼（Chiat-Day Advertising Agency Building, Venice, California, 1989-1991年）：

契阿特—戴广告公司办公楼位于美国加利福尼亚威尼斯城的梅恩大街（Main Street）上，离太平洋海边四个街区。这座办公楼是著名的美国建筑大师、1989年普利茨克建筑将获奖者弗兰克·盖里（Frank Gehry, 1929年 -）设计的，著名的波普艺术家欧登博格（Claes Oldenberg）和布鲁根（Coosjevan Bruggen）也参与其中。该办公楼是盖里进行波普建筑创作的里程碑式建筑，也是当代西方建筑作品中最著名的波普建筑之一。

办公楼的整个建筑用地为"L"形，盖里将建筑平面满布于基地。大楼共3层，总建筑面积为6967.7m²。平面分为三部分，沿梅恩大街带弧形外墙的部分、垂直于梅恩大街的矩形部分和连接着两部分的入口——带有双筒望远镜平面的门厅部分。其中带弧形外墙部分的一层为门厅和接待区，其余的部分均为办公空间和相关的附属用房。

这座建筑的特色在于它的入口外观有一架由欧登博格和布鲁根创作的巨型双筒望远镜。这架望远镜既标识了

建筑的入口，又起到了竖向划分建筑立面的作用。它的左侧是曲面的幕墙，右侧是像森林般密布的红柱子、斜撑和上部的额枋。立面的这三个组成部分互不联系，各自独立，没有主次，没有重点，多元并立，创造了一种全新的立面构图模式。

但是，望远镜并没有成为一个摆设，它双筒之间的出口成为停车场的入口，双筒望远镜包含会谈室与研究

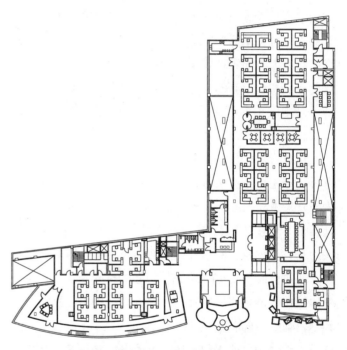

8.3.3-1 契阿特-戴广告公司办公楼平面图

8.3.3-2 契阿特-戴广告公司办公楼外观

室，并紧接至主要客户会议室。每一圆筒的顶部为一个有天窗的目镜。这种集功能性与目的性于一身的处理手法让人很难对这架望远镜有太多微词。

契阿特—戴广告公司总部办公楼在盖里的作品中是一个十分引人注目又很有非议的建筑，其非议性直接来源于对其形态的困惑。但作为当时的一种建筑创作尝试，这座建筑在建成时曾经轰动一时，说明它的建筑性格已经与社会大众倾向的文化性格发生了同构。

8.3.4 鱼舞餐厅（Fishdance Restaurant，Kobe，Japan，1986–1989 年）：

鱼舞餐厅位于日本神户市的一个港口边缘。建筑地段的南北两侧是高架路，西侧为公路的转弯处，东邻港口岸边。这是弗兰克·盖里在日本唯一的一件作品，也是他进行波普建筑创作尝试的又一座代表建筑。

鱼舞餐厅主体建筑共两层，总建筑面积约为 1600m²。餐厅的主体平面大致为"L"形，南侧的长边为就餐区，端部有一个 45°角的大抹斜。北端"L"形的内侧有一个不规则的六边形的小就餐区，其余部分为辅助用房。主入口在六边形东侧的一角。

鱼舞餐厅的外部形态极具视觉冲击力。共由四部分组成：白色的楔形体量的就餐区、楔形上面一个小的方形玻璃体、六边形盘踞的抽象"蛇"形部分和一个具象的鲤鱼形雕塑。鲤鱼形雕塑高十几米，呈弯曲的跳跃形态。它的产生既是基于盖里对于"鱼"的形态的个人偏好，也是基于对日本民俗文化中"鱼"文化的彰显。

鱼舞餐厅是盖里唯一一次将"鱼"以具象形态完整呈现在建筑面前的作品，它的落成曾是轰动一时的新闻。

8.3.5 国家尼德兰大厦（Nationale-Nederlanden Building，Prague，1994–1996 年）：

尼德兰大厦位于捷克首都布拉格市历史文化保护区内，面向伏尔塔瓦河（Vltava），处于两条大街交会的转角处，与一个形状不规则的公共广场毗邻。它的周围云集着中世纪、文艺复兴、巴洛克和新艺术运动时期的历史

建筑。此处原来的建筑在二战时被美军意外炸毁，市政当局决定在此建造一座新的办公大楼，并委托弗兰克·盖里主持设计。

尼德兰大厦平面近似于扇形布局，共 8 层，地上 7 层，

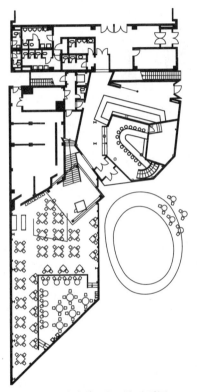 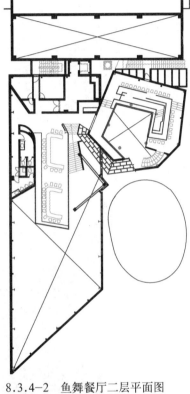

8.3.4–1 鱼舞餐厅一层平面图　　8.3.4–2 鱼舞餐厅二层平面图

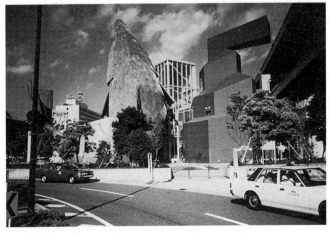

8.3.4–3 鱼舞餐厅外观

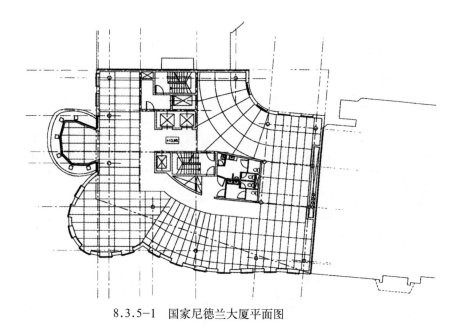

8.3.5-1　国家尼德兰大厦平面图

8.3.5-2　国家尼德兰大厦外观

地下 1 层，总建筑面积 5842m²。在建筑的转角处，两个圆形部分突出于主体并与主体相切。建筑的一层部分架空，可直接从河岸的人行道和公众广场出入。室内布置有一间咖啡厅和 200m² 的商业空间。地下室有另外 200m² 的零售业空间。办公室分布在建筑的二至七层。交通空间都布置在主体的中央。转角两个圆形的突出部分在顶层设有一间酒吧和一个 120 座的餐厅。

尼德兰大厦形态处理的重点是其独特的转角部分。盖里采用双塔式的造型，一虚一实，象征一男一女。男性部分用实墙开小窗，厚重坚实；女性部分用大面积玻璃窗，晶莹剔透，并在腰部向内收缩。犹如衣裙挑出的上部可以俯瞰布拉格风光。男女二塔均由许多雕塑般的圆柱支撑着，对上面的办公室形成一个小而遮蔽的入口广场。大楼正面俯瞰河岸，与周围鳞次栉比风格迥异的建筑物相映成趣。

虽然建筑的形式很特别，但在材料、色彩以及门窗的尺度上与周围环境取得了一致性。尤其是男性的顶部，一个用金属编织的圆球，既像男人的头部，又像是建筑上的穹顶，与相邻建筑上的穹顶取得了很好的协调关系。而立面上窗的设计则上下交错，与波浪起伏的墙面一起构成强烈的时代特征。于是，大楼获得了似突兀又和谐共处的效果，体现了盖里在历史环境中表现新建筑的独到之处。

总之，这个建筑可以看作是盖里对于建筑环境的关注与表现建筑个性的双重理念的一次尝试，也算得上是盖里对后现代主义建筑装饰走向通俗化所作的一次精彩表演。

9   解构主义建筑——从文献中诞生出来

20世纪80年代末，一股新的建筑思潮，即解构主义建筑进入建筑领域。解构主义建筑源于法国哲学家雅克·德里达（Jacques Derrida，1930-2004年）的解构主义哲学，是20世纪受哲学思想影响最为明显的建筑思潮。这一派的建筑师们都宣称从德里达的哲学中受到启发。著名建筑师伯纳德·屈米甚至将自己设计的法国巴黎拉维莱特公园方案与德里达一起研讨。

1988年6月，纽约现代艺术博物馆（The Museum of Modern Art）举办解构建筑展。七名建筑师（或集体）的10件作品在这里展出。这七名建筑师分别是：弗兰克·盖里（Frank Gehry），雷姆·库哈斯（Rem Koolhaas），扎哈·哈迪德（Zaha Hadid），丹尼尔·李伯斯金（Daniel Libeskind），蓝天组（Coop Himmelblau），伯纳德·屈米（Bernard Tschumi）和彼得·埃森曼（Peter Eisenman）。在这之前与之后，英国的《建筑设计》（A.D.）杂志分别在1988年的第二期（NO.3/4）、1989年的第一期（NO.1/2）、1990年的第五期（NO.9/10）出了三期解构主义建筑专刊，介绍一些理论家的文章和建筑师的作品。1989年6月，国际建协下属学术组织在保加利亚首都索菲亚召开了解构主义建筑的研讨会。这一系列的活动标志着解构主义建筑成为一种建筑思潮开始活跃在西方建筑领域。

解构主义建筑没有一个统一的概念，建筑师的设计思想、设计手法和作品特征也因人而异。解构（Deconstruction）一词有消解、颠覆固有原则之后重新构筑之意，也可以看作是对信息社会建筑的发展之路所做出的一种新的探索。这一思潮值得关注的一些现象如下：

（1）消费者与生产者的转换。解构主义建筑作品往往都有很深层的含义，需要观赏者在解读的过程中积极思考，去补充建筑师没有完成的部分。从而达到参与创作的目的，从作品的消费者转换为作品的生产者。

（2）无中心与多义性。解构主义建筑大都表现得比较含混，没有一个明确的意义和中心。强调不同读者的不同解读，为读者留下更多的想象空间，使作品形成多种含义。

（3）在场与不在场。在解构主义建筑作品中，有些元素是明确的，有些元素又是不在作品里出现的。他们相互交织，相互印证。因此，在观赏这类作品时，需要发现那些不在场的元素，并与在场的元素相比较才能够理解作品的真实含义。

总的来说，解构主义建筑作品比较难以理解。这一派的建筑师们热衷于通过消解、碎裂等手法来表现建筑上的"无"、"不在场"、"非功能"与"非建筑"等信息。

9.1 伯纳德·屈米（Bernard Tschumi，1944 年 —）

伯纳德·屈米是世界著名的建筑理论家与建筑师，1944 年出生于瑞士洛桑，1969 年毕业于苏黎世联邦工科大学。曾在英国伦敦建筑协会学院（Architectural Association School）等世界知名大学任教。自 1982 年获得法国巴黎拉维莱特公园国际设计竞赛一等奖后，他的声名大振，一跃成为世界级的建筑大师。此后，他的建筑作品和理论专著不断问世。他的理论与作品带有明显的解构主义倾向；他认为，传统的建筑作品是封闭的、单一的、有限的，是消费的对象，而解构主义的建筑创作是要观赏者参与补充，成为作品的生产者。他提出要对传统的创作观念进行拆解，进行解构。他针对现代主义建筑"形式随从功能"的观念，提出了"形式随从虚构"（form follows fiction）的观念。

屈米的建筑作品体现出强烈的不系统性和不完整性，表明他在新时代来临之际，积极地对建筑发展之路进行有益的探索。在他看来，今天的文化环境在变，从而向建筑师提出了新的课题，要求超越传统界限的限制，对传统的设计规律、方法、技巧等各个方面都要革故鼎新，抛弃传统上被公认的统一、一致、协调等固有原则。他强调运用分裂、极限、间断等新的构思手法才能创造出反映新时代的建筑。

9.1.1 巴黎拉维莱特公园（Le Parc de la Villette，Pairs，1982—1988 年）：

巴黎拉维莱特公园是法国政府为了纪念法国大革命 200 周年而兴建的九大"总统工程"之一。在当年举办了国际设计竞赛，来自 70 个国家的参赛者提出 470 多个方案，伯纳德·屈米的方案获得头奖。该公园不但以庞大的建造规模、丰富的文化内涵成为巴黎最亮丽的一道城市景观，而且还以新颖的设计理念以及看似杂乱无章的设计手法，成为 20 世纪西方建筑界公认的解构主义建筑的重要作品。

拉维莱特公园于 1982 年由政府出资筹建，1988 年竣工完成，总共耗资高达 5 亿美元。公园位于巴黎市区的东北部，占地 55hm²。基地由一条东西走向的运河将其一分为二，两区之间以桥相连。其中，北区以展示科技与未来的景象为主，包括一个矩形体量的科学工业城和一个球形的电影城；南区则以艺术表现为主题，包括一个长约 220m、宽约 110m 的多功能大厅，南端的主题广场以及广场两侧的音乐厅与音乐学院。而由屈米设计的公园就穿插在这些建筑之中。

拉维莱特公园是一座与传统概念相违背的新型城市公园，它由点、线、面三个不同层次的独立系统相互"叠印"而成。其中，"点"系统是指在一个 120m×120m 的区域内，均匀地划分出 20m×20m 的网格阵，在网格阵的 30 多个交点上布置大量红色构筑物，即"Folies"。这些构筑物的造型均是在长、宽、高各为 10m 的立方体块上加以变化形成的。它们时而断裂、分离，时而残缺、突变，具有很强的构成主义风格。此外，这些红色构筑物涵盖多种功能，包括茶室、景观塔、儿童游乐室以及问讯处等。

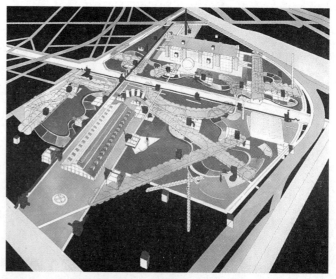

9.1.1-1　巴黎拉维莱特公园轴测图

9.1.1-2 巴黎拉维莱特公园高科技长廊

9.1.1-3 巴黎拉维莱特公园运河

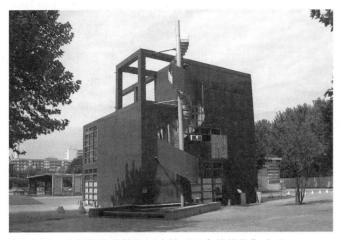

9.1.1-4 巴黎拉维莱特公园中的"红色构筑物"小品

它们整齐划一地排列在公园的基地之上，形成了鲜明的公园网格脉络。"线"系统指的是公园内部的交通脉络，它由两条互相垂直的空中步廊、一条圆弧状的林荫大道以及一系列弯曲的羊肠小径组成；这些不同形式的道路系统不但创造了人性化的流线组织，丰富了园内的山野情趣，而且还不同程度地改变了基地内部的线性节奏，将线性元素与点元素有机地联系在了一起。"面"系统指的是剩余的场地空间，它根据不同的功能赋予不同的主题。例如立有 20 块石碑的"镜园"、供儿童游玩的"风园"、以水为主题的"水园"、下沉式的"竹园"或是内设一条巨龙滑梯的"龙园"，均是"面"系统的代表园区。

拉维莱特公园无疑是最能体现屈米设计思想的作品。该设计在理性的网格中陈列着大量非理性的红色构架。当点、线、面三个系统被任意重叠时，会出现多种奇特的而又意想不到的效果；而那些"偶然""巧合""无中心""无边界"的设计手法，又表达了不稳定、不连续、被分裂，即"解构"的观念。

巴黎拉维莱特公园创造了一个全新的城市公园设计模式，从而成为建筑史上最具艺术特色的建筑作品之一。

9.1.2　新卫城博物馆（The New Acropolis Museum, Athens，2001~2006 年）：

希腊雅典的新卫城博物馆是建筑师伯纳德·屈米在 2001 年希腊政府举行的国际招标中又一个获奖作品，于 2006 年建成。在本设计中，屈米试图站在历史的高度重新审视作为欧洲文明发祥地的雅典，并将一股新鲜血液注入这座古老的城市之中。

新卫城博物馆建在雅典卫城山脚下，距离帕提农神庙约 300m 处，基地总面积约为 1.4 万 m²。该博物馆规模庞大，馆藏展品多达 4000 余件，是老博物馆展品数量的 10 倍。

博物馆主体建筑采用梯形平面，高 4 层，总建筑面积约 1.95 万 m²。底层门厅是一个由不同类型的玻璃围合而成的空间，光线透过透明的材质可以折射出建筑周边

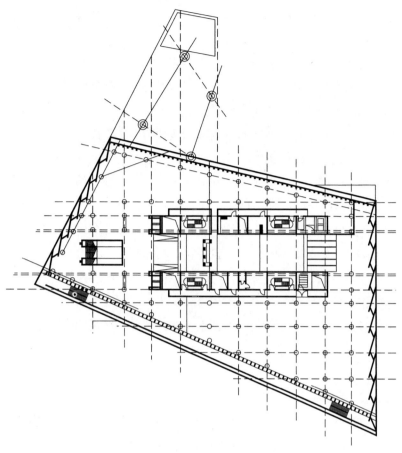

9.1.2-1 新卫城博物馆平面图

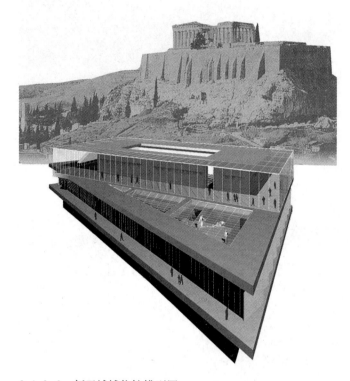

9.1.2-2 新卫城博物馆模型图

的景观。门厅是一个临时展览空间，在入口旁配有一个商店以及一些附属设施。馆内设一部宽敞的斜向坡道直通建筑的上层空间，该坡道不但使参观者可以欣赏到展品，也丰富了建筑展览空间的层次性。中间层是一个通高两层、平面呈不规则四边形的中厅空间，该空间展示着从远古到古罗马时期的展品。中厅一侧是一个多功能礼堂夹层，内设一家酒吧和一家餐厅以供休息之用。建筑的顶层空间是一个矩形的展厅，与下面的空间成角度布置。在形式上是仿照帕提农神庙的形制设计而成，但却在展厅的四周围以大片玻璃，体现着新时期建筑的时代特色和文脉原则。

由玻璃和混凝土建造而成的新卫城博物馆，立面造型简洁大方、通透明亮。简洁的几何形体使得建筑回归到最单纯的形态中去，而大面积的玻璃墙面则将新建建筑完全地融入周围的环境之中，从而最大限度地保持了整体环境的协调性。此外，在整个设计之中，屈米大量利用了自然的天光作为建筑所特有的光源，而光线也作为整座展馆的一个动态要素，为建筑烘托出无限的生命活力。

新卫城博物馆延续了古希腊建筑那种精确、纯正的建筑品质，承载了人类历史的漫长历程。它那简洁的形体、玻璃的表皮衬托着雅典卫城与帕提农神庙那经过岁月的磨难所残留下来的沧桑与古朴，也表达出伯纳德·屈米独特的设计手法和建筑的深层内涵。

9.2 弗兰克·盖里 (Frank·Gehry, 1929 年 -)

美国建筑师弗兰克·盖里 1929 年出生在加拿大安大略省多伦多市的一个犹太家庭,1947 年随家人定居在美国的洛杉矶市。他曾就读于洛杉矶的南加利福尼亚大学学习建筑,毕业后再到哈佛大学设计研究院深造,学习城市规划。1962 年,盖里在洛杉矶开设自己的事务所开始了独立的设计生涯。1978 年,盖里改建了自己的私人住宅,引起了业内外人士的极大关注,并成为他事业的转折点。20 世纪 80 年代,盖里已成为享誉世界的建筑大师。1989 年,他获得了普利茨克建筑奖。

盖里创作的众多作品由于形态特征突出、时代气息浓郁、艺术风格独特而举世闻名。这些作品在不断突破传统审美法则的同时,也体现了盖里为追求自由、彰显个性在建筑创作上孜孜以求的探索精神。盖里的创作理念十分奇异和前卫,他非常善于借鉴美国社会精英文化的先锋式创作理念,也汲取大众文化的表述方式,并将之运用到建筑创作中来,以展现他个性文化在建筑艺术中所具有的独特魅力。

盖里的作品拓展了建筑美学的疆域,为创建信息社会新的建筑美学法则做出了重要贡献。而"破碎和重构""主体功能和非主体功能"的区分是盖里在建筑形态创作中的重要方法。

盖里利用航空软件进行建筑设计,精准高效的数字技术使他的建筑作品能够按照理想化的设计方案得以实现;他依靠当代高科技手段对建筑的外表进行了全新的塑造;借助细腻的构造技术手段,准确表达作品中复杂变幻的建筑细部形态。

盖里的建筑创作代表了解构主义建筑的精华所在,他的众多建筑作品清晰地诠释了解构主义哲学的基本原理。盖里的作品得到的批评和赞美都非常多,他是一个争议中的人物。

9.2.1 盖里自宅扩建 (Gehry House, Santa Monica, 1978 年):

盖里自宅位于美国加利福尼亚州圣莫尼卡城华盛顿街和 22 号街的转角处,是盖里为自己和家人改建和添建的私人住宅,也是一座供盖里进行建筑创作探索的试验性住宅,还是他的成名之作。

住宅原是盖里夫妇购买的一座两层高的荷兰式小住宅,正方形平面,木结构、坡屋顶。1978 年,盖里将底层向东、西、北三面扩建,入口临 22 号街。扩建后一层面积增加了 74.3m²,二层增加了 63.2m²。东、西两面扩建部分各是一个狭长空间,分别是进入老房子的两个门厅。北面临街的一面扩建最多,中间有厨房和餐厅。二者是整个住宅扩建部分的精华,地面低于原有住宅,窗台板高出街道 2m,保证了室内的私密性。厨房的窗是个斜放的立方体,一则可以获得最大限度的采光,二是为了透过顶部玻璃观赏宅旁的大树。在室内设计中,盖里有意暴露原有建筑的木构架,有选择地局部剥去抹灰,露出木龙骨、板条和节点,已经腐烂的部分以新材料替换。

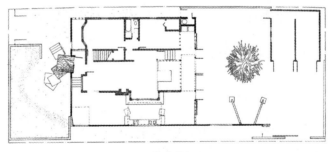

一层平面图

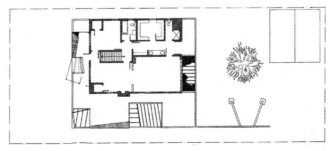

二层平面图

9.2.1-1 盖里自宅扩建平面图

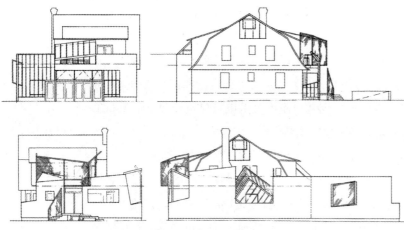

9.2.1-2　盖里自宅扩建立面图

9.2.1-3　盖里自宅扩建入口外观

9.2.1-4　盖里自宅扩建沿街外观

盖里自宅扩建后外观风格明显转变。住宅的上部基本保留原貌，下部形成一个有雕塑感的基座，变化的铺地、台阶和二层出挑具有抽象造型的组合金属网架，加强了入口的导向性。在沿华盛顿街一侧的立面上，盖里用三种不同形式的窗组成一组独特的构图：中间斜放的立体窗与原有山墙组成构图中心；左侧是斜放的角窗；右侧是围墙上的漏窗。透过漏窗可以看到后院内的仙人掌，这类似于我国传统园林中的借景手法。通过盖里的扩建改造后，这座住宅呈现出一个非常现代化的构图，与住宅的原有部分产生强烈的对比效果，被盖里称之为新老建筑的对话。

盖里自宅的扩建完成后，外界对其始终褒贬不一。1978 年秋季，美国著名建筑评论家保罗·戈德伯格（Paul Goldberger，1950 年 -）在纽约杂志上评论：盖里的住宅是元素之间的互撞，形式与构思之间的并列；与一般建筑师的想法形成对比，可以引发人们对构图的重新思考。1980 年，美国建筑师学会还凭借这件作品授予盖里荣誉奖，自此盖里名声大振。

9.2.2　维特拉家具博物馆（Vitra International Furniture Manufacturing Facility and Design Museum, Weil Am Rhein，1987-1989 年）：

维特拉家具博物馆坐落在德国风景秀丽的魏尔市，是国际知名家具设计品牌"维特拉"（Vitra）的一座小型设计作品展览馆。它是盖里设计风格形成的一个重要标志。

博物馆处在一片草坪之中，西南侧隔着一条小路与家具工厂相邻。建筑的平面呈不规则形状，共两层，建筑面积为 740m²。在平面的布局中，盖里将建筑的主体功能部分，包括展厅、图书馆、办公室、会议室与仓库等空间做成规则的矩形；而将非主体功能部分，包括门厅、走廊、楼梯间等空间做成曲线等不规则状。入口在正北部，从草坪进入。

博物馆的形态十分复杂。盖里主要利用建筑物的入口门厅、雨篷、电梯、楼梯、天窗等非主体功能部分进行扭转、斜插等变形处理。每一体量的底平面都不是水平的，

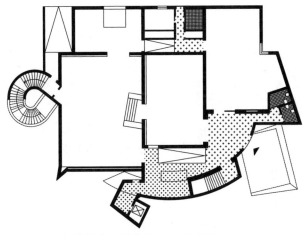

9.2.2-1　维特拉家具博物馆一层平面图

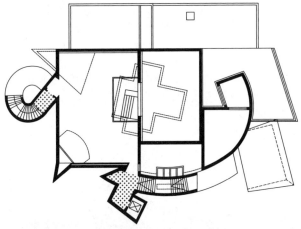

9.2.2-2　维特拉家具博物馆二层平面图

9.2.2-3　维特拉家具博物馆外观

盘旋而上的楼梯间、弯曲的外墙面、斜向的天窗，像随手就可以做成的弯木家具那样柔顺服帖。建筑中的各个体量紧密穿插，好像有一个轴把它们紧紧地连在一起。

博物馆的局部造型变化同时考虑到实用性和室内空间效果。天窗的扭转不仅丰富了外部造型，而且直接带来了室内的光影变化。相对于室外的"杂乱无章"，室内空间富于变化和节制。

维特拉家具博物馆从远处看去就像是置于自然风景中的一件经过艺术家精心制作的雕塑，各种碎块元素杂乱地插入建筑中，带有鲜明的解构主义建筑特色，是维特拉醒目的标识。

9.2.3　魏斯曼博物馆（Weisman Art Museum, University of Minnesota, Minneapolis，1990-1993年）：

魏斯曼博物馆位于美国明尼阿波利斯市的明尼苏达大学校园内。它是盖里在美国中西部地区设计的第三个主要作品，也是盖里在解构主义建筑创作上发展成熟的代表作品之一。

博物馆北邻华盛顿街桥，东接考夫曼纪念广场，南边与康斯托克会馆为邻，西边以东河路为界，其位置可以眺望密西西比河及对岸的明尼阿波利斯的城市天际线。整座建筑共4层，建筑面积约4366.3m²。底层有贮藏室、商店和机电设备用房。第二层也是商店和贮藏室，上面是办公室。主要的展览部分，包括魏斯曼的收藏品都位于顶层一个巨大的矩形空间内，屋顶有3个形式讲究的天窗提供天然采光。在同一层中，还有商店、供出租的画廊、登记处、印刷研究室和一个面积近150m²的黑盒子——影视厅，它的活动隔断在必要时可以移开，而与相邻的展室相连。这座建筑的主体功能部分设计得十分规整，均为矩形空间。只是在建筑西部的非主体功能部分采用不规则形状，为外部造型提供了一些复杂元素。

博物馆的外部造型十分奇异，每个立面的风格都不尽相同。它的东立面面向广场，有出入口，立面造型简洁有序；它的北立面用三块鱼鳍形金属遮阳板将这个立面刻画得简洁中不失流畅和动态；整座建筑中构成最复杂的部分是西立面，由不锈钢材料构成的众多形态复杂的雕塑元素相互穿插、扭转，具有十足的解构主义的味道。它以红色面砖的建筑主体为背景，用动态的构图、纯净的色彩来衬托校园宁静祥和的环境气氛。四个

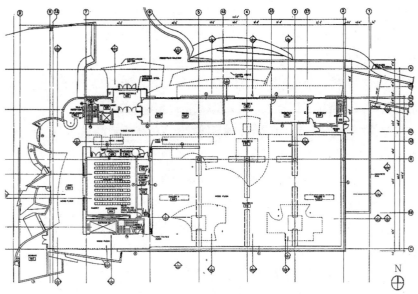

9.2.3-1 魏斯曼博物馆展厅平面图

9.2.3-3 魏斯曼博物馆西南侧外观

9.2.3-2 魏斯曼博物馆西立面图

9.2.3-4 魏斯曼博物馆西侧外观

立面,四种不同的形态,从哪一侧看都无法推测另外一面到底是什么样子。

　　魏斯曼博物馆使用的一些破碎的构件在重新组合之后,产生了令人瞠目的艺术效果,表达出鲜明的解构主义的设计理念。它独特的建筑面貌引起建筑界广泛的注意,为人们品味解构主义建筑提供了令人信服的例证。

9.2.4　毕尔巴鄂古根海姆博物馆(Guggenheim Museum, Bilbao, 1991-1997 年):

　　毕尔巴鄂市的古根海姆博物馆坐落在西班牙北部巴斯克地区不太景气的毕尔巴鄂市一处船坞的旧址上,纳文河(Nervion)南岸,梭飞桥(Puente de la Salve)的西侧,该市文化三角区的中心。该馆由地方政府投资兴建，想通过这座建筑开发旅游业，振兴毕尔巴鄂市的经济。盖里设计的这座博物馆的确使毕尔巴鄂这个西班牙的边陲小城一夜成名。

博物馆占地 2.4 万 m^2，陈列空间为 1.1 万 m^2。其中办公部分 4 层，展厅部分 2 层，局部地下 1 层。整座博物馆共有 19 个展示厅，其中最大的一间面积为 130m×30m，是世界上最大的展厅之一。博物馆的平面像一朵绽放的花朵自由舒展地布置在基地上。为了利于布置展品，它的首层基座部分和主要展馆仍然是规整的。不规则的布局形式主要集中在入口大厅和四周的辅助用房部分，它们层层变化，逐层收缩，形成一个个独特的空间景观，虽然看上去毫无规则，但布局紧凑，各部分联系便捷。

博物馆造型独特。北侧外观由复杂的曲面体块组合而成，用闪闪发光的钛金属饰面，形态动感十足，散发着无穷的魅力，远远望去像一座精美的金属雕塑。博物馆的南侧相对规整一些，使用传统的淡黄色西班牙石灰石面材，建筑表现出温和素雅的气质，散发出浓厚的艺术气息。东侧立面用一个延伸到梭飞桥东侧、造型优美的塔体结束，使建筑对桥形成抱揽、涵纳之势，进而与城市融为一体。而这座 19 世纪的生铁桥也成为博物馆的第一件展品。

博物馆的室内设计极为精彩，尤其是入口处的中庭设计，被盖里称为"将帽子扔向空中的一声欢呼"，它创造出以往任何空间都不具备的、打破简单几何秩序性的强悍冲击力，曲面层叠起伏、奔涌向上，光影倾泻而下、直透人心，使人目不暇接。

毕尔巴鄂古根海姆博物馆的成功既归结于它舒展优美、动感十足的建筑形态，又在于它与周围环境和整个城市关系之间的巧妙处理和转化。突出的地理位置使这座建筑在整个城市中具有举足轻重的位置。因为它造型张扬，又建在水边，与城市中的生铁桥有机组合，这种嵌入城市肌理的设计构思也为建筑的成功增加了砝码。因此，这座建筑已经成为激发城市活力的触媒，甚至有人声称正是这座建筑救活了这座衰落中的工业城市。

古根海姆博物馆极大地提升了毕尔巴鄂市的文化品格，1997 年落成开幕后，它迅速成为欧洲最负盛名的建筑圣地与艺术殿堂。美国《时代》周刊将毕尔巴鄂古根海姆博物馆评为当年最佳设计之一。他们称这座博物馆有诗一般的动感，是现代巴洛克明珠，是一座面向 21 世纪的博物馆。

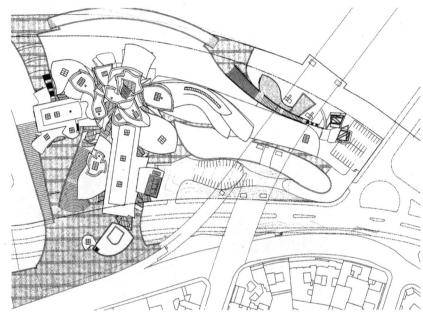

9.2.4-1 毕尔巴鄂古根海姆博物馆总平面图

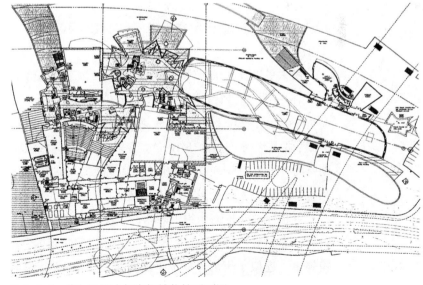

9.2.4-2 毕尔巴鄂古根海姆博物馆平面图

9.2.4-3　毕尔巴鄂古根海姆博物馆室内门厅

9.2.4-4　毕尔巴鄂古根海姆博物馆外观

9.2.5　沃尔特·迪士尼音乐厅（Walt Disney Concert Hall, Los Angeles, 1989-2003 年）：

　　由盖里设计的沃尔特·迪士尼音乐厅位于美国洛杉矶市南格兰德大道 111 号（111 South Grand Avenue），南北两侧是第一街（1st Street）和第二街（2nd Street），左侧是霍普大街（Hope Street）。音乐厅占据着这四条大街所围合的 1.858hm² 方形地段的中心位置，场地中还有花园，市民可以从毗邻的城市街道进入。

　　音乐厅总建筑面积约 18860m²，入口广场位于东北向第一街与格兰德大道的街角处。建筑平面的外边界比较规整，近似于矩形。整个平面围绕一个 2265 个座席

的音乐表演大厅为中心进行布置，周围是一些附属房间和设施。表演大厅平面也为矩形，在地段的坐标上扭转了一个很大的角度，正对入口广场。在沿第二街和霍普大街的一侧，建筑的布局相对规整，都是办公房间。而沿第一街和格兰德大道一侧建筑的布局非常自由，尤其是建筑的上部，曲面、扭曲的墙体组块成为非常显要的形态特征。

　　音乐厅外观上的这些扭曲的造型极具雕塑性。它的形态来自于对室内表演大厅反声板的模仿，是在室内声学设计结果的基础上生成的。沿第一街和格兰德大道的建筑曲面体块非常舒展流畅，外面包裹上不锈钢表皮后整座建筑就像城市中一朵盛开的金属花，呈现出雕塑品的艺术特色。沿第二街和霍普大道的立面底层是办公部分，外饰面选用的是赭石色的意大利石灰石，与前两个街面相比较为稳重。从某些角度看，盖里对这些墙体组块做任意的扭转、骤降、上升、重叠的处理，完全是一些形式和平面的随机组合，很容易让人们理解为混乱。但实际上，这座建筑的整体感却非常强，各主体功能部分处理得非常理性，雕塑意味的表达都在那些非主体功能部分上，这也是盖里建筑作品的突出特征。

　　音乐厅的室内也是由盖里设计完成的。他运用丰富的波浪线条设计了音乐表演大厅的顶棚，并营造了一个华丽的环形音乐殿堂。为使在不同位置的听众都能得到同样完美的音响效果，观众厅采纳了日本著名声学工程师永田穗的设计。厅内没有阳台式包厢，全部采用阶梯式环形座位，人坐在任何位置都没有视线遮挡。音乐厅的另一特色是在舞台背后设计了一个 12m 高的巨型落地窗，供自然采光。白天的音乐会如同在露天举行，窗外的行人、过客也可驻足欣赏音乐厅内的演奏，室内外融为一体。

　　沃尔特·迪士尼音乐厅是盖里建筑设计理念、语汇和手法的最完美体现，是解构主义建筑的典型代表。

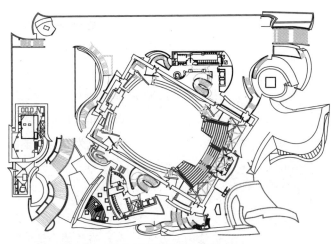

9.2.5-1　沃尔特·迪士尼音乐厅平面图

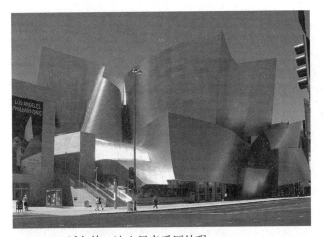

9.2.5-2　沃尔特·迪士尼音乐厅外观

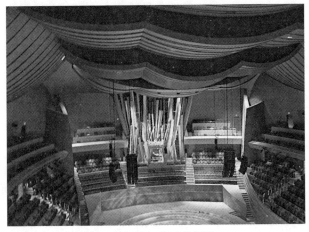

9.2.5-3　沃尔特·迪士尼音乐厅观众厅

9.2.6　麻省理工学院斯塔特中心（The Ray and Maria Stata Center in MIT，Cambridge，1998−2004 年）：

　　麻省理工学院斯塔特中心又称麻省理工学院 32 号楼和麻省理工学院州立综合楼。它坐落在麻省理工学院校园的东北侧的法萨大街（Vassar Street）32 号，地理位置十分突出。它成为衔接教学、科研、购物、交通中心、旅馆等区域的重要枢纽。建筑的筹划在 15 年前就已开始，由盖里设计于 1998 年，2004 年落成，是盖里设计生涯的巅峰之作。

　　中心地下 3 层，地上主体部分 7 层，局部 9 层，总建筑面积约 4 万 m²。中心由两大建筑组块构成，分别是主要捐款者比尔·盖茨大楼（G Tower）和亚历山大·德瑞夫斯大楼（D Tower）。其内顺序安排着计算机科学系（CS）、人工智能实验室（AIL）、信息和决策系统实验室（LIDS）、语言学和哲学系（DLP）等内容，共有 1000 多名师生在中心内工作学习。此外，中心还容纳了一个大会堂、一个健身中心和一个托幼中心。

9.2.6-1　麻省理工学院斯塔特中心一层平面图

9.2.6-2　麻省理工学院斯塔特中心入口外观

9.2.6-4　麻省理工学院斯塔特中心东侧外观

9.2.6-3　麻省理工学院斯塔特中心南侧外观

9.2.6-5　麻省理工学院斯塔特中心室内大厅

　　中心的外观造型沿袭了盖里多体块立体构成式的设计特点。但是在构成手法的运用和构成体量的规模上更为娴熟和大胆。在建筑的外观上几乎都是各种几何体量的随意搭建，而不是以往那样只表现在建筑的局部上。建筑外观颜色的使用也十分大胆，盖里反复用明亮的黄色、白色、砖红色和金属亮银色来区分各个体块，使整座建筑的构成意味更加突出。

　　斯塔特中心的内部空间也别具特色。盖里强调在建筑内部要最大可能地打破学科壁垒，强调学科的融合，创造不同学科间的自由交往，并用灵活的空间布局为将来不可预测的发展留有余地。因此，在它的内部分布着很多构成自由的共享空间，为师生的交流提供了充分的便利。不仅如此，在空间的围合上，传统的、平面式的墙和顶棚等界面几乎消失，而多层次的、立体的要素围合出丰富多变的空间。

　　斯塔特中心是盖里立体构成式设计手法在建筑设计中的又一次体现。其外部形态和内部空间的设计都已经达到炉火纯青的境界。

9.3 雷姆·库哈斯（Rem Koolhaas，1944年－）

雷姆·库哈斯1944年11月17日出生于荷兰的鹿特丹市。1963年，19岁的库哈斯担任了《海牙邮报》（Haagse Post）的记者。1968年是库哈斯事业的转折点，他前往伦敦的建筑协会学院（Architectural Association School）学习建筑。1972年，库哈斯离开欧洲大陆远赴大洋彼岸的美国，在纽约的建筑和城市研究院（IAUS）进修，并开始着手研究和分析大都会文化对建筑的影响。1975年，库哈斯被建筑和城市研究院聘为客座教授。

库哈斯希望以实践证实其研究的理论原型。1975年，刚过而立之年的库哈斯同其最早的合伙人伊利亚·赞格赫里斯（Elia Zenghelis）和佐伊·赞格赫里斯（Zoe Zenghelis）、马德伦·弗瑞森多普（Madelon Vriesendorp）在伦敦创立了"大都会建筑工作室"（Office for Metropolitan Architecture）。该工作室旨在探讨当代社会建筑的发展之路，目标为重新定位建筑与现代文化之间的关系。

1978年，库哈斯出版了他在纽约研究的成果《疯狂的纽约——一个追溯既往的曼哈顿宣言》（Delirious New York：A Retroactive Manifesto for Manhattan），该书记录了多变的都市文化与建筑物间互动的象征性关系。同年，OMA也终于在竞赛中赢得了他们的第一个项目——荷兰国会扩建工程。

20世纪80年代，库哈斯的事业不断壮大，作品遍及全球，获得了众多奖项和荣誉。1988年6月，在纽约现代艺术博物馆举办的解构建筑七人展上，库哈斯被列为解构主义建筑师，成为探索信息化社会建筑发展之路的先锋。

20世纪90年代起，库哈斯受聘为哈佛大学设计学院教授，他的工作也逐步开始转向建筑理论。1995年他又出版了另一部著作：《小，中，大，超大》（S，M，L，XL）。

2000年，库哈斯获得了普利茨克建筑奖，他承上启下的历史影响得到了公认。而后，他又陆续设计了包括北京CCTV新总部大楼、荷兰驻德国大使馆、美国西雅图市图书馆等一系列建筑。在理论研究上，他于2001年出版《变异》（Mutation）、2002年出版在哈佛期间的新成果《哈佛设计学院购物指南》（The Harvard Design School Guide to Shopping）、2003年出版《内容》（Content）、2007年出版哈佛大学城市研究项目成果《拉各斯：它如何运作》（Lagos：How It Works）等著作。

库哈斯所创作的建筑并不像其他解构主义建筑作品那样"碎裂"或"扭曲"，他更善于从设计的层面去看整个世界的发展，从设计的角度出发作研究，探讨围绕我们身边的城市和生活问题。他在建筑创作和理论研究上都获得了惊人的成就。

9.3.1 海牙国立舞剧院（Netherlands Dance Theater，Hague，1984-1987年）：

荷兰海牙国立舞剧院是雷姆·库哈斯设计生涯早期的作品，建于1984年，1987年竣工。它是库哈斯第一个受到广泛赞誉的设计作品。

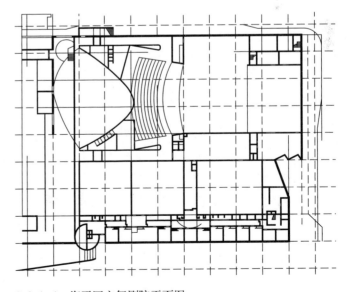

9.3.1-1 海牙国立舞剧院平面图

9.3.1-2　海牙国立舞剧院广场外观

9.3.1-3　海牙国立舞剧院沿街外观

9.3.1-4　海牙国立舞剧院餐厅外观

9.3.1-5　海牙国立舞剧院观众厅

9.3.1-6　海牙国立舞剧院入口门厅

　　该建筑平面较为规整，主体平面被划分为三个相并联的主题性功能区域，即剧场、排练室以及附属用房。其中，剧场面积最大，位于建筑的东北角，平面为长方形，它包括一个 35m×18m 的舞台和有 1001 个座席的观众厅。排练室共有 3 间，平面均为长方形，位于建筑主入口的右侧。附属用房有办公室、化妆室、舞蹈房和一个带有金色圆锥体的餐厅和咖啡店，以满足舞蹈人员以及工作人员休息、就餐的需要。入口门厅由三个不同水平标高的空间构成，分别是通向剧场的底层过渡空间、其上方挑出的半月形阳台以及最上层用缆绳悬吊的卵形空中酒吧。

　　剧院的立面造型以及内部空间的营造诠释了建筑师对该建筑"场所"文脉所特有的理解。首先，库哈斯弱化了建筑的主要入口和沿街立面，突出了剧院舞台部分的体量和观众厅的外部形态。高大的舞台是整组建筑构图的最高点，全部涂成黑色，并在侧墙面上喷绘了一幅巨型舞蹈壁画以加强它的标识性。观众厅的外形突出了室内反射顶棚的波浪形特征。其次，为了突出舞剧院的性格，库哈斯将建筑的内部空间设计得色彩绚丽，极具青春活力。橘红色的墙面、色彩不一的柱子以及入口门厅内的卵形酒吧、半月形月台、观众厅波浪起伏的反射板，均烘托出飘逸、青春、洒脱的舞蹈之感。最后，建筑的外部色彩以黑色为主，沿街立面为水泥色，有压抑之感。而金色的锥形餐厅则起到了一定的调节作用。

海牙国立舞剧院是一座具有争议的建筑作品。在这个建筑中，库哈斯将剧院的后台作为沿街的主立面，而不是采用常规的设计模式，反映出建筑师对这一区域文化的冷回应。同时，库哈斯又试图以强烈的色彩表达和多层次的空间组织等手法来强调剧院建筑所具有的表演性与视觉艺术性特征以及建筑师自由的创作精神。

9.3.2 荷兰驻德国新大使馆（Netherlands Embassy, Berlin, 1997—2003 年）：

荷兰驻德国新大使馆坐落于柏林老城区内，建于1997 年，2003 年竣工，2004 年正式使用。该建筑是雷姆·库哈斯在柏林设计的第二座建筑。

大使馆是一个长、宽、高均为 27m 的立方体，高8 层，总建筑面积约 8500m²。该建筑共由三个功能分区组成，即建筑面积为 4800m² 的办公空间、面积 1500m² 的私密空间以及 2200m² 的庭院空间。各分区之间没有固定的分隔限制，彼此之间以一条盘旋而上的"通道"（trajectory）加以组织。该通道时而是坡道、时而是平台，时而又以楼梯的形式出现，它犹如一个自下而上导管，串联起建筑的各个功能区域，创造出充满戏剧性的空间体验。其中，会议室、招待室、图书馆、办公室等办公场所沿着折线形轨迹而布置，这不但使得建筑的内部空间层次丰富，而且还增加了内部空间的可达性。而诸如居住、餐厅、储藏室、卫生间等私密性较强的房间，则布置在建筑的外沿，远离室内的公共空间，从而保证了工作人员对私密性的要求。

大使馆的立面形式不但准确而又真实地描述了建筑内部的空间形态，而且还蕴涵了建筑师对周边环境文脉的深刻理解。首先，库哈斯沿着室内"通道"的痕迹开启了一组折线形的窗户，并试图将建筑屋顶分离开来，将这组折线形的序列引向屋顶的阶梯看台，来作为这组序列的有力收尾。其次，这条"通道"还以其独特的形式

将其前方的河流、后面的电视塔、庭院以及大使馆的外墙联系在一起，形成一种捉摸不定的空间关联。

荷兰驻德国新大使馆是建筑师雷姆·库哈斯的代表作品之一，该建筑以其令人玩味的内部空间以及新颖的立面造型，荣获了 2005 年密斯·凡·德·罗建筑奖（the Mies Van der Rohe Award）的殊荣，评委的整体评价是"空间宽阔、综合性强、富于创新，惊喜无处不在"。

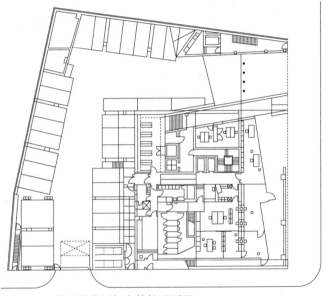

9.3.2-1 荷兰驻德国新大使馆平面图

9.3.2-2 荷兰驻德国新大使馆沿河外观

9.3.2-3　荷兰驻德国新大使馆沿街外观

9.3.3　西雅图公共图书馆（Seattle Public Library，Seattle，2004 年）：

由雷姆·库哈斯设计的美国西雅图市公共图书馆坐落于西雅图市第四、第五大街与麦迪逊（Madison Street）大街和斯普灵（Spring Street）大街所围合的方形街区内，于 2004 年竣工，耗资 1.6555 亿美元。

图书馆的平面较为规整，建筑面积约为 33723m²，共 11 层，总高约 56.6m。该建筑竖向分为 5 个不同的功能区域，由下至上分别是地下层、入口层、信息交流层、资料阅览层以及管理层。其中，地下层包括一个能容纳 177 个停车位的车库以及一个内设 275 个座席的多功能礼堂。入口层则分为两大部分：一部分是通过主入口进入的儿童游乐区、工作研究室、工作人员区以及通向地下多功能礼堂的过渡空间；另外一部分则是通过次入口进入的公共活动区、青少年活动区、咖啡店、商店等区域。

信息交流层占两层空间，底层部分设有若干会议室和电子实验室，上层则是集电子阅览、研究、收集于一体的混合空间。资料阅览层占 4 层空间，它由各层阅览室以及参考资料的书库共同组成。管理层位于建筑的顶部，它由各类办公室、会议室以及最上层的屋顶空间组成。此外，各功能层之间均设有交流空间，并在竖向设有一个直通建筑顶层的中庭作为整座建筑的联系元素。

西雅图图书馆拥有一个独一无二的、令人称奇的建筑外观。它由一套系统庞大的钢网架和玻璃编织而成的建筑表皮以及 5 个不受控制的漂浮平板所组成。其中，5 个平板面积、位置各不相同，彼此平行交错盘旋而上，有机地将单一的大空间化整为零，形成了一组破碎的公共空间。这种灵活的处理手法不但产生了一种空间交融的感觉，而且还创造了图书馆多角的、折板状的新奇外观。此外，室内色彩成为界定不同内部功能的手段。例如，黑色顶棚标志着公众的垂直集聚空间；黄色嵌板则是容纳电梯、扶梯的交通空间；而公共活动空间内部的红色地板则是封闭办公室的标识。

西雅图图书馆不但从形式和内容上全面颠覆了传统图书馆的设计模式，而且还重新界定了新时代图书馆的文化范畴，即它不再是书的设施，而是一个信息的仓库。于是，库哈斯以其独特的理论为依据，实现了都市建筑空间与媒体虚拟空间的首次结盟。

西雅图图书馆是雷姆·库哈斯职业生涯中最为重要的一座建筑作品。该建筑以其独特的设计理念、新颖的外部造型荣获了包括《时代》（Time）杂志 2004 年最佳建筑奖、2005 年美国建筑师协会的杰出建筑设计奖（AIA Honor Awards）等多项殊荣。

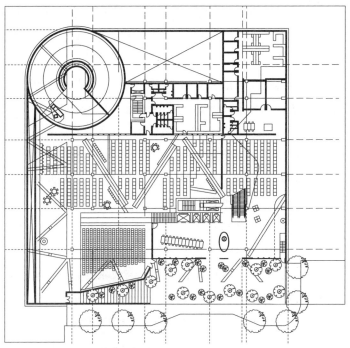

9.3.3-1 西雅图公共图书馆平面图

9.3.3-3 西雅图公共图书馆室内大厅

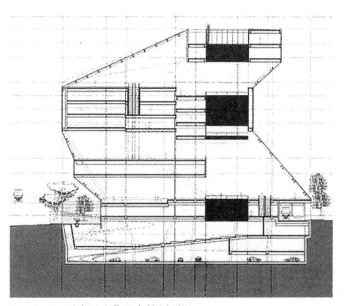

9.3.3-2 西雅图公共图书馆剖面图

9.3.3-4 西雅图公共图书馆外观

9.4 扎哈·哈迪德（Zaha Hadid，1950-2016年）

扎哈·哈迪德是当代西方建筑界中极富开拓性的建筑师之一，也是迄今为止第一位获得普利茨克建筑奖的女性建筑师。1950年，她出生于伊拉克首都巴格达，曾在黎巴嫩首都贝鲁特的美国大学（American University）攻读数学专业。1972-1977年，在伦敦建筑协会学院（Architectural Association School）学习建筑学。当时，哈迪德的导师是库哈斯，而且毕业后她进入了库哈斯主持的大都会建筑事务所工作，并成为合伙人之一。1979年，哈迪德离开大都会建筑事务所，在伦敦独立开业。然而，哈迪德的成功之路并不是一帆风顺的，而是充满了荆棘与坎坷，她能够取得今天这样辉煌的成就，靠的就是坚定的信念和不懈的努力。开业之后，哈迪德开始大量地参加各种设计竞赛，并不断探索追求属于自己的建筑语言。在1983年香港山顶俱乐部的国际竞赛中，哈迪德战胜众多知名建筑师，获得竞赛一等奖，从此在国际建筑界声名鹊起。1988年，哈迪德参加了在纽约现代艺术博物馆举办的"解构建筑七人展"，进一步确立了她在国际建筑界中的主流地位。

哈迪德凭借其顽强、执着的个性，经历了"英雄式的奋斗历程"（普利茨克建筑奖评审团语）。从20世纪90年代末期开始，其建成作品的数量和规模迅速增加。并于2004年荣获普利茨克建筑奖，奠定了她世界级建筑大师的地位。此外，她还先后担任过世界各地多个著名院校和学术组织的客座教授和荣誉会员。

作为当代西方建筑发展中的激进分子，哈迪德激烈地否定和批判固有的建筑传统和艺术法则，她自己设计作品的跨度也极大。在设计生涯早期，她将20世纪初俄国先锋艺术的形式语言与创作思想融入自己的建筑创作之中，创造出对比强烈、充满冲击力和不稳定感的、具有强烈"动态构成"意味的建筑作品。从2003年开始，

哈迪德的作品表现出了"软化"的倾向，非线性、流动性和连续性成为她设计与表现建筑的主题。建筑的形体变得更为有机，空间连续、开放，形式构成要素从尖锐的几何形变成了自由的、不规则的、非几何的连续曲面。尤其是她那抽象化的建筑绘画在建筑界可以说是独一无二的，而且达到了极高的艺术造诣。

哈迪德勇于超越自我，无时不进行着内心的自我否定与创新的自觉。她以惊人的创造潜力为当代西方建筑的发展开辟了一个崭新的领域。

9.4.1 维特拉消防站（Vitra Fire Station，Weil Am Rhein，1991-1993年）：

维特拉家具厂消防站位于德国魏尔市维特拉家具厂内，建成于1993年。这是扎哈·哈迪德从业以来的第一个建成作品，并且在落成后立即引起世人的瞩目，轰动了建筑界。

消防站位于家具工厂的一侧，紧邻工厂的围墙，并且处于厂区内一条主干道的尽端，干道的另一端则是由盖里设计的家具博物馆。消防站总建筑面积约852m²，共2层。在设计中，哈迪德首先从基地的环境分析入手，以工厂外部的农田的纹理和斜切过厂区的铁路走向作为设计构思的切入点。建筑被处理成一束既追随农田纹理又顺从铁路走向弯折的线性形体，并与厂区主轴线形成一个微妙的角度。建筑平面为3个相互叠置的三角形，通过线性的楼梯间结合在一起。主要包含可停放5辆消防车的消防车库和为35名消防队员服务的辅助用房，包括训练用房、俱乐部兼会议室、餐厅以及消防队员的更衣室和卫生间等。

为了使规模不大的消防站不被厂区内体量庞大的建筑所淹没，哈迪德以充满差异和冲突的、富有冲击力的建筑形式，使消防站傲然挺立于厂区之中。建筑外观是由一系列三角形的、楔形的线性墙体集聚、交叉与叠合而成的，这些墙体既弯曲又倾斜，板片之间既相互冲突又都向叠合的锐角顶点聚合、流动，使建筑具有一种强

烈的运动态势。尤其是入口处的雨篷更是整个形式构图的焦点，锐利的尖角像一把飞刀向天空斜向刺出。雨篷悬挑的距离长达12m，投射在墙面上的光影会随时间的流逝而不断变换，与纤细、交错的钢管束柱和尖锐的钢筋混凝土板构成一幅动感强烈、视觉冲击力极强的抽象画。立面的开窗方式也都经过了详细的推敲，实墙部分对应的是车库，狭缝般的小窗内部是卫生间、更衣室；而大面积的玻璃窗对应的则是训练室。哈迪德所创造的、看似非理性的建筑形式其实也充分考虑了内部功能的要求。

消防站的落成一方面标识出了厂区的边界，另一方面也为厂区主轴线增加了一个景观节点。从这座建筑的处理手法中可以看出哈迪德不是把一个屈服于环境的、谦逊的建筑放入基地之中，而是通过激烈的"异构"建筑使基地的某些潜在特性得到强调。

9.4.2 辛辛那提当代艺术中心（Contemporary Arts Center，Cincinnati，1998−2003 年）：

辛辛那提当代艺术中心位于美国辛辛那提市东第六街（East 6th Street）和沃尔纳特大街（Walnut Street）的转角处，由扎哈·哈迪德设计，于2003年建成。

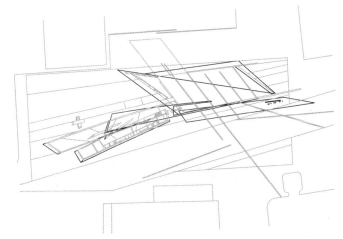

9.4.1−1 维特拉消防站平面图

9.4.1−2 维特拉消防站外观

9.4.1−3 维特拉消防站室内门厅

9.4.1−4 维特拉消防站室内二层公共空间

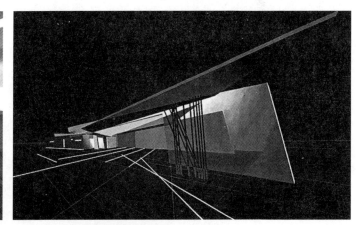

9.4.1−5 维特拉消防站建筑画

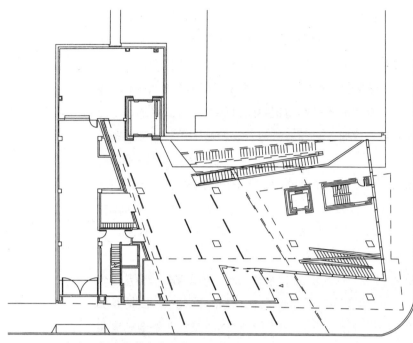

9.4.2-1　辛辛那提当代艺术中心首层平面图

这座当代艺术中心是成立于 1939 年的辛辛那提当代艺术中心（CAC）的新馆，主要用于临时展览、现场特定装置或表演等活动，还包括一个教育机构、办公室、艺术准备区、博物馆贮藏室、咖啡厅和公共区等功能。中心共 8 层，总建筑面积 8500m²。建筑门厅的地面与城市人行道处于同一标高，使门厅成为和公共道路、基地联结在一起的、连续的、无阻碍的整体。大堂的临街立面是通透的玻璃幕墙，使门厅在空间和视线上都向城市开放，人们还可以在其中自由停留，就像是一个开敞的、景观开阔的"人造公园"。建筑的各个展厅设置在悬浮于中庭上空的、由若干不同材质、不同标高构成的长方体体块内。每个展厅空间都与中庭相连通，参观者在建筑中的任意位置上都能感受到位于不同标高上的各空间单元之间的连通与渗透。在这里，空间不仅在水平方向是连续的，在高度方向上也是连续的。中庭内之字形布置的长长的扶梯，蜿蜒而上，连接了各个标高的展厅，活动的人流也强化了空间的流动性与连续性，空间的连续体验也因此得以展开。在这座建筑中，人们可以在同一时

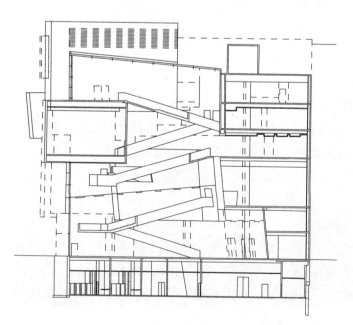

9.4.2-2　辛辛那提当代艺术中心剖面图

9.4.2-3　辛辛那提当代艺术中心外观

9.4.2-4　辛辛那提当代艺术中心室内

刻感受到多个层次空间的存在，带来了极其复杂的空间感受。

在建筑的外观处理上，哈迪德通过一系列尺度和材质均不相同的长方体悬挑、叠置和错动营造出了动感强烈的建筑形态。厚重的石材仿佛悬浮在轻灵的玻璃中庭上，形成一个起伏的、雕塑般的、虚实交映的表皮。新建筑以一种挑战现有秩序的、破碎的形式来激活周围的街区环境，使当代艺术以建筑为媒介融入了都市环境和普通市民的生活当中。

辛辛那提当代艺术中心的建成使哈迪德的抽象绘画式建筑终于得到了全面的实现。《纽约时报》称之为"美国自冷战以来最为重要的新型建筑"。

9.5 彼得·埃森曼（Peter Eisenman，1932年—）

解构主义建筑的核心人物彼得·埃森曼1932年生于美国新泽西州纽瓦克（Newark）市，是犹太人后裔。1955年他获得美国康奈尔大学学士学位，随后在哥伦比亚大学获得建筑学硕士学位，之后又相继获得英国剑桥大学文学硕士与哲学博士学位。另外，他还被授予芝加哥伊利诺伊大学的美学名誉博士。

1967年，埃森曼与人合办纽约建筑与都市研究所并任所长。1973年，他创办《反对派》（《Opposition》）杂志。研究所和这份杂志都成为美国当代建筑及艺术争论的论坛。埃森曼是一位具有广博知识的建筑理论家，在不懈地进行实践探索的同时，还对建筑理论倾注巨大的热情。他广泛地引用或参照其他领域的知识，除符号学、语言学、几何学，更包括德里达的解构主义哲学和尼采的虚无主义哲学。

埃森曼的设计作品门类众多，领域广泛。其中有大型住宅、城市设计、校园设施以及一系列有创造性的私人住宅等等。从1968-1978年，埃森曼接连创作了一系列的小住宅，并且用数字将他们依次排号命名。20世纪80年代后，埃森曼逐渐意识到世界正在发生着新的巨大变化，他以锐利的目光始终关注着这个变化的每一个细节。同时，这个时期也是他创作的旺盛期，他的几件著名作品接连面世，获得了包括美国建筑师学会颁发的1993年度国家荣誉奖在内的多项大奖。

1993年，埃森曼设计的俄亥俄州哥伦布会议中心举行了开工仪式。1996年10月，他设计的辛辛那提阿诺夫艺术与设计中心也举行了开工仪式。这两座建筑体现了90年代后，埃森曼对建筑环境和城市自发组织能力的研究，以及运用计算机技术对各种城市网格和复杂空间的探讨。

埃森曼始终以思辨的眼光观察、体验着这个时代的发展，并随时在他的作品中表达他深邃的思想。他喜欢将建筑中的柱、梁、墙分解，视为单词、句子和段落，并进行重构重组。他的建筑结构网格尽量暴露，梁柱交叠，楼梯无扶手，柱子悬空而不落地，室内有真楼梯也有伪楼梯等。

埃森曼是一位让人费解的建筑师。他的设计方法与众不同，他质疑建筑设计中的现有规则，善于将众多其他领域的研究成果引入到建筑创作中去。他的建筑理论高深晦涩，他用来阐释作品的词汇多属于哲学范畴。埃森曼是一位习惯于引领潮流的建筑大师。

9.5.1 10号住宅（House X，Bloomfield Hills，Michigan，1975-1978年）：

10号住宅是一座私人住宅，设计于1975年。它位于美国密歇根州布卢姆菲尔德山的山坡上，是彼得·埃森曼设计的一系列住宅中比较有代表性的一座。

10号住宅的基地是一个南高北低的斜坡，占地面积约550m²，建筑高度由6-13m不等。住宅的主入口位于北侧，南端与一个长方形的游泳池相连，其他两边则与一个网球场以及一个避暑别墅相毗邻。

在设计中，埃森曼充分利用地段起坡的特点，将一个立方体十字分割成4个相似的、高低变化的体块，两两均布在一个南北向室外台阶的两侧，且前后彼此分离。其中，位于入口右侧的体块，局部高3层，是建筑的室内活动空间，仅在二层右侧设有客房部分；入口左侧的体块是建筑各部分的联系纽带，高2层，为住宅的起居会客空间；位于东南隅的体块，相对较为独立，仅底层与建筑的其他部分相连，是建筑的室外活动空间；而西南隅的体块，则是住宅的卧室和贮藏空间，私密性最强。在这4个体块中，除了建筑的室外活动空间外，其他3个体块均在局部挖掉一个矩形空间，以丰富室内空间，增强建筑形体的复杂性。

在住宅的立面造型设计中，埃森曼的设计理念强调的是将整体分解，然后进行再生成式重构。首先，在对4

个体块的重组中，埃森曼竖向穿插了几块直立的墙体，并与起伏的地势相配合，于是便形成了一组前后高低错落、彼此大小不一的立方体组的形式。其次，埃森曼还采用了常规的对比手法，特别强调玻璃与墙体之间的虚实对比、不同墙体之间的颜色对比以及建筑体块间高与低、长与短、横与纵的对比。这一系列的对比形式，突出了建筑形象的散乱与混杂。第三，对体块进行局部再切割，以强调建筑形体的非完整性。

10号住宅是彼得·埃森曼早期设计理念的一次完美体现。他所使用的设计手法超越了传统的构图法则，是对信息化社会建筑创作之路的大胆探索，其影响非常深远。

9.5.2 IBA 柏林社会住宅（IBA Social Housing，Berlin，1981—1985 年）：

德国柏林 IBA 社会住宅是彼得·埃森曼设计的一座体现他广义文脉主义理念的建筑作品。在本设计中，埃森曼将历史上不同时期的街道与城市网格提取出来，以印记的形式附加到建筑的平面和立面上，以此来表现它独特的环境观和过去与现在的搭接，即所谓时间的"非延续性"。

IBA 社会住宅是一组供低收入者使用的公益住宅，于 1985 年建成，坐落在柏林最著名的腓特烈大街（Friedrichstrasse）与库克（Kochstrasse）大街的交角处，与原柏林墙的查理检查站（Checkpoint Charlie）相毗邻。

住宅主体部分高 8 层，局部高 6 层，主入口设在临腓特烈大街一侧。住宅平面根据基地的网格被水平向分割成两大部分，两者之间以一个三角形的巨大体量加以连接。此外，公寓的主要房间布置在临库克大街一侧，各层均设有 4 个不同面积的户型，以满足不同使用者的要求。建筑设有一部楼梯、一部电梯以及若干个附属用房，以完善建筑的功能需求。

住宅的立面设计蕴涵了深刻的象征寓意。首先，埃森曼利用了两套呈 3.3° 相交的网格，一套为红色方格，代表基地上挖掘到的 18 世纪城市街道线，即过去；一套

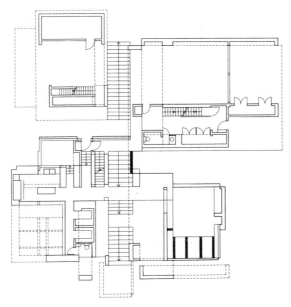

9.5.1-1　10号住宅平面图

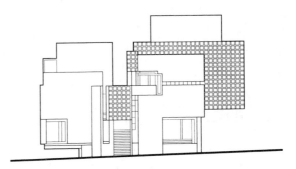

9.5.1-2　10号住宅立面图

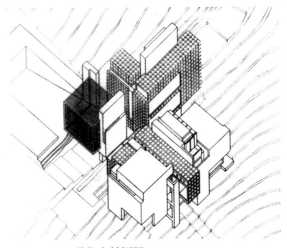

9.5.1-3　10号住宅轴测图

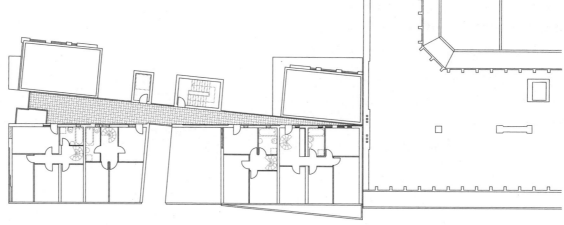

9.5.2-1 IBA 柏林社会住宅平面图

9.5.2-2 IBA 柏林社会住宅外观

为白色方格，代表现存的城市街道线，即现在。两套网格以分解重组的形式来记录这两个历史片断所留下的痕迹，从而体现了建筑在时间上的非连续性。其次，为了呼应基地不远处的柏林墙，埃森曼特意将建筑底层墙面的高度设计得与柏林墙同高，都是 3.3m，来隐喻东西柏林分裂的那场灾难，表达了建筑师对历史主题的深层思考。

IBA 社会住宅设计体现了埃森曼将建筑的抽象元素有机地融入多种复杂的"场域"之中的设计手法，并且赋予了建筑深刻的文化寓意以及多层次的建筑内涵。

9.5.3 俄亥俄州立大学韦克斯纳视觉艺术中心（The Wexner Center for the Visual Arts，The Ohio State University，Columbus，1983—1989 年）：

由彼得·埃森曼设计的美国俄亥俄州立大学韦克斯纳视觉艺术中心是 20 世纪 80 年代最为轰动的一座建筑作品。它突破了传统美术馆的设计模式，完美地诠释了解构主义建筑的基本特征和建筑师的设计哲学。

该中心设计建造于 1983 年，1989 年竣工。它坐落在俄亥俄州立大学校园内一个椭圆形广场的东北角，是由两套相互交叠、互成 12.25° 夹角的平面网格作为建筑平面结构的控制系统来做整体布局的。这两套网格系统，一套是传统的哥伦布城市网格，另一套是该校园自己的网格。于是，埃森曼就利用这种肌理关系设计建造了一个全新的建筑组群，并与校园内原有的两座会堂建筑共同组成了一组规模庞大的艺术综合体。

在一条狭长的基地内，埃森曼布置了一系列散落的建筑空间，包括剧院，展馆，两组长廊，长廊左侧的声乐室、仪器室，长廊右侧的图书馆，基地东北角的植物平台以及一系列办公、服务、餐饮、储藏和管理用房。而穿插于两座老建筑之间的金属网格长廊则是该组建筑中最为引人注目的部分，这组长廊分别与基地内部的两套网格互相平行，相交成 12.25° 角，交角处就是"中心"的主入口。其中，与城市网格平行的长廊，贯穿南北，坡度平缓，采用镂空的白色金属网架构成。它不但是"中心"的中央步行系统，而且还是建筑的展示空间。它以一种动态的空间模式吸引着来自各个方向的人流，从而将校园的景色融入建筑之中。而另外一组长廊则略显封闭，它与校园网格平行，并融入新、老建筑之中，起到疏导内部空间流线的作用。

此外，为了承载过去的历史，埃森曼特意将基地下面的 18 世纪军械库的基础暴露在外，并设计了一系列或断裂、或扭曲的建筑片断，它们故意被处理成残缺或未建成的样子。例如，撕裂的碉楼、残缺的拱券，它们以一种特有的姿态重述着历史遗留下来的痕迹，隐喻着人类社会历史永恒变动与持续发展的特征。

美国俄亥俄州立大学韦克斯纳视觉艺术中心是彼得·埃森曼最引以为豪的建筑作品之一，该"中心"以一种全新的建筑模式，体现出一种无序、分离、无中心等非传统空间的设计手法和广义文脉主义的设计理念，成为一座 20 世纪的经典建筑作品而载入史册。

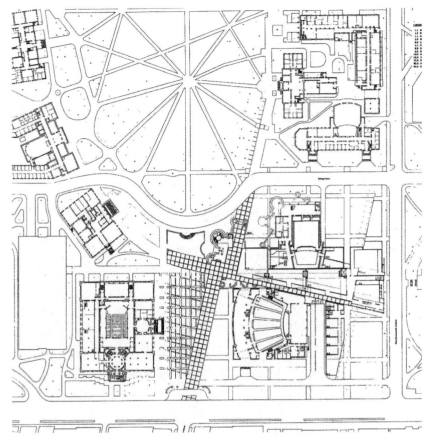

9.5.3-1　俄亥俄州立大学韦克斯纳视觉艺术中心平面图

9.5.3-2　俄亥俄州立大学韦克斯纳视觉艺术中心入口外观

9.5.3-3　俄亥俄州立大学韦克斯纳视觉艺术中心北侧外观

9.5.3-4　俄亥俄州立大学韦克斯纳视觉艺术中心室内

9.5.4 阿朗诺夫设计及艺术中心（The Aronoff Center for Design and Art, University of Cincinnati, Ohio, 1988-1996 年）：

由彼得·埃森曼主持设计的阿朗诺夫设计及艺术中心是 20 世纪末美国建筑中最具影响力的一件作品。在 1996 年中心落成时，美国《时代》杂志将其评为当年美国十佳建筑之一。著名的建筑大师菲利普·约翰逊宣称它是 20 世纪最重要的建筑之一。该建筑以极其复杂和奇异的建筑空间与形态成为解构主义建筑的代表作品。

阿朗诺夫设计及艺术中心坐落在美国俄亥俄州辛辛那提大学校园内一块平缓的山坡之上，它西临笔直的克莱夫顿（Clifton Avenue）大道，东、南两侧与校园内的原有建筑相接，北侧则是一片风景优美的坡地。该组建筑总建筑面积约为 25400m²，其中原有建筑面积约为 13400m²，展览空间、图书馆、剧场、工作室以及若干行政办公空间等新建建筑面积约为 12000m²。

阿朗诺夫设计及艺术中心共 6 层。由于坡地的原因，主入口被设计在建筑的第四层。根据地形特点以及原有建筑的限制，该组建筑的平面由一组曲线形的建筑体量以及一系列折线形的建筑空间通过"移置"以及"重调方位"等设计手法，相互交叠而成。首先，为了消除建筑与基地之间的对立，埃森曼将建筑基地的地形曲线设为建筑空间的运行轨迹，各空间元素沿着轨迹排列布置，并将两者拼合为一，设计了一个曲线形的建筑综合体。其次，为了迎合原有建筑的现状，埃森曼又将地形曲面进行抽象化的处理，创造了一系列折线形空间。同时，他又将该组空间进行渐次扭转，赋予建筑空间以极强的韵律感。此外，曲线部分与折线部分这两大体量的

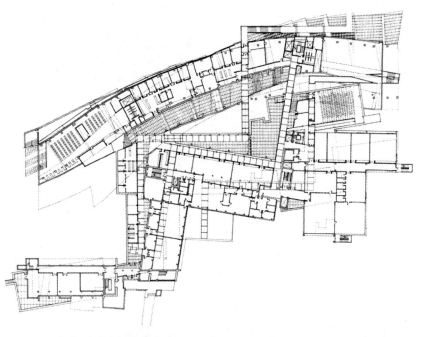

9.5.4-1 阿朗诺夫设计及艺术中心平面图

9.5.4-2 阿朗诺夫设计及艺术中心模型

9.5.4-3 阿朗诺夫设计及艺术中心外观

9.5.4-4 阿朗诺夫设计及艺术中心室内

相互交叠，转换生成出一系列冲突、断裂、不均衡、散乱、不稳定的建筑空间。其中，以位于建筑正中的中心庭院作用最大，它不但靠近交通核、连接各功能场所，而且在其内部还设有一部单跑的大楼梯，增加了建筑内部的空间层次感。

在外部造型上，整幢建筑的形态像是由破碎成若干个极不规则的方块的重构与重组，并且没有明确的组合规律，在建筑形式上强调构件之间的矛盾与冲突。此外，这些方块均涂以粉红、粉蓝等鲜亮的建筑色彩，从而强化了建筑形体的不和谐性。

阿朗诺夫设计及艺术中心是表达彼得·埃森曼建筑设计理念的又一个重要建筑作品。该设计以其复杂多变的建筑体量以及令人叹为观止的设计手法，反映出建筑师融解构主义哲学与建筑创作为一体的强烈意愿。

9.5.5 哥伦布会议中心（Columbus Convention Center, Ohio, 1989-1993 年）:

哥伦布会议中心是彼得·埃森曼的又一座代表作品。它位于哥伦布城市商业区边缘地带，海尔大街（High Street）的东侧。该中心设计建造于 1989 年，1993 年竣工。根据建筑周边环境的特点，埃森曼将主入口设在建筑西向沿海尔大街的立面上，以此与隔街相望的住宅区形成对话。建筑北靠一个开敞的室外停车场，南临一个城市旅馆。建筑与旅馆之间穿插一条铁路干线，因而在干线上方以一条 183m 长的室内廊道作为彼此的连接，该长廊可直通会议中心的室内。

中心高两层，平面的东北两侧较为规整，西南两侧复杂而富于变化。建筑的总面积约为 5.43 万 m²，包括一个面积约 2 万 m² 的展示大厅、一个 2300m² 的舞厅、总面积约为 5000m² 的各类会议室以及若干办公、管理用房。其中，展示大厅是建筑内部的主体空间，它位于建筑的中心，平面略呈一个规整的矩形。埃森曼将此展厅设计成一个独立的空间，在东、南、西三面围以曲折多变的廊道，配以粗壮、倾斜的柱子，从而营造出一种复杂离奇、充

满趣味的空间形态。位于建筑西南角的舞厅，远离展示大厅，其南侧配以休息室、管理室以及卫生间等辅助用房，自成一体。而集中在建筑西侧的 61 间会议室，被分成两大组，凸出于建筑的主体空间，并在各组中央配以楼梯、

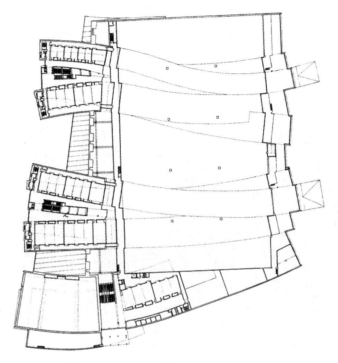

9.5.5-1　哥伦布会议中心平面图

9.5.5-2　哥伦布会议中心鸟瞰图

电梯以及对外出口，从而满足建筑的使用要求。

　　丰富的空间形态以及独特的基地特征赋予了建筑别具一格的外部造型。首先，埃森曼将建筑分解成一条条倾斜、带有角度的弧线带状体，以打破偌大的建筑形体所带来的空间压迫感和形体的单调感。而这些看似任意摆放，色彩鲜亮的带状体，还起到了隐喻基地文化内涵的作用。其次，在建筑的西立面上，埃森曼将玻璃、砖等传统的建筑元素进行重组与整合，形成了一系列或倾斜，或断裂的细部装饰。这种手法既使建筑延续了城市建筑的文脉，

体现了建筑师对环境的重视，又表现了新时代建筑的设计思想与手法。

　　在哥伦布会议中心的设计中，埃森曼依然延续了解构主义建筑一贯的设计手法，这一点无论在整体带状条块的分解上，还是在细部装饰碎块构件的强化和色彩组合的渲染上都有充分的体现。

9.5.5-3　哥伦布会议中心西侧入口外观

9.5.5-4　哥伦布会议中心室内大厅

9.6　丹尼尔·李伯斯金（Daniel Libeskind，1946 年－）

音乐家出身的丹尼尔·李伯斯金是一位极具创造性和思想性的建筑师，他的设计作品带有一种思想与观念的力量，并以其强烈的艺术化表现冲击着人们的审美观念，从而呈现出神秘的哲学性及无尽的可能性。

李伯斯金 1946 年出生于波兰中部的罗兹（Lodz），父母是纳粹大屠杀的幸存者。六岁就开始学习音乐的李伯斯金是一位音乐神童，手风琴拉得极好，通晓各种音乐门类，并善于更改曲子重新创作。1957 年举家迁往以色列，学习音乐理论。后因获得"美国—以色列文化基金奖学金"而到美国纽约继续深造。不久，他将其艺术天赋转向了对建筑的学习。1970 年，他从美国库帕联盟建筑学院（The Cooper Union School of Architecture，New York）毕业，并于 1972 年获得英国埃塞克斯大学（University of Essex，School of Comparative Studies Essex，UK）所授予的硕士学位。1989 年，他获得德国柏林犹太博物馆国际竞赛一等奖。1990 年，他创立自己的工作室(Studio Daniel Libeskind)，并出任首席设计师。2001 年柏林犹太人博物馆的建成使他得到了世界范围的赞誉，并被列入解构主义建筑师之列。2003 年，李伯斯金赢得纽约世贸中心重建计划设计竞赛的冠军，并获邀成为纽约世贸中心重建的首席建筑设计顾问，更是奠定了他世界级建筑大师的地位。

李伯斯金的创作实践几乎涵盖了所有的设计门类，包括博物馆、音乐厅、会议中心、大学、酒店、购物中心及住宅项目。在他所设计的项目中，无不展现出他鲜明的设计理念、怪异的设计手法和强烈的视觉冲击力。在 2005 年出版的自传中李伯斯金写道："一个伟大的建筑，就像伟大的文学作品，伟大的诗歌和伟大的音乐，会告诉人们人类灵魂的故事，会以一个崭新的方式表达去改变这个世界……"

李伯斯金是当今建筑领域中最具魅力的一位建筑艺术家，他正旗帜鲜明地改变着这个世界。

9.6.1　柏林犹太人博物馆（Jewish Museum，Berlin，1989-1999 年）：

柏林犹太人博物馆是 20 世纪最具影响力的一座代表建筑，设计者是美籍著名建筑师丹尼尔·李伯斯金。凭借着这座建筑奇特的平面布局与夸张的形体表现，李伯斯金被归入解构主义建筑师之列，犹太人博物馆也被纳入纽约现代艺术博物馆解构建筑七人展的十件作品之一。

在柏林建造一座犹太人博物馆，以此来纪念在二战中遭纳粹驱赶，并在大屠杀中死去的犹太人，以及展示从古罗马时代就开始在德国生活的犹太人历史，曾在德国争论了将近 1/4 个世纪。1989 年，经过严格而又激烈的竞争，李伯斯金最终在 165 名参加角逐的建筑师中脱颖而出，取得了该设计竞赛的最后胜利。经过 10 年精心设计与建造，博物馆于 1999 年竣工，2001 年全面开放。

这座新建博物馆位于柏林市中心勃兰登堡门和德国联邦议会大楼之间，二战结束时希特勒自杀的总理府地下室的一侧。新馆与一座建于 1735 年、具有巴洛克风格的老博物馆相毗邻。新馆没有直接的对外出入口，参观者须经由老馆到达地下层，穿过一条廊道，方可进入新馆内部。新馆平面呈不规则的锯齿状，由一系

9.6.1-1　柏林犹太人博物馆鸟瞰图

列"Z"字组合和幅宽被强制压缩的长方体组成。建筑的总面积约1万m²，内容包括共有3层约3000m²的展览空间，以及档案文件陈列中心、公共讨论区、专为年轻参观者设计的学习中心等若干个主题中心和一系列办公、管理、储藏等附属用房。此外，建筑师还设置了3条通高3层的"线性狭窄空间"作为建筑内部空间的主题脉络。第一条是通往死亡，即大屠杀塔（Holocaust tower）。它位于一座沉重的大铁门的后面，是一座阴冷而又黑暗的、20m高的地牢，象征着大屠杀受害者临终前的绝望与无助。第二条是地下室通往室外的唯一出口，即通向逃亡者花园（又称E.T.A霍夫曼花园）的通道，院内地面倾斜，内置49根混凝土柱墩，并在柱上

栽种49棵树。这些倾斜的、低于周围地面的、让人惶恐不安的水泥柱墩组成了窄窄的、令人窒息的迷宫，它象征着犹太人逃离了黑暗。第三条则代表着德国人与犹太人命运的息息相关。它通过带有明亮灯光的楼梯到达所有3层展览空间，这些空间以白色基调为主，局部配以黑色的封闭天井，并辅以倾斜、歪曲的锐角组合，使得空间内部呈现出一种庄严、肃穆的情感色彩。这3条咄咄逼人的通道，坚决而强韧，控诉着犹太人曾经历过的磨难，强迫参观者正视人类所有过的这段黑暗的历史。

在外部造型上，李伯斯金大胆地采用了许多解构主义的设计手法，使得建筑的每个部分都破裂而不完整，整体形态呈现出一种沧桑、压抑的残缺状。此外，扭曲的墙面、伤痕式的条形窗子、倾斜的建筑构件以及坚固而又生硬的锌合金外墙表皮，都成为这组建筑最具代表性的设计手法。

柏林犹太人博物馆是丹尼尔·李伯斯金所设计的作品中最为引人瞩目的一座建筑，该设计不但以复杂的内部空间、奇异的建筑形象成为20世纪世界建筑的经典作品，而且这座建筑还唤醒了人类心灵深处最真挚的情感，能使参观者产生强烈的思想共鸣。

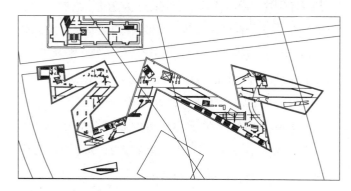

9.6.1-2　柏林犹太人博物馆平面图

9.6.1-3　柏林犹太人博物馆大屠杀塔

9.6.1-4　柏林犹太人博物馆室内展厅

9.6.1-5　柏林犹太人博物馆逃亡者花园与立面局部

9.6.2 曼彻斯特帝国战争博物馆 (Imperial War Museum North, Manchester, 1997-2001年):

2002年对外开放的曼彻斯特帝国战争博物馆,是丹尼尔·李伯斯金在英国设计的第一座建筑。该建筑由三块象征着地球碎片的壳体组合而成,如此充满戏剧性的设计手法为建筑创造出强烈的视觉冲击力,坦率地表达着现实世界中的各种冲突和战争。

博物馆设计建造于1997年,2001年竣工,总耗资达6200万美元。它坐落在英国曼彻斯特市郊港口区一座工厂的旧址上,邻近运河,距离市中心约3.2km。该建筑功能齐全,不仅是一座馆藏丰富的博物馆,而且还是一座艺术馆、档案馆,一座研究中心,可以承办各种相关的社会活动。

博物馆平面极不规则,共两层,总建筑面积约为7000m²。建筑师通过截取三块不同的壳体板块来穿插组合成三个主要空间,即空气壳 (air shard)、土壳 (earth shard) 和水壳 (water shard),代表人类战争的陆、海、空三个主要战场。其中,空气壳是建筑的入口空间,它是一个高度为55m的鳍状体。它的底层是一个29m高的入口门厅,内设脚手架式的金属网架,外挂金属板。上层空间则辟为观景台,以供欣赏建筑周边景观之用;土壳是建筑的展览空间,它是一个平面极不规则的巨大空

间,地板由仿造地球的几何特征设置而成。空间内部设有一系列随意摆放的隔板作为空间的划分,将偌大的体量划分为战争、儿童、武器等不同主题的空间;水壳是建筑内部的餐厅,它与展厅紧密相连,并且靠近运河岸边,可以近距离地欣赏到水边景观。

曼彻斯特帝国战争博物馆立面造型极为突出,形象怪异。整个建筑几乎被铝制金属板覆盖,5000m²的刨光金属屋顶、6880m长的标准预制铝板复合墙面,局部再

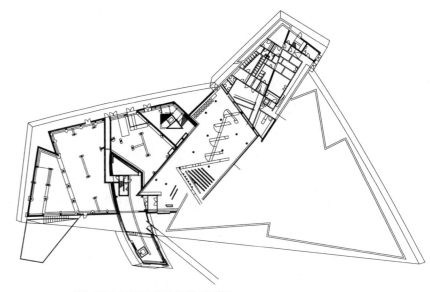

9.6.2-1 曼彻斯特帝国战争博物馆平面图

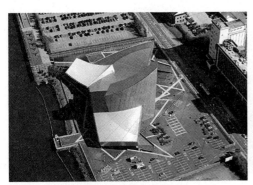

9.6.2-2 曼彻斯特帝国战争博物馆鸟瞰图

9.6.2-3 曼彻斯特帝国战争博物馆沿运河一侧外观

9.6.2-4 曼彻斯特帝国战争博物馆展厅室内

配以近于黑色的混凝土外墙，均衬托出博物馆耀眼的光辉。而李伯斯金将三组巨大体量的壳体生硬地拼接在一起，更加清晰地反映出建筑师刻意表现非和谐形式美的本质特征，从而体现了建筑师对于战争的独特解析。

李伯斯金设计的曼彻斯特帝国战争博物馆就像是一个被冲突打破了的地球碎片所构成的巨大雕塑，警示人们珍爱和平，远离战争。

9.6.3 丹佛艺术博物馆（Extension to the Denver Art Museum，Denver, Colorado，2003-2006年）：

由丹尼尔·李伯斯金主持设计的丹佛艺术博物馆扩建工程，设计建造于2003年，2006年秋竣工完成。在这个建筑中，建筑师将一系列充满尖角的、纯粹的几何形体相互斜插、拼接在一起，从而冲撞出一组相互矛盾、却又充满新奇的建筑形态与空间组合，迸发出强烈的时代气息。

扩建后的新馆位于丹佛老艺术馆的南侧，两者之间在二层设有一道长约30m的连廊作为彼此的连接。该建筑工程浩大，耗资高达6500万美元，用材包括2740t的钢、21368m²的钛合金板以及5658m³的混凝土。

新建部分占地面积约为13564m²，平面呈现出一种破碎的几何状态，高5层，地下1层，地上4层，总建筑面积约为32516m²。主要功能由访客服务区、永久画廊空间、3个特殊临时展区以及1个面积约5110m²的屋顶雕塑园等共同组成。其中，服务区是游客进入到博物馆各展示区的过渡空间，它由餐厅、商店以及一个拥有280个座席的报告厅组成。建筑的中心空间是高耸大厅，上覆玻璃顶棚，内设一部回廊大楼梯。

建筑的外部形体是由多个不规则的矩形体块和三角形体块随意穿插组合而成。建筑的各个方向均被斜置的墙体所充斥着，而墙体上斜向的、看似随机开设的窄条窗，更加激化了建筑形体的不和谐音。高达34m、伸向老馆

一侧的一块巨型三角形翼，犹如一把即将飞向空中的利剑，展现出无比的视觉冲击。而在阳光的照射下耀眼夺目的钛合金板外墙，更平添了建筑无与伦比的艺术魅力。

丹佛艺术博物馆扩建工程的设计是李伯斯金对固有建筑理念的一次巨大挑战，那些看似杂乱无章地堆砌起来的块体、倾斜而又层次混乱的内部构件、无法言状的中庭空间正在解构着人类有史以来建筑形式与艺术的一切原则。

9.6.3-1 丹佛艺术博物馆外观

9.6.3-2 丹佛艺术博物馆室内大厅

9.7　蓝天组（Coop Himmelblau）

蓝天组英文的原意是 Blue Sky Co-operative，是由沃尔夫·德·普瑞克斯（Wolf Dieter Prix，1942年-）和海默特·斯维茨斯基（Helmut Swiczinsky，1944年-）于1968年在奥地利成立的一个设计组合。其激进的、实验性的设计手法自纽约现代艺术博物馆解构建筑七人展后，开始受到人们的关注。

在当代西方建筑领域，蓝天组可谓解构主义急先锋。他们设计每一座建筑时都要进行一轮轮激烈的讨论以勾勒一个最初的草图，这个草图是他们设计的基础，并在以后的构思中极少去改变它，直至将它转化为正式图纸。他们试图打破固有的建筑法则，自由灵活地进行创作。他们设计的建筑作品具有布局自由（open-planned）、理念鲜明（open-minded）、延绵不断（open-ended）的特征，其建筑的内部空间是复杂而含混的。因此，他们的作品具有极强的非理性、非和谐的因素。蓝天组是那种能真正激起人们阅读愿望的建筑师，在他们那些看似混乱的建筑作品中，人们希望能够解读出他们对这个纷繁复杂时代的认识，从中梳理出他们的建筑创作思想与手法。

蓝天组所设计的建筑具有极强的探索性，直奔建筑艺术的前沿领域。为当代西方建筑五花八门的思潮与流派融入了巨大而非凡的艺术活力。

9.7.1　维也纳法尔克大街办公楼屋顶改建（Rooftop Remodelling Falkestrasse，Vienna，1983-1988年）：

1988年，在奥地利首都维也纳的法尔克大街 SSW（Schuppich，Sporn，Winischhofer）法律咨询公司办公楼的屋顶上，一个巨大的、犹如机械动物般的物体飘落而下。这个作品，就是超先锋解构派建筑组合——蓝天组所设计的屋顶扩建工程。

该项目设计于1983年，1988年底竣工，历时6年，耗资达1500万欧元。它建于该办公楼屋顶的一角，离地约21m，面向城市的两条主要街道。

该扩建部分建筑面积约400m²，高7.08m。局部与原建筑屋顶上的阁楼相连，并以一个造型奇异的楼梯组织交通。底层空间以一个偌大的会议室为中心，其周边连有一系列的办公单元，彼此之间不设规整的分割，强调空间的自由度。此外，该扩建工程设计了一条双向回廊，并在彼此之间以玻璃隔墙和玻璃门相互划分。建筑的整体空间充斥着各种金属管道和金属条等构件，极具被解

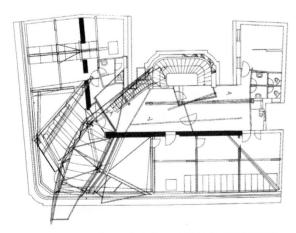

9.7.1-1　维也纳法尔克大街办公楼屋顶改建平面图　　9.7.1-2　维也纳法尔克大街办公楼屋顶改建外观　　9.7.1-3　维也纳法尔克大街办公楼屋顶改建室内

构的散乱状态。

在外部造型上，建筑师摒弃了固有建筑的一切法则，试图将其从各种先入为主的概念、形式、功能、计划、文脉中释放出来。取而代之的是以街道和屋顶的文脉关系为设计目标，用一条类似于动物脊椎结构一样的金属构架与玻璃组成的屋面，外观呈现出一种"被闪电反转"的扭曲、不规整的自由形态和散乱的构架，并伸向老建筑的屋檐下。这些构架表达着强烈的不稳定感和下坠状态，也表现了建筑师对新老建筑关系的独特理解。

该办公楼屋顶改建工程，从另一个角度向世人展示了解构主义建筑的鲜明特征。其灵活的自由空间、错综复杂的建筑肌理、极具挑战性的建筑构架和独特的文脉关系，都使之成为当之无愧的解构主义建筑里程碑式的作品。

9.7.2　德累斯顿 UFA 综合电影院（The UFA Cinema Center, Dresden，1993–1998 年）：

1993 年，在德累斯顿市政府组织的设计竞赛中，由蓝天组设计的德累斯顿 UFA 综合电影院方案获得优胜。

UFA 综合电影院位于德国德累斯顿市的中心区内，于 1997 年建造，1998 年 3 月竣工。其建筑面积约为 6174m²，耗资达 1636 万欧元。

根据使用功能的不同，建筑师将建筑空间清晰地划分为两个不同性质的区域。一部分是平面极不规则的、由钢材和玻璃支撑而成的公共活动空间。内部由一个入口门厅、一个呈双圆锥体的空中咖啡厅以及一系列楼梯、坡道、天桥、电梯和各种管道等辅助空间和设备共同组成。其中，入口空间布置极为复杂，楼梯、坡道和各种管道被杂乱而又粗鲁地置于其中，犹如桥梁般地将建筑入口与空间主体连为一体。而被挂于屋顶结构之下的咖啡厅，则犹如一个形象怪异的金属牢笼，使本已十分复杂的门厅空间更加非理性化。建筑的另一个区域是建筑的主体空间，平面为规整的直角梯形，内设 8 个矩形的放映厅，共有 2600 个观众座席。其中，一半的放映厅被设置在建筑的地下部分，另外 4 个则被两两相背地安置在两个楼层的混凝土实体之内，其外沿两边均设有狭长的单跑楼梯，并暴露在外，以供观众疏散之用。

电影院的建筑造型十分新颖、独特，体量组合极具突兀、骤变之势。由玻璃和钢建成的入口空间，立面造型犹如一个插入地面的水晶体，它不对称、不规则且倾斜扭转。由混凝土构筑而成的建筑主体空间，建筑形象则较为敦实、厚重。这两者在形体上各占一半，并无主次之分。而二者材料的选择则更加加重了其构图重心不稳定的视觉误导。

德累斯顿 UFA 综合电影院的解构主义成分非常显著。建筑师对不同的功能使用不同的建筑语汇，大量采用倾斜、扭转、破碎、无中心、二元并列等多种手法构筑出一座形体怪异、空间混乱的电影院，为人们解读解构主义建筑提供了一个典型实例。

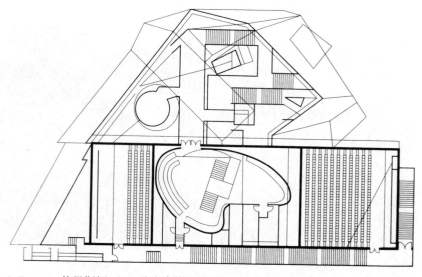

9.7.2–1　德累斯顿 UFA 综合电影院平面

9.7.2-2　德累斯顿 UFA 综合电影院入口外观　　9.7.2-3　德累斯顿 UFA 综合电影院室内

9.7.2-4　德累斯顿 UFA 综合电影院外观

10 个性化的建筑走向——"主义"的衰落

　　随着后工业化社会的深入发展，20 世纪 60 年代西方社会那种动荡、冲突等混乱现象逐渐趋于缓和。表现在建筑上，就是各种标新立异的"主义"与"思潮"的衰落。建筑师们愈来愈淡化流派，而更加注重追求建筑的本质意义。同时，由于社会财富的不断积累，物质产品的极大丰富，人们对于产品的多样性提出了更高的要求。因此，在建筑领域，个性化的艺术走向更加突出，没有主要流派，不是非此即彼，成为当代西方建筑发展的一大主要特征。

10.1 原生态技术向艺术技术的升华

每一个文明的产生都离不开科学，科学的进步促生了新观念、新思想的产生，也促进了建筑审美的变化。当代西方建筑的一个变化就是建筑技术由原生态形态上升为艺术技术形态。一榀钢架或一组管道作为原生态技术，它就是一个结构支撑构件或设备系统。可是当把它组织到巴黎的蓬皮杜文化艺术中心、香港汇丰银行、大阪关西机场等作品中时，它就上升为艺术技术，体现出高科技为人类所带来的艺术魅力，表达出高科技与美学的终极目标的高度一致性。在信息化社会，这种一致性引领了建筑作为高科技产品的新的美学走向。

10.1.1 英国雷诺汽车公司产品配送中心（Renault Distribution Center，Swindon，1980-1982年）：

英国雷诺汽车公司产品配送中心位于英国斯温登城的西部，是雷诺公司在英国最主要的储存仓库。设计建造于1980-1982年，设计者是英国当代著名建筑师、1999年普利茨克建筑奖获得者诺曼·福斯特（Norman Foster，1935年-）。

福斯特是一位善于走技术路线的建筑师，他的作品充满了技术的魅力。他认为：当今社会是技术主导下的社会，建筑师只要将技术搞好了，美就来了。

配送中心位于一块不规则的坡地上，基地面积约为6.5hm²，总建筑面积为25000m²。为了适应不规则用地和将来公司规模的扩建，建筑师采用简单的模数单元加以拼接组合来布局。平面由42个24m×24m的标准单元组成，分为4排，平行布置。仓储库、产品配送中心、办公室、汽车展厅、销售及售后服务培训学校、工作车间、餐厅等功能分别布置在42个标准单元中。其中，仓储库占36个单元；汽车展厅、工作车间等非仓储空间设在右侧错落排布的6个单元中：1个单元为汽车展厅，2个单元为入口大厅和餐厅，其余的3个单元为培训和工作车间。

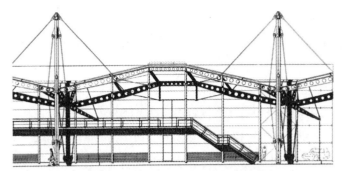

10.1.1-1 英国雷诺汽车公司产品配送中心立面局部

10.1.1-2 英国雷诺汽车公司产品配送中心外观

10.1.1-3 英国雷诺汽车公司产品配送中心室内

建筑的结构形式为大跨度拱形钢架结构。竖向主要的受力杆件为钢桅杆，桅杆之间的间距为 24m，高 16m。屋顶的重量通过拱形钢架传递到桅杆上，钢架一方面直接支撑在桅杆上，另一方面，杆顶的钢索再从中部将其悬吊。建筑四周的桅杆，还有钢索将其锚固到地面上。这些桅杆、拱形钢梁、受拉钢索共同组成了一个完整的结构体系。

建筑外部造型以建筑结构的整体性外露为特点，技术构件升华为建筑艺术构件。那竖向的黄色桅杆、水平的拱形钢架以及落在墙面上的光影形成了生动的建筑画面。仓储区立面为灰色金属，不开窗。非仓储区立面为透明的大玻璃，它们之间形成强烈的对比。同时，桅杆和拱架结构形象的有机结合，创造出独特的建筑形态。

雷诺汽车公司产品配送中心是福斯特实践他技术理念的重要代表作品之一，因其独特的造型设计，它已成为雷诺公司形象的代表。

10.1.2　法兰克福商业银行总部大楼（Commerzbank Head-quarters，Frankfurt，1991–1997 年）：

法兰克福商业银行总部大楼位于德国法兰克福市的商业中心区内，于 1997 年建造完工。该建筑是诺曼·福斯特设计的世界上第一座高层生态建筑，同时也是福斯特设计风格发生转变后的一个典型实例。

商业银行建筑的平面形式为等边三角形，边长 60m，共 53 层，高 304.8m，总建筑面积约 10 万 m²。建筑的裙房高 4 层，塔楼 49 层。裙房部分布置有综合性商场、银行大厅和停车场等内容。塔楼部分为办公空间，它们围绕着一个巨大的三角形中庭布置。楼梯、电梯、卫生间等服务设施都集中设置在三角形的三个角部。并在三条边的办公区上每隔 8 层布置一个高达 4 层的空中花园，每边设置 3 个，相互错落排列，都以中庭为中心。花园根据方位的不同种植不同的植物和花草，其面向中庭的一侧完全开敞。巨大的中庭以及空中花园为办公人员提供了舒适的绿色景观，同时还为每间办公室带来自然通风。

商业银行的结构为巨型框筒体系。三角形三个顶点

的三个独立框筒为"巨型柱"，8 层高的钢框架为"巨型梁"，二者连接围合而成。这种体系保证了建筑良好的整体性和水平刚度。

商业银行的生态环境以及节能设计是十分突出的。建筑师设计和组织了许多开放空间，这些空间最大限度地满足了建筑的通风和自然采光，将建筑的运行能耗降到最低，节省了大量的能源。大楼的室内还采用了自动化感光感温系统，由一个中心调控系统控制着每个办公室的室内光照、温度、通风等指标，并通过自动感应器所获得的数据作相应的调整，以确保办公空间适当的光照和空气质量。除非在极少数的严寒或酷暑天气中，整栋大楼不用空调设备，最大限度地减少了对大气的污染。

商业银行的外部形体与福斯特以往设计的作品喜欢暴露建筑结构的做法有很大的差异。它的外立面十分简洁明快，虚实结合，三个角部强调竖向线条，结构竖筒一贯而下，极富力度感。中间办公区和空中花园相间布置，空中花园外墙为可开启的双层玻璃幕墙，与办公室墙体相比，稍微向里缩进，二者形成的凹凸变化丰富了大楼的立面构图。

福斯特设计的法兰克福商业银行总部大楼倡导绿色办公空间，体现生态建筑及其工作模式，是高层生态建筑和可持续建筑的一个成功实例，为后来高层建筑的绿色和节能设计树立了榜样。

10.1.3　伦敦市政厅（City Hall，London，1998–2002 年）：

诺曼·福斯特设计的伦敦市政厅位于英国伦敦泰晤士河南岸，临近著名的伦敦塔桥，设计建造于 1998 年，2002 年竣工。作为一座政府办公建筑，其奇特的造型已使之成为伦敦泰晤士河畔新的标志性建筑。

市政厅共 11 层，地下 1 层，地上 10 层，高 45m，总建筑面积约 17187m²。内容包括议会厅、议员办公室、高级管理办公室、公共图书室、餐厅以及一个来访者中心、一个临时展厅和顶层的观景廊。其中，一楼大厅和顶层

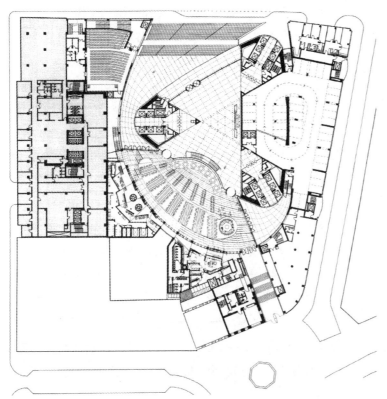

10.1.2-1 法兰克福商业银行总部大楼首层平面图

10.1.2-3 法兰克福商业银行总部大楼外观

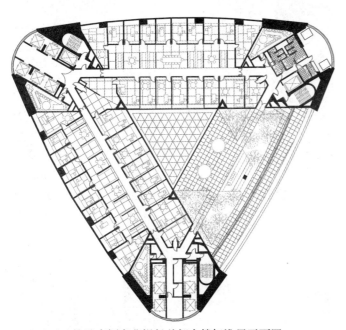

10.1.2-2 法兰克福商业银行总部大楼标准层平面图

10.1.2-4 法兰克福商业银行总部大楼中庭

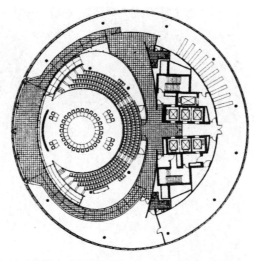

10.1.3-1　伦敦市政厅平面图

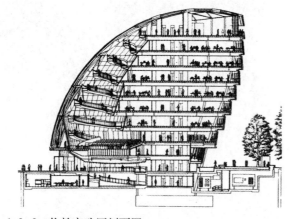

10.1.3-2　伦敦市政厅剖面图

10.1.3-3　伦敦市政厅外观

的"伦敦客厅"（London's Living Room）均向公众开放。市民可沿室内一部730m长的螺旋楼梯从一层盘旋而上到达顶层。螺旋楼梯和所环绕的中庭也成为室内空间的一大特色。

建筑外形为倾斜的螺旋状圆形玻璃体，整体由下至上向南倾斜31°，构成一个通透、活泼、新颖的外部形态。一方面它象征着政府的透明性、民主性以及可亲近性；另一方面则是出于环保的考虑。建筑南倾，使其接受太阳光照的面积减少，保持大厦内部温度，降低了能耗。另外，建筑向南倾斜，北面投下的阴影区面积也减小了，使得北侧的人行道尽可能多地得到阳光。同时，该建筑还采用了一套综合的环境控制系统，以减少建筑的能源消耗。系统本身所消耗的能量和普通的利用空调系统的办公建筑相比，耗能要减少75%左右。

伦敦市政厅的设计改变了以往同类建筑严肃、呆板的风格，并在节能环保方面做出了有益的探索。

10.1.3-4　伦敦市政厅中庭

10.1.4 伦敦瑞士再保险总部大厦（Swiss Rein-surance Headquarter，London，1997-2004 年）：

瑞士再保险总部大厦位于英国伦敦市老的金融区内的圣玛丽大街30号（30 St Mary Ave），设计于1997，建造于2001-2004年。这是诺曼·福斯特最新的建筑作品，也是伦敦第一座高层生态办公建筑。尤其是建筑独特的外部轮廓被伦敦市民形象地称为酸黄瓜（The Gherkin），它极大地丰富了伦敦的城市天际线。

大厦共41层，高180m，总建筑面积76400m²。建筑的平面为圆形，平面的直径随着建筑高度的升高而不断变化，从一层到十七层直径不断增大，由49.4m增至56.4m，然后从十七层到顶层直径再不断减小。平面中间为一核心筒，布置有楼梯、电梯、消防电梯、卫生间和其他辅助用房等。核心筒外为主要使用空间，一、二层设为商场，四十与四十一层为旋转餐厅和娱乐俱乐部，其他楼层为办公室。每层办公空间由6个三角形的天井分成6个相对独立的部分。天井在各层之间螺旋形错动，形成扭转复杂的纵向空间。

大厦的结构由两套体系组合而成。位于平面中心的核心筒是建筑的主体受力系统，建筑外围的斜向钢架则承担着玻璃幕墙的荷载，二者相互协同共同组成大厦的结构体系。此外，建筑的斜向钢架采用等边菱形，即由2个等腰三角形组成，形成垂直最佳受力组合。

大厦造型独特，呈长椭圆形。外墙面由两种玻璃幕墙组成：办公区域幕墙和天井区域幕墙。办公区域幕墙由双层玻璃的外层幕墙和单层玻璃的内层幕墙所构成。螺旋形上升的天井区域幕墙则由可开启的双层玻璃板块组成，采用深色玻璃和高性能镀层。两种幕墙相结合，使外立面总体效果更加丰富，而外墙钢架的菱形组合所表现的艺术技术形态更增加了建筑外立面的艺术表现力。同时，建筑底部占地小的体征，增加了地面上公共空间的面积，而从环保的角度来看，它减少了风对地面上行人的作用，使人们拥有一个安全的外部环境。

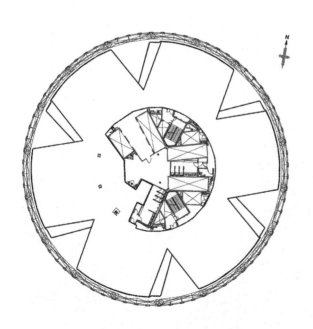

10.1.4-1 伦敦瑞士再保险总部大厦平面图

10.1.4-2 伦敦瑞士再保险总部大厦剖面

10.1.4-3 伦敦瑞士再保险总部大厦外观

大厦的设计同样考虑了建筑的生态性和建筑工作环境的改善。大楼表面由双层低反光玻璃作外墙表皮，可以减少过热的阳光。里面的6个三角形天井，则可以增加自然光的射入。又因为大楼的旋转型设计，所以光线并非直接照射，而是由每层旋转的楼层方位射入，有一定的散热功能。此外，新鲜空气可以利用每层旋转的楼层空位，通向整座大楼。

总部大厦新颖的造型以及先进的设计理念，使得它成为欧洲金融办公建筑的里程碑式作品。该建筑于2004年获得英国皇家建筑师学会（RIBA）颁发的、代表英国建筑界最高荣誉的斯特林奖（Stirling Prize）。

10.1.5 巴黎蓬皮杜文化艺术中心（Centre National d'art et de Culture Georges Pompidou, Paris, 1971—1977年）：

举世闻名的巴黎蓬皮杜文化艺术中心是一座具有前卫姿态的、划时代的、开创性的建筑，由伦佐·皮亚诺（Renzo Piano, 1937年—）和他的合作者理查德·罗杰斯共同完成，是探索自由空间概念和艺术技术表达的重要作品。

伦佐·皮亚诺是一位享有国际盛誉的意大利建筑大师，1998年普利茨克建筑奖获得者。他以全面而又鲜明的技术创作理念主导着自己的建筑创作，熟练地将各类原生态技术升华为艺术技术，为我们带来了众多特色鲜明的建筑作品。

巴黎蓬皮杜文化艺术中心位于巴黎市中心的拉丁区北侧、塞纳河右岸。它背靠博堡大街（Rue Beaubourg），前面辟有广场。建筑设计于1971年，1977年建成，并于1995—2000年进行了改造。它全面地突破了传统的建筑创作理念，也超越了以往对历史符号的肤浅模仿，而是以一种全新的方式对建筑技术的原生态概念进行了彻底的颠覆，成功地构筑了属于新时代的建筑创作思想和表现手法。

中心的占地面积约5hm²，建筑平面为一个巨大的

矩形"框子"，建筑地上6层，地下4层，层高均为7m，总建筑面积约为103000m²。包括有图书馆、现代艺术博物馆、工艺美术设计中心、音乐与声学研究中心等4个主要部分。建筑采用钢桁架梁柱结构体系，建筑四周共有28根直径为0.85m的钢管边柱，它们与钢管桁架共同形成了整个建筑的承重体系，并支撑了建筑屋顶的重量。建筑的跨度为48m，保证了在长166m，宽44.8m的室内空间里，没有任何支柱，以供艺术品展出和各类表演使用。同时，除了有一道后加上去的防火墙外，室内没有任何其他固定的分隔，甚至没有明确的功能分区，从而使得

10.1.5-1 巴黎蓬皮杜文化艺术中心广场外观

10.1.5-2 巴黎蓬皮杜文化艺术中心立面自动扶梯

建筑的平面及内部空间获得了极大的灵活性。

中心的外部形态全部以包在玻璃筒内的自动扶梯、各种钢架、管道、支架为装饰主体，其形象被众多观者戏称为"内外翻转"式，极其引人注目。巨大的梁柱构件和钢桁架等结构体系、各种管道电缆等建筑设备全部毫无掩盖地袒露在外，然后用鲜艳的色彩涂抹。其中，红色的管道代表交通设备，蓝色的是电器设备，黄色的是空调系统，绿色的是给排水系统。这样，在建筑的外面，人们可以清楚地看到机械、设备如何运转，电梯、自动扶梯如何运行以及观众如何流动。建筑中采用齐全的先进设备，这些设备及其内外构件均在工厂预制，是一个完整的体系，能够迅速安装或拆卸，活动自如。此外，在建筑的内部各层均不设吊顶，同样将各种设备管道暴露在外。

蓬皮杜文化艺术中心以夸张、陌生、复杂、暴露、怪诞、滑稽、变化多端的建筑形象来达到突出建筑技术艺术性的目的。经时间验证，它的确实现了高科技是信息社会主导因素的思想，迎合了当代西方社会人们的审美期望和心境。

10.1.6 大阪关西国际机场航站楼（Kansai International Airport Terminal, Osaka, 1988–1994 年）：

大阪关西国际机场航站楼是伦佐·皮亚诺的代表作品之一，也是最能体现其生态建筑创作思想的范例。

航站楼位于日本大阪一个长 4km、宽 1.25km 的矩形人工小岛上。建筑设计于 1988 年，建成于 1994 年。这是一个由引导自然风的流动系统决定建筑形态的典型实例。整座建筑的形态是在计算机的精密计算下完成的，所以它也自然地具备了高科技的艺术特征。

航站楼地下 1 层，地上 3 层，总建筑面积为 291270m²，最高高度36.54m。建筑一层是国际线进港层，处于绿化带的边缘，具有较好的自然景观。二层和三层分别为国内和国际出港层，并与有轨车站和登机桥连接。二层与三层之间设有局部夹层，作为办公和商业服务空间。垂直交通系统布置在靠近机场和车站两端的绿化带中，中央有部分辅助交通，具有空间导向性的绿化带及标识使得整个建筑的人流交通系统明确、简洁和便利。

在建筑的结构、空间与形式的设计中，皮亚诺巧妙地利用风在建筑中游走的路径来确定建筑的空间和外部形态，进而确定建筑的结构体系。自然风由航站楼一侧的陆地进入建筑，沿着顶棚的曲线流动，并在此过程中完成与室内空气的交换，从而达到调整室内微观物理环境的目的。同时，这组结构体系既具有实际的结构作用，又具有仿生的形态。形状特异的支

10.1.5-3　巴黎蓬皮杜文化艺术中心沿街外观

10.1.5-4　巴黎蓬皮杜文化艺术中心室内大厅

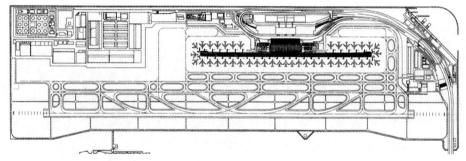

10.1.6-1　大阪关西国际机场总平面图

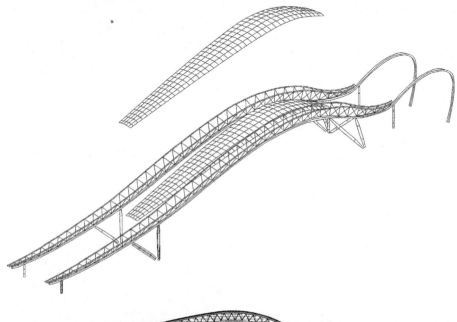

10.1.6-2　大阪关西国际机场结构分析图

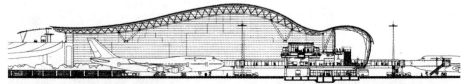

10.1.6-3　大阪关西国际机场立面图

10.1.6-4　大阪关西国际机场鸟瞰图

10.1.6-5　大阪关西国际机场局部外观

10.1.6-6　大阪关西国际机场室内大厅

柱，连同拱形桁架一起形成了航站楼那如同恐龙骨架的结构形态。体系中的桁架越过峡谷区向外伸出，就像这条恐龙的尾巴；而在另外一个方向伸入登机翼的肋杆部分，向下弯曲，就像是恐龙的脖子。整个建筑的有机结构体系由此而产生了，而建筑空间与实体的艺术表现也在这个体系建立过程中得以张扬，原生态技术与艺术技术得到完美的转换。

日本关西国际机场航站楼是伦佐·皮亚诺在国际竞争中赢得的一项大型工程，它充分展示了皮亚诺对建筑技术的整体把握，它那超环形曲面的屋顶造型、动态流畅的内部空间以及巨型钢架所带来的非凡的艺术效果，至今仍令人为之赞叹不已。

10.1.7　伦敦劳埃德大厦（Lloyds Building, London, 1978–1986 年）：

伦敦劳埃德大厦是当代西方建筑中不可多得的精品，在世界建筑发展的进程中占有重要的革命性地位。它的诞生将以表现新技术为目的建筑创作潮流推向了高潮，同时也颠覆了既有的技术审美标准，引发了技术美学领域的变革。

大厦的设计者——英国建筑师理查德·罗杰斯（Richard Rogers, 1933 年–）同样是一位享誉世界的、擅长表现建筑技术的建筑大师。他在与伦佐·皮亚诺合作完成了蓬皮杜文化艺术中心的创作之后，自己成立了新的事务所。经过多年辛勤耕耘之后，他终于在 2007 年获得了普利茨克建筑奖。

他创作劳埃德大厦的理念是：用当代的技术成果塑造一个灵活的大型公共建筑，并不加雕琢地表现建筑的技术美。

劳埃德大厦位于伦敦城内老金融中心区内，处于旧商业中心与新办公区的交界点，周边既有历史保护建筑，也有现代主义的商业办公楼。建筑用地紧张，基地不规则。为了充分利用土地，建筑平面采用了主体与功能塔楼相分离的方式。建筑的主体是一个硕大的矩形空间，占据

了基地的绝大部分面积。剩余的角落则由体量较小的功能塔楼填充，获得了较高的土地使用效率。建筑共 20 层，总建筑面积 55000m²，耗资 7500 万英镑。

建筑主体内部的功能分布是围绕着一个中庭展开的。这是一个从首层贯穿至十二层的矩形中庭，高约 58m，顶部被覆以拱形玻璃窗，明亮而通透。建筑的核心部分——营业办公区就围绕着这个中庭来布置，借以获得较好的采光。而该建筑主体的空间特征也十分鲜明，一

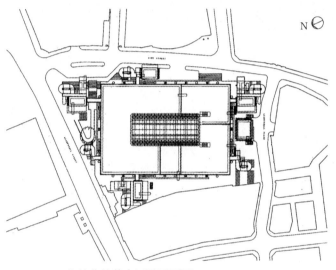

10.1.7–1　伦敦劳埃德大厦总平面图

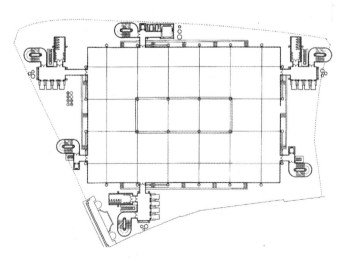

10.1.7–2　伦敦劳埃德大厦平面图

10.1.7-3 伦敦劳埃德大厦东北侧
外观   10.1.7-4   伦敦劳埃德大厦南侧外观   10.1.7-5   伦敦劳埃德大厦入   10.1.7-6   伦敦劳埃德大厦室内大厅
口雨篷

个完整、通透的矩形空间，除了结构柱以外没有任何隔断和障碍，非常灵活，可以根据不同时期的需求做出相应的变化。而这完全得益于那均匀排布在建筑主体之外的 6 个功能塔楼。因为所有服务用房，如卫生间、楼梯间、电梯井、设备用房等都被置于功能塔楼当中，从而增加了建筑主体空间的灵活性。

在结构上，该建筑采用了"插入式舱体"结构，即功能塔楼以整体插入的形式与建筑主体相联结。这种结构主要具备两个优点：第一，简化施工环节。每个"舱体"均在工厂预制而成，在施工现场只需将其吊装、装配即可，大大缩短了施工时间，简化了施工环节。第二，延长建筑寿命。附属设备是建筑中最容易老化的部分，直接影响了建筑的使用寿命，而在这个建筑中，则可以轻易地将功能塔楼内的设备单独拆卸，进行更换或修理，并不会影响建筑主体的使用。

在外部造型上，劳埃德大厦既充分尊重周边环境，又大胆彰显自我。面对周边低矮的建筑，大厦采取了逐层退缩的手法，由中心的十二层向外逐渐缩至六层，以

此减少建筑对街道带来的压抑感。与此同时，显露于外的技术要素则令该建筑充满了时代气息。泛着微光的金属面材、来往穿梭的透明电梯、充分裸露的设备管线、强悍精致的技术节点以及建筑顶部那些蓝色吊装设备等，似乎都在向人们炫耀着当代技术的伟大成就，宣告着高科技时代的来临。

伦敦劳埃德大厦以其标新立异的设计理念、大胆创新的技艺手法成为 20 世纪最具影响力的建筑作品之一。它有力地推动了当代技术美学的历史进程，使建筑技术从幕后走向台前，从工具手段上升为审美目的，从原生态层面升华为艺术层面。

10.1.8 欧洲人权法庭（European Court of Human Rights, Strasbourg, 1989-1995 年）：

位于法国斯特拉斯堡的欧洲人权法庭是理查德·罗杰斯继伦敦劳埃德大厦之后创作的又一个令业界瞩目的作品。该建筑通过新颖的外部形象和独特的内在气质，恰到好处地将当代欧洲的精神风貌与文化内涵表现出来。它不仅是罗杰斯建筑创作历程中的一个重要里程碑，同

时也是当代欧洲公共建筑中的杰出代表。

该建筑远离喧嚣的城市中心区，坐落在风景秀丽的伊尔河（L'Ill River）滨，与欧洲议会大厦隔河相望。罗杰斯力求通过技术的力量打造一个优质的建筑，使建筑既充分尊重周边的自然环境，同时也能够鲜明地体现自我个性。

该建筑的平面如同一只在河边休憩的蜻蜓，主要分为"头部"与"尾部"两大部分。建筑的"头部"是两个硕大的圆形建筑体量，分别为法庭和人权委员会的办公场所。连接这两个圆形体量的空间就是建筑的入口大厅。厅内宽敞明亮，不仅拥有绝佳的地理位置——正对着潺潺的河流，而且全部采用玻璃材质，十分通透，拥有非常优越的赏景视角。大厅内的顶棚采用巨大的圆形钢架垂吊在屋架上，配以周边的钢制楼梯和竖向钢架，为大厅创造出强烈的技术魅力。建筑的"尾部"则是两条带状的体量，呈东、西排列，共5层，由下至上，逐层后退。这其中包括办公空间、管理空间和审判庭等功能用房。功能分区不仅明确清晰，而且灵活可变。

在建筑形象的创作上，罗杰斯力求创造一个优雅又不失威严的建筑。通透的玻璃材质、色彩艳丽的结构杆件、精致的入口雨篷和两个圆筒形的审判庭，使建筑具有开放、温暖和友好的气质，而不锈钢面材的大面积运用，

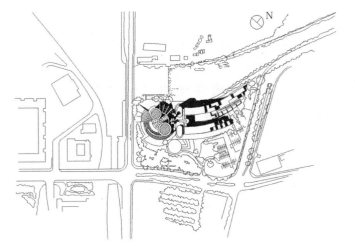

10.1.8-1 欧洲人权法庭总平面图

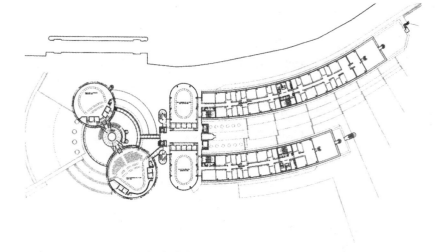

10.1.8-2 欧洲人权法庭平面图

10.1.8-3 欧洲人权法庭外观

10.1.8-4 欧洲人权法庭入口外观

10.1.8-5 欧洲人权法庭室内门厅

则让建筑给予人们一种受到保护的感觉。此外，立面上青翠茂盛的藤蔓、审美化的交通设备等要素都给建筑增添了几许浪漫色彩和艺术气息。

10.1.9　伦敦第四频道电视台总部（Channel 4 Television Headquarters，London，1990–1994 年）：

伦敦第四频道电视台总部是理查德·罗杰斯在伦敦设计的一座重要建筑，他在思考建筑本身诸多问题的同时，更多地考虑了城市的空间与肌理。在这个设计中，罗杰斯不但创造了一个典雅、现代的标志性建筑，还塑造了优秀的城市空间。

伦敦第四频道电视台总部位于伦敦城中心的豪斯菲勒路（Horseferry Road）与查德威克大街（Chadwick Street）交角处，是一个转角建筑。

建筑的场地布置很好地体现了他的设计主旨——维护并提升现有城市空间的品质。在这个接近矩形的场地中，建筑呈半围合式。所围合的内侧是一个半开敞的花园，经过者和附近的居民都可以进入其中，在这里交流和休憩。建筑外侧的转角处则是建筑的主入口。为了给城市提供一个市民广场，也为了在建筑和街道之间形成一个缓冲地带，罗杰斯将建筑的入口内凹，形成了一个开阔的公共空间。这个公共空间常常吸引很多路人逗留，不仅为建筑增添了许多欢乐的气氛，也使此地段成为城市的活力据点。

该建筑平面简洁，共 6 层，地上 4 层，地下 2 层，总建筑约 15000m^2。建筑主要分为三个部分：一个交通枢纽空间和两翼的办公楼，包括入口接待区、会议室、休闲区和开敞办公区。地下部分均为观演厅等较大的空间。办公楼内部空间灵活可变，最多能够容纳 600 余人共同办公。罗杰斯的一个惯用手法就是将服务空间与主要使用空间相分离。这一次他再次将服务空间置于两个功能塔楼中，分别位于主入口的左右两侧。左侧的功能塔楼共 5 层，内部为会议室及其附属用房；右侧的塔楼则是升降电梯、锅炉管道、冷却车间和发射天线的组合体。这个建筑平

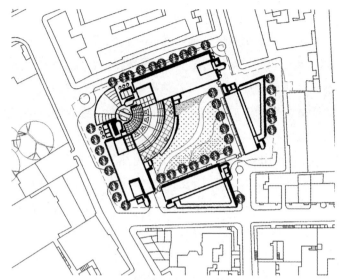

10.1.9-1　伦敦第四频道电视台总部总平面图

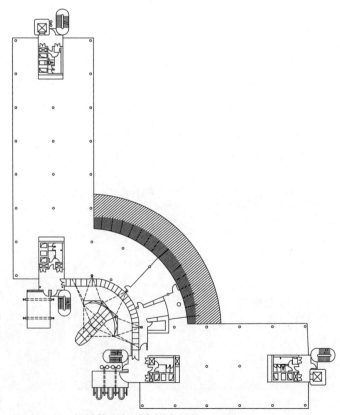

10.1.9-2　伦敦第四频道电视台总部平面图

面功能清晰、分区明确而且具有很好的灵活度。

　　建筑的立面形象充满了建筑师对技术理念和艺术技术的表达。主入口的处理是整个建筑形象的艺术重点。罗杰斯在入口处运用了大面积的玻璃幕墙和一个悬挂的雨篷，轻巧、明亮而又精致。城市远处的风景、建筑内部的活动都会映射到玻璃幕上，产生一种迷幻的视觉效果，带有浓厚的浪漫色彩。而入口两侧的功能塔楼、上下运行的电梯以及高耸的天线，向人们展示着当代技术的力量与风采。两翼的办公楼的立面效果则理性十足，层次分明的金属框架、粉灰色的亚光铝板、细腻的材质纹理等，也在歌颂着这个美好的技术时代。

　　伦敦第四频道电视台总部是理查德·罗杰斯创作的经典作品之一。其优秀之处并不仅仅在于它是一座完美的办公建筑，更在于它对激发城市活力所起到的积极作用。为此而赢得了众多的奖项，如1995年英国皇家建筑师学会国内建筑奖，1995年英国皇家美术委员会大奖和1996年英国BBC建筑设计大赛最终方案奖等。

10.1.10　波尔多法院（Bordeaux Law Courts，Bordeaux，1992-1998年）：

　　1998年落成的法国波尔多法院位于世界知名的葡萄酒之都——波尔多市的老城中心。建筑周边环境较为复杂，既有哥特式教堂、中世纪的城垣、折中主义的法庭等历史建筑，又有建于20世纪70年代的法律学校和市政厅等新建筑。理查德·罗杰斯在充分尊重地方文脉的同时，引用节能技术来增加建筑的生态效能，为这座老城创造了一座造型独特而又生动活泼的新建筑。

　　法院临水而建，平面规整，共5层，总面积约25000m²。自西向东分别布置着法庭区和办公区两大组成部分。法庭区由7个锥状的桶形空间构成，它们一字排开，内部并不相通，由一个透明的玻璃通廊将它们连接在一起。主入口设在玻璃通廊的最南端。办公区是一个矩形的带状空间，位于7个审判庭的东侧，并通过细窄的楼梯与之相连。

10.1.9-3　伦敦第四频道电视台总部外观

10.1.9-4　伦敦第四频道电视台总部入口

10.1.9-5　伦敦第四频道电视台总部花园小品

法院的外部形象设计得十分独特。罗杰斯为了呼应当地的历史传统，将这7个审判庭处理成类似酒桶和酒瓶的形象，并采用酿酒桶的材料——橡木条作为建筑的表面材料。这种有机的形象不仅非常切合波尔多的历史文脉，还赢得了当地人的普遍喜爱。而办公区则使用了现代的透明材料，这不仅与审判庭在虚实和形态上形成了对比，还为建筑增添了时代气息。

此外，在这个建筑中，罗杰斯采用了一些生态技术，减少了建筑能耗。其一是水的运用。罗杰斯充分利用建筑入口前的那一片水池，在建筑对应水池的部分设置了进气孔。这样，掠过水池的凉爽空气可以直接进入建筑，为室内带来一丝清爽。其二是"烟囱效应"的运用。罗杰斯将每个审判庭处理成一个类似烟囱的空间，四周不设窗，只通过天窗采光。新鲜的空气从房间下方的通风孔流入室内，带来了清凉。而房间的屋顶由于太阳的照射不断升温，这样在室内形成了"烟囱效应"：热气流上升，冷气流填充，室内空气不断地由下至上地流动，产生了比机械风扇更好的竖向通风效果。

罗杰斯在波尔多法院这一建筑中，通过巧妙的手法使现代技术与地域文化完美结合，使其极具现代感的同时又不失地域风韵。而该建筑所采用的生态技术更是体现了罗杰斯对自然环境的关爱之情。

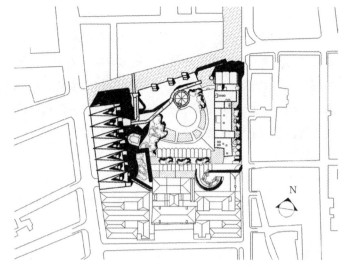

10.1.10-1　波尔多法院总平面图

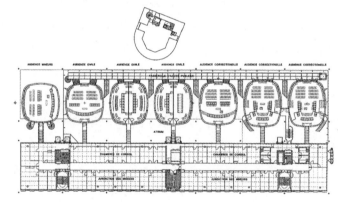

10.1.10-2　波尔多法院平面图

10.1.10-3　波尔多法院外观

10.1.10-4　波尔多法院法庭内景

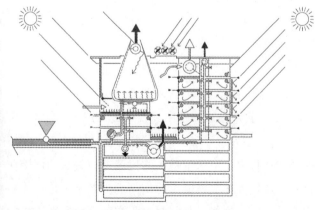

10.1.10-5　波尔多法院生态分析图

10.1.11　戴姆勒—克莱斯勒建筑组群（Daimler Chrysler and Daimler Chrysler Residential，Berlin，1993-1999 年）：

于 1999 年竣工的戴姆勒—克莱斯勒建筑组群是理查德·罗杰斯又一个精彩的作品。在这个设计中，他运用纯熟的设计手法，不仅使建筑完美地满足了市政规划的严格要求，还通过多样的建筑形体和技术手段使之成为节能建筑的典范。

戴姆勒—克莱斯勒建筑组群是伦佐·皮亚诺设计的柏林波茨坦广场的一部分，共 3 幢建筑，其中两幢为戴姆勒—克莱斯勒办公大楼，另一幢为戴姆勒—克莱斯勒住宅楼，总建筑面积 57800m²。按照市政规划的规定，该建筑必须按照原有街区尺度进行设计，并且都应有一个封闭的内部庭院。

在平面上，这 3 个建筑沿街一字排开，面朝东南方。它们完全遵循原有的规划布置，各占据了一个边长为 50m 的方形地块。但是罗杰斯并没有如市政规划要求的一般，将其简单地做成封闭内庭院，而是进行了创新。首先，他在三个建筑的东南方分别切了一个缺口，使中庭可以接纳更多阳光。其次，不同建筑采用不同形式的中庭。办公楼内是顶部为玻璃穹顶的封闭中庭，这俨然是一个"花房"，它不仅可以接纳日光，提供给周围房间更多的采光，同时还是一个空气缓冲区。冬天，空气在这里预热，再流入各个房间，带去温暖。住宅楼内的中庭则是一个露天花园。四周的房间可以借此得到更多的日照，并且能够欣赏绿色的景观。这些中庭，生机盎然又别具特色，不仅使建筑节约了大量能耗，也为人们带来都市里的一抹宁静。

在立面上，一系列节能技术手段构成了建筑形象的主体元素：为了获取更多的日光而斜向切割的建筑体块、经过能量获取分析和热损失分析而有规则排布的透明玻璃砖、为了遮挡夏天炎炎烈日而设置的百叶等。这些技术的运用不但降低了大量的建筑能耗——其能耗仅为普通建筑的 1/2，而且那赭红色的陶土面砖、柠檬黄色的百叶、碧蓝清澈的玻璃砖等元素又为建筑带来了鲜活的视觉冲击。

戴姆勒—克莱斯勒建筑组群是理查德·罗杰斯试图通过建筑形体和当代技术来解决建筑能耗问题所作的一个尝试，并获得了成功。同时，那些鲜明的技术手段又转化为鲜明的艺术形象，而完成了原生态技术向艺术技术的升华。他也因此获得了 2000 年度英国皇家建筑师学会的欧洲建筑大奖。

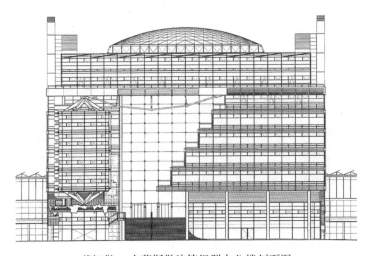

10.1.11-1　戴姆勒-克莱斯勒建筑组群办公楼剖面图

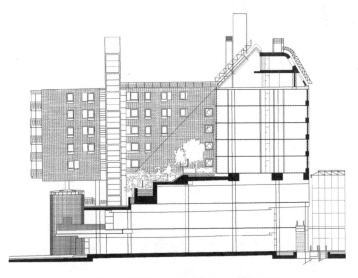

10.1.11-2　戴姆勒-克莱斯勒建筑组群住宅楼剖面图

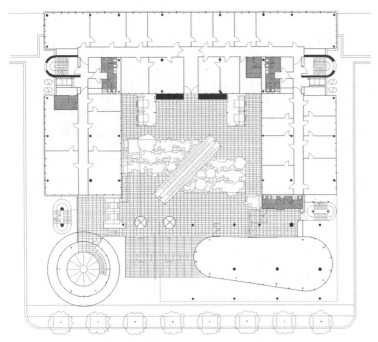

10.1.11-3 戴姆勒－克莱斯勒建筑组群办公楼一层平面

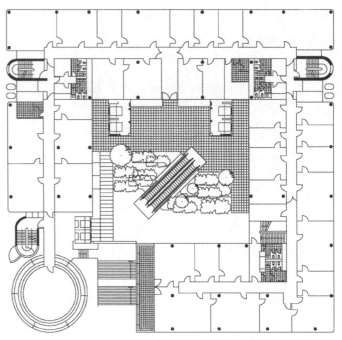

10.1.11-4 戴姆勒－克莱斯勒建筑组群办公楼二层平面

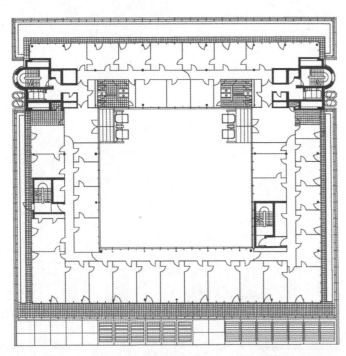

10.1.11-5 戴姆勒－克莱斯勒建筑组群住宅楼平面图

10.1.11-6 戴姆勒－克莱斯勒建筑组群办公楼大厅

10.1.11-7 戴姆勒－克莱斯勒建筑组群办公楼外观

10.1.11-8 戴姆勒－克莱斯勒建筑组群住宅楼外观

10.1.11-9 戴姆勒－克莱斯勒建筑组群住宅楼内院

10.1.12 牛津滑冰场（Ice Rink, Oxford, 1984 年）：

牛津滑冰场位于英国的牛津市，设计者是英国著名建筑师尼古拉斯·格雷姆肖（Nicholas Grimshaw, 1939 年－）。该建筑建造于 1984 年，并于同年对外开放。

尼古拉斯·格雷姆肖是英国建筑界一个极为显赫的代表人物。他与诺曼·福斯特、理查德·罗杰斯等人一样，以擅长在建筑上升华技术为主要特色。他所创作的建筑充满了技术的魅力，他对建筑细部精细而纯熟的设计为他赢得了世界范围内的声誉。

滑冰场为一矩形平面，形式简单，长约 72m，宽 38m。主要包括一个 56m×26m 的冰场和观众席，以及咖啡厅、急救室、商店、餐厅等附属功能。观众席沿冰场周边布置，咖啡厅、餐厅、卫生间等附属功能分为两层，布置在矩形平面的一端，靠近冰场，以方便观众使用。

该建筑为一大跨度结构，主要的屋顶荷载由一根巨大的矩形截面的钢主梁来承载。在钢主梁上均匀地布置有次梁，间距为 4.8m，满布在建筑屋顶上。在矩形平面短边中点的外侧，各设置了一根高 30m 的柱子与钢主梁连接，构成组合型的屋盖体系。屋面的所有荷载通过这两根柱子传递到基础上，另外柱子通过 4 组钢拉杆来固定主梁。

滑冰场外部造型像一艘帆船，两端高高的"桅杆"

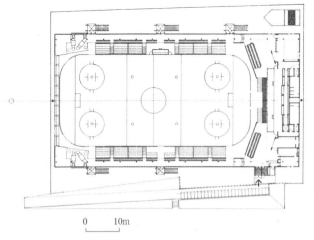

0   10m

10.1.12-1 牛津滑冰场平面图

10.1.12-2 牛津滑冰场外观

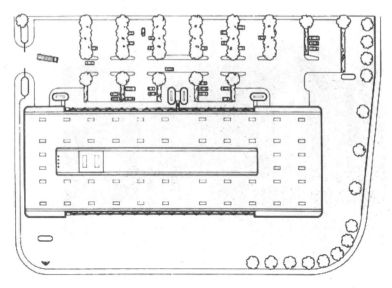

10.1.13-1 金融时报印刷厂总平面图

10.1.12-3 牛津滑冰场室内

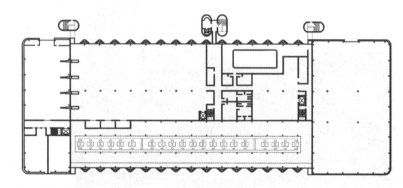

10.1.13-2 金融时报印刷厂平面图

为建筑确立了强烈的标志。建筑外墙面大部分由白色金属面板包裹，只在北立面使用了玻璃墙，二者对比鲜明，丰富了建筑的外部造型。

牛津滑冰场的结构形式新颖，体系独特，体现了建筑技术美与艺术美的完美结合，是建筑师个人风格形成的开始，因此而具有特别的意义。

10.1.13 金融时报印刷厂（Financial Times Print Works, London, 1987—1988 年）：

金融时报印刷厂位于英国的首都伦敦市，是金融时报的一座印刷车间，也是尼古拉斯·格雷姆肖的又一力作。该建筑建造时间非常短，从 1987 年最初的构思方案到 1988 年的建成，仅用了一年的时间。

印刷厂的平面为一个非常简洁的长方形。在功能布局上分为 3 部分：东端是一个 3 层通高的大空间来做储藏间；西端是 3 层的工作间；中间的印刷车间是建筑的主体部分。建筑的垂直交通系统被单独设在矩形之外，4 个交通核对称地布置在建筑的北侧。

建筑东、西立面外表为金属面板装饰，没有门窗洞口，表面光洁大方。南立面被横向分成了 3 段：中间部分为大片通透的玻璃墙面，精确的施工显示出建筑构

10.1.13-3 金融时报印刷厂外观

10.1.13-4 金融时报印刷厂交通核外观

造的精美。两端则均以金属面板作为饰面。北立面4个竖向的交通筒体凸出于玻璃幕墙的外面，它们竖直挺立，打破了建筑主体横向构图的单调感。另外，它那光滑的墙面，闪亮的金属光泽，体现出强烈的艺术技术特征。

这座建筑的另一个独特之处就是玻璃墙面的成功运用。整个玻璃墙面长96m，高16m，由无数块面积为2m²、厚12mm的玻璃和窗格组合而成。玻璃墙的结构处理技术为外张拉式幕墙系统。玻璃的重量由间隔为6m的翼型钢柱支撑，通过柱两侧的钢架、不锈钢板、螺栓与玻璃固定在一起，很好地解决了玻璃的变形问题。

金融时报印刷厂是高科技运用在工业建筑中的一个成功实例，建筑师成功地将一系列技术元素进行了艺术升华，创造出了鲜明的艺术形象，它也因此成为伦敦最出色的建筑物之一。

10.1.14　塞维利亚世界博览会英国馆（British Pavilion Expo'92，Seville，1992年）：

塞维利亚世界博览会英国馆位于西班牙的塞维利亚，是为1992年的世界博览会而建造的。在这座建筑上，尼古拉斯·格雷姆肖充分运用高科技手段来调控室内气候，使之成为20世纪末一座重要的生态节能式建筑，也是他的代表作品之一。

建筑平面为长方形，长60.96m，宽36.58m。在这个巨大的空间内，建筑师按照功能要求进行了空间划分，上面3层用来布置三个展会展台和两个展区，而底层是供游客疏散和步行的交通系统。建筑为桁架结构体系，采用将构件预制组装的建造形式，以便于世博会后易于拆卸与搬迁。

英国馆的外部造型设计体现了节能技术、材料技术、结构技术等多种技术手段的综合运用，技术与艺术完美结合的特色。建筑师在东立面设计了一个透明的水墙（water wall），高18m，长65m。水的流动带走了热量，从而起到了降低室内温度的作用。同时，它又表达了该建筑的高技术特征。在西立面，建筑师采用船用集装箱作墙体，通过它体内储存的水来吸收强烈的太阳辐射热。这种手法一方面隔离了建筑与西面强烈阳光的接触，保持建筑室内的温度；另一方面，集装箱内被加热了的水也作为能量储存了起来，并给整个西立面带来了十分坚实厚重的视觉效果。在南北两个立面，建筑师则采用张拉结构，在一系列竖向钢架上外挂白色的PVC织物，既阻挡了入射的太阳光，在视觉上又彰显了建筑的技术美。另外，在建筑第五立面——屋顶上，建筑师设置了一排太阳能板（Solar Panel），它们被设计成S形，与太阳照射的方向相适应，为建筑提供了主要的能量来源，同时又使屋面免受太阳的照射。在造型上它们轻盈飘逸，给整座建筑增添了活跃的因素，极具

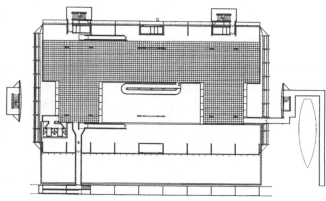

10.1.14-1　塞维利亚世界博览会英国馆平面图

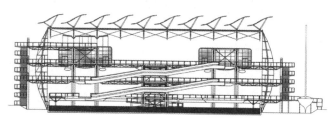

10.1.14-2　塞维利亚世界博览会英国馆剖面图

10.1.14-3　塞维利亚世界博览会英国馆外观

美感。

　　总之，塞维利亚世界博览会英国馆就像一个活的有机体——不断生长、变化，并与环境间进行着自然的对话，它显示出了建筑师非凡的创造力，对当代西方建筑的发展产生了深远的影响。

10.1.15　里斯本东方车站（Orient Station, Lisbon, 1993-1998 年）：

　　东方车站位于葡萄牙里斯本市东北部，是该地区最大的交通枢纽。此车站建成于 1998 年，能够满足市民对各种交通运输的需要，包括城市之间的高速火车、市区内的普通客车、公共汽车、城市地铁、飞机等交通工具的运输与换乘以及地下停车等功能。

　　东方车站的建筑师圣地亚哥·卡拉特拉瓦（Santiago Calatrava，1951 年 -）是当代西方最著名的建筑师之一，拥有建筑师和工程师的双重身份。他对结构技术和建筑艺术之间的互动转换有着惊人的掌控能力，他的建筑作品散发出浓郁的艺术技术所呈现的逻辑美。他善于设计桥梁和大跨度建筑，也善于在建筑创作中模仿大自然中林木虫鸟的形态。卡拉特拉瓦为当代西方建筑的发展开辟了一条新的创作之路。

　　在东方车站这个充满挑战的设计中，卡拉特拉瓦将统筹全局的能力发挥得淋漓尽致。他将车站竖向分成两层，上层为火车站，下层是博览会的疏散场地、地铁的出口以及城市主要的公共汽车终端。火车站台设在一座高 11m 的拱形结构上，每个拱的跨度为 78m，五行并列成一体。火车站共有 4 个月台为 8 条铁轨服务。月台上树冠状的雨篷是结构技术与功能、艺术的完美结合。这些由钢结构和玻璃组成的"棕榈树"按照 17m 的柱网紧密排列，覆盖着 8 条铁道。这片恰似枝繁叶茂的人工森林使车站充满了温暖与热情的艺术氛围。

　　在建筑的下层，犹如动物骨骼般的结构体系呼应着上部月台的"棕榈树林"，为疏散的人群创造出了宽敞通

10.1.15-1 里斯本东方火车站外观

10.1.15-2 里斯本东方火车站月台

10.1.15-3 里斯本东方火车站室内大厅

畅的空间。汽车站在火车站的西部，高度上位于火车站的下层。汽车站有一个贯穿东西的玻璃长廊，并与上层的火车站相连接。站前广场的周边是商业建筑，以满足旅客们的购物需要。停车场和城市地铁设置在地下层。

东方车站的设计表现出一种坦率的结构理性和浪漫的艺术情调的完美融合，它重新诠释了建筑与社会、建筑与场地的关系，也为原生态技术的升华提供了新范例。

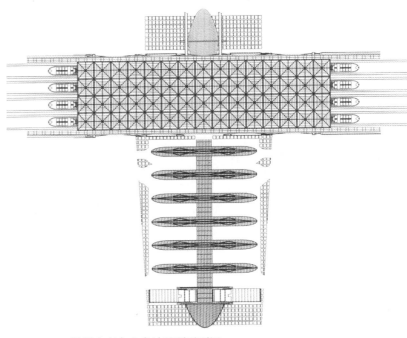

10.1.15-4 里斯本东方火车站屋顶平面图

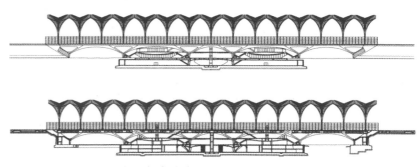

10.1.15-5 里斯本东方火车站剖面图

10.1.16 巴伦西亚的艺术与科学城（Valencia's City of Arts and Science，Valencia，1991~2004 年）：

西班牙巴伦西亚的艺术与科学城是卡拉特拉瓦在 20 世纪 90 年代的设计作品，也是他建筑生涯中最为璀璨的代表建筑之一。这个通过设计竞赛而获得委任的项目，使卡拉特拉瓦又一次面临了充满挑战性的任务：在城市边缘地带的图利亚河干涸的河床南岸设计新建筑。

艺术与科学城位于一个长三角形地段，由天文馆、科学博物馆、步行花园、海洋馆以及歌剧院等 5 个部分组成，总占地为 35.2 万 m²。卡拉特拉瓦设计其中的天文馆、科学博物馆和歌剧院 3 个建筑单体。天文馆在地上分为两部分，上部是由 372 块不规则的玻璃薄板和混凝土框架组成了一个长 110m、宽 55.5m、可纵向开启的椭圆形屋顶。下面是一个球形天文馆，形式在模仿人的眼睛。当建筑屋顶的活动部分打开时，可以见到球体内部。环绕建筑四周的浅水池起到了反射作用，增强了建筑的飘浮感。水池的下部空间则是图书馆、电影院、礼堂和饭店等辅助房间。

科学博物馆宽 104m，长 241m，由 5 组树状结构为模块沿场地重复构建而成。这 5 组树状混凝土结构起到了支撑屋顶与连接墙面的作用，同时这些结构还容纳了竖向交通与服务管线。入口设在建筑的两端，由一组三角形斜拉构件构成，强调了主建筑入口。

歌剧院是整组建筑建造最晚的一座，直到 2004 年才建造完成。它与前两座建筑有一高架桥相隔，平面近似于椭圆形。剧院的内部相对布置一大一小两个演出空间。大的主礼堂可以容纳 1300 人，除上演歌剧外，还可以上演音乐会、戏剧、电影和话剧等；小剧场为 400 座，供实验演出和排练用。另外，卡拉特拉瓦还设计了一个带有遮棚的露天礼堂，可容纳 2000 人。歌剧院的屋顶为多个混凝土壳体的组合，形式十分复杂而独特。

这组建筑群充分体现了卡拉特拉瓦升华原生态技术为艺术技术的设计理念和设计技巧。通过他天才的处理，建筑艺术与结构技术天衣无缝般地结合到一起，技术对建筑创作的巨大作用力显露无遗。

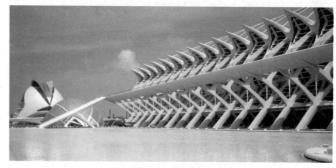

10.1.16-1 巴伦西亚的艺术与科学城全景图

10.1.16-2 巴伦西亚的艺术与科学城天文馆

10.1.16-3 巴伦西亚的艺术与科学城科学博物馆

10.1.16-4 巴伦西亚的艺术与科学城科学博物馆内景

10.1.16-5 巴伦西亚的艺术与科学城歌剧院外观

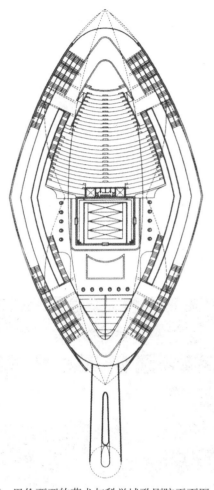

10.1.16-6 巴伦西亚的艺术与科学城歌剧院平面图

10.1.17 密尔沃基艺术博物馆（Milwaukee Art Museum, Milwaukee, 1994-2001 年）：

密尔沃基艺术博物馆坐落在美国威斯康星州密尔沃基市的密歇根湖畔，占地 1.6 万 m²。基地上原有一座战争纪念馆和一座展览馆，新博物馆与之相接。博物馆的管理者希望新馆要有鲜明的可识别性，卡拉特拉瓦的设计以极强的个性满足了这一要求。

卡拉特拉瓦充分考虑了基地环境，并将其作为建筑设计的基本出发点。他保留了原有建筑的独立性，在临近湖边建造新的建筑。新馆建筑面积为 7500m²，平面基本呈十字形，有一个 1500m² 的临时展厅、一个拥有 300

个座位的讲演厅等内容。建筑的主体一侧沿湖岸一直延伸了约 134 米后插入老馆。

博物馆的形体用一座 11m 高的拱架、玻璃屋顶以及不锈钢构架组成。博物馆屋顶上的"羽翼"造型最具特色，看起来就像一只飞翔中的海鸥。这个形如鸟翅骨架、重达 115t 的可折叠结构是一个可移动的太阳屏，可以根据风速和天气情况调节开启或者闭合。有时它会像翅膀一样慢慢展开以遮蔽建筑，有时它又闭合收回附着在其下的双曲线型屋面上。这个屋面从中间分成两部分，每部分由 36 个钢条排列组成，这些钢条长度由 32m 随曲线变化逐渐递减到 8m，从而完成了这个特殊的屋面造型。

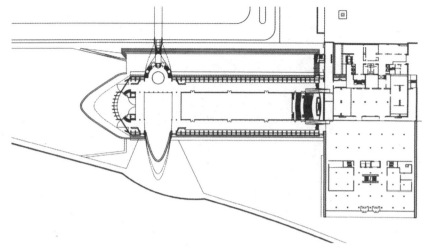

10.1.17-1 密尔沃基艺术博物馆平面图

博物馆的主入口由一条人行天桥跨越下面的林肯纪念大道指引人们从对面一座平台走向建筑入口。这座拉索桥的设计跨度为73m，在临近新建筑入口处一个高50m的斜拉杆以47°倾角直入青天。另一个桅杆位于屋面的中轴线上，与斜拉杆平行。羽翼般的屋面与斜拉索步行桥两个元素共同创造出了梦幻般的结构体系和充满运动感的建筑形态。

密尔沃基艺术博物馆再一次体现了建筑师对于结构技术与建筑艺术完美转换的掌控能力。2001年，在美国《时代》杂志评选的美国年度综合设计榜上，密尔沃基艺术博物馆被列为榜首。

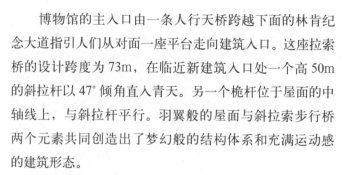

10.1.17-2 密尔沃基艺术博物馆鸟瞰图

10.1.17-3 密尔沃基艺术博物馆广场外观

10.1.17-4 密尔沃基艺术博物馆侧面外观

10.1.17-5 密尔沃基艺术博物馆太阳屏闭合后的外观

10.1.17-6 密尔沃基艺术博物馆室内大厅

10.1.18　坦纳利佛音乐厅（Tenerife Concert Hall, Santa Cruz, 1991-2003 年）：

由卡拉特拉瓦设计的坦纳利佛音乐厅位于西班牙加那利群岛（Canary Islands）的圣克鲁斯市，于 2003 年 9 月正式交付使用。

音乐厅占地 2.3hm²，是一个多功能表演中心，可以上演交响乐、室内乐、舞蹈、话剧、电影、西班牙小歌剧以及召开国际会议。其中表演厅面积共有 6741m²，由可容纳 1668 人的礼堂和可容纳 410 人的室内音乐厅构成。艺术家入口处于一座跨度为 50m 的拱门下；公众入口设在东北侧的广场上，位于弧形屋顶之下。

音乐厅造型极具雕塑性且富有动感，尤其是那高达 58m 的屋顶，像是一道海浪腾空跃起，闯入了海岸线。建筑的平面和立面都是轴线对称式图形，屋顶是由两个相互交叉的圆锥体组成，屋顶两侧的围墙是由一条曲线旋转而得出的椭圆形。巨大的"海浪"形屋顶是预制后分成 17 块组件运送到岛上来组装的，最重的一块有 60t 重。在 17 块预制组件组合完成后，再灌入来自西班牙的细砂以及岛上粗砂混合制成的白色混凝土。整个建筑共耗用了 2000t 混凝土。

坦纳利佛音乐厅是卡拉特拉瓦作品中最具特色的代表作。他像一个出色的摄影师，成功地将浪花跃起的瞬间定格为永恒，向人们娓娓道来一段动人的画面：白色的建筑、蔚蓝色的天空和海洋，还有郁郁葱葱的山脉。

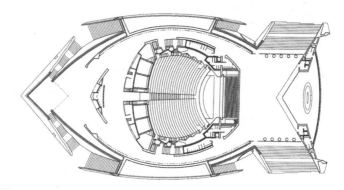

10.1.18-1　坦纳利佛音乐厅平面图

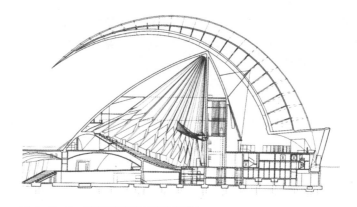

10.1.18-2　坦纳利佛音乐厅剖面图

10.1.18-3　坦纳利佛音乐厅外观

10.1.18-4　坦纳利佛音乐厅观众厅

10.2 建筑创作的多元化

当代西方建筑师一贯反对人们将他们称为某种思潮的代表人物。其原因大体有两个：其一是这些建筑师总是习惯于站在时代大潮的前面去探索与时代发展更为密切的创作理念与创作原则，为人类社会留下更加新潮的建筑作品。其二是这些建筑师所创作的作品是多元化的，不同的年代有不同的作品问世。如果将他们固定在某个思潮中，也就将他们凝固了，这是他们最不愿意接受的。也正是这些建筑师们的不懈的追求与不懈的努力，当代西方建筑才得以出现真正的百家争鸣、百花齐放的局面。

10.2.1　拉德方斯大拱门（La Defense Grand Arch, Paris, 1982–1989 年）:

位于法国巴黎的拉德方斯是欧洲最大的商务中心区，大拱门是该区的核心建筑。它是丹麦建筑师斯普瑞克尔森（J·O·Spreckelson, 1929–1987 年）在法国政府举办的国际竞赛中的获奖方案。该工程开工于 1982 年，1987 年斯普瑞克尔森去世，由他的助手法国著名建筑师保罗·安德鲁（Paul Andreu, 1938 年 –）主持完成。大拱门独特的建筑形式在拉德方斯区内取得了良好的景观效果。

大拱门位于卢浮宫—星形广场（凯旋门）轴线的西部终端，建筑平面为矩形，对称式布局，高 110m，宽 108m，深 112m，共有 37 层。大拱门主要用作办公，可以提供约 8 万 m² 的办公空间。地下一层是设备层，并与巴黎多条地铁线相连接。地上总共有 37 层。一层到三层平面为方形，中心是一个开敞的中庭空间，有螺旋楼梯和自动扶梯联系各层，有自然光线照射进来，四至三十四层为标准层，用作办公空间，平面由位于中轴线两端的两个细长的梯形组成，每个梯形又被划分为 5 个办公组团；三十五层和三十六层又连为方形平面，内部包括了办公室、会议室、餐厅、展览室以及展望平台等功能；三十七层为观光层，游人可登顶俯瞰巴黎城。

拉德方斯大拱门是一个立方体建筑，它外观像是一扇敞开的大门，正面与背面都是混凝土的实墙，两侧的墙面上则开满了规则的方形窗。在大拱门的正面还有宽大的台阶连接着前面的广场与 3 层高的平台，平台上 3 个

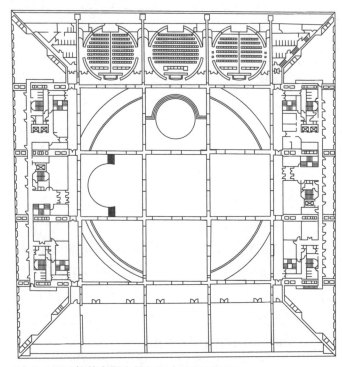

10.2.1-1　拉德方斯大拱门三十四层平面图

10.2.1-2　拉德方斯大拱门外观

圆形透明的玻璃罩为建筑的入口，光线由此直接照进下面3层空间中。在玻璃罩的上方，一张像伞一样张开的双层悬索结构的复合体悬在空中，它的上层是悬索，下层是聚四氟乙烯材质的张拉膜。这个复合体具有强烈的雕塑感，并被形象地称为大拱门中的"云"。

拉德方斯大拱门以简洁的形体延续着现代主义建筑的设计理念，但同时又以独特的形式突破了现代主义建筑的设计法则。它是巴黎一座新的标志性建筑，深受法国人民和各国游人的喜爱。

10.2.2 阿拉伯世界文化中心（Institute du Monde Arabe，Paris，1981−1987 年）：

阿拉伯世界文化中心位于法国巴黎老城的西提岛（Îe de la Cité）上，基地紧靠塞纳河南岸，是一块曲线的三角形。为增进法国人民对伊斯兰文化与文明的了解，由法国政府及阿尔及利亚、伊拉克等 19 个阿拉伯地区的国家合资共同建造了这座建筑。该建筑蕴含了丰富的文化元素，是阿拉伯文化在法国的展示橱窗。

阿拉伯世界文化中心的设计者让·努维尔（Jean Nouvel，1945 年 −）是法国著名建筑师，这座建筑也是他的成名作。此后，他的作品不断问世，获得了建筑界普遍的赞赏。他在建筑创作中善于将时代精神与历史文化、城市肌理与周围环境、技术理性与艺术浪漫、传统建筑语汇与现代设计手法等因素巧妙融合，使"其作品的深度和表现力几乎无人能与之媲美，代表了最佳的欧洲传统"（英国建筑协会主席古得斯迈德语）。

文化中心地下 1 层，地上 11 层。建筑的主体被一个方形庭院所分离，在朝向巴黎圣母院的轴线上切开一道深缝，通向方形庭院。平面的主要功能由阿拉伯文明与艺术博物馆、文件图书馆、当代主题展览室、400 座的礼堂、法国阿拉伯文化发扬中心，以及许多会议室和办公室构成。建筑师在设计中充分考虑了基地的各种双重属性，即现代性与历史性、阿拉伯文化与西方文化、私密性与开放性等因素，并逐一落实在建筑上。

努维尔成功地把阿拉伯古老文化要素与现代技术相结合，在建筑的南立面使用了近百个类似相机光圈的传感装置和一系列阿拉伯传统文化中常用的几何图形作为建筑的开窗和遮阳。在不同的阳光下，这些光圈或收或放，控制着室内的采光率。努维尔通过这片壮观的、能开能合的花窗装饰实现了传统装饰与时代技术的整合，是东方文化的现代表达。而且，它可为室内带来光线层次、空

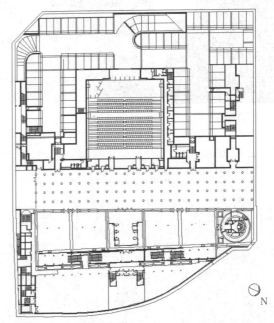

10.2.2−1 阿拉伯世界文化中心地下一层平面图

10.2.2−2 阿拉伯世界文化中心北立面外观

10.2.2-3 阿拉伯世界文化中心外观

10.2.2-4 阿拉伯世界文化中心室内门厅

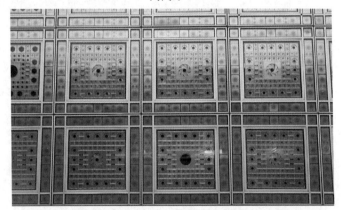

10.2.2-5 阿拉伯世界文化中心南立面窗细部

10.2.2-6 阿拉伯世界文化中心南立面窗的室内效果

间体积开阔感的转换，使参观者就像走过一个电影的连续镜头。

建筑的北立面沿塞纳河的走向布置成弧线形，并做成带有格栅的玻璃幕墙，使附近的城市景观映像在建筑的玻璃表面上，成为西方文化的真实镜像。

阿拉伯世界文化中心是巴黎最受欢迎的博物馆之一，由于努维尔出色的设计而获得了 1987 年度法国最佳建筑设计银角尺奖（l'Equerre d'Argent）和 1990 年度阿卡汉奖（Aga Khan Award, Cairo）。由此，让·努维尔一举成名。

10.2.3 巴黎音乐城（La Cite de La Musique，Paris，1990-1995 年）：

位于法国巴黎拉维莱特公园南端入口旁的巴黎音乐城是法国著名建筑师 C·包赞巴克（Christian de Portzamparc, 1944 年－）的代表作品。该组建筑秉承了拉维莱特公园园区整体的设计风格，采用大量的几何形体进行雕琢和重组，从而表达出建筑师对建筑本身和周围环境之间关系的深刻理解。

C·包赞巴克是 1994 年普利茨克建筑奖得主，他在建筑创作中，善于利用空间来构筑实体，他以空间作为基本元素，运用削减的手法来处理建筑体量，使得他的作品产生极强的雕塑感。

在音乐城的设计中，为了强调公园南端的主入口，音乐城被园内的狮泉广场一分为二，形成东、西两个组团。其中，东部组团是一个形式复杂的音乐厅，而西部组团则是布局规整的国立音乐学院。两个建筑组群共占地 23000m²，总建筑面积约为 64000m²。

两组建筑不但采用非对称式的建筑布局，而且在建筑形式上也是各不相同。音乐厅的平面略似三角形，它由若干个形状各异的几何形体相互拼接而成。其中，最引人注目的是椭圆形有 800-1000 个座位的中心音乐厅、贯穿建筑东西向的多媒体图书馆长廊以及呈问号状的乐器街回廊。此外，还包括接待室、大阶梯教室、音乐博物馆、会议中心，以及书店、商场、咖啡厅等附属用房。

西部的国立音乐学院的整体平面呈院落式布局，包括有一幢综合大楼、一幢含有 50 套房间的学生公寓以及一个含有 183 个车位的地下停车场。其中，综合大楼的平面形式略呈 L 形，它由 46 间教室以及若干练习室、一个容纳 450 人的歌剧厅、一个含有 200 个座位的管风琴厅以及一个含有 250 个座位的跨学科创作室组成。

巴黎音乐城的形体设计以及形体间的自由组合表现了建筑师设计风格的鲜明个性。在音乐厅的设计中，包赞巴克大胆地将各类矛盾的几何形体戏剧性的拼接、碰撞在一起，从而营造出一种或开阔，或封闭，或轻盈，或凝重的空间感受，形成强烈的视觉冲击力。在细部处理上，包赞巴克用雕刻的手法在墙面的凸出体上雕刻出一个个个性十足的小窗，为建筑带来生动活泼的艺术效果。

在音乐学校的设计中，它采用动感十足的波浪式屋顶以丰富建筑的立面造型，并将其与一系列倾斜的梁柱相互搭接，在墙面上作前后贯通处理等，从而形成一组超越理性的建筑构图。

巴黎音乐城是 C·包赞巴克最著名的建筑作品，该建筑以一种超乎寻常的形体组合方式反映出

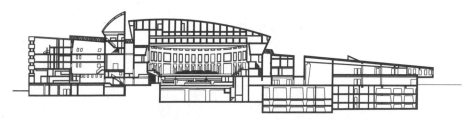

10.2.3-2　巴黎音乐城音乐厅剖面图

10.2.3-3　巴黎音乐城音乐厅入口外观

10.2.3-4　巴黎音乐城音乐厅局部外观

10.2.3-1　巴黎音乐城音乐厅模型

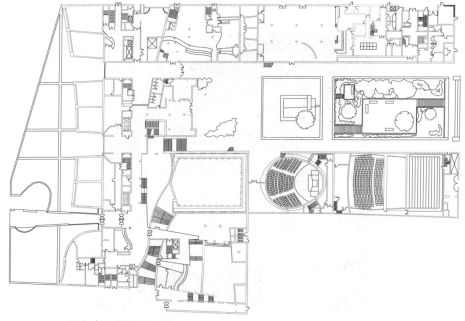

10.2.3-5　国立音乐学院平面图

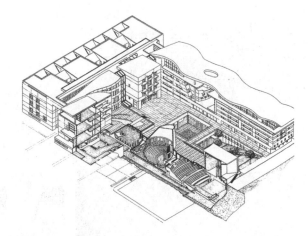

10.2.3-6　国立音乐学院轴测图

10.2.3-7　国立音乐学院内院景观

10.2.3-8　国立音乐学院沿街一侧外观

信息化社会建筑本身的艺术品质。1995 年该建筑落成时，获同年法国建筑银角尺奖。

10.2.4　埃夫里主教堂（Cathedral of the Resurrection，Evry，1988-1995 年）:

埃夫里主教堂位于法国巴黎附近的埃夫里新城，教堂由广场和住宅楼所环绕，是该城新的城市中心。

教堂的设计者马里奥·博塔（Mario Botta，1943 年-）是国际声誉极高的瑞士建筑师。他的作品常以红色或灰色面砖为表面材料，以表现简单的几何形体组合为特色，并善于在形体上作各种雕塑式的造型处理，是名副其实的砖雕大师。

教堂平面为圆形，直径 38m，面积为 1600m²。教堂与左侧的住宅楼相切，垂直于切面的轴线成为圆形平面的主轴线，圆形与切面的夹角处是教堂的主入口。圆形平面的中央是中厅，周围一圈有环形走廊，隐喻着教堂的侧廊，其形式是由双墙系统转化而来的。平面前面的圣坛外墙开有半圆弧窗，采用树干状窗棂，光线奇异，形成了讲坛独特的背景。

教堂的主要造型特点是对圆筒形体的切割和变形。博塔在屋顶处沿主轴线斜切出一条曲线形的环形缺口，并在其上种植 24 棵法国梧桐，整个建筑看起来如同一个皇冠。这一道缺口，使建筑的屋顶部分从立面形式中分离出来，勾勒出建筑的圆柱体量特征

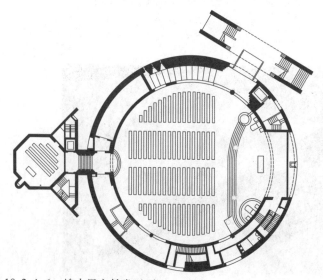

10.2.4-1　埃夫里主教堂平面图

与屋顶形态的丰富变化，划分了建筑立面构图的层次，令建筑形体颇具雕塑感。在建筑的入口处，有层层后退的方形线脚，很有哥特式教堂透视门的味道。

教堂的室内空间在巨大的而又倾斜而下的三角形钢架与圆形顶棚的笼罩下，显示出极强的空间特色和方向性。金属钢架的两侧有两个巨大的玻璃天窗，自然光充分投射在室内巨大的空间里。

在教堂的立面处理上，博塔将面砖的表现力发挥到了极致。圆柱形的主体为钢筋混凝土结构，内外均贴红色面砖。砖的砌筑方式主要有立砌、平砌、叠涩砌，甚至还有沿着顶部斜切圆柱体的曲线砌法。博塔通过不同砌法的拼接来编织立面图案，利用砖的叠涩凹凸形成表面肌理，在水平方向上的重复变化增强建筑的韵律感。他在立面每一个正方形窗的四周都增加了一道退后的线脚，并采用同样的面砖进行装饰。这样的面砖用法，增强了立面构图的丰富性，形成了精致的建筑细部，充分发挥了砖的艺术潜力。

博塔设计的埃夫里教堂，运用简单的几何形体进行切、削、增、减处理；在建筑表面装饰丰富的图案；在室内构建神秘、宁静而又具有震撼力的空间气氛。这一切都表现出建筑师对现代人精神世界的深刻观察与回应。

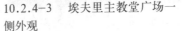

10.2.4-3 埃夫里主教堂广场一侧外观　　10.2.4-4 埃夫里主教堂室内中庭

10.2.5 旧金山现代艺术博物馆（Museum of Modern Art，San Francisco，1989-1995 年）：

旧金山现代艺术博物馆位于美国旧金山市区第三大街 151 号。作为博塔的代表性作品，在建筑形象塑造过程中，他综合运用了多种设计手法，具有相当的典型性。

博物馆平面呈 T 字形，高 44m，地下 1 层，地上 5 层，层高为 5m、5.5m、7m 不等，总建筑面积约 22000m²，净面积为 20900m²。一层平面有入口大厅、观演厅及展室，二层展出名作，三层为摄影、建筑和设计展，四层为短期作品展，五层为巡回作品展。各层展厅围绕中庭布置，中庭的圆形斜天窗为建筑带来充足的自然光。天窗下的大楼梯通往各层。

建筑主体由叠合的立方体与斜切的圆柱体组合而成。立方体与圆柱体之间的变化在体量上产生鲜明的对比，这一对比关系也成为组织建筑造型的主导原则。立方体采用大面积红褐面砖饰面，并强调砌筑方式的变化以产生丰富的立面图案，这是博塔惯用的手法。而中部斜切的圆柱体处在形体构图的核心位置，是人们视线的焦点。

10.2.4-2 埃夫里主教堂入口一侧外观

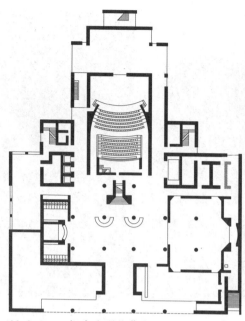

10.2.5-1　旧金山现代艺术博物馆平面图

10.2.5-3　旧金山现代艺术博物馆入口外观

10.2.5-4　旧金山现代艺术博物馆室内大厅

10.2.5-2　旧金山现代艺术博物馆鸟瞰图

它通过砌筑黑白相间的双色条纹花岗石塑造出极富韵律的构图。而外墙石材的厚重与轻盈的玻璃天窗也形成鲜明的对比关系，使建筑的实体特征得以突出。除此之外，建筑整体呈现出简洁、纯净的外貌。

博塔在对旧金山现代艺术博物馆的设计中反复使用对比手法来体现构图要素之间的差异性和变化，以创造建筑丰富的形态。同时，博塔也以对称式的形体布局来使建筑达到整体的统一。

10.2.6　慕尼黑戈兹美术馆（Gallery for Goetz Collection, Munich, 1991-1993年）：

戈兹美术馆是德国著名的个人当代艺术收藏品美术馆，由雅克·赫尔佐格（Jacques Herzog, 1950年-）和皮埃尔·德·梅隆（Pierre de Meuron, 1950年-）事务所设计，是当代西方建筑中极少主义创作思想的代表作品之一。设计始于1991年，于1993年建成。

赫尔佐格和德·梅隆是一对建筑师组合，他们的事务所成立于1978年。他们的作品以形体简洁为特色，注重在建筑表皮上使用各种高科技手段来表现作品的时代特征。2001年他们获得了普利茨克建筑奖。

戈兹美术馆位于德国慕尼黑市郊外一片白桦和针叶林里，平面为矩形，建筑体量不大，共两层。每层高5.5m，底层埋入地下2.5m，只有半层露出地面，建筑面积约3000m²。美术馆的入口设在面向庭院一侧的北部，门厅层高较低，尺度亲切。南面为底层展厅，尺度较大，空间豁然开朗。底层展厅分为3间，面积不等，中间较大，尽端一

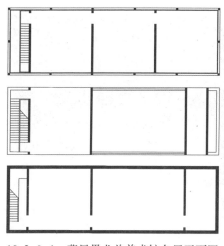

10.2.6-1 慕尼黑戈兹美术馆各层平面图　　10.2.6-2 慕尼黑戈兹美术馆外观　　10.2.6-3 慕尼黑戈兹美术馆二楼展厅

间最小，走廊设置在西面。由入口楼梯进入二层展厅后，走廊则换到了另一边，展厅被分割成大小相等的 3 间。墙体上部开磨砂玻璃侧窗，环绕建筑一周，充分引入了自然光，形成一个柔和的光环境，使观赏者能够很好地欣赏作品。

美术馆的内部展厅处理得朴实无华，墙面洁白淡雅，木地板平整光洁，顶棚平整，空间简洁纯净，避免了喧宾夺主，使艺术品真正成为了展示的主角。

受建筑用地限高的控制，美术馆只能将一层插入地下来获得足够的展示空间。建筑师基于这一限制条件展开设计，将露出地面的部分和二层空间划分为高度相等的三段，上下均为玻璃盒子，中间一段为木质胶合板做外墙表皮。这样的处理使建筑从外面来看无法辨别其内部的真实楼层，从视觉上让这个小尺度的建筑显得挺拔而精致。

戈兹美术馆简洁而规则的外部实体和空间形态与周围的自然环境产生了一定的反差。建筑师将他们的关注目光更多地投向了建筑表皮的材料选择和工艺技术的精美表现上。为此，戈兹美术馆创造了具有强烈时代特征的极少主义建筑形象。

10.2.7　多米纳斯酿酒厂（Dominus Winery in Napa Valley，California，1995-1997 年）：

多米纳斯葡萄酒厂位于美国加利福尼亚州纳帕溪谷中的一大片葡萄园内，是赫尔佐格和德·梅隆在美国的第一件作品，也是他们的代表作品之一。酒厂设计于 1995 年，1997 年建成。建筑师对葡萄酒的喜好使他们在设计中投入了极大的热情，最终成就了这座著名的建筑。

酿酒厂是一座长方形盒子似的建筑，长 134.5m，宽 25m，高 9m，位于葡萄园的中心位置，横跨在葡萄园主轴线上，一条主要通道从建筑中央底部穿过。

建筑平面按功能分为三个不同的部分：酿酒车间部分，在巨大的铬合金的大桶中完成葡萄发酵的第一个步骤；酒窖部分，葡萄酒在橡树桶中放置两年，以待成熟；库房部分，葡萄酒装瓶，用木盒子包装好，贮存至运到商店中出售。

葡萄酒厂外墙表皮的设计是这座建筑最具特色之处。建筑师通过在金属丝编织的金属笼内装满大小不同的石块组成建筑的外表面。金属笼的网眼有大中小三种规格：大尺度的金属笼中填装大块的石头，中间的缝隙能让光线和自然风进入到室内；中等尺度金属笼内填装中等的

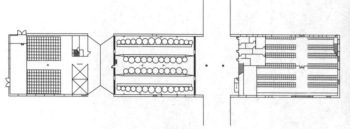

10.2.7-1 多米纳斯酿酒厂一层平面图　　　　10.2.7-2 多米纳斯酿酒厂外观　　　　10.2.7-3 多米纳斯酿酒厂立面局部

石块，用在外墙的底部，以防响尾蛇从填充的石缝中爬入室内；小尺度金属笼内填充小块的石头，用在酒窖和库房周围，形成密实的墙体。由于石头之间的空隙，使墙体具有良好的通透性。赫尔佐格和德·梅隆通过使用这样一种有创造力的墙体表现，将人们对建筑的注意力集中在了金属编织的石笼上。

同时，这种金属编织的石笼还是建筑师对酒厂特殊的功能需要和气候的一种回应。当地气候日夜温差较大，适合酿酒用葡萄的生长，但对酒的储存和酿造不利。建筑师试图设计一幢能够适应并利用这里气候特点的建筑，使用当地特有的玄武石做蓄热材料，白天吸收太阳热量，晚上将其释放出来，使昼夜间的温差得以平衡。同时，这种装置还具有一种变化、透明的特征。装入石笼的石头都经过精心的挑选，可以遮挡当地强烈的阳光，又能通过石缝通风采光。阳光透过石料的缝隙投射到室内，形成形状各异的光斑，造成虚无缥缈的空间效果。到了晚上，室内光线透过石缝向外部投射，又产生相反的效果。

多米纳斯葡萄酒厂的设计使建筑很好地融合到了周围环境之中。远处观看，酒厂就像一条水平向的简单直线，只不过比周围成行排列的葡萄树更加规整精确罢了。而赫尔佐格和德·梅隆独特的石笼设计又将建筑表皮处理中对功能和艺术的结合推向了极致。

10.2.8　伦敦泰特现代美术馆（Tate Gallery of Modern Art，London，1995-2000 年）：

伦敦泰特现代美术馆是英国最著名的美术馆之一，专门收藏 20 世纪的现代艺术品。这座美术馆是赫尔佐格和德·梅隆的成名作，也是他们获得普利茨克建筑奖的标志性建筑。

泰特现代美术馆位于伦敦泰晤士河的南岸，与著名的圣保罗大教堂隔岸相望，连接它们的是由诺曼·福斯特设计的横跨泰晤士河的千禧大桥。美术馆的原址是泰晤士河畔的河岸发电所（Bankside Power Station），美术馆即由这座废弃的旧厂房改建而成。经由两位大师的精心设计，现在的美术馆已成为颇具现代艺术气质的著名美术馆。

美术馆的平面呈矩形，中间有一个上下贯通的长方形大厅，两侧是展厅。一个 99m 高的方形烟囱位于建筑北面正中，入口分设在它的两侧。门厅是一个由涡轮机房改造而成的长方形大厅，长 160m，宽 23m，高 40m，是世界上最大的展示空间。尤其是屋顶巨大的天窗采光带，为大厅带来明亮的光环境。大厅内设自动扶梯、电梯厅和楼梯通往二层平台和以上各层，是整个建筑的集散地。底层大厅中设有问讯处、资料中心、商店和其他服务设施；二层西侧为观演室和餐厅，走廊尽端有无障碍通道。东侧是部分办公室和辅助用房；三到五层为主要展厅，其中三层主要展出环境和生活题材的展品，四层为特殊展品陈列区，五层为社会科学和历史人文类展品；赫尔佐格和德·梅隆将六层和七层设计成两层高的玻璃盒子，主要有活动室、休息厅和一家餐厅，这个玻璃盒子不仅为观众提供充足的自然光线，还可以从这里俯瞰伦敦城和泰晤士河的美景。在巨大烟囱的顶部，现代艺术设计师 M·C·马丁（Michael Crage-Martin）与赫尔佐格和德·梅隆合作，加盖了一个由半透明的薄板制成的顶子，由瑞士政府出资，所以命名为"瑞士之光"，它已成为伦敦夜景不可缺少的一部分。同时，这两处玻璃盒子也是建筑师对这座老建筑改造唯一的增添部分，表现了建筑师对老建筑的充分尊重。

美术馆的建筑立面保留了原有建筑的褐色砖砌外墙，并去除了其中冗杂的建筑元素，使得整个建筑表面更加简洁统一。位于中央 99m 高的方形烟囱是立面竖向构图的中心，水平向的构图中心则是顶部两层高的玻璃盒子。平整光滑的玻璃幕墙与建筑主体的砖墙形成鲜明的对比。幕墙上书写着偌大的英文字母，标示着美术馆的名称和展出的主题。简单的处理使整个建筑散发出浓厚的现代艺术气息。

泰特现代美术馆是当今世界上最著名的三大现代美术馆之一，也是英国最具有吸引力的美术馆。这个由旧厂房改建而成的巨型展览空间，凭借其丰富的藏品和独特的展放形式，以及由建筑师赫尔佐格和德·梅隆所赋予的鲜明特色，成为现代艺术馆建筑中的杰出代表。

10.2.9　吉芭欧文化中心（Tjibaou Cultural Center, Noumea, New Caledonia, 1991–1998 年）：

努美阿的吉芭欧文化中心是伦佐·皮亚诺的代表作品之一，是其追求人文化技术与生态化技术的典型范例；也是来自于现代的先进技术与地域的传统技术、材料与工艺的完美结合；还是来自于当今时代新精神与地域文化中富有生命力的传统精神之间最有机的融合。

文化中心位于法属太平洋岛屿新喀里多尼亚首府努美阿的东部边界处，是法国政府赠予当地居民的一份礼物。建筑设计于 1991 年，建成于 1998 年。

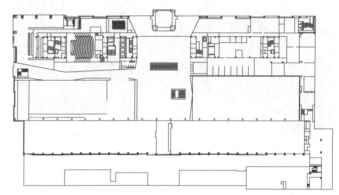

10.2.8-1　伦敦泰特现代美术馆平面图

10.2.8-2　伦敦泰特现代美术馆外观

10.2.8-3　伦敦泰特现代美术馆室内展厅

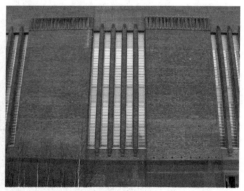

10.2.8-4　伦敦泰特现代美术馆墙体细部

10.2.9-1　吉芭欧文化中心鸟瞰图

文化中心占地面积为 8hm²，总建筑面积为 7650m²。整个文化中心分别被安置在被赋予不同功能的 3 个村落里，包括有一座 400 个座位、800m² 的礼堂，650m² 的固定展厅、580m² 的临时展厅、300m² 的多媒体图书馆、310m² 的餐厅、220m² 的艺术家工作室，以及一些办公和管理用房等内容。它们之间由一条弧形的步道连接，沿线由茂密的植被所覆盖。入口门厅位于步道的 1/4 处，沿着道路两边的景观与植被赋予了不同的文化主题。

在整个建筑中，11 个特殊的圆"盒子"被建筑师作

10.2.9-2　吉芭欧文化中心外观

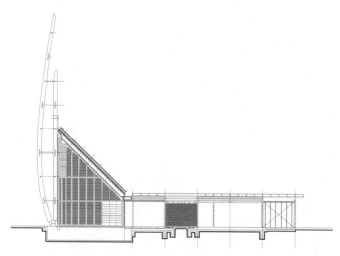

10.2.9-4　吉芭欧文化中心展厅立面图

10.2.9-3　吉芭欧文化中心与土著人的草棚

10.2.9-5　吉芭欧文化中心室内展厅

为整个建筑形象及结构系统的统领要素。"盒子"是由一些金属杆件外包弯曲木质薄板而构成的。每个"盒子"的屋顶都作斜面处理，其外部形态与当地松树的外观极为相似，因此能够与茂密的树林紧密地融合。它们的形态还与当地人传统生活的棚屋密切相关。为适应当地气候条件，建筑表皮在"盒子"形体的共同作用下，形成了可以引导气流的综合系统，在建筑内部形成自然通风，从而在当地炎热的气候条件下营造出舒适宜人的室内环境。建筑主体可以敞开的部分面向信风方向，以产生对流的作用，提供良好的自然通风。建筑中几乎所有的部件都在"盒子"中担负着不同的功用，就好像棚屋外面的木条板，看上去仅仅是作为装饰的构件，而它们在整个通风体系中却担负起了拔风的作用。这些木板条、维护结构以及百叶窗在不同的风力条件下，通过感应器的作用可以随时变动以应对各种天气变化。

吉芭欧文化中心是伦佐·皮亚诺诸多文化艺术中心设计中的经典之作，由于这座建筑与南太平洋岛屿的自然环境和传统文化的浪漫交织和有机融合，以及当代高科技的巧妙"介入"，使其呈现出鲜明的地域性特色和与众不同的丰姿与魅力。

10.2.10　国立罗马艺术博物馆（Museo Nacional de Arte Romano，Mérida，1980-1985 年）：

国立罗马艺术博物馆位于西班牙中西部历史悠久、古迹丰富的小城梅里达。设计者是西班牙著名建筑师、1996 年普利茨克建筑奖获得者乔斯·拉斐尔·莫尼欧（Jose Rafael Moneo，1937 年 -），该建筑是他的重要代表作品。建筑设计于 1980 年，于 1985 年建成。在该建筑中，建筑师提出了涉及建筑的场地、特异性和时间三个重要的主题，并巧妙地将这三个主题融会在建筑设计中。

博物馆的场地选在一片靠近古罗马剧场和竞技场遗迹的废墟上。建筑的平面近似于直角梯形，共 3 层。主要展示空间为一系列平行的小空间，彼此之间通过巨大的半圆形拱券连通，具有很强的韵律感。显然，这样的

平面布局是以古罗马时期巴西利卡大厅为原型设计的，以表达时间的凝聚与延续。主体空间的楼面是一个连续的活动平台，一侧有作为陈列室的夹层，有部分光线从高侧窗射入。但展厅的主要照明还是来自顶部天窗的自然采光。建筑的其他辅助功能空间位于梯形平面的底部，有一个大的讲堂和一些小的附属房间。在建筑的内部空间里，陈列着的古代雕像和建筑遗迹，在柔和的自然光下，静谧地展露出来。使久远的历史和永恒的罗马艺术融合在连续的拱券所围合的空间中。

博物馆外部形体以实墙面为主，墙体采用与古罗马时期尺度相同的红砖来砌筑，使建筑与周围的历史环境

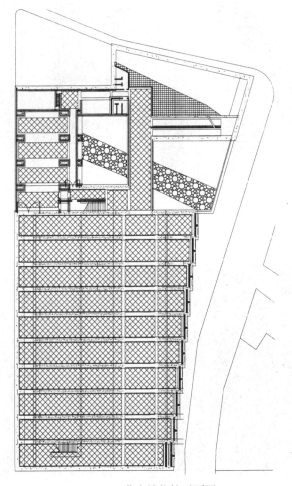

10.2.10-1　国立罗马艺术博物馆平面图

融合在一起，场所精神表现得十分到位。同时，为了唤起对现在的感知，建筑师使用一种特殊的连接方法创造了一种无缝的、现代的砖墙表面来体现时代特征。博物馆的主入口用巨大的拱形门洞来标示，又一次显示了新建筑与古罗马文化的呼应关系。

　　国立罗马艺术博物馆是现代建筑与丰富历史文化的完美结合，它表现了建筑师善于把西方传统的建筑元素、

10.2.10-2　国立罗马艺术博物馆外观

10.2.10-3　国立罗马艺术博物馆展厅之一

10.2.10-4　国立罗马艺术博物馆展厅之二

建筑的周边环境用现代设计手法加以演绎，从而创造出博物馆强烈的地域性特征，是一个非常成功的建筑作品。

10.2.11　大阪府立飞鸟历史博物馆（Chikatsu-Asuka Historical Museum，Osaka，1990~1994年）：

　　大阪府立飞鸟历史博物馆位于日本大阪府河内郡的一块小盆地上，周围是一片飞鸟时代的古墓区，建造的初衷是研究和展示当时的历史文物。建筑设计于1990年，1994年建成。设计者是日本著名的建筑师、1995年普利茨克建筑奖获得者安藤忠雄（Tadao Ando，1941年-）。

　　安藤是第三位获得普利茨克建筑奖的日本建筑师。他秉承日本建筑师对现代性与日本传统文化相结合的传统，善于使用墙、柱、拱券等建筑要素来创造独特的建筑空间和形体。同时，他也十分重视建筑的施工工艺，以保证他的设计理念能够得到彻底的体现。因此，他获得了建筑师和建筑工匠的双重美誉。

　　博物馆的平面极富特色，北侧为弧线形，顶部有开敞的庭院，其余三面为直线形，南侧是逐渐升高的大台阶。建筑地上3层，地下1层，在建筑内部设有四部楼梯，一部电梯以及数条坡道，并进行了无障碍设计。一层平面为大厅、展厅、图书馆、餐厅及服务台；二层包括储藏室、办公室及会议室；地下一层为礼堂、展厅、展品装卸及各种附属用房。展厅室内的展区布置得非常幽暗，仿佛是一座刚出土的古墓现场一样，使人有种身临其境的感觉。屋顶是一个宽阔的平台，同时也是当地的娱乐中心，可以举办戏剧表演、音乐会及其他演出活动，在这里还可以俯瞰下面的古墓群。在建筑的西侧有迂回曲折向上的楼梯，造型新颖别致。围绕博物馆的四周布置了人行小路，把户外交通组织得井井有条。两组坡道切入并穿过大台阶，通向了博物馆的主要入口。台阶下有一片水池，把周围的景象倒映在其中，为建筑平添了一份生机与灵性。

　　博物馆的外观像一组巨大的台阶，每隔一段距离设有一个宽大的休息平台。博物馆的屋顶也被设计成一个硕大无朋的平台，那种雄伟庄严的气氛有点像中国古代的

祭坛。在台阶上的西侧耸立着一座方柱形的塔楼，统率着建筑的整体构图。博物馆的整体形象很像是一座雕塑，站在它的面前，人们很难注意到二维的立面，只是被它高度的整体性和概括的大手笔所折服。展望脚下成片出土的古墓群，环视着四面巍巍的青山，人们会感到时空在这里进行了交叉，历史的沧桑感油然而生，这也就是安藤所要表达的建筑意境。

飞鸟历史博物馆充分体现了安藤忠雄丰富的创造力以及对自然环境的充分尊重。他对馆内空间的布局以展品为中心，他对建筑形体的塑造以周围的环境为中心，他对建筑艺术的表达以日本传统美学和时代的融合为中心。飞鸟历史博物馆是一座真正融入自然之中的建筑。

10.2.12　真言宗本福寺水御堂（Water Temple, Awajishima, Japan, 1989—1991年）：

真言宗本福寺水御堂位于日本兵库县淡路岛（Awajishima），是个扩建工程，坐落在旧寺以西的一个小山丘上。建筑设计于1989年，于1991年建成，是安藤忠雄设计的几个佛教建筑中比较有代表性的一座。

水御堂的主入口设在小山丘的顶部，这里布置了一直一曲两片混凝土墙，高度都是3m，两个片墙之间形成了狭窄的空间。在片墙之后是一个长轴为40m，短轴为30m的椭圆形大水池，里面种满了荷花。在水池的中央有一条顺应山势向下的台阶，伸入水池的内部，这就是水御堂的入口。水御堂的平面位于水池之下，分为两个部分。在台阶左面是一个直径为14m的圆形大厅，有内室和外室之分。环绕在圆形大厅外侧是一圈走廊，在西部有一个三角形的天井。大厅的内部用高4m、柱距为1.8m的柱网来划分空间。在台阶的右面是一个面积较小，并且旋转了45°的正方形平面，内部作为水御堂的附属用房，包括会议、办公等内容，建筑的模数也为1.8m。整个水御堂的占地面积大约只相当于水池部分面积的1/2，显得精巧别致。

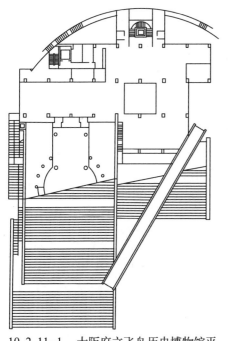

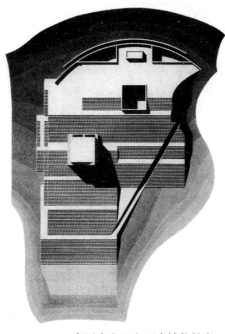

10.2.11-1　大阪府立飞鸟历史博物馆平面图　　10.2.11-2　大阪府立飞鸟历史博物馆鸟瞰图　　10.2.11-3　大阪府立飞鸟历史博物馆外观

从外观上看，水御堂就是一个椭圆形的荷花池，沿着短轴的中间有一条狭长的台阶，几乎贯通了整个水池。水池底边呈碗状，为下面的水御堂提供了充足、开敞的空间。台阶顺应山势向下延伸，与地面约成 30°角。在台阶左侧的大厅空间一部分埋于山体的下面，而西侧的外露部分则作为采光中庭之用。大厅的室内选用了朱红色的基调，用色夸张而大胆。每当夕阳的余晖从大厅西侧的光庭映入大厅时，厅内的柱网就会投下一条条长长的影子，使大厅内红光普照，给人们一种静寂神秘和超凡脱俗的深刻体验。

安藤设计的水御堂突破了日本传统建筑的设计模式。日本佛教寺庙的屋顶一直是最具象征意义的元素。而在水御堂的设计中，安藤却大胆地选用了水和荷花作为象征，并把它们放在人流的主轴线上。又通过荷花池及入口台阶的引入，以及大厅内强烈的色彩和柱网的光影变化，把人们带入了一个神圣超凡脱俗的佛教圣殿，从而创造了全新的佛教建筑形态。

小结：

当代西方建筑作为 20 世纪 60 年代以来西方社会发生重要变革时期的建筑，为世界建筑的发展做出了突出的贡献。当代西方的建筑师们在没有规则的情况下进行创作，探索着信息化社会建筑的创作原则和发展之路。尤其是他们在建筑美学上追求不和谐、不完整、不统一为美的思想和在建筑形式上表现为多元化的设计理念，值得今天中国的建筑师认真思考。但是，当代西方建筑的发展有西方媒体过分夸大与过分渲染的成分。一些不着边际的头衔生硬地加在了一些建筑师的身上。我们在了解和研究当代西方建筑的过程中，要给予认真对待，避免导入混乱。

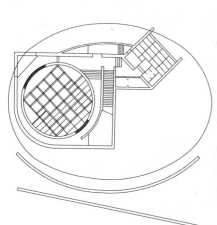

10.2.12-1　真言宗本福寺水御堂平面图

10.2.12-2　真言宗本福寺水御堂鸟瞰图

参考文献

1) 陈志华. 外国建筑史（19世纪以前）（第二版）. 北京：中国建筑工业出版社，1997

2) 傅朝卿. 西洋建筑发展史话. 北京：中国建筑工业出版社，2005

3) 罗小未，蔡琬英. 外国建筑史图说. 上海：同济大学出版社，1986

4) （英）大卫·沃特金. 西方建筑史. 傅景川等译. 长春：吉林人民出版社，2004

5) Marian Moffett/Michael Fazio. A WORLD HISTORY OF ARCHITECTURE. LONDON. Laurence King Publishing Ltd, 2003

6) Dan·Cruickshank. SIR BANISTER FLETCHER'S A HISTORY OF ARCHITECTURE, TWENTIETH EDITION. Oxford：ARCHITECTURAL PRESS,1996

7) 刘先觉. 现代建筑理论——建筑结合人文科学和技术科学的形成就. 北京：中国建筑工业出版社，1999

8) 王受之. 世界现代建筑史. 北京：中国建筑工业出版社，1999

9) Peter Gössel, Gabriele Leuthäuser. ARCHITECTURE IN THE TWENTIETH CENTURE. LONDON. TASCHEN GmbH,2001

10) 丁沃沃，张雷，冯金龙. 欧洲现代建筑解析之形式的逻辑. 南京：江苏科学技术出版社，1998

11) （美）H.H 阿纳森. 西方现代艺术史. 邹德农，巴竹师译. 天津：天津人民美术出版社，1999

12) 童寯. 近百年西方建筑史. 南京：南京工学院出版社，1986

13) 蒋广喜. 世界现代建筑. 天津：天津人民美术出版社，1988

14) 吴焕加. 20世纪西方建筑史. 郑州：河南科学技术传版社，1998

15) 刘先觉. 阿尔瓦·阿尔托. 北京：中国建筑工业出版社，1998

16) 刘先觉. 密斯·凡·德·罗. 北京：中国建筑工业出版社，1992

17) 世界建筑导报社编译. 大师足迹. 北京：百通集团，中国建筑工业出版社，1998

18) （瑞士）W·博奥席耶，O·博通诺霍. 勒·柯布西耶全集（第1、2、5、6、7、8卷 1910–1929）. 牛燕芳，程超译. 北京：中国建筑工业出版社，2005

19)（西）H.KLICZKOWSKI. 弗兰克·劳埃德·赖特. 王又佳，金秋野译. 北京：中国建筑工业出版社，2005

20) Patrick J·Meehan·Aia. The Master Architect—Conversation with Frank Lloyd Wright. New York：John Wiley & Sons Inc，1984

21)（英）内奥米·斯汤戈. F.L. 赖特. 李永钧译. 北京：中国轻工业出版社，2002

22) 项秉仁. 赖特. 北京：中国建筑工业出版社，1992

23) 成寒. 瀑布上的房子——追寻建筑师莱特的脚印. 北京：生活·读者·新知三联书店，2003

24)（美）阿琳·桑德森. 赖特建筑作品与导游. 陈建平译. 北京：中国水利水电出版社，知识产权出版社，2005

25)（芬）约兰·希尔特. 阿尔瓦·阿尔托设计精品. 何捷，陈欣欣译. 北京：中国建筑工业出版社，2005

26) 大师系列丛书编辑部. 阿尔瓦·阿尔托的作品与思想. 北京：中国电力出版社，2005

27) 庄裕光. 外国建筑名作 100 讲. 北京：百花文艺出版社，2007

28) 荆其敏，张丽安. 西方现代建筑与建筑师. 北京：中国电力出版社，2006

29) 王其钧. 专家带你看欧洲·欧洲名建筑. 北京：机械工业出版社，2007

30) 陈世良. 上了建筑旅行的瘾. 北京：生活·读者·新知三联书店，2005

31) 杨永生. 中外名建筑鉴赏. 上海：同济大学出版社，1997

32) 吴焕加. 雅马萨奇. 北京：中国建筑工业出版社，1993

33) 陈伯超，王英迪. 欧洲新建筑. 北京：中国建筑工业出版社，1995

34) 大师系列丛书编辑部编. SOM 建筑事务所. 北京：中国电力出版社，2006

35) 支文军，徐千里. 体验建筑. 上海：同济大学出版社，2000

36) 王天锡. 贝聿铭. 北京：中国建筑工业出版社，1990

37) 宗国栋，张为诚编译. 世界建筑百家名作. 北京：中国建筑工业出版社，1991

38) 程世丹. 现代世界百家建筑师作品. 天津：天津大学出版社，1993

39) 曾坚. 当代世界先锋建筑的设计观念. 天津：天津大学出版社，1993

40) 艾定增，李舒编译. 西萨·佩里. 北京：中国建筑工业出版社，1997

41) 大师系列丛书编辑部编. 西萨·佩里的作品与思想. 北京：中国电力出版社，2006

42) 荆其敏，张丽安. 建筑大师作品精粹. 南昌：江西科学技术出版社，2007

43) 马国馨. 丹下健三. 北京：中国建筑工业出版社，1989

44) (日) 渊上正幸. 覃力. 世界建筑师的思想和作品. 黄衍顺译. 北京：中国建筑工业出版社，2000

45) 张钦哲，朱纯华. 菲利浦·约翰逊. 北京：中国建筑工业出版社，1990

46) K·弗兰姆普敦. 20 世纪建筑精品集锦 1900–1999 (第 1 卷北美). 张钦楠译. 北京：中国建筑工业出版社，1999

47) (美) 埃兹拉·斯托勒. 耶鲁大学艺术与建筑系馆. 北京：中国建筑工业出版社，2001

48) 窦以德等编译. 詹姆士·斯特林. 北京：中国建筑工业出版社，1993

49) 叶晓健. 查尔斯·柯里亚的建筑空间. 北京：中国建筑工业出版社，2003

50) 汪芳. 查尔斯·柯里亚. 北京：中国建筑工业出版社，2003

51) 黄健敏. 阅读贝聿铭. 北京：中国计划出版社、贝思出版有限公司，1997

52) 黄健敏. 贝聿铭的艺术世界. 北京：中国计划出版社，1996

53) K·弗兰姆普敦. 20 世纪建筑精品集锦 1900–1999 (第 3 卷北、中、东欧). 张钦楠译. 北京：中国建筑工业出版社，1999

54) 李大夏. 路易·康. 北京：中国建筑工业出版社，1993

55) (美) 戴维·B·布朗宁、戴维·G·德·龙，马琴译. 路易斯·I·康：在建筑的王国中. 北京：中国建筑工业出版社，2004

56) 薛恩伦，李道增等. 后现代主义建筑 20 讲. 上海：上海社会科学院出版社，2005

57) K·弗兰姆普敦. 20 世纪建筑精品集锦 1900–1999（第 4 卷环地中海地区）. 张钦楠译. 北京：中国建
　　筑工业出版社，1999

58) (澳) Images 出版公司. 迈克尔·格雷夫斯. 袁宏倩，袁逸倩译. 北京：中国建筑工业出版社，南昌：
　　江西科学技术出版社，2001

59) 邱秀文编译. 矶崎新. 北京：中国建筑工业出版社，1995

60) 大师系列丛书编辑部. 阿尔多·罗西的作品与思想. 中国电力出版社，2005

61) (意) 贾尼·布拉斐瑞. 奥尔多·罗西. 王莹译. 沈阳：辽宁科学技术出版社，2005

62) (英) 理查德·威斯顿,. 建筑大师经典作品解读：平面·立面·剖面. 牛海英，张雪珊译. 大连：大
　　连理工大学出版社，2006

63) 施植明、徐明松、黄健敏、苏智锋等. 建筑桂冠——普利茨克建筑大师. 北京:生活·读者·新知三联书店,
　　2006

64) 大师系列丛书编辑部. 理查德·迈耶的作品与思想. 北京：中国电力出版社，2005

65) (韩) C3 设计. 理查德·迈耶 安托尼·普里多克. 黄莎译. 郑州：河南科学技术出版社，2004

66) (英) 丹尼斯·夏普. 20 世纪世界建筑—精彩的视觉建筑史. 胡正凡，林玉莲译. 北京：中国建筑工业
　　出版社，2003

67) (日) 渊上正幸. 世界建筑师的思想和作品. 覃力 ，黄衍顺,徐慧,吴再兴译. 北京:中国建筑工业出版社,
　　2000

68) 费菁，傅刚. 波普艺术和建筑 [J]. 世界建筑，2001 (9)：83–85

69) Coosje Van Bruggen. Frank·O·Gehry Guggenheim Museum Bilbao. New York：Guggenheim
　　Museum Publication, 1997

70) 万书元. 当代西方建筑美学. 北京：中国建筑工业出版社，2001

71) 邬烈炎. 解构主义设计. 南京：江苏美术出版社，2001

72) 大师系列丛书编辑部. 伯纳德·屈米的作品与思想. 北京：中国电力出版社，2006

73) Peter Arnell, Ted Bickford. Frank·O·Gehry Building and Project. New York：Rizzoli International Publication.Inc，1985

74) (美) 库斯基·凡·布鲁根. 华天雪译. 毕尔巴鄂——古根海姆博物馆的进程 [J]. 世界美术，1998 (2)：2-5

75) 大师系列丛书编辑部. 瑞姆·库哈斯的作品与思想. 北京：中国电力出版社，2005

76) ElCroquis Editorial. ZAHA HADID 1983-2004，2004

77) 杨风和. 彼得·埃森曼作品集. 天津：天津大学出版社，2003

78) 大师系列丛书编辑部. 彼得·埃森曼的作品与思想. 北京：中国电力出版社，2006

79) (韩) C3 设计. 彼得·埃森曼. 杨晓峰译. 郑州：河南科学技术出版社，2004

80) 丹尼尔·李伯斯金. 光影交舞石头记——建筑师李伯斯金回忆录. 吴家恒译. 北京：时报文化，2006

81) 王路. 德国当代博物馆建筑. 北京：清华大学出版社，2002

82) 窦以德等编译. 诺曼·福斯特. 北京：中国建筑工业出版社，1997

83) 大师系列丛书编辑部. 诺曼·福斯特的作品与思想. 北京：中国电力出版社，2005

84) (英) 马丁·波利. 诺曼·福斯特：世界性的建筑. 刘亦昕译. 北京：中国建筑工业出版社，2004

85) (西班牙) 帕高·阿森西奥. 高技派建筑. 高红、尹曾钰译. 合肥：安徽科学技术出版社，2003

86) 大师系列丛书编辑部. 尼古拉斯·格雷姆肖的作品与思想. 北京：中国电力出版社，2006

87) (美) 亚历山大·佐尼斯. 圣地亚哥·卡拉特拉瓦. 大连：大连理工大学出版社，2005

88) 荆其敏，张丽安. 西方现代建筑与建筑师. 天津：天津大学出版社，2006

89) 大师系列丛书编辑部. 克里斯蒂安·德·包赞巴克的作品与思想. 北京：中国电力出版社，2006

90) Mario Botta. The Complete Works Voloume 1. Zurich：Artemis，1993

91) Mario Botta. The Complete Works Volume 2. Basel：Birkhaser，1994

92) 大师系列丛书编辑部编. 赫尔佐格和德梅隆的作品与思想. 北京：中国电力出版社，2005

93)（英）斯通格编，赫尔佐戈—德梅隆——大师的足迹. 李园译. 北京：中国水利水电出版社，2005

94) 乔纳森，格兰锡. 20 世纪世界建筑. 李洁修，段成功译. 北京：中国青年出版社，2002

95) 郭歌洋. 世界顶级建筑大师：拉斐尔·莫尼欧. 北京：中国三峡出版社，2006

96) C3 设计. 安藤忠雄. 吕晓军译. 郑州：河南科学技术出版社，2004

97) 王建国，张彤. 安藤忠雄. 国外名建筑师丛书第 3 辑. 北京：中国建筑工业出版社，1999

98) 刘小波. 安藤忠雄. 天津：天津大学出版社，1999

99) 马卫东. 安藤忠雄作品集. 宁波：宁波出版社，2005

100) 大师系列丛书编辑部. 安藤忠雄的作品与思想. 北京：中国电力出版，2005

101) 马卫东. 安藤忠雄建筑之旅. 宁波：宁波出版社，2005

后　记

　　我用了近四年的时间完成了《外国建筑历史图说》初版的编纂，并由中国建筑工业出版社正式印行于 2008 年。回顾那些年的艰辛劳作，无数的苦与乐伴随我度过了那段难忘的时光。从赴欧美各国做建筑考察，到埋头书海和网络查阅资料，最后在键盘上敲出一行行文字。这期间既有游历于一座座历代名作之中的激动，也有身体的辛劳与汗水；既有梳理资料的眉头紧蹙，也有走出困境的柳暗花明；既有动笔之初的毫无头绪与诚惶诚恐，也有截稿之时的如释重负与轻松畅快。真是用任何语言都无法形容的一段时光。

　　撰写这样一本学术专著不是一个人能够完成的。在我身边，有一个研究生团队在默默支持着我。他们为我搜集资料、绘制插图、翻译文章、撰写初稿。没有他们的帮助，我无法按时完成这本书的写作任务。他们是我的博士研究生李鸽，以及由她带领的张曼、张荣华、于戌申、罗冲等多名硕士研究生。此外，陈苏柳、李静薇、丁格菲、庄薇、程世卓、王琳等同学也为本书的相关条目提供了原始资料。对于他们为本书写作所付出的劳动，我深表谢意。

　　十多年来，感谢广大读者对本书初版的青睐，使其多次重印，累计印刷逾万册。更由衷感谢住房和城乡建设部的相关部门将本书列入"住房城乡建设部土建类学科专业'十三五'规划教材"，这一荣誉是对本书的极大认可，也是本书此次重新出版的重要契机。

　　感谢中国建筑工业出版社的张建编辑在此次重新出版的过程中，与我共同对本书进行了细致的校订和修改，使本书以崭新的面貌顺利问世。

在本书写作和重新出版的过程中，我和学生们查阅了大量的图书资料和相关网站，条目中的部分数据是从这些渠道获得的。在此，谨向这些文献资料的原作者表达敬意和谢意。

再次出版这本书，虽然我们已经对初版书中的内容做了尽可能全面细致的校正和完善，但深感仍有不尽深入、精到之处。敬请业内专家和广大读者不吝赐教。

刘松茯

2019.6.20